普通高等教育国家级规划教材

现代科技导论

Xiandai Keji Daolun（第2版）

● 刘大椿 何立松 刘永谋 编著

中国人民大学出版社
·北京·

类的昨天、今天和明天都结下了不解之缘。现代科技是第一生产力，是经济增长的决定力量，它不仅导致生产方式的变革、社会文明的进步，而且促进社会制度的转换。但是，现代科技又像一把双刃剑，一方面丰富了人类的物质生活和精神生活，另一方面也带来了威胁人类前景的全球问题——人口爆炸、资源枯竭、粮食危机、环境污染，等等。因而，当我们审视科技的社会功能时，就应当用一种全面的眼光，注意并发挥它的正面作用，正视并抑制它的负面影响；只有这样，才能用科技革命照亮人类未来的发展道路，特别地，才能注重生态文明、精神文明和科技伦理建设，并在我国有力地贯彻“科教兴国”战略。

本书在“九五”期间被列入教育部重点教材项目，它致力于采取一个新的视角，选取一个新的切入点来介绍和论述现代科技及其问题。它的特点是：内容丰富、新颖，既着眼于对现代科技本身博大精深材料的宏观把握，又着重于一种新的科技观的养成，并且对科技革命时代的许多迫切问题进行了深入论述。本书自1998年初版以来多次重印，得到读者的厚爱和学界的好评。十年过去了，根据读者和出版社的要求，我们一如新作，对原书全面进行改版和修订，调整了结构，更换并增添了许多材料，在立论方面也细加斟酌，使之更为饱满和妥当。相信本书第二版更能突出科技基础或科技导论类论著的时代性、普及性和整体性。当然，现代科技是一个无尽的宝藏，任何方案都注定是有局限性的，希望我们的努力能继续引起人们的关注和批评。

本书不但受益于国内外专家大量的研究成果，而且直接得到许多同仁的支持和帮助。原先参加初版讨论和写作的同志有：黄天授、李三虎、吴向红、刘海波、颜振军、何曼青、孟建伟、严潮斌、何立松、刘大椿等，由刘大椿、何立松统稿，他们的工作为新版提供了基础。改版时段伟文等同志贡献了一些宝贵材料，万重英同志对所涉专业性较强的科技内容作了细致的输入和校改，但全书主体工作是由刘大椿、何立松、刘永谋三位同志承担的，最后由刘大椿统稿。当然，书中的观点和内容如有不当，也应由这三人特别是统稿人负责。中国人民大学出版社的领导和编辑也为本书问世付出了辛勤劳动。在此谨对所有作出贡献的同志诚挚致谢。

刘大椿

2009年春节于人大宜园

前　言

现代科技日新月异、精彩纷呈，已经当之无愧地成为现代文明的主导。但是，科技的迅猛发展也给我们带来许多问题，首先是要真正了解和把握科技愈来愈不容易，涉及面太广了，专业性太强了，隔行如隔山，常令人望而却步；再就是现代科技与人类文明的关系愈来愈复杂，既是进步的动力，又是困局的触媒，正面的相关和负面的交手，确让人眼花缭乱。然而难自无疑，却不能放弃。没有一定的科技素养，要恰当应对科技时代的诸多问题是难以想象的。

走近科技有两种基本方法，一是微观地具体研读专门学科，并从事相关实践；二是宏观地了解现代科技的由来、进展、结构、分类、主要内容和方法、与社会及人的关系。我们编写这本《现代科技导论》，就是试图概要而系统地论述现代科技的由来与演变，现代科技的结构、内容与问题，并且探讨现代科技革命与人类文明发展的相互关系，以便为现代科技刻画出一个概貌，用这样的方法帮助读者走近现代科技。

本书共分三篇二十九章。第一篇共九章，概述现代科技的由来和进展，着重说明：机械自然观的建立是近代科技史上划时代的大事，但是，现代科技的重要标志却是对机械自然观局限性的批判与辩证自然观的形成。20世纪初的物理学革命影响了整个时代，此后，数学、基础科学和工程技术得到了全面发展。伟大的技术革命构成了科技时代的主旋律，综合性学科，特别是地球科学、生物科学、空间科技、海洋科技、材料科技、能源科技、系统科学和交叉科学进展迅速。

第二篇也有九章，集中论述现代科技概观及其视野，主要内容有：现代科技在分类和体系结构方面具有的崭新特点，科学技术一体化的趋势日益明显，科学思维方式的变革形成了全新的现代科技方法。现代物理学、天文学和生物学的重大进展，不但给我们提供了许多新知识、新观念，而且使我们得以构成科学背景下的微观世界、宇观世界和生命世界的辩证图景，深刻地认识自然演化的特点和规律。人类进入了一个高新科技尽领风骚的时代，但是，高新科技的巨大威力也提出了一系列的严重问题，其中，核技术、信息技术和生物技术的广阔前景与问题尤为引人注目，值得人类认真反思。

第三篇共十一章，讨论现代科技革命与人类文明，主要强调：科技革命与

目　录

第一篇　现代科技的由来和进展

第二篇 现代科技概观及其视野

第三篇　现代科技革命与人类文明

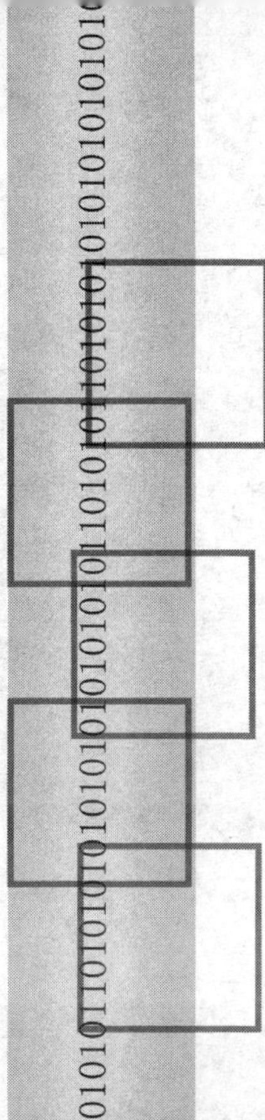

第一篇

现代科技的由来和进展

第一章

近代科学的发展与机械自然观的建立

文艺复兴之后，欧洲社会相比中世纪发生了许多根本性的变革，自然科学逐渐摆脱了基督教神学的控制并迅速兴起，最终形成了近代科学的新传统。牛顿经典力学体系的创立标志着新传统的初步形成，是近代科学发展史的第一个高潮。经典力学的成功促成了机械自然观盛行，不仅在自然科学领域占据了主导地位，而且对哲学社会科学乃至经济、技术的发展都产生了极大的影响。

一、日心说与血液循环理论

公元16至18世纪，欧洲发生了近代科学革命。这场革命与那个时代欧洲经济、政治和文化的重大变革密切相关。14世纪以后，资本主义生产方式在南欧和西欧的一些国家中逐渐发展起来，新兴资产阶级在意大利的一些城市取得了实际的政治统治权，为满足新兴资产阶级的扩张需要而开展的航海探险导致了地理大发现。14至16世纪，资产阶级为了推翻封建贵族和教会的统治，在意识形态领域发动了一场文艺复兴运动。在表面上，文艺复兴力图恢复和发扬古希腊的文化与科学，实质却是以“人为中心”取代“神为中心”、以人权取代神权、以人性取代神性、以理性取代神启、以人文取代神学，是一场规模浩大的反封建、反宗教思想解放运动。

文艺复兴运动后期，涌现了一批有胆有识的科学家，他们不顾教会的压制和迫害，在天文学和生理学等领域中，勇敢地提出了与宗教神学和教会认可的经典学说相对立的新理论。其中，哥白尼的日心说、维萨里的人体构造理论以及塞尔维特与哈维的血液循环理论产生了极大的影响。

近代自然科学之父——哥白尼

哥白尼的日心说

哥白尼（1473—1543）生于波兰，早年在波兰克拉克夫的一所大学学医，但他对天文学更有兴趣。去意大利后，他接受了全面而良好的教育，并在意大利的一所大学担任过天文学教授。由于受到了文艺复兴时代新思潮的熏陶，在研读古希腊原著时又从古希腊一些学者关于地球运动和太阳中心的观点中得到启发，加之多年的潜心研究，他认识到托勒密地心说的错误，形成了太阳为宇宙中心的信念。1506 年，哥白尼返回家乡，边任教士边研究天文学，用六年时间写下了《天体运行论》，提出了系统的太阳中心说。

在那个时代，无论是准确制定历法和推算时间的实际需要，还是正确理解上帝创造的天上世界的完美秩序的认识需要，都要求天文学能从令人迷惘的天体视运动现象中推导出天体间的相对秩序和相对运动来。在当时，一个天文学理论应当解释的主要现象有四个：(1) 所有的天体每日一周绕天极的旋转；(2) 太阳横穿恒星背景的逆向运动；(3) 行星的停驻和逆行；(4) 四季的形成。在解释这些问题的同时，以地心说为核心的托勒密体系为了符合日益增多的、愈来愈准确的观测结果，不得不添加愈来愈多的含均轮和本轮的（偏心圆）星层，因而变得愈来愈繁复，愈来愈牵强附会。

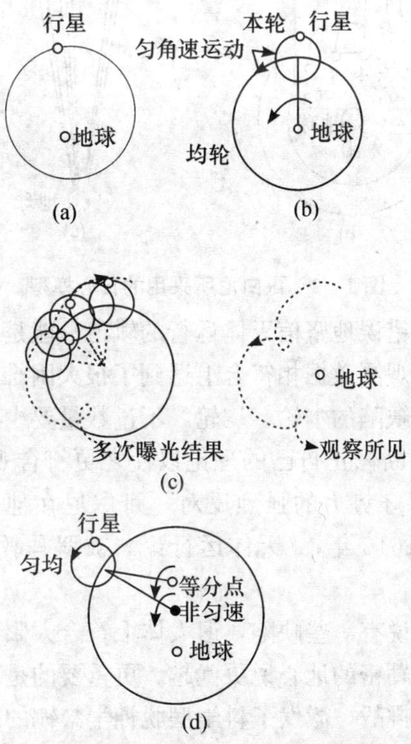

图 1—1　托勒密体系所采用的地心模型

哥白尼保留了最外层的恒星天球，但简化为静止的天球，而确立太阳为宇宙的中心。他假设所有行星都在以太阳为圆心的同心圆上运行，它们从里向外依次为水星、金星、地球、火星、木星和土星，月球在进行这种运动的同时又在绕地球旋转。行星离太阳越近，即轨道半径越小，则运转得越快。哥白尼的日心说对上述四个问题的解释显得既简洁又自然（见图1—2）。

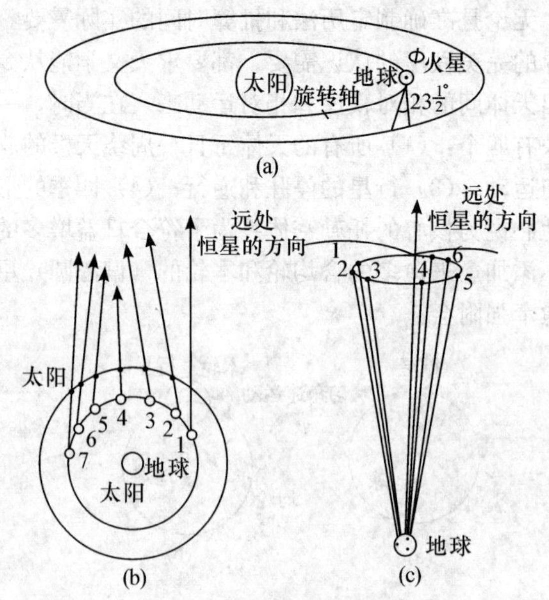

图1—2 哥白尼所采用的日心模型

然而，哥白尼由于错误地坚信天体运行的轨道只能是完美的圆形，所以在使自己理论的计算结果与观测数据相符合上遇到了很大困难，不得不重新引入他原来视为托勒密体系主要缺陷的本轮、均轮，不过数量要少得多，因而计算起来容易得多。一方面为了不断修正自己的理论以使之更符合观测数据，另一方面也担心发表后可能遭受保守势力的强烈反对，哥白尼在他去世那年即1543年才发表《天体运行论》。1616年，《天体运行论》被罗马教会列为禁书，1822年才解禁。

尽管哥白尼的日心说有一些缺陷，但大体上符合太阳系的真实结构，作为科学假说和模型显然比托勒密的地心说更优越。更重要的是，哥白尼日心说发起了自然科学向宗教神学的挑战，激发了科学摆脱神学禁锢的思想解放运动。按照基督教神学的说法，上帝使地球为宇宙之中心，地球上的人类是天之骄子，上帝创造万物皆为满足人类之需要：创造太阳为给人类以光和热，创造月亮为在夜间给人类照明，创造其他天体是为人类预告吉凶，等等。日心说让基督教神学的这些说法成为无稽之谈，不仅彻底动摇了基督教神学的宇宙学说，也极大地冲击了神学和教会的精神统治。对此，德国文豪歌德曾评论说："哥白尼的学说撼动人类之深，自古无一种创见，无一种发明可与之相比。……自古以来没有这样天翻地覆地把人类的意识倒转过来。因为若是地球不是宇宙的中心，那么无数古人相信的事物将是一场空了。谁还相信伊甸的乐园、赞美诗的颂歌、宗教的故事呢?"正因如此，尽管哥白尼将《天体运行论》题献给教皇，并且该书序言（别人代写）中声称日心说仅仅是计算天体运行的有益方法，并不代表实际，教会仍斥责日心说为异端邪说，对宣传哥白尼日心说的思想家和科学家进行了残酷的迫害。

布鲁诺

意大利思想家布鲁诺（1548—1600）早年是修道士，因抨击教会的黑暗和经院哲学的虚伪而被革除教籍，流亡他国。他不仅博学多才，而且勇于以理性评价批判任何观点，被人称为文艺复兴时代的唯一的真正哲学家。1584 年，他在英国出版了《论无限性、宇宙和诸世界》，宣传和发展了哥白尼的日心说。他提出：如果地球是同太阳系别的行星一样的星球，那么别的行星也会像地球那样有人居住，也一定经历了许多与地球所发生的一切相同的历史和宗教方面的事件，包括"《圣经》里所记载的一切事件"。他认为，宇宙的范围是无限的，太阳不是宇宙的中心，只不过是一颗普普通通的恒星；宇宙中还存在着许许多多类似太阳系的行星系统；人类的独特性、上帝对人类施以关怀的独特性以及各种神圣东西的独特性都是谎言。1592 年，布鲁诺被罗马宗教裁判所审判，遭受了酷刑和八年监禁。由于坚决拒绝放弃自己的观点，他 1600 年被宗教裁判所烧死在罗马的鲜花广场上。临死之前，布鲁诺留下了千古流传的名言："你们宣读判决时的恐惧心理，比我走向火堆还要大得多。"

意大利科学家伽利略（1564—1642）不仅为近代实验科学的产生和经典力学体系的建立作出了奠基性的伟大贡献，也是传播和发展哥白尼日心说的杰出斗士。他用自制的望远镜发现了月球上的山谷、太阳黑子、木星的四个卫星、金星的周相（盈亏）和土星环等，并发表了这些观测结果。由于这些观测否定了教会支持的亚里士多德和托勒密的观点，直接或间接地证明了哥白尼日心说的正确性，在学术界引起了极大反响，他也因此受到罗马教廷的传讯和警告。1632 年，伽利略出版了《关于托勒密和哥白尼两大世界体系的对话》，系统地揭示了托勒密体系的不合理性，论证了哥白尼体系的合理性。罗马教廷再次传讯伽利略，对年近七旬且在病中的伽利略进行了长达50小时的审讯和拷打，并判处终身监禁。直到1983年，罗马教廷才正式承认350年前宗教裁判所对伽利略的审判是错误的。1992年，罗马教皇为伽利略恢复名誉。

维萨里的人体构造理论、塞尔维特的血液小循环理论和哈维的血液大循环理论

比利时医生维萨里（1514—1564）不迷信教会所认可的古代权威盖仑的医学理论，他常常亲自主刀解剖人的尸体（当时学者一般不主刀，而由理发师承担），以便弄清人体的真实构造。根据自己的解剖实践，维萨里找出了盖仑医学中的200多处错误，发现人体内根本不存在基督教典籍中宣称的“永不毁坏的复活骨”，男人的肋骨也并不像《圣经》所述比女人少一根。1543年（哥白尼的《天体运行论》恰在同年出版），他出版了《人体构造》一书，系统地叙述了自己对人体构造的研究成果，奠定了近代医学的基础。但是，维萨里在血液运动等生理学问题的研究上没有什么创新，仍相信盖仑学说中的有关论断。维萨里的医学研究成果不仅揭露出教会推崇的古代权威理论中有大量错误，而且直接否定了基督教教义中有关人体构造的一些臆测，因而受到了宗教势力的迫害，维萨里在避难途中病逝。

西班牙医生塞尔维特（1511—1553）是维萨里在巴黎大学时的同学。他不顾教会不准解剖人体的禁令，坚持通过解剖对人体进行生理学研究。塞尔维特发现了血液小循环（即心肺循环：血液从右心室经过肺动脉支管运送到肺，在肺组织内得到清洗净化，然后通过肺静脉流入左心房）。1553年，他出版的《基督教的复兴》一书用不多的篇幅指出了盖仑“三灵气”说的错误，描述了他根据人体解剖结果发现的血液小循环的情景。该书的主要内容批判了天主教和新教的许多教义，因此塞尔维特遭到了天主教和新教的共同迫害。就在他快要发现整个血液循环时，先是被天主教的宗教裁判所判处死刑，侥幸从监狱逃走后又被加尔文教的宗教裁判所逮捕并被判处火刑，行刑时被残忍地活活烤了两个钟头。塞尔维特被誉为在近代科学与宗教的激烈斗争中为科学真理而献身的第一位勇士。但是，由于他的著作几乎全被宗教势力焚毁，对当时医学、生理学的发展没有产生多少实际影响。

半个多世纪以后的英国生理学家哈维（1578—1657）比塞尔维特幸运得多，虽然他也进行了大量违背教规的医学研究，但由于他曾多年担任英国国王的御医，所以受到王室的庇护和支持；并且哈维进行研究的时期已是文艺复兴后期，近代实验科学开始诞生，机械论与经验论此时已成为英国思想界和学术界的流行

思潮，宗教势力的反对已很难扼杀日益独立出来、日益强大起来的自然科学了，因而他得以顺利地完成血液循环的理论。哈维能比前辈们前进一大步主要受益于粗略的定量分析和活体解剖实验。他解剖过70多种动物，大致地测定了左心室的血量，再根据心脏的搏动次数，计算出心脏在单位时间内的血液流量。他发现血液流量的数值很大，每小时的数量超过动物体重，显然远非肝脏在一小时内所能造出的，也不可能在一小时内在肢体末端被吸收掉，因此唯一可能的解释是血液在动物体内沿着闭合路线做循环运动，于是预言在动脉和静脉的末端必有一种微小的通道（毛细血管）将二者联结。这实际提出了血液大循环的假说。通过活体解剖实验，他验证了血液大循环设想的正确性。1628年，他发表了著名的《心血运动论》（这是简化的书名，原书全名为《动物的心血运动及解剖学研究》），系统阐释了他的血液循环理论。他去世后不太久，其他学者通过显微镜观察发现了毛细血管，证实了他的预言。

文艺复兴后期，自然科学在大宇宙和小宇宙（即人体）这至关重要的两极对宗教神学的挑战和冲击，在付出惨重代价、经历一个世纪的反复与曲折后，终于取得了胜利。到17世纪中叶，日心说和血液循环理论在学术界和思想界已为大多数人所接受，本质上独立于宗教（当然在某些方面仍受到宗教的一定影响）的近代科学诞生了。近代科学的诞生是一场伟大的科学革命，因为近代科学虽是在古代和中世纪科学的基础上发展起来的，却与古代和中世纪的科学分属根本不同的两种科学类型。

二、经典力学体系的建立

近代科学革命中最重要也是最辉煌的成果为英国科学家牛顿（1642—1727）建立起的经典力学体系。牛顿的伟大成就是以其他科学家的成果为基础的，如他自己所说："如果我曾经看得远一些，那是因为站在巨人们的肩上的缘故。"在牛顿之前，其他科学家为经典力学的发展作出了许多贡献。

开普勒对日心说数学模型的完善

在哥白尼建立的日心模型中，沿用了圆形轨道和托勒密地心模型中的本轮、均轮和偏心等距点，这在一定程度上牺牲了理论的简洁与优美，并难以同更精确的观测数据相吻合。德国天文学家开普勒（1571—1630）是哥白尼日心说的信奉者。为了完善日心说，使之符合大量的更准确的观测数据，他尝试了各种修正办法，经过多年不间断的努力，终于在17世纪初为行星的运动构建了合适的数学模型，即“开普勒三定律”所描述的椭圆轨道模型。开普勒第一定律即轨道定律是说，行星沿椭圆形路径运动，太阳位于这些椭圆的一个焦点上。开普勒第二定律也被称作等面积定律，可表述为：在相等的时间间隔内，行星和太阳的连线在任何地点沿轨道所扫过的面积相等，即行星的运动不是匀速的，离太阳越近则速度越快。开普勒第三定律即周期定律是说，行星绕日公转周期的平方与行星各自离日的平均距离的立方成正比。开普勒的椭圆轨道模型不仅从数学上讲符合简单性、完美性的要求，而且定量地描述了太阳和行星之间的直接依存关系；更重要的是，他的成果为天体运动和地上物体运动的统一清除了障碍，激发人们去从运动学和动力学的角度进行更深入的研究，探究太阳与行星之间相互作用的物理本质。没有开普勒的工作，就不会有后来的万有引力定律和经典力学体系。开普勒也曾对太阳的引力作用有些初步的设想，认为它是某种磁力。

伽利略对力学基本原理的贡献

伽利略因为传播日心说而被教会禁止讲授天文学，遂专心研究力学。他写出《关于力学和局部运动的两门新科学的谈话和数学证明》（通常简称为《两门新科学》），对惯性定律作出了更明确的说明，提出了自由落体定律、相对性原理、加速度的概念和“运动量”的概念（动量概念的雏形）。最重要的是，伽利略的这些成就不是单靠思辨和逻辑推理得出的，而是以大量的“斜面实验”的结果为基础的。现在学界公认，伽利略的这部杰出著作标志着近代科学及其第一个成熟分支——经典力学的诞生。

伽利略

在此之前，在为日心说寻求力学基础时，伽利略已提出了惯性原理。当时，日心说的反对者经常用亚里士多德学派的力学观点论证地球是静止的：竖直向上抛出的物体总是落回抛出点原处，如果地球在进行旋转运动，抛出的物体就会落在抛出点后边。通过“理想实验”和归谬法，伽利略证明一条正在行驶的船的桅杆顶上落下一块石头仍会落在桅杆脚下，并以此批驳了上述错误说法，论证了惯性原理，尽管他的表述还不很准确。在《两门新科学》中，关于惯性定律，他根据斜面实验的结果提出：“任何速度一旦施加给一个运动着的物体，只要除去加速或减速的外因，此速度就可以保持不变。”伽利略还明确提出了加速度的概念，并且重新将运动分为匀速运动和变速运动，从而为准确描述运动的变化作了理论准备。他明确指出，力不是速度产生的原因，而是速度变化的原因，从而纠正了亚里士多德物理学的错误观点，为牛顿第二运动定律打下了基础。

关于自由落体定律，伽利略同样以斜面实验的结果为根据，运用理想实验方法和归谬法批驳了亚里士多德观点的错误。他不仅证明一切下落物体都有相同的加速度，而且推出了下落物体的路程公式。他还批驳了亚里士多德关于抛射体运动的错误观点，得出了抛射体运动的正确公式。

关于相对性原理，伽利略揭示了静止和匀速直线运动的等价性，提出了解决参考系变换问题的方法，即今天常说的“伽利略变换”。

尽管伽利略为经典力学体系的建立作出了如此多的重要贡献，但为避免教会的进一步干涉和迫害，他当时只说这些力学原理适用于地上物体，而不提它是否适用于行星等天体的问题。

其他科学家对经典力学发展的贡献

根据对钟摆实验的结果和对一般圆周运动的分析，荷兰物理学家惠更斯（1629—1695）推导出向心加速度公式 $a=v^2/R$。但是，他没有利用这个成果去研究天体运动，后来牛顿、英国物理学家胡克（1635—1703）、英国数学家雷恩（1632—1723）等人都通过将向心加速度公式与开普勒第三定律结合起来，推导出发现万有引力定律所需的关键一步——行星所受向心力与它同太阳距离的平方成反比。惠更斯根据钟摆在不同地方的摆速不同指出，不同的地方有不同的重力加速度，从而为质量和重量的区分奠定了基础。他还在光学上作出了许多重要贡献，是光的波动说的创始人之一。

法国哲学家、物理学家、数学家笛卡儿（1596—1650）定义了“运动量”，认为“这个量是从来不增加也从来不减少的”。他根据这一原理研究碰撞问题，在动量守恒研究方面取得了一些进展。英国物理学家瓦利斯和其他人更进一步得出了碰撞中动量守恒的公式，为牛顿第二和第三定律的提出准备了条件。

在17世纪中叶，许多学者先后提出过类似“万有引力”的概念，有些人还提出了太阳的引力与距离平方成反比的思想。其中，胡克最接近发现万有引力定律。他与牛顿同时进行着引力问题的研究，曾多次进行实验，试图找出引力同距离的关系。他在1674年提出一切天体都有引力，在1679年得出平方反比公式，但由于没掌握微积分等先进的数学工具，结果在竞争中输给了牛顿。

牛顿的创造性综合

从上面的叙述可看出，到了牛顿的时代，通过多位科学家的努力，关于天体的运动和地上物体的运动，已分别提出了许多重要的力学概念和力学定律。可以说，这时已是科学大突破的前夜，正如爱因斯坦评价牛顿时所说的，“命运使他处在人类理智的历史转折点上”。不过，那些成果大多是孤立的、分散的，而且在逻辑上也各自独立，是牛顿将前人和同代人的成果加以创造性的综合和发展，建立起经典力学的辉煌大厦。牛顿的主要工作在1667至1668年已基本完成，由于种种原因到1687年才发表于《自然哲学的数学原理》（以下简称《原理》）中。人们对牛顿经典力学的基本概念和基本定律都很熟悉，需要了解的是其在科学发展史中的地位和意义。

牛 顿

首先，牛顿建立起的经典力学体系使“天上的力学”和“地上的力学”得以统一，从而完成了近代科学史上的首次大综合、大突破。

在此之前，由开普勒三定律修正的哥白尼日心说只给出天体运动的几何学，而伽利略等人提出的力学定律仅能用于地上的物体。牛顿在他的《原理》一书中，对前人的各种研究成果予以归纳、综合及创造性的发展，系统地阐述了质量、动量、惯性、力、时间、空间等基本概念和三大运动定律，并根据这些概念、定律和开普勒第三定律推演出万有引力定律，以及固体力学、流体静力学、流体动力学的各种定律，然后又用已确立的力学规律去解释天体运动的规律，并对潮汐、岁差、彗星轨道等都作了科学的分析。

关于万有引力定律的发现，有种传说认为，牛顿看到苹果落地时产生的灵感起了关键作用，但这并没有得到证实。牛顿的著作中倒是有抛射石块的理想实验：站在很高的塔顶按水平方向抛射一个石块，石块将以抛物线运动，抛射的速度越大，石块的路径就弯下去得越迟。设想石块抛射的速度足够大，致使石块路径的弯曲程度等同于地球表面的曲率，这时石块将永远不会落回地面，而是像一个卫星那样绕着地球转动。通过这个理想实验，牛顿直观地说明引力的作用使卫星绕行星转、行星绕太阳转。然后，牛顿计算出月球绕地球转的向心力相当精确地等于地球对月球的引力，从而用引力概念把两者统一。（牛顿在1666年就有了这些思路，但当时的计算结果由于使用了不准确的地球半径而不符合观测事实，导致他20年后才公开发表他的理论。）

其次，牛顿理论的成功使得文艺复兴后新的科学研究活动被确立为新的科学传统，从而完成了古代科学向近代科学或称经典科学的转变，也为近代科学研究成果的理论化、系统化提供了一个比较成熟的、典范的形式。古希腊科学内部实际也包括两种不同的科学观念与方法或者说两种不同的科学传统，即毕达哥拉斯—柏拉图的唯理主义科学传统和亚里士多德—托勒密的经验主义科学传统，但从总体上说，两者其实都来源于对日常经验的哲学抽象。牛顿的经典力学一方面以科学实验为客观基础，另一方面又对上述两种古代科学传统中的合理之处进行了创造性的综合与发展。

作为近代科学客观基础的科学实验是主体按一定目的（验证假说、分析事物联系的特定方面、探索新事物等）对客体活动的主动干预，通过主体的这种主动干预产生自然界不能自发出现的客体活动。科学实验能在一定限度内精确地重复进行，大多数科学实验还能在一定精度内测量客体的量的某些方面。客体的许多性质仅靠日常观察是难以认识的，而科学实验可以找出并定量地了解它们。文艺复兴之后，愈来愈多的科学家认识到科学实验对新科学的关键作用，在力学、光学等领域进行了多种多样的实验。伽利略著名的"斜面实验"帮助他提出了惯性定律和自由落体定律，惠更斯、胡克等人在力学、光学等方面的实验也是他们科学成就的基础。当时在英国最有影响的哲学家培根认为，从科学实验和生产实践中获得的经验事实是新科学的基础，科学原理是从经验事实中归纳出来的。牛顿的科学实验主要集中在光学和化学方面，因为当时已有大量的力学实验结果和天文观测数据，最需要的是创造性的理论总结。

在《原理》一书中，牛顿给出的经典力学体系从逻辑结构上看与欧几里得的几何学体系相似，即从很少几个基本概念和基本定律（或原理）出发，用严格的逻辑方法、数学方法演绎出与各分支领域实验结果和天文观测数据相符合的大量定理。牛顿本来是通过他自己发展的微积分方法（他称之为"流数法"）建立起经典力学体系的，但在《原理》一书中却用古典的综合几何方法进行演绎证明，这给人一种误导，似乎古典的几何方法才是进行理论总结的合适方法。牛顿的极大声望使这种误导在英国持续了很多年，严重阻碍了英国理论力学和数学分析的发展。牛顿之后，理论力学的发展主要是由欧洲大陆的科学家实现的，如欧拉、拉格朗日、拉普拉斯等。

三、机械自然观的确立

牛顿发现三大运动定律和万有引力定律，形成了经典力学的完整体系，影响了自然科学数百年的发展，被公认为有史以来最伟大的科学家。牛顿死后，亚历山大·蒲柏为他写下了这样的墓志铭——

自然和自然的法则在黑夜中隐藏；
上帝说，让牛顿去吧！
于是一切都已照亮。

由此可见世人对牛顿科学成就的景仰和赞颂。牛顿力学成功的影响远远超出了科学的范围，它对近代哲学的发展也产生了极大的影响，使文艺复兴以来产生的机械自然观不仅在自然科学界成为主流思潮，而且在思想界也一度成为主流，成为18世纪启蒙运动的主要思想基础之一。

机械自然观的由来

从中世纪末期开始，在逐渐加快发展的手工业和农业中越来越多地应用各种机械技术，为早期的机械自然观提供了大量丰富的感性材料。文艺复兴之后，日益发展的工场手工业，尤其是钟表业，更促进了机械技术的发展，并激发学者们借鉴机械技术的成功，用机械论的思想去理解大自然的运行。比如，在分析认识自然规律时，许多学者都把自然界的运行类比为钟表等机械的运动。应该说，当时的生产实践和生产力发展水平是机械自然观的根本基础。

伽利略为机械自然观奠定了认识论和方法论的基础。当时，他有一句极为流行的格言："圣灵的心意是教导我们如何升入天堂，但决不是教给我们天本身是如何行走的。"在他看来，自然界的一切都是服从机械因果律的。他曾说："我对于外界的物体，除掉大小形状、数量以及或快或慢的运动外，从来没有作过任何别的要求。"

哈维的血液循环理论是他用机械力学方法研究生理学的成果。他用机械术语和机械原理描述血液运动，把心脏比作一个中心水泵，把心脏的收缩比喻为水泵的压水运动，把心脏瓣膜比喻为两个控制血液单向流动的阀门。

对机械论的早期哲学概括

笛卡儿是早期机械论哲学的代表人物，他的哲学是一种理性主义的二元论。

他把世界分为两部分——形体世界与精神世界，对灵魂与肉体、内心感应与外部世界进行了严格的区分。

笛卡儿认为，物质是形体世界里唯一的客观实体，一切形体都是做机械运动的物质。他对物质、天体、运动及人体的运行机制都作了机械论的解释。笛卡儿以量的特征定义物质，认为物质的唯一特性是广延。在这样一个实体中，只有物物相触才能产生运动。他提出了著名的"动量守恒定律"，认为物质的唯一运动形式是空间位移。在笛卡儿物理学中，宇宙是一个巨大的机械系统，在上帝提供给它"最初起因"之后，就按照严格的机械运动规律运行下去。所以，他自信地说："给我运动和广延，我就能构造出世界。"

笛卡儿将机械论引入生物界，将动物看作具有各种生理功能的自动机器，甚至提出人体本身也是一种"尘世间的机器"。在他看来，人的活动严格遵循着物理定律，人作为机器与动物机器仅有一种区别，就是人要受到存在于他自身的"理性灵魂"的控制。他认为，人除了思想之外，机体的所有功能都像钟表一样是纯机械性的。他赞赏哈维的血液循环理论，认为哈维的理论正好说明了生命就在于血液的机械运动。与哈维不同的是，他把心脏比作热机。

笛卡儿的机械论哲学较彻底地贯彻了唯物主义精神，他对自然的认识基本摆脱了目的论和唯灵论的束缚，对后来机械论和唯物论的发展都起了重要的引导作用。但是，他的哲学也明显地表现出早期机械自然观的弱点：参照当时的机械技术进行朴素直观的类比，没有用力、速度、空间、时间等科学的概念去把握自然。

牛顿力学的影响

牛顿经典力学建立并获得巨大成功后，其思想和方法迅速向其他学科和领域扩展，促进了其他学科的发展和兴盛。比如，道尔顿将有机械力作用的原子引入物理和化学，用原子论说明了气体的性质，把质点和力的概念应用于化学；库仑把平方反比关系引入静电学，揭示出静电力的内在联系；安培仿照万有引力定律写下了平行导线间的作用力公式。其他科学家们竞相模仿，力图把牛顿力学的定律推广到整个自然界，从而使得牛顿力学的思想方法成为近代科学固定的思维模式。在整个 18 世纪乃至 19 世纪，几乎所有的自然科学家都按这种模式去研究自然。甚至在 20 世纪初，卢瑟福还把原子看成和太阳系类似的系统，用牛顿的思维方式构造模型（见下页图 1—3）。

不仅如此，牛顿经典力学的建立和巨大成功还启示哲学家将其概念范畴和思

图1—3 卢瑟福原子结构模型

想方法运用到哲学中，于是机械论哲学很快发展成熟，在近现代人类思想史上产生了巨大积极作用和一定负面作用的机械自然观也随之确立。

霍布斯和洛克把机械自然观发展为机械唯物论哲学

在牛顿对经典力学作出概括的同时，英国唯物主义哲学家霍布斯和洛克把机械自然观从自然科学扩展到哲学领域，使机械论发展到成熟的经典形态。

霍布斯曾被恩格斯誉为“第一个近代唯物主义者（18世纪意义上的）”。他建立了第一个比较完整的机械唯物论哲学体系，将力学范畴引入哲学，确立了物体、偶性、运动因果性等基本范畴。他把物体定义为“不依赖于我们思想的东西，与空间的某个部分相合或具有同样的广袤”。在西方哲学史上，他的定义是第一个比较完善的机械唯物论物质定义。霍布斯将机械运动观引入哲学，认为机械位移是物体的唯一的运动形式，世界的一切事物都受机械运动原理的支配，都可以用机械运动原理解释。他把一切运动都归结为物体在空间位置上的变动，提出人和自然没有本质区别，“心脏不过是发条，神经不过是游丝，关节不过是一些齿轮”，甚至人类的推理活动也不过是机械的计算，“一切推理都包含在心灵这两种活动——加与减里面”。霍布斯将牛顿物理中的因果联系思想引入哲学，提出了机械决定论的因果律。但是，他把必然性混同于因果性，否定了偶然性的存在。

洛克吸收并发展了牛顿、波义耳用微粒说概括物体性质的观点，认为微粒说“最能明了地解释物体的各种性质”。他把组成物体的物质微粒的空间结构和数量组合看成物体的“实在本质”，当作决定一切物体特征的内在根据。他认为，自然事物的一切特殊性都由物质微粒的量的机械组合而决定，用物质微粒的这些机械的量的特征可以说明自然界的一切现象。

经过霍布斯和洛克的努力，科学中的机械自然观上升为机械唯物论哲学，不仅使机械论排除神学而建立在唯物主义的基础上，而且使机械论的概念范畴得到进一步的概括和提炼，发展为经典形态的机械论。至此，经典形态的机械论已是成熟的机械论，其基本思想可以大致这样概括：整个宇宙由物质组成；物质的性质取决于组成它的不可再分的最小微粒的空间结构和数量组合；物质具有不变的质量和固有的惯性，它们之间存在着万有引力；一切物质运动都是物质在绝对、均匀的时空框架中的位移，都遵循机械运动定律，保持严格的因果关系，物质运动的原因在物质的外部。

法国启蒙运动中的机械唯物论思潮

牛顿经典力学和英国机械论哲学传到法国后，对18世纪法国思想界的启蒙运动起了决定性影响。启蒙运动中的唯物主义哲学家吸收了牛顿力学的成果和英国机械论哲学的主要内容，将公开的、战斗的无神论思想引入机械论，使经典的机械论进一步发展为极端化的机械唯物论。从总体上看，法国的机械唯物论有如下特点：(1) 唯物主义化，与公开的、战斗的无神论紧密结合，去掉了“自然神论”的外壳；(2) 应用范围扩大到人类思维和社会生活领域，出现了“人是机器”的命题；(3) 机械决定论化，出现了用机械原理解释世界总图景的设想。

百科全书派拉美特利和霍尔巴赫的哲学鲜明地体现了法国机械唯物论的特点。

拉美特利的哲学体系表现出彻底的无神论精神。他指出，物质是唯一的实体，是存在和认识的唯一根据。他认为：“在整个宇宙只存在着一个实体，只是它的形式各有变化。”在《人是机器》一书中，他不仅批判了宗教唯心主义的灵魂不死说、贝克莱的主观唯心主义和莱布尼茨客观唯心主义的“单子论”，也否定了笛卡儿的二元论，直言不讳地宣称自然界和物质无所依赖地在宇宙中独占首要地位，没有给造物主留下丝毫空隙。拉美特利对机体和心灵活动的形式作了机械论的解释，提出“人是机器”的命题。他认为，人与动物并无太大差别，人只不过比动物“多几个齿轮”，“多几个发条”，它们之间“只是位置的不同和力量程度的不同，而绝没有性质上的不同”。他写道：“人体是一架会自己发动自己的机器，一架永动机的活生生的模型。体温推动它，食料支持它。”拉美特利关于“人是机器”的思想虽然打破了自然哲学中唯心主义的最后壁垒，但其错误也是显见的。他的哲学是极端形态的机械论的代表。

霍尔巴赫建立了系统的机械唯物论哲学体系。他第一次从思维和存在的关系上对物质下了唯物主义定义。他提出："物质一般地是以任何一种方式刺激我们感觉的东西；我们归之于各种不同物质的那些特征，是以物质在我们内部所造成的不同的印象和变化为基础的。"他的定义虽不及列宁的物质定义那样严密、完整，但比起 17 世纪英国机械唯物论对物质和物体不分彼此的表述却前进了一大步。他对运动的理解没有超过笛卡儿，仍把运动归结为机械运动。霍尔巴赫认为："宇宙本身不过是一条原因和结果的无穷链条。"但是，他把因果联系简单地理解为机械的因果必然性，夸大了必然性的作用，否定了偶然性，反而把必然性降低为纯粹偶然性的产物。

机械自然观及机械论方法的历史作用

机械自然观和机械论方法在思想发展史上占有非常重要的地位，对科学、文化及思维方式的发展产生过重大的积极作用和一些消极作用。

在哲学中，机械自然观和机械论方法推动了唯物主义哲学的创立和发展。在科学发展史上，它是指导着几个世代科学家的思维方式，它的运用促进了力学的进一步发展。继牛顿之后，伯努里和欧拉研究了多质点体系、刚体和流体力学，拉普拉斯研究了天体力学。第二章将要介绍的热力学、电磁学等一系列科学理论体系都是运用机械自然观和机械论方法，以力学为模式而建立起来的。比如，法拉第在研究电磁感应的过程中形象地提出"力线"概念，并在力的基础上构造电磁学。恩格斯曾经对机械自然观和机械论方法作过很高的评价：把自然界分解为各个部分，把自然界的各种过程和事物分成一定的门类，对有机体的内部按其多种多样的解剖形态进行研究，这是最近 400 年来在认识自然界方面获得巨大进展的基本条件。

即使在 20 世纪，机械论思维方式仍然在相当范围内发挥着作用，例如以还原论形式在分子生物学领域所起的作用等。

作为人类认识和人类思维发展过程中一个不可超越的重要发展阶段，机械论思维方式的积极作用应当予以正视。关于其消极作用及其被新的系统思维方式所取代，我们将在后面的章节中阐述。

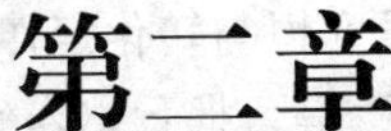

第二章

19世纪的科学成就与辩证自然观的形成

近代科学革命之后，在机械自然观的指导下，各门自然科学都取得了许多成就，获得了很大的发展。然而，在19世纪之前，大多数自然科学研究基本上还是运用观察、实验、归纳和演绎等方法达到记录、分类、积累知识的目的，许多领域的知识还是零散的、孤立的，这些领域内外的种种联系还有待发现和总结。到了19世纪，自然科学的一系列重大成就，如能量守恒与转化定律、细胞学说、达尔文的生物进化论和法拉第与麦克斯韦的电磁理论等，揭示出自然界不同领域的多种内外联系，冲击了机械自然观和方法论，并启示人们根据普遍联系和变化发展的辩证观点从理论上进行总结和概括。在此基础上，马克思和恩格斯创立了辩证唯物主义的自然观。

一、天体演化与地球演化

天文学在19世纪取得了很大进步。许多天文新发现进一步证实了牛顿万有引力定律的普遍意义，如海王星的发现等。随着天文观测手段的进步，人类的视野已从太阳系扩展到银河系和河外星系，从天体力学扩展到天体物理学领域。在研究天体现状的基础上，一些学者还提出了有关天体起源和演化问题的科学假说。

由于产业革命的推动，地质学在18世纪建立并且发展起来。地质学家通过对大量资料的分析和比较，认识到地球是在发展演化的。在地壳运动变化的原因和方式上，地质学家中出现了“渐变论”和“灾变论”的争论。“渐变论”的胜利不仅推翻了上帝创世的谬论，而且把变化、发展的思想引进了地质学。

康德和拉普拉斯关于太阳系起源和演化的假说

德国哲学家、科学家康德（1724—1804）第一个提出具有科学价值的天体起源学说。1755年，他出版了著名的《宇宙发展史概论》一书，批判了宇宙不变的思想，提出了太阳系起源于原始星云的假说。他认为，形成太阳系的原始星云是由大大小小的粒子组成的，这些粒子不均匀地散布在空间中；由于粒子间相互吸引，较小的粒子向较大的粒子聚集，在引力最强的地方逐渐凝聚成中心天体。他还认为，粒子彼此碰撞，并沿不同方向向中心天体落去；最后，某一方向上的运动占据优势，使得原始星云转动起来，并且在中心天体周围形成了大致在同一平面上转动的大大小小的粒子团，这些粒子团就成为围绕中心天体旋转的行星。按照它们距离太阳远近的不同，这些行星形成了不同轨道，离中心天体越远，轨

康 德

道的椭圆率越大。康德认为，各种有限的宇宙系统就像火凤凰一样，最终要死灭下去，投入到混沌状态之中，成为未来新世界的材料；有朝一日它们在力学定律的作用之下，还会重新活跃起来，创造出新的世界。

康德的关于太阳系各个天体都是由宇宙的弥漫物质遵循力学规律形成的这一基本思想，是一个有科学根据的设想。只是由于当时康德还只是一位不太出名的大学讲师，并且他是匿名发表《宇宙发展史概论》的，所以在当时没有引起人们的广泛注意。康德关于宇宙在有限天体的生与灭中形成永恒而无限的运动的辩证思想，对辩证自然观的建立起到了重要作用。

1796年，在不知道康德星云假说的情况下，法国数学家拉普拉斯(1749—1827)独立地提出了他的星云假说，并且还从数学上进行了严格论证。在《宇宙体系论》中，他认为，太阳系起源于一个巨大的、炽热的而且在缓慢旋转着的原始星云。由于逐渐地冷却，星云在不断地收缩，转动自然加快，星云赤道部分的物质所受的惯性离心力随之加大。当这一作用力与星云物质间的引力处于平衡时，赤道最外缘的物质将不再随星云一起收缩，而从星云中分离出来，形成一个围绕星云转动的气环。这同一个过程一次又一次地重复，便相继形成了与行星数目相等的几个气环。气环中的物质是不均匀的，较密的部分把附近物质吸引过去，使气环断裂并逐渐形成了行星，不断收缩的星云的中心部分则凝聚成太阳。拉普拉斯的学说基本上是与康德的学说一致的。但是，它在细节上更多地考虑了太阳系的动力学特征，比康德学说更合理、更自然地说明了太阳系中天体运动的一些规律。由于他们二人都认为太阳系是由同一块星云形成的，并都用星云内部吸引和排斥之间的矛盾来说明太阳系的形成，所以后人把两种星云假说合在一起，统称为“康德—拉普拉斯星云说”。

康德—拉普拉斯星云说的重要意义主要不在于它能否解释太阳系的全部力学特征，而在于它提出了宇宙中的天体是由演化而来的这一重要思想，在18世纪僵硬的自然观上打开了第一个缺口。

地球演化思想的确立

18世纪以来，在产业革命的推动下，采煤、采矿、运河和隧道等工程的需要推动了地质学的建立和发展。在大量积累资料的基础上，关于岩石的成因以及运动变化规律、地层的排列顺序以及演化历史的理论也相继建立起来，从而为地质学的主要分支学科——矿物学、岩石学、地层学和地史学奠定了坚实的基础。

通过对大量古生物化石的分析和比较，人们逐渐认识了地壳运动和变化的历史，认识到地球是在发展演化的。但是，在地壳运动变化的方式上，却长期存在着“渐变论”和“灾变论”的争论。

“灾变论”的代表是法国动物学家、解剖学家和古生物学家居维叶（1769—1832）。为了说明不同地层中脊椎动物化石在物种上的明显差别，以及这些化石与现存生物的差别，居维叶提出了灾变论。他认为，在地球历史上多次出现过局部地区自然环境的灾变，如洪水、地震，等等。这种变化使当地生物灭绝，从远处迁移过来的生物代替了原有生物，因此，在多次灾变中被埋藏在同一地区不同地层中的化石在种属上就会有明显差别。

1830至1833年间，英国地质学家赖尔（1797—1875）出版了《地质学原理——参照现在起作用的各种原因来解释地球表面过去发生的变化的尝试》一书。在书中，他用现在还在起作用的力量——风、雨、河流、海浪、潮汐、火山、地震等因素，说明地质历史上所发生的种种变化。他认为，地球的历史在时间上是连续的，是一连串前后相继的事变的结果。他根据高山湖泊附近所堆积的海栖动物的化石和滨海地区陆地的升降论证了地壳的运动，通过化石的存在说明地球在历史上同样有过适于生物存在的环境，不过这些环境由于地壳的运动而发生了变化。这些变化是在漫长的历史进程中缓慢发生的。他认为：“现在是认识过去的钥匙。”根据现存的地质应力——内力（地震、火山等）和外力（风、雨、温度的变化等），他说明了地壳变化的原因不是超自然的神创，而是上述自然力长期作用的结果。这些作用不是爆发式的剧烈变化，而是渐近式的巨大的变化。赖尔用现实主义方法，通过自然界本身的力量阐明了地壳演化过程。这不仅推翻了上帝创造世界的谬论，而且把变化发展的思想引进了地质学，把唯物主义和辩证法思想引进了地质学，因而有重要的理论价值。赖尔第一次把理性带进地质学中，以地球的缓慢变化这样一种渐进作用，代替了由于造物主一时兴发所引起的突然革命。因此，恩格斯把赖尔的地质学理论视作打破形而上学自然观的重要科学依据之一。

显然，赖尔的地质渐变论必然导致物种可变的思想。既然地壳是逐渐形成的、不断变化的，那么在它上面生活的一切生物也必定是进化发展的，这是他的学说的必然逻辑结论。但是，赖尔在《地质学原理》一书头几版中，却拥护物种不变论，反对拉马克的生物进化论。这是他的理论不彻底的一种表现。通过以后的多年考察研究，特别是在达尔文《物种起源》一书发表后，赖尔在1863年出版的《古代人类》一书中开始清算自己在物种起源上所持的错误观点，承认物种的变异性。

二、生命世界中多种联系的发现

18世纪下半叶至19世纪是生物科学取得重大成就的时期。细胞学说被恩格斯誉为“19世纪自然科学三大发现”之一，它根据动植物均由细胞按共同规律发育而成的事实，从细胞层次上论证了整个生命世界的内在联系和统一。19世纪的另一个重大发现——达尔文进化论，在大量生物学事实的基础上，用自然选择学说合理地说明了生物的多样性和适应性，宣告了神创论、目的论和物种不变论在生物学中的破产，并从动态发展的角度证明了整个生命世界的内在联系和有机统一。

细胞学说

19世纪30年代，施莱登（1804—1881）和施旺（1810—1882）提出了细胞学说，把人们关于生物界统一的思想发展到了一个新阶段。1838年，德国植物学家施莱登发表了《论植物发生》的论文。他认为，细胞是一切植物结构的基本单位，植物体的所有器官组织都是由细胞组成的。施莱登还非常重视考察植物的发育过程。他认为，植物发育的基本过程就是细胞形成的过程，细胞是一切植物借以发展的根本实体。1839年，德国动物学家施旺发表了《动植物结构和生长相似性的显微研究》，把施莱登的学说扩展到动物界，形成了适用于整个生物界的细胞学说。施旺也认为有机体的发育过程就是细胞形成的过程。施莱登、施旺的细胞学说不仅是有机体的构造学说，也是有机体的发育学说。19世纪50年代，一些医学家、生物学家将细胞学和胚胎学研究结合起来，证明卵子和精子原来只是简单的细胞，指出在发育过程中细胞本身可以复制，即细胞分裂，胚胎发育过程就是细胞分裂分化的过程。1855年，德国病理学家微尔和（1821—1902）将细胞学说应用于病理学研究，指出病变细胞是由正常细胞变化而来的，各种病变与细胞的形成和细胞结构的异常变化有关。

细胞学说的建立具有重大理论意义。它表明动物与植物之间没有绝对的区别，因为这两类有机体都是由细胞构成的。它说明一切生命有机体都是由简单的细胞分裂、增殖和发展后形成的，由此揭示出有机体产生、成长的过程及其构造的秘密，证明了有机体起源的共同性，从而证明了整个生命世界的内在联系和有机统一。

生物进化论

由于基督教的巨大影响，直到18世纪，绝大多数科学家仍持物种不变论和神创论的观点。例如，18世纪对生物分类学有过重大贡献的瑞典生物学家林奈（1707—1778）曾说："物种是至高无上的上帝创造的。最初创造了多少物种，现在就是多少。他们虽然遵循传宗接代的神的法则有所繁殖，但是每种生物永远是那个样子，不会改变。"但是，也有个别科学家根据生物学和地质学的成果提出过生命进化的推测，例如与林奈同时代的法国生物学家布丰（1707—1788）就曾提出过关于地球起源和生命进化的设想。布丰认为，地球是从太阳中分离和演化出来的，生命首先产生于海洋里，以后才发展到陆地上；物种在环境的影响下不断发生变化，一些相近物种可能起源于一个共同祖先。虽然布丰的设想很粗糙，关于物种变化的具体猜测也错误颇多，但他的生物进化思想毕竟是超时代的创见，对后人有很大的启示作用。

第一个提出进化学说的人是法国生物学家拉马克（1774—1829）。1802年，他发表了《对有生命天然体的观察》，阐明了他关于生物进化的创见。1809年，他又在《动物哲学》一书中对这种见解作了进一步论述。他把生物演变看成是由简单到复杂的进化过程，从简单的生物开始逐渐上升到高等动物。拉马克第一次相当成功地描述了动物进化过程，这是他不可磨灭的历史功绩。

达尔文

把生物进化思想建立在完全科学的基础上，使之成为19世纪被人们普遍接受的科学理论的，是英国生物学家达尔文（1809—1882）。他出生于一个医生家庭，早年学医，但因为厌烦医学和解剖学，后来转到剑桥大学神学系学习。在老师们的推荐下，他被英国政府派遣到赴南太平洋考察的"贝格尔"号军舰上担任博物学家的职务。他的老师，剑桥大学植物学教授汉斯罗曾劝他带一批书以便途中阅读，其中包括刚刚出版的赖尔的《地质学原理》，但他奉劝达尔文不要接受这部书的观点。但是，达尔文出发后常把这部书带在身边，它成了达尔文此次进行科学考察的理论指南。他把赖尔的方法和观点从地质学推广到生物学中。在长达五年之久（1831—1836）的航海考察期间，达尔文采集了很多地质的、植物的和动物的标本，还亲自考察了大量生物进化的事实，其中有三件事使他印象颇深，对他影响最大。第一，他在南美洲大草原的岩层中发现过带甲的、巨大的动物化石，它的甲壳很像现存犰狳的甲壳；第二，他发现在南美大陆的一些关系密切而近似的动物物种如鼠类，自北向南逐次代替；第三，他发现加拉帕戈斯群岛的大多数生物如鸟类，都具有南美洲生物的特征。各岛上的生物形貌略有不同，如鸟类按鸟嘴大小和形状可排出一个渐进序列，鸟嘴差异可能与各岛上找到的食物有密切关系。在航海考察过程中，达尔文开始设想：这些生物事实只能根据物种是逐渐变异的这样一种假设，才有可能作出合理解释。当达尔文回到英国时，他已坚定不移地相信物种不是被分别创造出来的，一个物种是从原有的另一个物种演化而来的。

但是，当时他还不能说明物种为什么能变化得如此巧妙地适应环境。为了探讨这一问题，回国之后，达尔文便着手收集动物和植物在家养状况下发生变异的材料。在研究工作中，他很快觉察到，作物和家畜新品种之所以能适应人类需要，其关键在于选择；继而他进一步探讨选择原理能否运用于自然界，以及选择是如何在自然状况下起作用的。达尔文在研究中发现，自然界的动物和植物都具有巨大的繁殖数量，而各种生物的实际数量在一定条件下总是保持相对稳定，没有多大变化，生物实际生存数量和它们繁殖数量之间相差很大。据此，达尔文得出结论：生物界存在着剧烈的生存斗争。每一种生物，为了生存繁殖都需要进行斗争，它们或者是为了争取食物、光线、空间，或者是为了抵御敌害，对抗不良环境。他还认为，生物界普遍存在着变异，生存斗争是在不完全相同的个体之间进行的。凡是能够较好地适应环境变化的个体，在斗争中将得到较大的生存繁殖机会，反之则被淘汰。生存斗争导致自然选择。在自然选择过程中，被选择的有利性状将在世代传递过程中逐渐积累，从较小变异转变为较大变异，并由于中间类型死亡，变种转变为界限分明的新物种。也就是说，生物在生存斗争中，适者生存，不适者淘汰。物种在生存斗争中经过自然选择，逐渐产生新物种，实现生物的进化。

上述思想在1838年时就已在达尔文头脑里基本形成，但为了使他的论点具有更强的说服力和经得起考验，达尔文又用了20年时间进一步搜集材料，并仔细推敲每个细节。与此同时，英国生物学家华莱士（1823—1913）通过对马来群岛上物种的考察，也独立地得出了自然选择的结论。1858年，华莱士从马来群岛给达尔文寄了一篇论文《论变种与原型不断分殊的倾向》，提出了与达尔文大体一致的进化论思想。同年，达尔文把自己关于进化论的原稿摘要和华莱士的论文一起发表在《林奈学会会报》上。1859年11月，达尔文正式出版了他的伟大科学著作——《物种起源》。之后，达尔文又出版了新作《人类由来及性选择》。在这两部著作中，达尔文提出了以自然选择为基础的生物进化论学说，并指出人是由类人猿进化来的。

达尔文的学说不仅说明了物种是可变的，而且对生物适应性也作了正确解释，从而摧毁了各种唯心的神创论、目的论和物种不变论，给宗教神学以沉重打击，同时也从动态发展的角度阐明了整个生命世界的内在联系和有机统一。他的理论也有一些不足和缺陷，比如，强调物种缓慢进化时否定了自然界的飞跃；过分强调繁殖过剩所引起的生存斗争，混淆了繁殖过剩引起的选择与环境变化引起的适应选择，忽视了生物间的合作；未能正确说明进化的遗传和变异问题，等等。

三、物理世界中多种联系的发现

19世纪的物理学取得了全面发展，最具突破性的成就是两次理论大综合的产物：热力学与统计力学，和经典电磁学。热力学定律及其推广形式（能量守恒与转化定律是热力学第一定律的推广）的发现和经典电磁学的创立揭示了物理世界各种运动形式的内在联系和统一性。

能量守恒与转化定律

能量守恒与转化定律是在19世纪30至40年代期间，在五个国家，由六七种不同专业的十几位科学家，分别从不同侧面各自独立地提出的。1798年，美国物理学家伦福德（1753—1814）在德国慕尼黑兵工厂监制大炮时，发现钻炮膛所用的钻头越钝，钻削的碎屑越少，所产生的热量却越多。伦福德还把炮筒放在一个水槽里，用一支钝的几乎不能削出碎屑的钻头钻孔，几匹马拉着钻具钻了约两个半小时，槽内18磅的水竟然沸腾了起来。对实验结果的分析表明，热只能来源于钻头运动。1799年，英国化学家戴维用在真空中的机械使两块冰互相摩擦，并使整个仪器都保持在0℃。几分钟后，冰融化成水。冰吸收的热是由机械运动转化来的，这说明热是一种运动，而不是一种作为实体的热质。

到19世纪30年代，物理学中一系列成就促成了一个新的共识，即自然界各种运动形式都是可以相互转化的。1800年，英国科学家尼科尔逊和医生卡莱尔通过电解水实验证明电可以引起化学反应，电能可以转化为化学能。1820年，丹麦物理学家奥斯特实验证明电能可以转化为磁能。1831 年，法拉第实验证明磁能可以转化为电能。1821 年，德国人塞贝克制成了温差电偶，证明了热能可以转化为电能。

1840 年，德国医生迈尔（1814—1878）作为船医，在从荷兰前往东印度途中，发现在热带地区海员患病者静脉血液含氧较多。他认为，维持人体力和体热的来源是食物的消化，而消化食物的过程，犹如无机界的燃烧，在热带维持体热消耗的能量减少，静脉血中剩余氧气就比在欧洲时更多，这就是血液更显红色的原因。从这一现象中，他认识到生物体内能量的输入和输出是平衡的，食物中所含化学能和机械能一样，可以转化为热能。迈尔是第一个发表能量守恒与转化定律的人。

英国曼彻斯特酒厂主、业余物理学家焦耳（1818—1889）是最先用科学实验确立能量守恒与转化定律的人。19 世纪 40 年代，他通过电和热的转化、电和机械运动的转化、机械运动和热运动的转化测定了电热当量和热功当量。从 1840 年起直到 1878 年，焦耳经过 30 多年坚持不懈的努力，用不同方法进行实验，确定了电热转化的焦耳定律，测出了精确的热功当量值 $J=4.157$ 焦耳/卡（现在测定的当量值 $J=4.1840$ 焦耳/卡）。至此，能量守恒与转化定律确立，其基本内容是：自然界一切物质都具有能量，能量有各种不同的形式，可以从一种形式转化为另一种形式，从一个物体传递给另一个物体；在转化和传递中，各种形式能量的总和不变。能量守恒与转化定律的发现为辩证唯物主义自然观的建立提供了重要的自然科学基础，证明了物质运动变化发展的客观性、守恒性和统一性，给唯心主义创世说以沉重打击。

热力学第一定律是普遍的能量守恒与转化定律的特殊形式，是在只涉及热现象的比较狭窄的意义上对这一定律的表述。

热力学第二定律的发现

热力学第二定律的发现来源于提高热机效率的研究。1824 年，法国陆军工程师卡诺（1796—1832）发表了《关于火的动力以及产生这种动力的机器的研究》一文，分析了蒸汽机由热能转化成机械能的各种因素。他认为，热机必须工作于两个热源之间，热从高温热源转移到低温热源时才能做功，热机做功的数值大小与采用什么样的工作物质无关，它仅仅决定于两个热源间的温度差。卡诺的这个结论是热力学第二定律的萌芽。巴黎桥梁道路学院的克拉佩龙教授（1799—1864）对卡诺原理进行了数学分析，在 1834 年首先将卡诺所阐述的热机循环过程以简明的几何形式表示出来。到了 19 世纪 50 年代，有两位物理学家以能量转化的观点分析了卡诺原理的意义，并以不同的表述形式总结出热力学第二定律。1850年，德国物理学家克劳修斯（1822—1888）指出，热不可能独自地、不付出任何代价地从冷物体传给热物体；在一个孤立的系统内，热总是从高温物体传到低温物体中去，而不是相反。1851年，英国物理学家开尔文勋爵（1824—1907，原名威廉·汤姆逊）指出，不可能从单一热源吸取热量，使之完全变为有用功而不产生其他影响。上述两种说法的共同点在于：热机在工作过程中不可能把从高温热源吸收的热量全部转化为有用功，它总要把一部分热量传给低温热源。因此，最理想热机的效率也不可能达到百分之百。

1865年，克劳修斯引入了熵的概念。熵表示某一热力学状态可能出现的程度。假如物体的温度为 T，它的热量为 Q，则它的熵 $S=Q/T$。能量相同的系统，温度较高者熵较少，温度较低者的熵较大。由于热量总是从高温物体传向低温物体，因此，一个相对独立的系统总是要沿着熵增大的方向运动。熵的概念说明了热力学过程的不可逆性。比较能的概念与熵的概念，能从正面量度着运动转化的能力，能越大表明运动的转化能力越大；熵则从运动不能转化的一面量度运动转化的能力，它表示转化已经完成的程度。一个系统熵越大，就越接近于平衡状态，系统能量也就有越来越多的部分不再可供作用了。所以，熵表示着系统内部能量的“退化”、“耗散”。在这个意义上，可将热力学第二定律称为“熵增加原理”。

热力学第二定律发现后，克劳修斯等人把这一在有限范围内归纳总结发现的客观规律任意地无条件地推广到无限宇宙中去，提出了所谓“宇宙热寂说”。1867年，克劳修斯在的一次演讲中说：“宇宙越是接近于其熵为一最大值的极限状态，它继续发生变化的可能性就越小；当它最后完全达到这个状态时，就不会再出现进一步的变化了。宇宙就将永远处于一种惰性的死寂状态。”他把无限的宇宙当作一个有限的孤立系统，认为在宇宙的发展过程中，由于高温物体如太阳不断地向宇宙太空放出大量的热，将来总有一天宇宙温度会趋于平衡，因而使所有物体都丧失了运动能力。根据能量守恒与转化定律的基本观点，恩格斯对“宇宙热寂说”进行了深刻的批判。首先，“宇宙热寂说”认为一切运动形式都将转化成热，而热却不再转变成其他运动形式的观点是违反能量转化定律的；其次，“宇宙热寂说”认为宇宙最终将变成静止的平衡状态，达到平衡以后，必须求助于外来的推动才能重新运动起来，这直接违背了能量守恒定律。在批判了“宇宙热寂说”之后，恩格斯认为克劳修斯在这里的确提出了一个重大科学问题：辐射到宇宙空间中去的热一定有可能通过某种途径（指明这一途径，将是以后某个时期自然研究的课题）转变为另一种运动形式，在这种运动形式中，它能够重新集结和活动起来。

气体分子运动论的建立

从1857到1868年，克劳修斯、英国物理学家麦克斯韦（1831—1879）和奥地利物理学家波尔兹曼（1844—1906）等分别把统计方法和几率概念引进热学，创立了气体分子运动论。

克劳修斯首先对热力学定律作了动力学解释。他认为，气体由大量运动着的分子所组成，气体分子是弹性质点，在运动时相互碰撞，沿各个方向运动的分子碰撞机会和分子数相关；分子运动速度随着气体温度的增加而增大，气体的热能就是气体分子运动的动能。依据这些观点，他用分子数、分子质量和分子速度导出了气体压力，并进一步对波义耳定律等作出了微观解释。麦克斯韦用概率统计方法研究了分子运动，发现了气体处于热平衡时其分子数目按速度大小分布的定律。波尔兹曼发展了麦克斯韦的结论，提出了平衡态气体分子的能量均分定律，并用分子运动的观点对熵作出了统计几率的解释。他认为，由于分子的热运动，物质系统内部从“有规则”（有序）趋向混乱（无序）。他指出，熵的减小就是无规则性、混乱度增大的几率小，熵的增大是其几率大，熵的反面（负熵）则表示规则性、有序性的提高。

分子运动论表明，分子热运动是大量分子无规则运动的表现，服从统计规律，而统计规律则是自然界因果律的新形式。用统计观点和统计方法去解释热现象就产生了统计物理学和统计力学。

经典电磁学的创立

1820年，丹麦物理学家奥斯特（1787—1851）发现了电流磁效应，首次揭开了电与磁的内在联系，使电磁学的研究开始进入一个迅速发展的时期。他发现了一种旋转力，与已知的中心力完全不同。他的发现奠定了电动机的基本原理，包含了后来电报、电动机、电磁铁等电力技术应用的巨大可能性。从1820到1825年，法国物理学家安培（1775—1836）进行了一系列精心设计的电磁学实验，明确提出了电流激发磁场及电流在磁场中受力的概念。他发现了两个电流间相互作用力的规律，电流和它所引起的磁场之间

奥斯特

的关系。安培还提出了物质磁性的分子电流假说，从微观上解释了磁性的起源。1820年10月30日，法国物理学家毕奥（1774—1862）和萨伐尔（1791—1841）发现直流电流对磁针的作用可以看作是电流元单独作用的总和。他们的研究工作奠定了经典电动力学数学理论的基础。

法拉第发现电磁感应

法拉第（1791—1867）是19世纪英国伟大的物理学家和化学家。他出身贫寒，只读过两年小学。从1822年起，他开始研究磁产生电的效应，经过10年的实验研究，终于在1831年成功地发现了电磁感应现象。他发现，不论采用何种方式，只要穿过闭合回路所围面积的磁通量发生变化时，回路中就会产生感应电流。这就是法拉第的电磁感应定律，这一定律成为发电机的理论基础，开创了人类利用电力的新时代。1833年，德国物理学家楞次（1804—1865）发现楞次定律，即：感生电流所形成的磁场的作用，总是补偿施感磁场变化，阻碍施感磁体的运动。楞次定律将感生电流的产生同力学做功过程联系起来，说明电磁现象符合能量守恒与转化定律。

法拉第在科学思想上坚信自然界物理图景的统一性，坚信各种自然力的统一性和电磁现象的近距作用。在科学实验中，他直观地感受到电荷之间和磁之间的相互作用不是超距的，他以惊人的想象力提出用“力线”来描述电磁相互作用，冲破了牛顿力学中的“超距作用”观念。1837年，他提出“场”的概念，把充满磁力线的空间称为磁场，指出磁力线就是通过场来传递的。法拉第认为，力线是实实在在的物质，场是一种充满空间媒质（以太）的应力状态。尽管他对场的解释是机械论的，但场概念的提出是科学思想史上的一项伟大成就，是在牛顿之后物理学基本概念的最重要变革。在现代物理学中，场是物质的最基本的存在形式。①

麦克斯韦创立经典电磁学理论

麦克斯韦把法拉第的电磁场直觉表达成精确的、定量的数学方程式。他是继法拉第之后，集电磁学大成的伟大科学家。他依据前人的一系列科学发现和实验成果，经过自己天才的创造性研究工作，终于建立了完整的经典电磁学理论体系。1873年，他出版了巨著《电学和磁学论》，提出了电磁学方程组，以非常简洁完美的形式概括了库仑定律、高斯定律、欧姆定律、安培定律、毕奥—萨伐尔

① 关于“场”的相关内容，参见本书第十四章第二节。

麦克斯韦

定律、法拉第电磁感应定律以及麦克斯韦位移电流和涡旋场理论。麦克斯韦方程组能够完整而充分地反映电磁场的客观运动规律，它最初有 20 个方程，经过后人的工作被简化为现代教科书中经常出现的四个方程，其微分形式如下：

$$\begin{cases}\Delta \cdot \vec{E}=4\pi\rho \\ \Delta \cdot \vec{B}=0 \\ \Delta \times \vec{B}=\frac{1}{c}\frac{\partial \vec{E}}{\partial t}+\frac{4\pi}{c}\vec{j} \\ \Delta \times \vec{E}=-\frac{1}{c}\frac{\partial \vec{B}}{\partial t}\end{cases}$$

在根据麦克斯韦方程组推导出的自由电磁波的波动方程中，表示波速的项是常量，取决于媒质的介电系数和导磁率，计算出的波速恰好等于光速，这就是说，电磁波以光速传播。反过来，这也启示我们光也是电磁波。1886 年，德国物理学家赫兹（1857—1894）用实验证明了电磁波的存在。1818 年，赫兹测量了电磁波的速率，证明它等于光速。

因此，麦克斯韦完成的经典电磁学也包括了光的电磁学说，不仅统一了电学和磁学，而且进一步统一了电磁学和光学，成为经典物理学的第三次大综合。这个伟大成果奠定了现代的电力、电子和无线电工业的理论基础，为近代第二次技术革命——电力革命打下了坚实的理论基础。

电磁波的波速是常量，这与机械波根本不同，说明经典电磁学与经典力学有很大的差别，比如，经典电磁学不适用于伽利略相对性原理，其速度合成不能适用伽利略变换。经典物理学内部这个深刻矛盾是后来现代物理学革命的理论导因之一，与以太漂移实验的“零”结果一起，促成了爱因斯坦相对论的诞生。①

研究物理世界的另一门非常重要的基础科学是化学。化学在 19 世纪时不仅有大量的新发现，而且初步建立起比较系统的理论，包括道尔顿的原子论、阿伏伽德罗的分子论、门捷列夫的元素周期律等。此外，有机化学的建立和发展以及尿素等有机化合物的人工合成，填补了无机物理世界同有机生命世界之间的鸿沟。像物理学的重大成就一样，化学的这些重大成就同样证明了物理世界的内在联系和统一性。

---

① 详细内容参见本书第三章。

四、辩证自然观的形成

19世纪，各门自然科学都取得了长足进步，揭示了自然界中普遍存在的联系和发展，不断冲击着近代科学革命以来在科学界占统治地位的机械自然观和方法论，为辩证唯物主义自然观和方法论的建立奠定了科学基础。

机械唯物主义自然观、方法论的危机

19世纪自然科学发展中一系列重大成就的出现，在机械唯物主义的自然观和方法论上打开了一个又一个缺口。尤其是能量守恒与转化定律、细胞学说和达尔文的生物进化论这三项自然科学的重大发现，充分揭示了自然界一切现象和事物的固有的辩证法。恩格斯曾指出，由于这三大发现和自然科学的其他巨大进步，我们现在不仅能够指出自然界中各个领域内过程之间的联系，而且总的说来也能指出各个领域之间的联系，以近乎系统的形式描绘出一幅自然界联系的清晰图画。

不仅如此，19世纪各门自然科学的迅速发展，还揭示出自然科学各领域内部以及各领域之间的内在联系，从而在客观上要求自然科学对数量庞大的科学事实资料加以整理并使之系统化，并进一步作出理论上的概括和说明。比如，生物学研究动植物机体中的生理变化过程，胚胎学研究单个机体从胚胎到成熟的发育过程，地质学研究地壳逐渐形成的过程，天文学研究天体的演化过程，等等。于是，17世纪和18世纪在科学界占统治地位的机械唯物主义的自然观和方法论就陷入了严重的危机之中。

科学方法论由经验方法向理论方法的过渡

19世纪以前，大多数自然科学研究基本上还是运用观察、实验、归纳和演绎等经验方法达到记录、分类、积累知识的目的。正如恩格斯所指出的，18世纪末以后，经验自然科学积累了如此庞大数量的确实的知识材料，以至于在每一个研究领域中，都不可避免地出现把这些材料有系统地和依据其内在联系加以整理的要求。因此，自然科学便走到了理论总结的阶段，纯粹的经验方法远远不够，而必须要重视理论方法。

19世纪，理论思维开始活跃于自然科学领域，比较、假说等思维方法获得了较大发展。比如，把比较方法广泛地运用于生物学、地质学领域，先后出现了

比较生物学、比较解剖学、比较生理学、比较胚胎学、比较地理学和比较地质学等新学科。在大量科学事实的基础上，赖尔用“将古论今”的历史比较方法建立了地质渐变论。达尔文用比较方法找到了大量直接和间接的生物进化证据，进而创立了生物进化论。除了比较方法，假说逐渐成为建立和发展科学理论的重要方法。19 世纪道尔顿的原子论、阿伏伽德罗的分子量、门捷列夫的元素周期律等，开始都是以假说的形式提出的，后经大量事实验证之后，才上升为理论。假说是理论发展的一个必不可少的重要阶段。恩格斯说，只要自然科学在思维着，它的发展形式就是假说。

马克思和恩格斯奠定辩证自然观的基础

19 世纪下半叶，根据当时自然科学的伟大成就，马克思和恩格斯批判地吸收了黑格尔的辩证法和英法机械唯物主义的合理之处，提出了辩证唯物主义的自然观。其基本思想如下：

——普遍联系。恩格斯说，我们所面对着的整个自然界形成一个体系，即各种物体相互联系的总体。

——多样性统一。自然界的物质和运动是不可分离的。物质及其运动不仅有量的差别和变化，还有机械论者不愿承认的质的差别和变化，是多样性的统一。高级运动形式由低级的运动形式转化而来，它包含低级的运动形式，但不能完全还原到低级的运动形式。其中，“生命是蛋白体的存在方式”，“生命的起源必然是通过化学的途径实现的”。

——发展演化和永恒循环。恩格斯说，新的自然观的基本点是完备了：一切僵硬的东西溶化了，一切固定的东西消散了，一切被当作永久存在的特殊东西变成了转瞬即逝的东西。这是物质运动的一个永恒循环，这个循环只有在我们的地球不足以作为量度单位的时间内才能完成它的轨道。在这个循环中，最高发展的时间，有机生命的时间，尤其是意识到滋生自然界生物的生命的时间，正如生命和自我意识在其中发生作用的空间一样，是非常短促狭小的。在这个循环中，物质的任何有限的存在方式，不论是太阳或星云，个别的动物或动物种属，化学的化合或分解，都同样是暂时的，而且除永恒变化着、运动着的物质以及这一物质运动和变化所依据的规律之外，再没有什么永恒的东西。

此外，马克思和恩格斯还比较系统地、科学地分析了自然科学与社会的相互作用。马克思的至理名言“自然科学也是生产力”至今仍指导着我们对科学与经济基础之间关系的研究。

由于种种原因，马克思和恩格斯关于辩证唯物主义自然观的论著有些因为没有完成而当时未能发表，如恩格斯的《自然辩证法》；有些虽已公开出版，比如恩格斯的《反杜林论》的哲学编，但在当时轻视哲学的自然科学界没有产生很大影响。因此，19世纪后期在自然科学界占统治地位的思维方式仍然是机械自然观。然而，19世纪自然科学的巨大进步已促使许多科学家开始用联系和发展的辩证观点分析问题，尽管还只是不自觉地、局部地。不久之后的19世纪末20世纪初，新的物理学革命用新理论取代了机械自然观的基石——牛顿经典物理学，从而使辩证唯物主义自然观的基本思想获得了更有力的科学支持，成为大多数自然科学家的世界观和方法论，尽管不是按马克思、恩格斯所创建的形式。20世纪后期，系统科学的一系列重大进展又使它更加深入人心，并得到进一步的发展和完善。

第三章

20世纪初的物理学革命及其思想方法特征

从近代科学诞生至19世纪末，近代物理学的发展历程中出现了三次大综合，分别创立了经典力学、热力学与统计力学、经典电磁学，并以它们为理论支柱建构起经典物理学的大厦。那时有许多物理学家错误地认为物理学已接近最后完成，但恰在此时，物理学中出现了危机，并迅速发展为物理学的一场伟大革命。这场革命不仅创立了相对论和量子力学，加深了人类对高速、微观等层次的物质运动规律的认识，而且在科学思想和科学方法上取得了许多重大的突破，为辩证自然观真正取代机械自然观奠定了坚实的科学基础。

一、经典物理学天空中的乌云与三大发现

19世纪末期，经典物理学的危机显露出来，最突出的表现是在经典物理学原有的理论框架内难以解释"以太漂移"实验的"零"结果和黑体辐射中的"紫外灾难"。

"以太漂移"实验的"零"结果

20世纪之前，许多物理学家认为以太是光、电、磁等现象的载体或媒质。以太（*aether*）一词来源于古希腊，原意为高空。笛卡儿最早把它用在科学上，用以表示一种充满宇宙的、能传递相互作用的无质量物质。稍后，胡克、惠更斯等人为解释光学现象，也假设了以太的存在。19世纪，随着光的波动论和电磁理论的胜利，作为光、电、磁等相互作用的载体或媒质的以太也就成为物理学的重要研究对象。而且，与分立的物质粒子相比，引入连续分布的物质形态以太，更适于以经典力学的微分方程描述对象状态，这是以太在当时盛行的另一个原因。相信以太存在的物理学家认为，以太有弹性、可压缩、无引力，对沉浸在以太中的天体的运动有阻滞作用。人们习惯用牛顿力学的范式去看电磁场理论，认为麦克斯韦电磁场方程只适合于静止的以太参考系，因此相信存在着一个优越的惯性参考系，即绝对静止的以太参考系，而这意味着存在绝对空间和绝对运动。

1867年，麦克斯韦提出，对沿地球运动方向和垂直于该方向的光速加以比较，可以测出地球相对于以太的运动。他还指出，在地面上的光速实验，因为光在同一通道上往复，地球相对于以太的速度对于双程时间的影响只能是二级效应。美国实验物理学家迈克尔逊（1852—1931）受其启发，设计了通过这种二级

效应来测定地球相对于以太漂移速度的实验，并制作出实验所需要的干涉仪。1887年，他与合作者美国物理学家、化学家莫雷（1838—1923）完成了图3—1所示的实验。

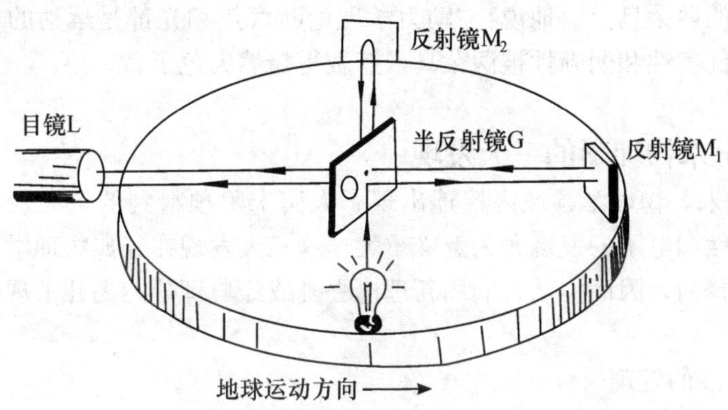

图3—1 迈克尔逊—莫雷实验示意图

他们昼夜不停地观测了五天，实验的精度高达四十亿分之一，但始终没有观察到预期的干涉条纹移动，即没有找到地球相对于以太漂移的迹象。以太漂移实验的“零”结果对以太说是个沉重打击，实际上表明电磁场的时空结构不同于牛顿力学的时空结构。但是，大多数物理学家还难以接受这个事实，继续维护以太说，试图通过对经典物理学的局部修正而保存其体系。

黑体辐射中的“紫外灾难”

19世纪下半叶，热辐射即热物体发出的电磁波，已成为物理学研究的重要课题之一。1859年，德国物理学家基尔霍夫（1824—1887）提出用黑体作为理想模型来研究热辐射。所谓黑体是指一种能够完全吸收投射在它上面的辐射而毫无反射和透射，看上去全黑的理想物体。黑体辐射的特点是辐射能量的分布只取决于黑体温度，而与其物质成分无关。

1896年，德国物理学家维恩（1864—1928）通过半理论半经验的办法，找到一个用来描述能量分布曲线的辐射定律，称作维恩公式。维恩公式在高频部分与实验数据相符，但在低频部分却偏离很大。1900年，英国物理学家瑞利（1843—1912）根据统计物理学和电磁场理论，推导出一个新的辐射公式（五年后爱因斯坦和英国物理学家金斯分别提出了瑞利公式的修正公式）。这个公式在低频部分与实验数据相符，在高频部分却相差极大，随着频率增高，公式的预测值在紫外一端趋于无穷大，而实验数据却趋于零。这一巨大的反差反映出经典物理学已遭遇严重的危机，有的物理学家称之为“紫外灾难”。

1900年，英国著名物理学家开尔文勋爵在讲演中把这两大疑难称为经典物理学天空中的两朵乌云。他说：“动力学理论断言热和光都是运动的方式，现在这一理论的优美性和明晰性被两朵乌云遮蔽得黯然失色了。”

19世纪末物理学的三大发现

19世纪末，物理学领域内接连出现了人们未曾预料到的重大发现，其中X射线、放射性和电子的发现尤为意义重大。这三大发现在经典物理学的原有体系内是难以解释的，因而推动人们用新理论去挑战经典理论，揭开了现代物理学革命的序幕。

1. X射线的发现

X射线的发现源自对阴极射线的研究。1895年，德国物理学家伦琴(1845—1923)开始研究阴极射线。一天傍晚，他用黑纸将放电管严密地包好，以免漏光，然后他把房间弄黑，接通了放电管的电源，检查是否漏光，经检查没有发现漏光。在切断电源时，他意外地发现一米以外的实验屏上有绿色的闪光。他非常惊奇，反复地进行实验，并把实验屏一步一步远移，发现在两米以外仍见到闪光。因为这种射线不在磁场中偏转，他断定它不是已知的阴极射线，而是一种新射线，因其性质不确定，故取名为X射线。伦琴发现X射线的穿透力很强，不仅能穿透黑纸使底片感光，还能显示出衣袋里的钱币和手掌的骨骼。X射线的伟大发现很快传遍了世界，引起了极大反响。X射线的发现不仅有很大的科学意义，也造成一种新的实用技术。1901年，伦琴成为第一位诺贝尔物理奖获得者。

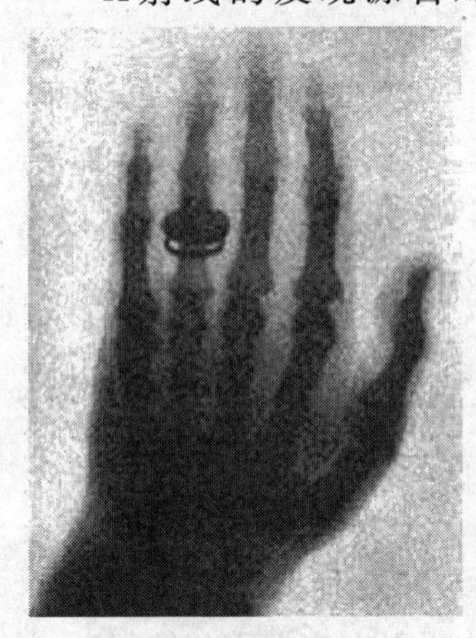

世界上第一张X光片
——伦琴夫人的手

2. 放射性的发现

放射性的发现来源于对X射线的研究。1896年，法国物理学家贝克勒尔(1852—1906)开始研究X射线与荧光物质的关系。他选铀盐（硫酸钾铀）作实验材料，通常的做法是先把铀盐置于阳光下暴晒，让其产生荧光，然后再将它放在用黑纸包严的照相底片上，以使底片感光。一次，遇到了连阴天，无法做实验，他把装有铀盐的黑纸包和底片放进抽屉，但几天后取出时却意外地发现底片已感光。他推断，底片的感光必定是铀盐发出的一种类似X射线的神秘射线所致。他随后发现，所有的铀化合物，不论是不是荧光物质，都能发出这种射线，由此可知发出射线的物质是铀。于是，贝克勒尔首先发现了铀的天然放射性。

波兰女物理学家玛丽·居里（1867—1934）通过大量实验发现沥青铀矿渣具有极强的放射性，其强度远远超过铀和钍。她推断在沥青铀矿中存在着新的放射性元素。她和她的丈夫，法国物理学家皮埃尔·居里（1859—1906），经过长时间艰苦繁重的实验，先发现了放射性强度比铀高400倍的新元素钋，接着又发现了放射性强度比铀高200万倍的新元素镭。

居里夫人在实验室

放射性的发现在科学和哲学上都有重大意义。它表明原子不是物质组成的最小单位，原子可以再分（放出射线）。它表明存在一种新的能量形态——原子核能。但当时的物理学家对射线能感到困惑不解，误以为违背了能量守恒定律，一些人惊呼发生了“物理学的危机”。

3. 电子的发现

电子的发现也是研究阴极射线的一个结果。19世纪末，物理学家中关于阴极射线的本质有两种不同的观点。赫兹等德国物理学家认为阴极射线是以太波，不是粒子流。克鲁克斯等英国物理学家则认为那是带电的粒子流。1895年，法国物理学家佩兰（1870—1942）用实验证明阴极射线是带负电的粒子流，但他认为这种粒子是气体离子。1897年，英国物理学家J.J.汤姆逊（1856—1940）用精巧的实验无可辩驳地证实阴极射线是带负电荷的粒子流。次年，他和学生合作，测出了阴极射线粒子的荷质比和电荷，算出其质量约为氢原子的1/1830，还发现其荷质比与阴极材料无关，说明这种粒子是各种物质的原子的共同组成成分。不久，这种粒子被命名为“电子”。

电子是人类认识的第一种基本粒子。它的发现揭示出原子有内部结构，标志着人们对物质结构的认识进入新的阶段，同时也揭开了电的本质。

二、相对论的新时空观

迈克尔逊—莫雷实验的“零”结果表明经典力学时空结构与电磁场理论的不相容，经典物理学已面临着重大危机。但是，大多数理论物理学家仍沉迷于经典力学的机械时空观，想通过添补一些特设性假定而解释“零”结果，以挽救以太和经典力学。只有极少数人意识到，必须建立新的时空理论才能克服危机。20世纪最伟大的物理学家爱因斯坦（1879—1955）在这时果敢地提出了相对论，使现代物理学革命进入高潮。

挽救以太和经典力学的努力

1889年，爱尔兰物理学家菲茨杰拉德（1851—1901）最先提出了收缩假说，以解释以太漂移实验的“零”结果：物体相对于以太运动时，其运动方向上的长度会缩短，缩短的程度取决于物体速度对光速比率的平方。荷兰物理学家洛伦兹（1853—1928）稍后独立地提出了收缩假说，并推导出不同运动状态的惯性参考系之间时空坐标的变换关系，即“洛伦兹变换”：

$$\begin{cases} x'=\dfrac{x-vt}{\sqrt{1-v^2/c^2}} \\ y'=y \\ z'=z \\ t'=\dfrac{t-vx/c^2}{\sqrt{1-v^2/c^2}} \end{cases}$$

c为光速，$c=299\,776\pm4$千米/秒（以下相同），v为两个惯性参考系之间的相对速度。

洛伦兹变换使麦克斯韦电磁场方程在惯性参考系中具有相同的形式。洛伦兹还澄清了以太的概念，取消了以太的各种力学性质，提出以太就是绝对静止的空间，起着牛顿力学绝对空间的作用。虽然洛伦兹根据收缩假说得出的变换同爱因斯坦狭义相对论得出的变换在数学表达上是一样的，但物理意义不同。

1898年，法国物理学家、数学家彭加勒（1854—1912）提出：“光具有不变的速度，它在一切方向上都是相同的。”他主张，应针对以太漂移实验的“零”

结果引入更普遍的观念，而不是像洛伦兹那样提出太多的假设。1904年，他在一次讲演中肯定了相对性原理的正确性，预言说："也许我们应该建立一门崭新的力学……在这门力学中，惯性随着速度增加，光速将会成为一个不可逾越的界限。"实际上，彭加勒已走到了相对论的大门口。

爱因斯坦创立狭义相对论

爱因斯坦出生在德国小镇乌尔姆一个犹太人家庭，自幼好动脑筋，具有独立思考、"离经叛道"的性格。他从苏黎世高等工业学校毕业后，于1901年加入瑞士国籍，到伯尔尼的瑞士专利局工作。1905年6月，他在26岁时发表了论文《论运动物体的电动力学》，提出了狭义相对论。

爱因斯坦

在这篇具有划时代意义的论文中，爱因斯坦把相对性原理和光速不变原理作为理论的出发点，他称之为公设：

1. 物理体系的状态据以变化的规律，同描述这些状态的变化时所参照的坐标系究竟是两个在互相匀速移动着的坐标系中的哪一个并无关系。

2. 任何光线在"静止的"坐标系中都是以确定的速度 c 运动着，不管这道光线是由静止的还是由运动着的物体发射出来的。

根据同时性的定义和这两个公设，他简洁地建立了一系列新的时空变换公式，然后推导出同时性的相对性、运动物体"长度收缩"、运动惯性系"时间延缓"和新的速度合成公式，等等。

同时性的相对性　"同时性"问题是爱因斯坦创立狭义相对论的突破口。根据狭义相对论，如果两个事件在惯性系 S 中，是在同一时间、不同地点发生，那么在相对于 S，以匀速 v 运动的惯性系 S' 中测量，它们就不是同时发生的。也就是说，同时性并不是绝对的，而是相对的。

下面分两种情况讨论：

(1) 两事件发生于同一地点。若某个参照系中的观测者测得两事件同时发生，则任何参照系的观测者测得两事件也是同时发生的。我们可以说，两事件的时空点是同一的。

(2) 两事件发生于异地。如下页图3—2，有四艘飞船在太空中相对于某一惯性参照系做同方向的匀速直线运动。其中，A、B、C以相同的速度 v，沿一直线做等距离飞行。D以速度v'($v'<v$)，沿着与A、B、C运动方向平行的直线飞行。假定飞船B发出闪光，我们将看到，飞船B中的观测者和飞船D中的观察者，对闪光是否同时达到A、C有不同的观测结果：(*a*) B中的观测者观测到，光信号会以左右对称的球面波散开，同时到达A、C，显然，B中的观测者选取的是A、B、C相对静止的惯性系；(*b*) D中的观测者选取的是相对于D静止的惯性系，他观测到A、B、C以速度$v_{相}=v-v'$做匀速直线运动，并且，根据光速不变的原理，光仍保持速度c，以左右对称的球面波散开。因此，光信号将先到达后面的飞船A，后到达C，就是说，光信号不是同时到达A、C。

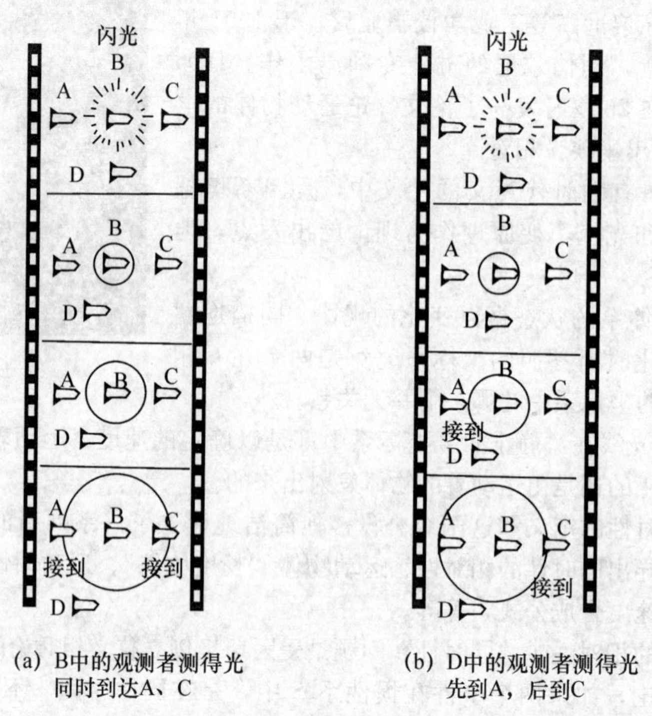

图3—2 同时性的相对性

通过这个实例，我们可知，同时的概念是相对的，即两个事件是否同时，取决于观测者的惯性系（观测者的运动状态）。当惯性系变换时，同时的事件可以变成不同时，而不同时的事件可能变成同时。因此，离开具体的惯性系谈异地事件的同时是没有物理意义的，不存在与惯性系无关的绝对时间。

“长度收缩” 一个物体相对于观察者是静止的时候，它的长度测量值最大；

如果相对于观察者以速度 v 运动时，那么沿相对运动方向上，它的长度要缩短，速度越快，缩短越大，即运动着的尺子要缩短，其长度收缩公式为：

$$L=L_0\cdot\sqrt{1-\frac{v^2}{c^2}}$$

“时间延缓” 时钟对于观察者静止时，走得快；如果它相对于观察者以速度 v 运动时，那么它就变慢了，即运动着的时钟要变慢，其时钟变慢公式为：

$$T=\frac{T_0}{\sqrt{1-\frac{v^2}{c^2}}}$$

质能关系式 1905 年 9 月，爱因斯坦在另一篇论文中提出，物体的质量是它所含能量的量度，质量 m 与能量 E 之间有如下关系式：

$$E=mc^2$$

这一公式奠定了原子能的理论基础。（以上 c 为光速。）

四维空间的时空间隔不变性 设事件 P_1、P_2 在某惯性系的时空坐标分别为 (x_1, y_1, z_1, ct_1)、(x_2, y_2, z_2, ct_2)。在经典力学中，将事件的时空坐标变换到其他惯性系后，两件事之间的时间间隔和空间距离将保持不变。但是，狭义相对论表明，这种不变性只有在速度远小于光速时才近似成立，在其他情况下时间间隔和空间距离是相对于物体运动速度而变化的。利用洛伦兹变换可以证明，真正不变的量是两个事件的时空间隔 ΔS 。

$$\Delta S^2=(x_1-x_2)^2+(y_1-y_2)^2+(z_1-z_2)^2+c^2(t_1-t_2)^2$$

它是与参照系无关的不变量。

时空间隔 ΔS 是两个事件之间空间距离与时间间隔的特殊组合。虽然不同观测者测得的空间距离与时间间隔不同，但测得的四维时空间隔 ΔS 却是相同的。因而，时空是一个整体，时空间隔是比距离和时间更本质的概念。

狭义相对论在科学史和思想史上的意义都是非常重大的。首先，它从根本上否定了牛顿的绝对时空观。根据狭义相对论，时间、空间与物质不可分割，随物质运动状态而改变。其次，它揭示了时间与空间的统一性，证明时空存在着内在的、本质的联系，即它把通常情况下的三维空间扩展到四维，形成了四维空间连续区。

爱因斯坦创立广义相对论

狭义相对论只限于两个做相对匀速运动的惯性系，没有考虑非惯性系的情况。爱因斯坦决心把狭义相对论的思想扩展到非惯性系，经过10年的思考，在1915年11月的论文《引力的场方程》中创立了广义相对论，稍后在1916年的论文《广义相对论的基础》中对广义相对论进行了全面系统的阐述。

广义相对论实质上是在考虑到非惯性系情况下而建立的一种引力理论。它的建立前提有两个：

（1）等效性原理（等价原理）：在一个相当小的时空范围内，不可能通过实验来区分引力与惯性力，它们是等效的。

（2）广义协变性原理：在任何参照系中，自然定律的表述都应该相同。

爱因斯坦指出，在引力场中，空间性质不再服从欧几里得几何，而是遵循非欧几何（描述非平直空间性质的几何）。他由此得出结论：第一，现实的物质空间不是平直的欧几里得空间，而是弯曲的黎曼空间（三角形三内角之和大于180°、曲率为正的空间）。第二，它的弯曲度取决于物质在空间的分布情况。物质密度大的地方，引力场的强度也大，空间弯曲得也厉害，即空间取决于引力强度，时间也要相应地变慢。可见，广义相对论所揭示的时空与物质的关系比狭义相对论更为深刻。就是说，时空的性质不仅取决于物质的运动情况，而且也取决于物质本身的分布状态。

我们来看一看著名的“双生子效应”。假设有一对双生子A和B，A留在地球上，B乘宇宙飞船到遥远的星际去旅行。根据狭义相对论的时间延缓效应，A将看到飞船中的时钟缓慢，物理过程的周期变长，时间膨胀，因而B比A年轻；反过来，B将看到地球上的时钟缓慢，A因而较B年轻。问题是有一天一旦两人相遇，究竟是A比B年轻还是B比A年轻呢？这就是所谓“双生子佯谬”（twin paradox），又称“时钟佯谬”。

从逻辑上来讲，这个佯谬其实并不存在。虽然A所在的地球基本上可视为惯性系，适用于狭义相对论，但B乘坐的飞船并非始终相对地球做匀速运动，因为它已经经历了明显的变速过程，不能再当成惯性系。由于A、B之间不是做相对的匀速直线运动，“双生子佯谬”中A与B的情形不完全对称，对这一问题的解决已超出了狭义相对论，必须用广义相对论加以讨论。广义相对论在讨论不同参照系的时钟变化时，不仅要考虑到运动学效应，还要考虑引力效应。在计算飞行中时钟的变化时，主要考虑的因素有两点：一是地球的自转，它使地球参照系偏离惯性系，其向心加速度对留在地面的钟有影响；二是地球引力随飞行高度的变化，它对飞行钟有影响。广义相对论对这些效应的精确计算结果与实验数据在误差范围内是一致的，可以解释上述疑问。因此，我们不再说“双生子佯谬”，而改称“双生子效应”。

当时的科学界对狭义相对论和量子论还没有完全接受，对广义相对论更是感到难以理解。为了使人们接受这一与牛顿引力理论有本质差别的新理论，必须拿出强有力的证据，为此爱因斯坦提出了三个可供验证的推论。

第一，水星轨道近日点的进动。1859年，法国天文学家勒维烈发现水星轨道近日点进动。19世纪末测定的值为每世纪快43″（今天测值为42.6″）。勒维列从发现海王星的经验出发，认为这是由一颗尚未发现的“火神星”所致，但是天文学家在观测中寻找了几十年，都以失败告终。于是，这43″的差异就成了不解之谜，这暴露了牛顿引力理论的缺陷。爱因斯坦根据广义相对论提出了合理的解释，认为是水星在太阳引力场（弯曲空间）中沿测地线运动所造成，他计算出的进动值与观测值一致。

第二，光谱线的引力频移。根据广义相对论，在强引力场中时钟要变慢，所以从质量巨大的星体表面传到地球的光的谱线应有红移现象（即波长变长）。1925年，美国天文学家亚当斯（1876—1956）在观测天狼星伴星时，发现它所发出的光谱线的相对频移为6.6×10^{-5}赫兹，同广义相对论的预言值5.9×10^{-5}赫兹基本一致。

第三，光线在引力场中的偏转。1915年，爱因斯坦根据广义相对论预言光线在经过太阳边缘时将发生1.7″的弯曲。英国天文学家爱丁顿（1882—1944）决定利用1919年5月29日的日全食进行观察。他率领观测队到西非几内亚湾对这次日全食进行了观测，发现光线经过太阳边缘时发生了1.61″±0.30″的偏转。与此同时，英国皇家学会组织了另一支队伍前往巴西进行观测，其结果为1.98″±0.12″。这些数值很接近爱因斯坦的推算值，证实了爱因斯坦的预言。他们的观测结果一经公布，全世界为之轰动。当时的英国皇家学会会长J.J. 汤姆逊称广义相对论为“人类思想史中最伟大的成就之一”。

20世纪下半叶，又有了更多的观测和实验证据，包括向近日行星发射的雷达波所受到的太阳引力偏转、根据脉冲星（即中子星）周期变化推算出的引力波存在、类星体的发现、黑洞的观测验证和3 K宇宙微波背景辐射的发现等。

广义相对论从新的高度进一步否定了牛顿的脱离物质的绝对时空观，再一次证明时空的相对性、可变性，即时空不仅随物质运动状态的改变而改变，而且与物质分布的密度，即引力场强度密切相关。

三、量子论与量子力学

量子论的建立

1. 普朗克提出量子概念

德国物理学家普朗克（1858—1947）长期从事热力学的研究工作。1894年，他开始研究黑体辐射问题。1899年，他从热力学推导出维恩辐射定律。1900年，他得知瑞利公式后，用内插法建立了一个普遍公式，使它在高频部分与维恩定律符合，而低频部分与瑞利定律一致。普朗克的新辐射公式经过实验检验得到证实，从而解决了“紫外灾难”的困难。但是，这是根据实验数据凑出来的半经验定律，得不到合理的理论解释。为了找出这个公式的真正的物理意义，普朗克又紧张地工作了两个月。他终于发现，必须放弃经典的能量均分原理，并提出一个革命性的大胆假设，即物体在发射辐射和吸收辐射时，能量不是连续变化的，而是以一定数量值的整数倍跳跃式地变化的。也就是说，在辐射的发射和吸收的过程中，能量不是无限可分的，而是有一个最小单元。这个不可分的最小的能量单元，普朗克称它为“能量子”或“量子”，它的整数值为：$\varepsilon = hv$。公式中的v为辐射频率，h叫作“作用量子”，是一个普适常数，以后被人们称为“普朗克常数”：$h = 6.626 \times 10^{-34}$焦·秒。

普朗克

1900年12月14日，普朗克向德国物理学会宣读了一篇题为《关于正常光谱的能量分布定律的理论》的论文，文中首次公布了他的这个大胆的假设。后人把这一天视为量子论的诞生日。普朗克报告后，他的黑体辐射公式受到欢迎，但他的量子假说却遭到了冷遇。普朗克本人也一直想从经典物理理论中找到对新辐射公式的解释。他曾认为爱因斯坦的“光量子”假说是在思辨中迷失了方向。普朗克的观点一再后退，1911年提出振子的发射过程是不连续的，而吸收过程是连续的，1914年更退一步认为振子的发射和吸收过程都是连续的。直到1915年，普朗克才真正转变立场，认识到量子论的伟大意义。

普朗克提出的量子概念，是近代物理学中最重要的概念之一。他第一次把能量不连续的思想引入物理学，使物理学发生了根本变革。在量子化概念的引导下，微观物理学迅速发展为20世纪物理学的主流。

2. 爱因斯坦提出光量子假说

爱因斯坦是把量子概念认真地贯彻下去，并努力加以发展，从而使物理学家们认识到其重要性的第一人。他最早意识到，量子概念带来的将是整个物理学的根本变革，而这需要建立新的理论基础，不能只对某些定律作局部修改。爱因斯坦不满足于普朗克提出的把能量的不连续性只局限于辐射的发射和吸收过程，他进一步提出即使在空间传播的过程中，辐射也是不连续的，辐射是由不可分割的能量子组成的。爱因斯坦在1905年3月写的《关于光的产生和转化的一个推测性观点》的论文中，阐述了自己的上述观点。他指出，关于光的产生和转化的瞬时现象，只能假设是由能量子组成的。这种能量子，他称为“光量子”。对于频率为 v 的辐射，它的一个光量子的能量是 $\varepsilon=hv$。后来美国化学家路易斯（1875—1946）于1926年把“光量子”取名为“光子”。每个光子的动量为：

$$p=\frac{\varepsilon}{c}=\frac{hv}{c}=\frac{h}{\lambda}$$

俄国科学家列别捷夫（1866—1911）所做的光压实验证实了光的动量（p）和能量（ε）的上述关系。

3. 玻尔的原子结构理论和量子论

20世纪初，为了探测原子内电荷的分布，以获得原子内部结构的信息，一些物理学家设计出散射实验方法，即用X射线、电子或 α 粒子轰击很薄的物质层，观察这些粒子穿过物质层后的偏转情况。1909年，在英国实验物理学家卢瑟福（1871—1937）的指导下，他的助手和学生马斯登进行了 α 粒子散射实验，得到了意料之外的结果。他发现 α 粒子大部分可以穿透金属箔或偏转一个很小的角度，但却有少量的 α 粒子产生了很大的偏转，有极少数 α 粒子竟被反弹了回来。进一步的实验测定，大约有1/8 000的粒子发生大于90°的大角度散射。卢瑟福对上述实验的结果进行了分析，得出结论：除非原子的全部质量和正电荷都集中在原子中心的一个体积很小的核上，否则，α 粒子的大角度散射是不可能的。通过与太阳系的类比，卢瑟福于1911年提出了原子的有核行星模型，即行星模型：原子犹如一个太阳系，带正电的核居于原子的中心，就像太阳居于太阳系的中心那样，电子即如行星那样绕核运行。卢瑟福的原子模型能很好地解释 α 粒子散射实验的结果，但与经典的电磁理论相矛盾。由于电子的绕核运动有加速度，按照经典电磁理论，电子应辐射出电磁波，然后它的能量会逐渐减少，从而轨道半径逐渐减小，即绕核运行的频率逐渐变大，导致辐射的电磁波的频率加大；这样，大量原子的光谱应是连续光谱。但是，这与事实显然不符。为了解决这个矛盾，丹麦物理学家玻尔（1885—1962）提出了量子化的原子结构模型。

玻 尔

玻尔是20世纪最杰出的科学家之一。他第一个用量子论研究原子结构，对量子物理学的发展作出了重大贡献，在近50年的时间里一直是量子物理学发展的主导人物。1911年，玻尔获得博士学位后，到卢瑟福在曼彻斯特的研究所工作了四个月。卢瑟福的原子模型提出后，玻尔马上认识到它的重大意义，并且指出这个模型可以把原子的化学性质和放射性质截然区分开来。他认为，原子的化学性质归因于原子的核外电子，而原子的放射性质则归于原子核本身。玻尔把卢瑟福的原子有核模型、巴尔末—里德伯的光谱公式和普朗克—爱因斯坦的量子论结合起来进行综合研究，在1913年提出了著名的原子结构理论。其中包括三条基本的假设：第一，定态轨道，即原子只能有一系列不连续的状态，在这些特定状态中电子虽然仍做向心加速运动，但不辐射能量。因此，这种状态被称为原子的稳定状态，相应的能量为定态能量，它们是一系列分立的值。第二，电子定态跃迁，即只有当电子从一个具有较大的能量 E_n 的定态，跃迁到另一个较低能量 E_m 的定态时，原子才发射单色光，其频率为 $v_{nm}=(E_n-E_m)/h$；在相反过程中，原子则要吸收一份相同频率的电磁能量。第三，电子只能在一些特定的轨道上绕核做圆周运动，决定这些特定条件是电子的角动量的 $1/2h\pi$ 的整数倍。玻尔理论突破了经典理论的旧框架，是量子论发展的一个重要里程碑。不过，玻尔的理论并没有从根本上抛弃经典理论，它仍把微观粒子当作经典力学的质点，并用了经典力学的轨道概念，还用经典理论计算电子轨道半径和定态的原子能量。玻尔的原子结构理论不是一个统一的、完整的理论体系，而是经典理论和量子理论的混合物。玻尔理论虽然能成功解释氢光谱的规律，把原子物理学同光谱学很好地结合起来，但是，它不能解释光谱强度，不能确定光谱中的光子的数目，不能解释原子光谱的精细结构，不能说明具有两个以上电子的较复杂原子的光谱，也不能解释谱线在磁场中的分裂。

面对玻尔理论遇到的困难，德国物理学家索末菲（1868—1951）于1915年把玻尔理论从两个方面加以扩充：其一是仿照行星运动规律，认为电子绕核运动不仅限于圆形轨道，而且也包括椭圆形轨道；其二把相对论同玻尔理论结合起来，考虑到电子质量随电子运动速率的变化而变化的相对论效应，并用此成功地解释了光谱线的精细结构。爱因斯坦于1916年从玻尔的原子结构理论出发，深入地研究了分子的吸收和受激辐射，用统计方法分析了辐射的自发辐射、受激辐射和吸收过程，并由此导出了普朗克辐射定律。若略去受激辐射，即可导出维恩的辐射定律。爱因斯坦的这一工作，综合了量子论在第一阶段的成就，并首次提出了受激辐射理论。这成为20世纪60年代激光技术兴起的理论基础。

为了克服自己理论中的矛盾，玻尔在1918年提出了著名的“对应原理”。他认为，原子保持量子状态的个性和稳定性具有一定的限度，只有当外来干扰的强度不足以把原子激发到较高量子态时，原子才显示出量子的特征；当外来干扰的强度超过一定限度时，原子的量子效应的个性将完全消失，从而使原子显示出经典连续性的特征。这就是说，原子在很高的量子状态时，分离的光谱会变成连续光谱。玻尔提出的对应原理揭示了量子理论同经典理论之间的有机联系。

量子力学的创立

1. 德布罗意提出物质波假说

1923年，法国物理学家路易·德布罗意（1892—1987）发表了三篇论文，指出爱因斯坦的光量子公式$\varepsilon=hv$不仅适于光子，也适合于电子，从而为玻尔和索末菲的量子条件提供了理论根据。1924年，他在博士论文《关于量子理论的研究》中提出一个大胆的假设：包括电子在内的一切实物粒子都具有波动性。他认为，每个能在整个空间自由运动的粒子，都具有一种物质波，粒子的能量ε、动量p与相应波的频率v、波长λ之间有如下关系：$\varepsilon=hv$，$p=h/\lambda$。他还认为，在一般宏观条件下，由于h值很小，实物粒子的波长实际上很短，故它的波动性不会明显地显示出来，因而可以用经典力学来处理；在微观领域中，由于微观粒子的质量很小，因而动量也很小，这时它的波长就能被观察到，它的波动性就可能明显地显示出来。德布罗意预言的电子波的衍射，于1927年先后在几个国家里得到了实验证实。后来又有一些实验证实，不仅电子，而且质子、原子和分子等一切微观粒子都具有波动性，波动性是物质粒子普遍具有的一种特性。德布罗意成功地将爱因斯坦首先提出的波粒二象性推广到了一切物质粒子，这不仅在整个物理学史上，而且在人类的思想史上都是极为重要的成果。他的思想在由玻尔的原子结构理论发展为量子力学的过程中起到了关键的作用，为波动力学的建立奠定了基础。

2. 海森堡创立矩阵力学

德国物理学家海森堡（1901—1976）出生于德国的维尔茨堡，1923年获博士学位，1924年到哥本哈根物理研究所，在玻尔指导下研究量子论。他受爱因斯坦建立相对论时的思路启发，认为原子理论应该建立在可观测量之上。但在玻尔模型中，电子运动轨道的概念无法用实验证实。1925年，海森堡写成论文《关于一些运动学和力学关系的量子论的重新解释》，大胆地放弃了轨道概念，用原子发出的光的频率和谱线强度等可观测量去建立新理论。他的老师、英籍德国物理学家玻恩（1882—1970）与约尔丹一起，从更严格的矩阵数学理论出发，深入地探讨了海森堡的思想，写成了论文《关于量子学Ⅰ》。不久，海森堡又与他们二人合作，共同写了论文《关于量子力学Ⅱ》，把他的思想发展成为量子力学的系统理论，即矩阵力学，又称为量子力学。他们三人的工作，虽然解决了量子力学数学处理的困难，但却没有更多地从物理学上作出解释。英国物理学家狄拉克（1902—1984）对海森堡新力学中的矩阵相乘的不可交换性进行了深入研究，发现海森堡理论中的关键点，就是量子力学变量乘法的不可交换性，这正是量子力学与经典理论的本质差别之所在。为了把海森堡理论纳入哈密顿理论体系中，他把经典的泊松括号推广到量子泊松括号，把经典力学方程改造成为量子力学方程，使量子力学成为完整的理论体系。

3. 薛定谔创立波动力学

奥地利物理学家薛定谔（1897—1961）生于维也纳，是玻耳兹曼的学生。他研究过气体分子运动论、统计力学和连续媒质物理学，熟悉声学。他受爱因斯坦一篇关于量子统计理论的论文启发，试图推广德布罗意的物质波思想。1925年，他在一篇论文中提出，按照德布罗意—爱因斯坦粒子的波动理论，粒子不过是波动背景上的一个“波峰”而已。1926年，薛定谔一连发表了六篇论文。这些论文大大发展了德布罗意物质的思想，加深了对微观客体波粒二象性的理解，为从数学上解决原子物理学、核物理学、固体物理和分子物理问题提供了一种方便而适应的基础。波动力学就这样诞生了。薛定谔用波函数描写微观粒子的波动性，建立了波函数所服从的波动方程——薛定谔方程：

$$ih=\frac{\partial\Psi}{\partial t}=H\Psi$$

在波动力学中，各种量子化条件和量子数是在求解薛定谔方程的过程中自然地引出的，不像玻尔理论那样需要人为地加上。于是，出现了两种同样有效但形式上完全不同的物理理论：一个是海森堡的矩阵力学，它运用不可对易量的代数方法，并且蔑视任何图像解释，它从所观察到的光谱线的分立性着手，强调不连续性，其基本概念其实还是粒子；另一个是薛定谔的波动力学，它依据人们熟悉的微分方程这种数学工具，并且提供了一种容易理解的形象化表示，它是一种分析方法，从推广古典的运动定律着手，强调连续性，其基本概念是波动。这两种理论似乎相互对立，因此它们的创立者在开始时互不容忍，公开批评对方。但是，薛定谔在 1926 年发现两种理论在数学上是完全等价的。同时，奥地利物理学家泡利（1900—1958）等人也独立发现了这种等价性。由于两者所研究的对象一样，所得结果完全一致，只不过着眼点和处理方法各不相同，因此统称为量子力学。

量子力学的基本思想和诠释问题

1. 微观世界的量子性

这是微观世界的一个普遍特征，它反映了微观客体的运动和转变是不连续和突变的。在宏观世界中，表示物体多方面物理性质的力学量（如能量、动量、质量、角动量等）或物理过程都可以取任何数值，并且它们的变化是连续的。在微观世界中，物体的力学所能取的数值常常是不连续的，它们的变化呈现为跳跃式的突变。因此，经典物理学总是处理连续变化的量，而量子力学则要处理不连续的过程。

从量子力学的发展看，它是以研究绝对黑体辐射的光谱和普朗克发现的量子为起点的。在量子论基础上，普朗克建立了与实验结果相一致的关于黑体辐射光谱的理论，假设物质放出和吸收能量具有不连续的性质，并假设能量是一份一份地放出和吸收的，它仅限于分立的数值，最小能量单位 hv 称为量子（h 是普朗克常数，v 为光的频率）。在解释光电效应时，爱因斯坦指出了作为光（电磁辐射）的能量即光量子（或简称光子）的存在。按照光量子假设，能量转移不是能量逐渐积叠的过程，这一假设符合有关光电效应现象的所有实验，而且也是普朗克的能量化假设所要求的。光量子说推动了原子结构学说的发展，玻尔正是根据原子只能一份一份地、以量子的形式辐射或吸收能量的事实，得出了原子本身的状态也是不连续的结论。原子的这种定态或量子状态同原子的一定的、不连续的能量值 E_1，E_2，…，E_m，…，E_n，…相符合。量子力学也证实了玻尔关于原子中电子的跳跃具有量子性质这一假设。从量子力学的基本方程——薛定谔方程可以看出，原子中的电子只能在容许的能量状态下存在。例如，振动着的电子的能量只能是（$n+1/2$）hv，其中 n 可以是零或任何正整数。这表明，原子中的电子具有特定的、不连续的能量值。

2. 微观客体的波动—粒子二象性

波粒二象性是微观客体的一个基本属性。在经典物理学中，粒子和波分别用来描述宏观世界中迥然不同的客体。粒子指某种物质结构，具有质量，并在空间占有确定的位置；波指某种物质在介质中传播着的振动，具有波峰和波谷，可以叠加。粒子性和波动性被看作是互相排斥、互相对立的两种物质属性，前者属于实物，后者属于光和场。量子力学创立后，人们认识到，一切微观客体，不论它们的静止质量是否为零，都具有波粒二象性。如果粒子的质量或能量愈大，则波动性愈不显著，所以日常所见的宏观物体实际上可看作只具有粒子性。对于所有微观粒子，能量 ε 和频率 v 之间，动量 p 和波长 λ 之间都有如下的关系：

$$\varepsilon = hv\text{（爱因斯坦关系）}, p = h/\lambda\text{（德布罗意关系）}$$

我们把能量和动量看作是粒子的表征，把频率和波长看作是波动性的表征，由此不难了解，以上两个关系表达了微观客体是粒子性和波动性之间的深刻联系。

微观客体是粒子性和波动性的矛盾统一体。粒子性和波动性这两种看似对立的属性辩证地结合在一起，构成了微观客体的特殊矛盾。在这一矛盾的制约下，微观客体的运动表现出不同于宏观物体运动状态的独特性。在经典力学中，经典粒子（质点）的状态是通过给出坐标和动量（或速度）这样成对的基本变量来描述的，这些变量在每个时刻都有确定的数值。如果用动力学变量的值来描述微观粒子的偏转运动状态，情况就不大一样了。既然微观粒子（如电子）并不单纯是一个颗粒性粒子，它在运动时也就没有确定的连续轨道，因此它在给定时刻就不能同时有确定的位置和动量。用 Δx 表示坐标位置对于动量 p 的不确定度，用 Δp 表示动量对于坐标 x 的不确定度，则 x 值和 p 值的不确定关系式是：

$$\Delta x \Delta p \geqslant h/4\pi$$

由上式可知，变量（x 或 p）之一的不确定度越小，另一个的不确定度就越大。对于能量和时间这对变量来说，也存在类似的关系。这就是海森堡首先提出的不确定关系（又称测不准关系），它表明，两个共轭变量的不确定关系的积，在数量级上不会小于普朗克常数 h。h 是一个很小的数，因此不确定关系在宏观尺度上不能直接体现出来。根据不确定关系，能够解释电子为什么不会坠于原子核上这个事实。

应当指出，我们关于微观粒子的信息是从观察它们与仪器的相互作用而得到的，在微观领域的实验中，作为主体认识的技术手段的测量仪器会对被测体系产生“干扰”，从而使认识复杂化了。海森堡基于对各种想象的简单而基本的测量实验的分析，认为“在很多情况下，严格确定两个变量的同时数值是不可能的，能够同时知道它们的数值的准确度是有个下限的”，不确定关系就是这个限度的数学表示。有时，人们把不确定关系解释为：微观粒子实际上是有确定的坐标和动量的，不过测量仪器不能同时精确地测定它们。这种解释与实验所观察到的微观粒子的衍射现象相抵触。问题的实质在于，作为量子体系的基本特征——波粒二象性和统计性——的反映，不确定性关系是微观粒子本身所固有的，无论我们怎样改进实验技术，提高测量的精确度，都不能加以改变。量子力学的这一基本关系说明，在把经典力学的概念应用于微观粒子时受到多大程度的限制！

3. 微观世界规律的统计性

微观客体的特征、它们的波动—粒子性质决定了力学所反映的微观世界规律是统计性的。这是量子物理区别于经典物理的一个重要特点。经典物理所反映的宏观领域的运动规律是机械决定论的物理规律，是建立在牛顿力学基础上的一种简单的因果性观点。只要知道了一个力学系统的所有物体的初始状态（在某一瞬间的位置和动量）及它们之间的相互作用力，就能够根据运动方程计算出该系统在任一时刻所处的状态。初始状态相同的力学系统，其发展过程也是完全相同的。微观世界不存在这样的因果决定关系，关于这一点，在上面论及不确定关系时已经指出过了。需要进一步说明的是，量子力学中微观粒子的状态用薛定谔方程里的波函数（以希腊字母 Ψ 记之）表征。薛定谔方程是波函数 Ψ（r，t）——即坐标 r 和时间 t 的复函数——的一个微分方程，它反映了微观系统的状态随时间变化的规律。一个微观系统的波函数，满足薛定谔方程，这表现出量子力学中的因果性：只要给出初始终态的波函数，由薛定谔方程完全可确定系统在以后任一时刻的波函数。那么，应当怎样去理解波函数的物理意义呢？1926年，玻恩提出了关于波函数的统计诠释。按照这一诠释，波函数只对粒子作统计的描述，它所反映的是大量处于相同条件下的粒子的统计行为。玻恩把波函数看成描写粒子几率分布的“几率幅”，波函数的平方 $|\Psi|^2$ 则表示在空间各个部分观察到粒子的几率。几率是一个表示随机事件发生的可能性大小的量。在空间中 $|\Psi|^2$ 大的各点，发现粒子的几率较大；$|\Psi|^2$ 小的各点，发现粒子的几率较小；几率密度为零的地方，则不可能发现粒子。玻恩对 $|\Psi|^2$ 这个量的解释是：粒子可能出现在哪里，而不是粒子在哪里！所谓波动不过是粒子的一种几率波，它是

和在特定时间特定位置点上发现的几率相关的。我们无法肯定地预言某个原子事件，我们只能预言它们发生的可能性。波函数的意义清楚地表明，量子力学规律具有统计的性质，量子物理对微观粒子真实行为的揭示比起经典物理来要深刻得多。

四、现代物理学革命在思想方法上的突破

以相对论和量子力学的创立为标志的现代物理学革命，在科学思想和科学方法上取得了许多重大的突破。这些思想方法上的突破，不仅加深了人类对高速、微观等层次的物质运动规律的认识，而且为物质科学的进一步发展积累了宝贵的思想素材和极具启发性的方法。

相对论在时空观和物质观上的突破

爱因斯坦的相对论提出了一种包括时空整体性和时空实在性的新时空观，扬弃了经典物理学的绝对时空观。

时空整体性指的是时间和空间的不可分割性。在相对论中，四维时空不是三维空间与一维时间的简单加合，而是一个有机整体。在狭义相对论中，空间坐标变换方程中有时间量，时间坐标变换方程中有空间量；在广义相对论中，爱因斯坦场方程中空间量和时间量一起包含在度规张量等物理量中。此外，同时的相对性表明，两个不同地点发生的两个事件不存在绝对的同时，这意味着不存在一个与空间量无关的绝对时标，时空是不可分的整体。

时空实在性意指时空与物质的不可分离性。广义相对论表明，物质与时空结构相互影响，时空不是一种抽象的绝对的物质容器，它与物质一起构成了自然界这一整体。时空的实在性思想向时空的先验性观念提出了挑战，从根本上动摇了以欧几里得空间作为先验形式的绝对时空观。

在物质观方面，相对论质能关系 $E=mc^2$ 表明，能量与质量可以相互转化，这一发现深刻地说明了客观世界物质存在形式的多样性、联系性和统一性。此外，相对论通过抛弃以太确立了场的实在性，革新了仅将不可入的实物物体作为实在的传统观念。

量子力学对经典决定论的冲击

经典力学认为，不论是宇观星体还是微观粒子，只要能确知其运动的初始

条件和运动过程中的受力情况，就可以精确预测其在任何时刻的状态。虽然经典统计力学中运用了统计规律来描述大量分子的集体行为，但由于人们认为单个分子的运动仍由经典力学规律所支配，经典决定论的观点并未受到根本性的冲击。

量子力学的研究表明，微观客体具有量子性、波粒二象性、几率性和不确定性等宏观客体不具有的本质特征。这些发现揭示了微观客体运动的或然性，对盛行于经典物理学中的机械决定论产生了巨大的冲击。

量子性表明，微观客体的运动在本质上是一种非连续过程。量子过程在本质上的不连续性，使人们无法用类似于经典轨道的方法，预言量子过程发生的时间、地点，而只可能预言其发生的几率。这种几率性暗示，微观客体不仅是与宏观粒子迥异的一种"粒子"，而且还受到某种"波动性"的支配。正是这种多维物理位形空间中的"波动性"，确定了量子过程在时空分布的几率。这就是所谓波粒二象性。值得指出的是，借用"粒子"和"波"这样的宏观语言来表达波粒二象性，只是一种权宜之计，因而，不能简单地站在经典的立场上把波粒二象性视为波动性和粒子性的统一。

不确定性原理（或称测不准关系）说明，量子力学规律大大地限制了量子体系的不同物理量（共轭正则变量）同时具有确定性的可能性。例如，根据不确定性原理，粒子的位置和相应的动量不能同时精确确定，故不再能用轨道概念在位形空间中直观地描绘粒子的运动。也就是说，经典物理学中的决定论的因果律不再成立。

对测量中主客相互作用的揭示

在微观领域中，测量仪器与微观客体间存在着相互作用。主体通过仪器对微观过程的干涉造成了客体的变化，将主体的作用印记在微观客体之上。

目前，一般的观点认为，微观客体与仪器间的相互作用，并不否定微观现象的客观实在性。因为测量仪器本身就是客观的实在要素，观测中的相互作用是一种实在的量子现象，由相互作用引起的量子状态的改变，只不过是从一种状态变为另一种状态，而且这种转变受到量子力学规律的制约。

哥本哈根学派认为，不确定性原理反映了测量仪器和被测量的微观客体之间存在不可控制的相互作用，故又将不确定性原理称为测不准关系。但是，一般的观点认为，所谓测不准关系是几率波的不确定性关系对粒子测量所要加的限制，即微观客体的共轭正则物理量（如动量与位置、时间与能量）的不可同时测准性是一种客观规律，与是否用仪器测量无关。因此，不确定性原理或测不准关系是说明微观客体与测量仪器间存在不可控制的相互作用的原因，而不是相互作用的结果。显然，对于这个问题的讨论还有待物理学的进一步发展，才可能对其作出更加深入的阐释。

唯理论与经验论的综合

在科学研究方法中，存在着唯理论和经验论传统的分野，它们分别强调演绎和归纳方法的运用。经典物理学的发展使人们片面地认为，反映自然规律的科学理论，主要是由大量经验材料通过归纳方法得出的。但是，现代物理学的发展使人们愈益认识到，适用于科学幼年时代的以归纳为主的方法，正在让位给探索性的演绎法。

这种新方法的主要特征是唯理论与经验论的综合运用。对此，爱因斯坦作了精辟的论述。他指出，理论物理学的完整体系是由概念、被认为对这些概念有效的基本定律，以及用逻辑推理得到的结论这三者所构成的。这些结论必须同我们的各个单独的经验相符合；在任何理论著作中，导出这些结论的逻辑演绎几乎占据了全部篇幅。

这种新方法强调理性在研究高速、宇观和微观等领域的现象时的重要作用。以相对论的时空观为例，四维时空的整体性、时空与物质的不可分性、时空弯曲等都是建立在非直观的概念和定律之上的，当然其外推结论也受到了经验的检验。在微观领域，量子力学的研究也是抽象的微观理论和可检验的宏观效应相结合的典范。

此外，这种新的方法还为自然科学研究提供了一条中程方法论调节原理——自然性原则。自然性原则把理论内在的完备性、逻辑的简单性和内在的对称性有机地结合起来，作为判断理论优劣的中程原则。这种方法在现代物理学理论的创立和评判活动中，发挥了巨大的方法论功能。

互补原理和互补方法论

在波粒二象性和测不准关系的基础上，玻尔提出了互补原理。互补原理的基本思想是，在描述微观客体的运动规律时，必然要用到两组互相排斥又互相补充的经典物理学概念。玻尔认为，微观粒子的波粒二象性就是微观粒子的互补性。

互补原理表明，微观体系在本质上不同于经典宏观体系，而有其自身的质的规定性；当我们不得不用经典物理学的语言来描述微观体系的本性时，这种本性就会以互补的形式表现出来。

在方法论的层次上，互补原理为人们指明了一条从部分和已知出发，探求未知的新领域的研究进路。它告诉我们，为了拓展主体的认知空间，要善于借助一切既有的概念、原理和方法，使它们走出原有的、可能的对立状态，通过有机的互补，以期揭示出新的认知范畴的实质。因此，互补方法论不是一种权宜之计，而是人类理性知识进化的必由之路。

第四章

数学的新纪元

从总体上看，现代数学有以下几个主要特征：(1) 纯数学更加抽象、更加深刻。19 世纪以来，纯数学的三大主要分支——分析、代数和几何的基本概念在原有抽象概念的基础上进一步抽象，产生出内涵更加深刻的新概念，形成了现代数学的新的三大基础分支——泛函分析、抽象代数和拓扑学。(2) 分化与综合基础上的统一。随着数学的不断发展，新的数学分支和分支的分支等如雨后春笋般涌现（例如，作为最古老的数学分支之一的数论现在有四个主要分支，即初等数论、解析数论、代数数论和几何数论）。(3) 数学的应用更加广泛、更加深入。(4) 计算机使数学的研究和应用均发生了重大的变化。

从 19 世纪末到 20 世纪初，数学家和逻辑学家在集合论和数学所用的逻辑中发现了许多悖论，促使数学家展开数学基础研究，力图为整个数学奠定一个坚实的基础。他们讨论的问题包括纯数学命题的判定问题及数学理论的标准问题，无穷概念和方法的合理性问题也是争论的重要问题之一。最终，在讨论中逐渐产生了逻辑主义、直觉主义和希尔伯特的形式主义三大学派。

一、现代数学的若干进展

拓扑学简介

拓扑学起源于 19 世纪，起初是几何学的一个分支，它研究图形在连续变形下保持不变的性质。所谓连续变形，形象地说就是对其进行弯曲、拉大与缩小，但是不允许断裂或黏合的变形。拓扑学现已发展为研究连续现象的数学，成为逸出几何学的独立数学分支。

早期的拓扑学叫形势分析（这是 1679 年莱布尼茨给出的名称）。形指一个图形本身的性质，势指一个图形与其子图形相对的性质，例如纽结问题和嵌入问题就是势的问题。19 世纪中叶，黎曼已注意到几何学有两类对象：一类同度量有关（传统几何学的对象），另一类只与位置有关而与度量无关（即现今的拓扑学的对象）。拓扑学的外文名 topology 源于希腊文 *τοπος*（位置，形势）和 *λογos*（学问），中文名称拓扑是其音译。现代拓扑学的主要分支包括一般拓扑学（也称点集拓扑学）、代数拓扑学、微分拓扑学和奇点理论等。

为了对拓扑学所研究的问题有一个初步的了解，下面举几个简单的例子。

例 1　1736 年，欧拉把“哥尼斯堡七桥问题”映射成一个用线联结的网络（见下页图 4—1 和图 4—2）。

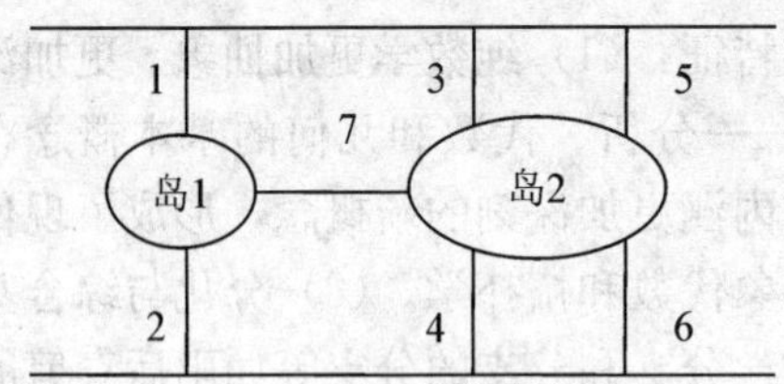

图4—1 哥尼斯堡七桥问题

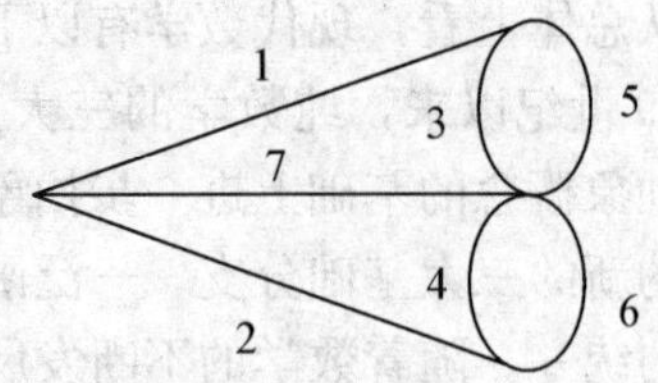

图4—2 七桥问题的简化

他证明这个网络不能用一笔画出，从而解决了这个问题。在这个问题中，河流两岸的陆地、岛屿和半岛都是大桥的联结点，而同它们的面积无关，所以用“点”表示；七座桥的作用同它们的长度、宽度等无关，用线条表示，且线条之长短、曲直也与问题无关。这类问题即拓扑学中的一笔画问题。

例2 设空间一个凸多面体，其顶点数、棱数、面数分别用 v、e、f 表示，欧拉于1750年证明，无论什么样的凸多面体，v、e、f 之间总满足关系：$v-e+f=2$。如果多面体不是凸形而是框形（图4—3），则不管其形状如何，总有 $v-e+f=0$。这说明凸形与框形有不同的拓扑结构。比如，经连续变形后，凸形都能变成球面，而框形只能变成轮胎。

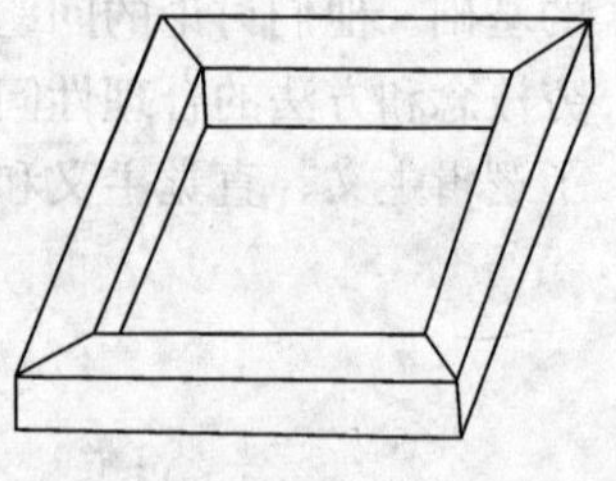

图4—3

例3 空间一条自身不相交的曲线也会像绳子一样发生打结现象。要问一个结能否解开，也就是能否把打结的封闭曲线变为平面上的圆圈，这个问题单凭实际操作是不够的，还必须给出数学证明，那就不容易了。在这类问题中，绳子的长短、粗细、曲直等无关紧要。这就是拓扑学中的纽结理论。

例4 一个复杂的网络能否布在平面上而不交叉？这是拓扑学中所谓的嵌入问题或布线问题，在设计制作印刷电路时常常碰到。例如，为使四边形的两个对角线不相交（图4—4），只要把其中一个对角连线移到四边形的外边（图4—5）就行了；但在下页图4—6中无论如何也办不到。一个网络能否嵌入平面也是拓扑学的内容之一。

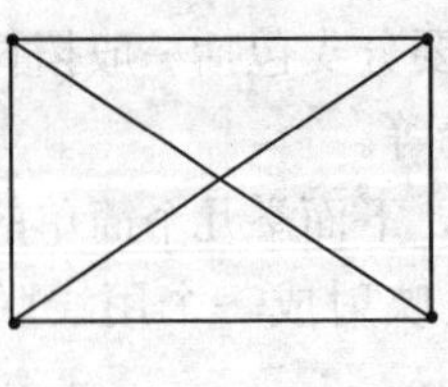

图4—4

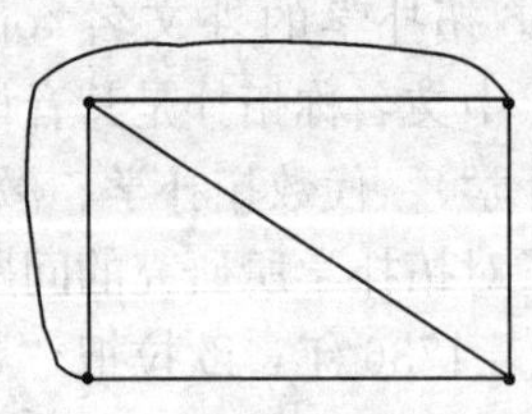

图4—5

通过上述例子可以看出，几何图形中有些性质与长度、角度、面积等所谓的度量性质不同，它们所表现的是凸形整体结构方面的特征。这类性质就是所谓的拓扑性质，是拓扑学的研究对象。此外，拓扑学中研究的图形并不限于通常的平面和空间中的图形。如物理学中一个系统的所有可能的状态所组成的“状态空间”就是一个广义的几何图形。拓扑学着重研究的是自然科学和数学中最常见的几类拓扑空间，如流形（光滑曲面的推广）和复形（多面体的推广）等。

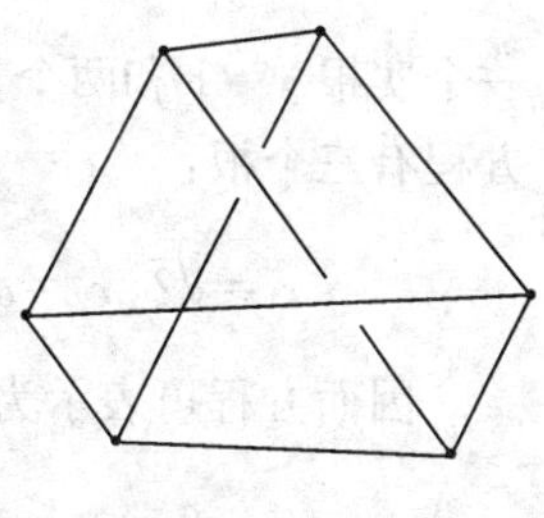

图 4—6

抽象代数简介

抽象代数也称近世代数，是在初等代数的基础上，通过数系概念的推广或其他可以实行代数运算的对象范围的扩大而形成的数学领域。它的研究对象是任意元素的集合和定义在这些元素之间并满足若干条件（即公理）的代数运算，中心问题是各种代数结构的性质，建立体系的方法是公理方法。

什么是代数结构？设 S 是一个非空集合，其中的元素为 a，b，c，…，并设有若干运算，如果 S 中的所有元素对这些运算满足封闭性，即 S 中任意两个元素 a 与 b（也可以相同）与这些运算联系后所确定的元素 c 仍是 S 中的元素；如果对 S 中元素实施的运算单独地或相联系地遵守通常四则运算所适合的法则（如结合律、分配律、交换律等），则集合 S 对这些运算就是一个代数结构。从各种代数结构的公理出发研究它们的性质，就是所谓的抽象代数。当代抽象代数研究的重要代数结构包括：群、环、域、模、代数、格以及范代数、同调代数、范畴等。

群论是最早产生的抽象代数分支，群的概念和理论是在对对称性的数学分析中引出的。在几何学中，早已看出存在不同类型的对称，旋转对称与反射对称。从 18 世纪末到 19 世纪初，法国数学家拉格朗日（1735—1813）、卢菲尼和伽罗华（1811—1832）研究代数方程求解理论时，接触到了根的置换（即排列）的对称性问题。伽罗华引进了置换群、置换群的正规子群、群的同构以及数域的扩域等概念，天才地解决了高次代数方程的根式求解问题，由此为对称性的数学表示——群论奠定了理论基础，从而使代数学的发展进入新的抽象代数阶段。

下面以三次方程 $x^3-2=0$ 的三个根的置换为例，说明伽罗华理论中的置换群的概念。

方程 $x^3-2=0$ 有三个根。为了找出这些根，利用辅助方程 $y^3=1$，它有

一个实根 $y=1$ 和两个复根 $\omega=-1/2+i\sqrt{-3}/2$ 及 $\omega=-1/2-i\sqrt{-3}/2$。于是原方程有三个根：

$$x_1=\sqrt[3]{2},x_2=\omega\sqrt[3]{2},x_3=\omega^2\sqrt[3]{2}$$

因而方程可表示为三个因子的乘积：

$$x^3-2=(x-\sqrt[3]{2})(x-\omega\sqrt[3]{2})(x-\omega^2\sqrt[3]{2})$$

这三个根可以画为复数平面上半径为$\sqrt{2}$的圆上的三点（等距离），见图 4—7。

这三个根的任何交换（或置换）运算都保持不变。这种运算共有六个：

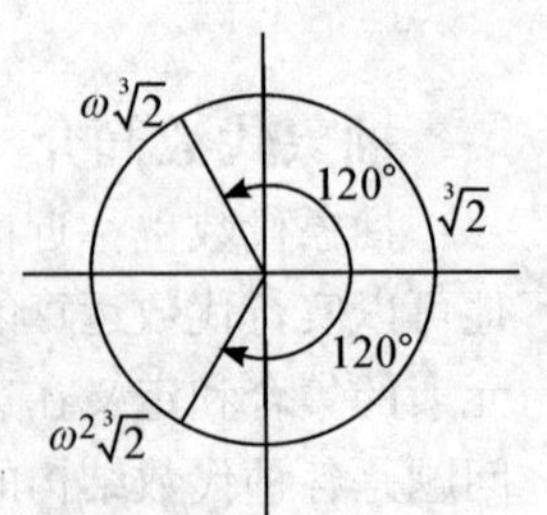

图 4—7

(1) 逆时针方向旋转 120°：$x_1\rightarrow x_2\rightarrow x_3$；

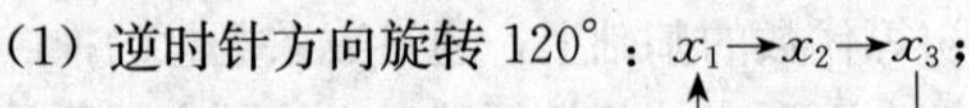

(2) 逆时针方向旋转 240°：$x_1\rightarrow x_3\rightarrow x_2$；

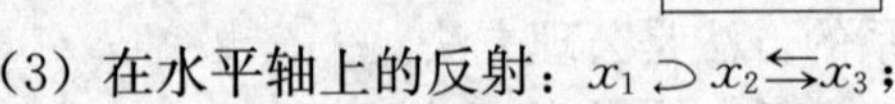

(3) 在水平轴上的反射：$x_1\supset x_2\leftrightarrows x_3$；

(4) 在水平轴之上的 120° 轴上的反射：$x_1\leftrightarrows x_3 x_2\supset$；

(5) 在水平轴之下的 120° 轴上的反射：$x_1\leftrightarrows x_2 x_3\supset$；

(6) 恒等运算（什么都不变）：$x_1\supset x_2\supset x_3\supset$。

这六个运算合在一起，形成这个方程的对称群，即方程的根的置换群。

n 个元的置换是对这些元的一种运算，把其中每一个都换到另一个（或自身）的位置。例如，下面是三个元的六种不同的置换：

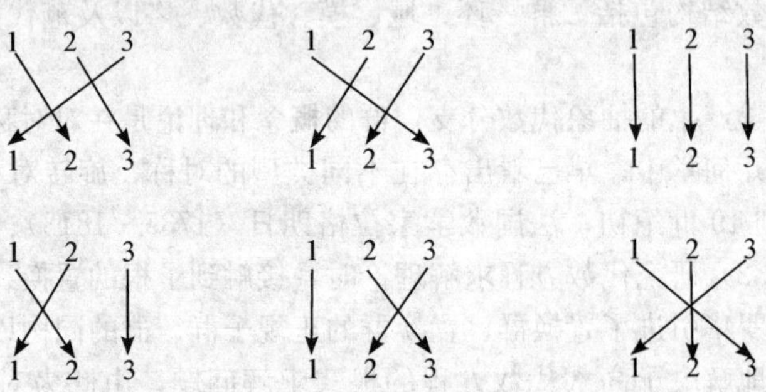

一般的，n 个元的置换共有 n！种。两个置换相“乘”就是先进行第一个置换，再进行第二个置换。仍以三个元的置换为例。下面左边是两个置换 S 和 T，一个在上，一个在下。S 乘以 T 就是先按 S 的箭头换，再按 T 的箭头换；右边为其结果即乘积 ST，仍是一个置换。

群的现代定义是对两元素可以施行具有以下性质的运算的集合：封闭性（运算结果仍属于此集合）；结合律；存在单位元素，使集合中任一元素与它进行乘法运算的结果仍为自身，并且每一元素都有自己的逆元素，两者的相乘结果是单位元素。群论的主题之一是寻找群的生成子，使得该群中的每个元素都可以表示成这些生成子及其逆的方幂的乘积。此外，还研究如何将复杂的群分解为不可再分解的单群，以及一切单群的种类，从而弄清所有群的结构问题。

群论在物理学中是研究对称性①的主要数学工具，群论在物理学中有广泛的应用。

泛函分析简介

泛函分析实际上是运用几何学、代数学观点和方法来研究分析学的学科，可以看成无限维的分析学。它起源于数学物理中的变分问题和积分方程理论，概括了经典数学分析、函数论中的某些重要概念、问题和成果，又受到量子物理学、现代工程技术和现代力学的有力刺激。它综合地运用分析的、代数的和集合的观点和方法，研究分析数学、现代物理和工程技术提出的许多问题。目前，泛函分析的概念和方法已经渗透到现代纯粹数学与应用数学、理论物理及现代技术理论的许多分支，如微分方程、概率论、计算数学、量子场论、统计物理学、抽象调和分析、现代控制、大范围微分集合等方面，泛函分析对纯粹数学的影响以及对应用数学的影响，就像 20 世纪初集合论对后来数学的影响那样重大。

1. 泛函分析的产生

泛函分析起源于对变分法的研究，变分法的核心是研究形如

$$J[y]=\int_a^b F(x,y,y')\mathrm{d}x$$

① 关于对称性，参见本书第十四章第二节。

（或更复杂）的积分的极值。函数 y 在这里被视为“点”，J 上的全体函数 y 则被视为一个空间，称为函数空间。19世纪末，法国数学家阿达马（1865—1963）首先给这种函数的函数 $J[y]$ 冠以“泛函”的名称。在泛函 $J[y]$ 的极值研究中，需要考察与一个函数 y_0 相“邻近”的一切函数，这就向人们暗示：J 中的函数（“点”）与函数（“点”）之间有着某种衡量远近的几何度量，从而 J 是具有某种度量的、由函数（“点”）构成的“空间”。

泛函分析还起源于对积分方程的研究。德国数学家希尔伯特（1862—1943）利用正交展开将积分方程求解问题化为无限阶的线性方程组求解问题，把欧几里得空间向无限维推广，称为希尔伯特空间，它有效地解决了一类积分方程求解及其本征展开的问题。

非欧几何学的确立拓宽了人们对空间的认识，n 维空间几何的产生允许我们把多变数函数用几何学的语言解释成多维空间的映射。这样就显示出分析和几何之间的相似处，同时存在着把分析几何化的一种可能性。这种可能性要求把几何概念进一步推广，最后把欧式空间扩充为无穷维数空间。

函数概念这时候也有了更为一般的意义。古典分析中的函数概念是指两个数集之间所建立的一种对应关系。现代数学的发展却要求建立起两个任意集合之间的某种对应关系。比如：

$Y=\{y\}$ 是维矢量集，

$X=\{x\}$ 是实数集，

那么，$y=f(x)$ 建立了实数集 X 到维矢量集 Y 之间的一种对应关系。

一般地说，给定任意两个连续函数集合 X 和 Y，并给定一个法则 f，假如对每一个元素 $x\in X$，根据这个法则可以使唯一确定的元素 $y\in Y$ 和它相对应，我们就说，在集合 X 上定义了一个抽象函数或者算子 $y=f(x)$，它的值域包含在 Y 内。特别地，例如算子的值是实数，我们就把这个算子叫作泛函数。算子也叫算符。在数学上，把无限维空间到无限维空间的变幻叫作算子。1926年至1932年，美籍匈牙利数学家冯·诺伊曼（1903—1957）关于希尔伯特空间上对称算子的研究取得了较大成就，确立了算子理论。

研究无限维线性空间的泛函数和算子理论，导致了一门新的分析数学的产生，叫作泛函分析。泛函分析在产生过程中还受到实变函数论以及近世代数的概念和方法的影响。

2. 泛函分析的基本内容

泛函分析综合运用分析的、代数的、几何的观点来研究无限维向量空间（如函数空间）上的函数（也称泛函）、算子和极限理论，主要内容包括拓扑线性空间（特别是巴拿赫空间和希尔伯特空间）及其算子理论、广义函数论、非线性泛函分析等。

线性泛函分析比起非线性泛函分析要成熟得多，也更基本些。非线性问题比较困难，人们大都是先做一次近似，把它线性化，然后再用线性方法去解决。

(1) 线性泛函分析以及算子

线性泛函分析主要是讨论有关线性算子——线性泛函是它的特殊情况——以及更加复杂的算子空间、算子代数的一些问题，如谱理论和表示理论等。线性算子是线性空间到线性空间的一种线性映射。正如同研究函数时必须研究直线上的点集一样，为了研究算子，必须首先讨论算子的定义域——无限维空间的结构，特别是描述有关极限（拓扑）概念的一些理论，如微分、积分理论。因此，泛函分析也可以通俗地叫作无穷维空间的几何学和微积分学。

(2) 广义函数论

广义函数论是泛函分析中具有广泛应用的一个重要分支。20 世纪 30 年代开始，很多数学家研究微分方程的"弱解"，这自然地导致广义导（函）数概念。应注意的是点点不连续的函数可能有广义导数而仅在一点不连续的函数却可能没有广义导数。对于一个具体的微分方程，所需的广义导数可以容纳在当时已形成的巴拿赫空间（即赋有"长度"的线性空间）理论的框架之内。物理学家在量子力学中，曾经引入所谓的"δ 函数"：

$$\delta(x)=\begin{cases}\infty, & \text{当 } x=1 \text{ 的时候}\\ 0, & \text{当 } x\neq 1 \text{ 的时候}\end{cases}$$

而且

$$\int_{-\infty}^{+\infty}\delta(x)\mathrm{d}x=1$$

从这个函数我们可以直观地想象，$\delta(x)$ 函数的图形只在 $x=0$ 附近的一个小范围内。这个函数不是 0，而且在小范围内，这个函数值很大，以致它在这个范围的积分是 1。

按照函数的通用定义，要求一个函数在它的范围内每一点上都有一个确定的值。在这个意义上，$\delta(x)$ 就不能叫作一个函数，而是更具有一般性的某种东西，我们不妨把它叫作一个"非正式函数"，以指出它不同于通常意义上的函数。由于 $\delta(x)$ 函数的引入，导致了广义的函数研究，促进了泛函分析向着新的方向发展。

(3) 拓扑线性空间

拓扑线性空间又称为拓扑向量空间，是具有拓扑结构的线性空间或赋范线性空间概念的推广，是泛函分析的一个重要分支。泛函分析中大量使用的弱收敛、弱拓扑等都不能用距离来描述，需要把赋范线性空间理论发展成更一般的拓扑线性空间理论。这一分支的发展是与一般拓扑学的发展紧密联系在一起的。拓扑学方法在这里发挥了极其重要的作用。

3. 泛函分析的应用

泛函分析对数学物理方程、连续介质力学、量子物理学等均有深刻影响，是研究现代物理学的有力工具。n 维空间可以用来描述具有 n 个自由度的力学系统的运动，具有无穷多自由度的力学系统需要有新的数学工具来描述。这个新工具就是泛函分析。一般来说，从质点力学过渡到连续介质力学，就要由有穷自由度系统过渡到无穷自由度系统。现代物理学中的量子场论就属于无穷自由度系统。量子力学中，体系的状态用希尔伯特空间的向量来描述，像能量、冲量、运动的振动矩等物理量也需要借助泛函分析中的自共轭运算子来研究。

二、数学基础的研究

在数学的历史上曾经出现三次危机，三次危机都是与以什么作为数学的基础有直接的关系。19 世纪末以后出现的第三次数学危机引发了数学界许多有关问题的大争论，导致了对“数学基础”的研究。

前两次数学危机

毕达哥拉斯学派把数看成万物的本原，自然地，数也是数学的本原，即数是数学的基础，数可以表示一切量。但是，不可通约量的发现（实际是无理数进入数学）使该学说破产，这是数学历史上的第一次危机。16、17 世纪的西方，由于数系的扩张，使负数和虚数相继进入数学。这虽然没有像无理数进入数学那样使数学发生危机，但也不是一帆风顺的，而是引起相当多的数学家的怀疑与非议。

牛顿和莱布尼茨的微积分以实无穷小为基础而产生了严重的逻辑困难，由此产生了第二次数学危机，因而出现了微积分的算术化方向。所谓微积分的算术化，一般说来，就是把微积分理论建立在实数连续统的基础上。这一工作在历史上是分两个阶段完成的。第一阶段以法国数学家柯西（1789—1857）的工作为标志，把微积分建立在极限理论的基础上。但是，极限离不开实数，所以当德国数学家狄德金（1831—1916）等人把实数连续统理论完成后，德国数学家魏尔斯特拉斯（1815—1897）等人把极限建立在实数连续统的基础上，这是第二阶段。这一阶段，既是微积分的算术化完成的阶段，也是微积分基础的完成阶段。

第三次数学危机——逻辑—数学悖论

继狄德金等的实数连续统理论完成以后，德国数学家康托尔（1845—1918）的集合论第一次建立起超穷数概念和确定的运算系统。康托尔的集合论在产生的初期，曾受到一些权威人物的批评，但终于得到大家的承认。从 19 世纪末开始，集合论的概念和方法已经逐渐渗透到分析数学、代数学和拓扑等数学分支，为数学提供了基础。以集合为基础是现代数学的重要特征之一。

但是，在康托尔集合论得到大家承认后不久，数学家和逻辑学家相继发现许多悖论，如：布拉里—弗蒂悖论（1897）、康托尔悖论（1899）和罗素悖论（1902）。前两个分别是关于集合论中序数理论和基数理论的悖论。对于集合的序数和基数，集合论的创始人康托尔曾作过如下的直观描述：对集合 S（实际是良序集合）进行两次抽象，第一次是从 S 的元素中抽去它所有的特性，仅保留元素之间的次序关系，这就得出集合 S 的序数，记为 $\overline{S}$；另一次是抽去元素之间的次序关系，仅保留量的特性，就得出 S 的基数，记为 $\overline{\overline{S}}$。康托尔深信他的这项工作是正确的，但后来却发现矛盾，这就是布拉里—弗蒂悖论和康托尔悖论。

布拉里—弗蒂悖论　根据康托尔的序数理论可知：每一良序集合必有一序数，其序数为 $a+1$。设 ω 为一切序数所组成的集合，可以证明，ω 是良序集合，从而有一个序数 Ω。但因为 ω 是一切序数所组成的，故 Ω 应包含在 ω 中，由上述序数理论，ω 的序数又应为 $\Omega+1$，即 Ω 不是 ω 的序数。矛盾！

康托尔悖论　根据康托尔定理，可以证明集合 S 的所有子集组成的集合 PS 的基数大于 S 的基数，即：

（1）　$\overline{\overline{PS}}>\overline{\overline{S}}$

假设 S 是所有集合组成的集合（即 S 为大全集），于是 PS 也是 S 的子集，根据康托尔的理论，应有：

（2）　$\overline{\overline{PS}}<\overline{\overline{S}}$

（1）与（2）矛盾。

罗 素

罗素悖论 该悖论要讨论的是“一切不包含自身的集合所组成的集合”中是否包含自身的问题。如果说它不包含自身，那么它就应当是这个集合的元素，即包含自身；如果说它包含自身，即属于这个集合，那么它又不应包含自身。用符号表示就是：

$$R \in R \equiv R \notin R$$

即命题 $R \in R$ 等价于它的否定命题 $R \notin R$ 。

为了使罗素悖论通俗化，罗素（1872—1970）在1919年提出了著名的“理发师悖论”，说的是在某城镇有这样一位理发师，他声称自己是给该城镇所有不给自己理发的人理发，而且只给这些人理发。现在的问题是：这位理发师是否给自己理发呢？容易发现，这位理发师应该给自己理发完全等价于他不应该给自己理发。矛盾！

现在数学和逻辑学竟然出现悖论，这是数学家和逻辑学家不得不正视的事实，也使他们震惊。狄德金和弗雷格（1848—1925）等皆因罗素悖论动摇了他们的著作的基本思想而不得不推迟出版的时间，有的竟推迟了十多年。比如，弗雷格的著作将要付印的时候接到罗素的来信，罗素在信中把自己发现的悖论告诉了他。弗雷格后来说：“一个科学家不会碰到比这更难堪的事情了，即在工作完成的时候它的基础垮掉了。当这部著作只待付印的时候，罗素先生的一封信就使我处于这种境地。”西方数学界不得不宣布，数学出现第三次危机。为了摆脱危机，西方数学界和逻辑学界开展了长达数十年的热烈争论。第三次危机导致的争论从两方面深入展开：

首先，这次危机的根源是康托尔朴素的集合论出了问题。因此，为了摆脱危机，必须使康托尔朴素的集合论更加完善。1908年，德国数学家策梅罗（1871—1953）给出了第一集合论的公理系统，这个系统经过弗兰克尔和斯科朗的改进，建立起今天所谓的 *ZF* 系统。在这个系统中，包括罗素悖论在内的已发现的悖论都得到消除。但是，这个系统的相容性并没有得到证明。所以，将来会不会再出现问题，人们仍心有余悸。比如，彭加勒担心地说：“为了防备狼，羊群已用篱笆围起来了，但却不知道在圈里有没有狼。”

其次，为了避免数学以后再出现类似问题，当时的数学家开展了数学基础的研究，力图为整个数学奠定一个坚实的基础，于是围绕一些问题展开了热烈的讨论，包括纯数学命题的判定问题及数学理论真理性的标准问题等。鉴于罗素悖论的产生以及数学史上由于对无穷的应用而给数学带来的混乱，所以无穷概念和方法的合理性问题也是争论的重要问题之一。历史上不同的数学思想和哲学观点，产生了数学基础研究中的不同学派，主要有逻辑主义、直觉主义和希尔伯特的形式主义这三大学派。

数学基础研究中的三大学派

1. 逻辑主义

逻辑主义的先驱是笛卡儿和莱布尼茨，奠基者是弗雷格，代表人物是罗素。逻辑主义者对已有的数学知识采取完全确认的立场，并认为数学的基础是逻辑。比如，罗素认为，逻辑和数学是一门科学，它们的不同就像儿童与成人的不同，数学中的定理可以从逻辑命题出发，经由逻辑理论和集合论，推导出全部（至少是主要的）数学。逻辑主义者认为，一旦完成了这项工作，数学就被建立在一个可靠的基础上了，从而数学的可靠性问题也就彻底解决了。罗素和怀特海合写的三卷巨著《数学原理》是该学派研究规划的代表作。这一著作实际上是沿集合论系统展开的逻辑公理系统，它试图以此推导出全部数学。

逻辑主义的出发点是错误的。事实上，他们把数学当成逻辑，这是对数学的曲解。现代数学已经表明，逻辑主义试图改造数学的计划并没有完成，也不可能完成。

2. 直觉主义

直觉主义的先驱是康托尔的老师克隆尼克（1823—1891），代表人物是荷兰数学家布劳维尔（1881—1966）。和逻辑主义对待已有数学知识的态度相反，这个学派对已有的数学知识采取严格批判的立场。因为在他们看来，悖论在集合论中的出现并非偶然，而是整个数学的“不可靠性”的一次大暴露。因此，在他们看来，必须对全部数学进行严格的审查和彻底的改造。那么，究竟什么样的概念和方法才是可靠的呢？就数学基础而言，什么是数学的可靠的基础呢？直觉主义认为，这种基础不应是逻辑，而是“直觉”，数学是数学家的“心智的创造”。需要说明的是，他们所谓的“直觉”并不是指主体对于客观事物和现象的一种直接把握和洞察能力，而是指思维的“本能”，这种本能与客观世界完全无关。该学派的代表之一海丁说：“数学思想的特性在于它并不传达关于外部世界的真理，而只涉及心智的构造。”他们认为，数学中的定理不过是这些构造的记录而已。他们反对在数学中普遍使用集合概念，反对实无穷，反对非构造性证明，也反对使用排中律和反证法。他们反对逻辑主义的观点，认为逻辑不能作为数学的前提，因为他们认为逻辑不是先于数学的构造，而是在数学的构造过程中产生的。所以，不管拿怎样的逻辑原则作为证明数学定理的手段，都会犯恶性循环的错误。

直觉主义要求数学的对象必须是可构造的，这有其合理的一面；但是他们把数学完全局限在构造的范围内，否定了相当大一部分数学，特别是涉及无穷方面的数学，使数学的范围大大缩小，这不利于数学的发展。

3. 希尔伯特的形式主义

为了克服这场数学危机，希尔伯特曾提出了一个方案：首先，将非形式化数学改造成形式化的公理系统；然后，用有穷的方法证明形式系统的一致性。为此，他建立了元数学，发展了有穷主义证明论，这个学派曾于20世纪20年代末用有穷的方法证明了只含有加法算术的一致性。他们预言，整个算术一致性的证明为期不远了。但是，1931年，哥德尔发表了不完全性定理。该定理的发表宣布了希尔伯特试图建立一个完备而又无矛盾的形式系统不可能实现，迫使希尔伯特方案的支持者不得不放弃有穷方法的限制。1936年，甘岑用超穷归纳法才证明了纯数论的一致性。

哥德尔

哥德尔不完全性定理①

在论文《论数学原理及有关系统中的不可判定命题》中，美籍捷克数学家哥德尔（1906—1978）首次发表了关于形式系统的不完全性定理（或称不完备性定理）。这个定理是关于不可判定命题存在性的一般结果，如果仅就算术系统而言，则此定理可简单地表述为：

定理　如果形式算术系统是无矛盾的，则存在着这样一个命题，该命题及其否定命题在该系统中都不能证明，亦即它是不完全的。

后来，又经罗塞尔（1910—1984）改进为下述形式：

定理　如果形式算术系统是不完全的，详言之，亦即：如果一个含有自然数论的形式系统 S 是无矛盾的，则 S 中存在一个逻辑公式 A，使得在 S 中，A 是不能证明的，同时 $\neg A$ 也是不能证明的。

不完全性定理证明思想的一个关键之处在于映射思想的天才应用。哥德尔通过一种十分新颖的映射形式来建立他的主要结论。实际上，映射是数学领域内的

① 这部分内容参见徐利治：《数学方法论选讲》，147～150页，武汉，华中工学院出版社，1983。更详细的介绍参见张家龙：《数理逻辑发展史》，331～367页，北京，社会科学文献出版社，1993。

一种极为重要的研究方法，其基本思想就是借助一一对应，使得某一领域内对象之间的某种关系得以在另一领域内对象之间的关系中得到表现。哥德尔把算术系统（记为 N）的符号、表达式和表达式的序列都映射为数，即通过引进哥德尔数而实现了对象的数化手续。这样一来，对于数理逻辑及其他有关分支来说，在研究方法上就有了一种数字化的工具，从而方便地把一些讨论对象（如符号、公式）转换为自然数或自然数的函数，使我们能用自然函数的理论来讨论有关问题。通过引进递归函数，哥德尔又证明了所有元理论中关于表达式的结构性质的命题均可在算术系统中得到表示，于是元理论的命题都映射为算术系统中的命题，算术系统中的一部分表达式因此获得了元数学意义。

在阐明其证明思想时，哥德尔指出："我们可以注意到一个形式系统的公式在形式上都表现为基本符号（变量、逻辑常项、符号或中断符号）的一个有限序列，而且人们容易精确地去指明基本符号的那些有限序列是有意义的公式和那些不是有意义的公式。类似地，从形式的观点看，所谓证明实际上就是公式的一个有限序列。对于元数学来说，究竟用什么东西来作为基本符号当然是没有关系的。我们不妨就用自然数来作为基本符号，如此，一个公式就是一个自然数的有限序列，而一个证明便是一个有限的自然数序列。据此，元数学的概念（命题）也就变成了关于自然数或他们的序列的基本概念（命题），从而即可（至少是部分地）在（对象）系统本身的符号中得到表示，特别是人们可以证明'公式'、'证明'、'可证公式'等都可在对象系统中加以定义。"

不完全性定理证明的第二步是在对象系统内构造这样一个命题 G，使其元数学的意义为"G 是不能证明的"（注意：这是元数学中的命题——我们记为 G'）。

哥德尔指出，一旦构成了这样的命题，定理的证明就完成了，因为 G 正是所需要的不可判定的命题，现简要地描述如下：

前提：(α) 凡是可证明的命题必然是真的（从直观上看，这是任一公理系统的必然要求）。

(β) 命题的真理性在映射下保持不变（特别是这里的 G 和 G' 是同真假的）。

结论 1　G 是不能证明的。

证明　现用反证法：

设 G 是可以证明的 $\xrightarrow{(\alpha)}$ G 为真 $\xrightarrow{(\beta)}$ G' 为真 $\xrightarrow{\text{由}G'\text{的意义}}$ G 是不能证明的。矛盾，证毕。

结论 2　$\neg G$ 也是不能证明的。

证明　由结论 1 可知，G 是不能证明的 $\xrightarrow{\text{由}G'\text{的意义}}$ G' 为真 $\xrightarrow{(\beta)}$ G 为真 $\xrightarrow{Df}$

$\neg G$ 为假$\xrightarrow{(\alpha)}$ $\neg G$ 是不能证明的，证毕。

由结论 1 和结论 2 可知 G 是不可能判定的，亦即系统是不完备（不完全）的。

哥德尔自己指出："这一推理过程与理查德（Richard）悖论的相似之处是显然的，而且和强化了的撒谎者悖论也有一个很大的相似性。因为那个不可判定的命题〔$R(g, g)$〕所断言的正是〔$R(g, g)$〕是不可证明的。"

后来，塔斯基（1901—1983）又证明了：

定理　对于无穷阶的形式语言来说，如果相应的元理论中的可证明命题集是无矛盾的，那么就不可能在元语言中构造出一个在约定语言下是充分的关于真理的定义。

这是一个关于真理概念的可定义性的定理，值得注意的是塔斯基对本定理的证明思想与方法完全类似于上述哥德尔对不完全性定理的证明思想和方法。哥德尔的定理和塔斯基的定理都直接来源于对悖论的分析。

公理集合论——悖论的一种解决方案

20 世纪以来，数学哲学家为了消除集合论中的悖论提出了种种方案，公理化集合论中的 *ZF* 系统是较早的方案之一。

ZF 系统是德国数学家策梅罗于 1908 年提出的，以后经过大约 30 年，其间经过弗兰克尔、斯科朗等人的多次改进，才比较完善。策梅罗认为，集合论之所以出现悖论，是因为使用了太大的集合，特别是使用了"大全集"。因此，为了避免悖论，必须对集合加以限制，必须抛弃"概括原则"，因为用概括原则就立刻推出大全集的存在。一般认为，在一定的意义上，*ZF* 系统不仅消除了原集合论中已发现的悖论，而且也保留了原集合论中一切有价值的内容。

但是，*ZF* 系统并不是公认的最好方案。比如，冯·诺伊曼就认为，*ZF* 系统不可取，因为它排斥了许多集合。冯·诺伊曼认为，产生悖论的原因不在于使用了太大的集合，而在于这些太大的集合被用作其他集合或自身的元素。按照这个思想，他于 1925 至 1926 年建立了一个公理化集合理论。贝尔纳斯与哥德尔先后于 1931 年和 1948 年作了修改，形成今天所谓的 *NBG* 系统。

关于 *ZF* 系统和 *NBG* 系统的区别，有人作过一个巧妙的比喻：康托尔的集合论既包含了"无坚不摧的矛"（指任一集合 S 都可扩充到更大的集合 PS，从而集合的扩张是无限制的），又包含了"能抵挡一切的盾"（指其中有一个包含一切集合的集合）。因此，这个理论不可避免地要产生悖论。为了避免悖论，必须或者“弃矛存盾”，或者“弃盾存矛”，二者只能取其一。*ZF* 系统是“弃盾存矛”，因为它保留了任意集合都可以任意扩张，排斥了一切集合的集合，避免了悖论。*NBG* 系统则是“弃矛存盾”，因为它虽然保留了一切集合的集合（更确切地说是“类”），但不允许再作进一步扩张，即不能以其为元素而构成集合，因此也避免了悖论。

三、数学在科学中的新应用

20 世纪不仅迎来了纯粹数学发展的新纪元，更见证了数学应用的新时代。从粒子物理到宇宙学，从分子生物学到计算机网络，从材料力学到空气动力学，数学几乎渗透到所有的自然科学领域。在经济、管理、社会学乃至历史等社会科学中，数学的应用也方兴未艾。数学物理、生物数学、数理统计、气象数学等诸多应用数学分支应运而生。恰如冯·诺伊曼所言：“在现代实验科学中，能否接受数学方法或与数学相近的物理学方法，已经越来越成为该学科成功与否的重要标准。”第二次世界大战之后，几乎所有的纯粹数学分支都在实际应用中找到了用武之地，特别是在计算机和信息技术的推动下，数学在技术中的应用变得更为广泛和直接，连一度被英国数学家哈代（1877—1947）认定为绝对纯粹学问的数论，也在密码技术、信号传输和量子信息等领域发挥着关键性的作用。这里简要介绍一下数学物理和生物数学。

数学物理

19 世纪末，微积分、变分法、概率统计等数学方法的全面应用促成了理论力学、热力学、电动力学等经典物理学体系的形成。在以相对论和量子力学为标志的 20 世纪的物理学革命中，数学再次展现出巨大威力。在爱因斯坦创立狭义相对论之后不久，德国数学家闵科夫斯基于 1907 年提出了将时间与空间维度整合在一起的四维时空即“闵科夫斯基空间”，为狭义相对论提供了恰当的数学模型。在创立广义相对论的过程中，爱因斯坦花了大约三年的时间寻找其理论的数学结构，最后在数学家格罗斯曼的帮助下掌握了基于黎曼几何的张量分析，于 1915 年推出了广义引力协变的引力场方程，将引力场与时空度规联系在一起。这既使广义相对论获得了恰当的逻辑结构，也首次揭示了非欧几何的现实意义，成为现代数学应用的一段佳话。几乎在爱因斯坦发表引力场方程的同时，希尔伯特运用公理化方法和连续群的不变式理论获得了场的微分方程，与爱因斯坦的理论不谋而合，这进一步体现了理论物理与纯粹数学在数学精神上的高度契合与一致。在量子力学的建立与发展中，数学的作用同样举足轻重。为了使海森堡的矩阵力学和薛定谔的波动力学融合为统一的理论体系，希尔伯特和冯·诺伊曼等人运用积分方程理论、希尔伯特空间理论和谱理论为量子力学的统一提供了数学基础。

在规范场论研究中，早在1918年，数学物理学家魏尔（1885—1955）就曾考虑，像广义相对论的引力场几何化那样，运用微分几何将电磁场与局域规范不变性联系起来。1954年，杨振宁和米尔斯的"杨—米尔斯理论"提出，四种基本相互作用都具有规范不变性，这昭示了由规范场论统一基本相互作用的可能。人们很快发现，这一理论所需要的微分几何和非线性偏微分方程等数学工具早已存在，由此规范场论和相关数学理论在相互促进中取得了丰硕的成果。在量子引力研究中，微分拓扑、代数几何、群论、无穷维代数、复分析、黎曼曲面的模理论等为"超弦"等"终极理论"的探索提供了数学工具，反过来，这也为数学发展带来了全新的契机。

生物数学

20世纪之前，用恩格斯的话说，数学应用"在生物学中等于零"。在20世纪时，生物学研究则越来越多地运用到数学方法。20世纪初，英国统计学家皮尔逊率先将统计学应用于遗传学和进化论，开启了现代数学方法的生物学应用之先河。在群体和生态层面，统计方法、微分方程、系统分析等数学方法以及计算机技术的应用极大地推动了种群生态、人口增长和数量生态学的发展，生态学家建立起了种群指数增长模型、捕食—被捕食模型、时空动态模型、结构动态模型、非线性模型、定性模型等数学生态模型。在生物进化与发育层面，生物学家借助数学方法建立起了各种进化、数量遗传和形态发生的数学模型。例如，一种能够模拟分叉等植物生长过程和植物形态发生的L系统，就是将数学中分形、小波变换和计算机图形学综合起来而建立的。在生理和器官层面，已建立了动脉疾病模型、多尺度心脏模型等各种生理系统的数学模型。在细胞和亚细胞层面，细胞增长、胚胎发育、神经网络及其扩散过程、离子通过生物膜的传送、酶动力学等都可以运用数学模型进行深入探究。其中包括描述神经传导过程的霍奇金—哈斯利方程（1952）和描述视觉系统侧抑制作用的哈特莱茵—拉特里夫方程（1958），它们都是复杂的非线性方程组，曾在当时引起数学家和生物学家的高度关注，并分别获得1963年和1967年的诺贝尔医学生理学奖。

在分子生物学领域，对DNA双螺旋结构的缠绕与纽结的研究使拓扑学中的纽结理论有了用武之地，如 1984 年发现的关于纽结的新的不变量的琼斯多项式，为生物学家提供了一种对 DNA 结构中的纽结进行分类的新工具。并且，分子生物学与计算机和数据库等信息技术的结合促成了以人类基因组计划为标志的生物信息学的发展。为了破译基因组、蛋白质组等海量序列信息中隐藏的遗传语言的规律，生物信息学往往涉及多元函数的全局化和高维空间的数值积分，一系列具有智能的随机化算法如雨后春笋般出现在相关研究中，其中包括蒙特卡罗方法、模拟退火算法、遗传算法、人工神经网络、隐马氏模型、贝叶斯网络与无标度网络等。在医学诊断技术中，人体组织的 X 射线断层扫描和核磁共振成像等物理成像技术和计算机图形学等无不得益于数学的应用。20 世纪 60 年代，美籍南非理论物理学家科马克发表了计算人体不同组织吸收 X 射线的公式，为计算机断层扫描提供了理论基础，英国工程师亨斯菲尔德在此基础上发明了计算机 X 射线断层扫描仪，与科马克共获 1979 年诺贝尔生理学或医学奖。

生物数学的出现不仅推动了生物学的定量化和理论化，还将对生命现象的研究直接与生物技术和生物工程联系了起来，使生命科学展现出广阔的应用前景。同时，生物数学研究带来的一些新问题也在不断地促进数学方法和工具的创新，大大推动了数学自身的发展。

第五章

三次伟大的技术革命

从技术的知识形态来看，技术是人类为满足各种实际需求而总结出的高效操作的知识。技术是人类文化的最基本要素之一，是社会生产力的主要内涵。与古代和中世纪相比，近代以来的技术发展明显加快，成为人类社会发展的主要动因。技术发展进程中的质变阶段——技术革命阶段，不仅会直接导致生产力革命，还会间接促成社会改革，甚至引发社会革命。近代以来，已经完成了两次以动力技术的革新为主导的技术革命，即蒸汽技术革命和电力技术革命，目前正在进行以信息技术为主导的新技术革命——信息技术革命。简单地说，前两次技术革命的实质都是解放人手，而信息技术革命的实质是解放人脑。

一、蒸汽技术革命

18 世纪 60 年代在英国开始了产业革命，同时出现了近代以来的第一次技术革命——蒸汽革命。蒸汽革命开始于纺织工业的机械化，以蒸汽机的广泛使用为主要标志，继而扩展到其他轻工业、重工业等各工业行业。

蒸汽技术革命的动因

蒸汽革命的动因是社会生产发展的需要，而自然科学的成就为蒸汽机的发明提供了理论基础。

1. 英国新兴的棉纺织业急需新的动力机械

当时，英国的棉纺织业迫切要求革新技术，提高产品竞争能力，因此技术革命首先从棉纺织行业开始。

棉纺织业分为纺纱和织布两个主要部门。1733 年，英国兰开夏郡的钟表匠约翰·凯伊发明了飞梭，用飞梭的自动往返代替了手工投递，把织布效率提高了一倍，并使布面加宽。1760 年，飞梭已普遍推广应用，结果造成了纺纱与织布间的严重不平衡，经常发生“纱荒”。1764 年，织布工人哈格里夫斯发明了效率可提高八倍的有八个竖锭的纺车。为了纪念女儿给他的启示，哈格里夫斯把自己发明的纺车命名为“珍妮纺车”。到 1790 年时，珍妮纺车已在英国普遍推广。这是一架可同时带动几十根纱锭的手摇纺纱机，它是由手工工具变为机器的典型。“珍妮机”提高了纺纱效率，消除了纺纱与织布间的不平衡，从而成为英国产业革命的火种。“珍妮机”带动的纱锭日益增多，以人力为动力越来越难以胜任，同时“珍妮机”纺出的纱线不够结实，质量差。于是，有人发明了以水力为动力的纺纱机和兼采“珍妮机”与水力纺纱机优点的新纺纱机——“骡机”。纺纱机经过一系列发明和改进后，纱线质量和纺纱效率大为提高。这样一来，织布业又相对落后了，出现了新的不协调，从而要求发明更优良的织布机来利用多余的棉纱。1785年，牧师卡特莱特（1743—1823）发明了用水力推动的织布机，使劳动生产率提高了40倍。由于水力纺织机以水为动力，纺织厂必须建筑在远离城市和交通大道的河边上，不符合交通运输的要求，加之地主乘机抬高地价，因而大大限制了水力纺织厂的发展。并且，水力受自然条件限制，不能常年均衡地供应动力。在这种情况下，纺织工业的发展迫切需要新的动力机械。

2. 英国采煤业急需新的动力机械

矿井排水的需要是导致实用性蒸汽机发明的直接原因。当时，人们主要是用马拉辘轳来推动水泵抽排矿井深处的水。16世纪，德国有个矿井的水泵需要93匹马来推动。到17世纪末，英国有些矿井用来抽水的马匹竟达500匹之多。蒸汽机的发明正是在矿井排水问题的刺激下产生的。

3. 自然科学新成就和生产技术水平的提高是蒸汽机发明的必要条件

从巴本到瓦特的各式蒸汽机的发明所依据的科学原理都是以刚刚出现的大气压、真空和热学理论为基础的，瓦特改进纽可门的蒸汽机得益于化学家布莱克提出的潜热、比热和热容量理论，冶金技术和机械制造技术的进步是把蒸汽机技术原理物化为蒸汽机实物的技术保证。

蒸汽机的发明

蒸汽机是利用水蒸气作工作介质的热机。第一部活塞式蒸汽机是1690年法国物理家巴本（1647—1712）在德国发明的。巴本的蒸汽机是由一直径约2.5英尺、装有活塞和连杆的竖式管子构成的，管子下部盛水，加热水变成蒸汽，蒸汽又推动活塞向上运动，当活塞上行到顶部时，被插销固定住，移去热源，蒸汽冷却，汽缸内形成真空，继而拔去插销，上部大气压迫活塞，使它向下运动，并通过杠杆提起重物。在这里，竖式管子完成了锅炉、汽缸、冷凝器三种功能。巴本认为，这种机器可用于矿井抽水、推进船只等工作。但是，巴本的蒸汽机只是一部实验机，没有付诸实用。作为第一个应用蒸汽在汽缸中推动活塞的人，巴本首次指出蒸汽机的工作循环，他的机器是汽压蒸汽机的原型，因而被尊称为近代蒸汽机的鼻祖。

17世纪末，为了排除矿井积水，英国皇家工程队的军事工程师塞维利大尉（1650—1715）积极进行蒸汽泵的研究。他的蒸汽泵去掉了活塞，直接依靠真空把水吸上来，再用压力蒸汽把水挤出去，特点是把蒸汽压力和大气压力的利用结合起来。塞维利机除用于矿井排水之外，还可用于居民供水，它是人类历史上第一部能实际应用的蒸汽机。

英国铁匠纽可门（1663—1729）综合巴本机的汽缸活塞和塞维利机的真空冷凝器装置的优点，于1712年制成了一种更实用的被命名为“大气机”的抽水机器。纽可门机靠一根平衡横梁与水泵相连，平衡梁一端同活塞相连，另一端与抽水机相连，活塞在汽缸中上下运动，平衡梁便带动水泵抽水。1712年，用于杜德米堡煤矿的纽可门机功率为5.5马力，可将水抽到153英尺高处。纽可门机受到工业界尤其是煤矿主的欢迎，被广泛地用于煤矿排水、城市排水和农田灌溉等领域达60年之久。纽可门机的缺点是效率低，只能做往复运动。

英国工程师斯米顿（1724—1792）对纽可门机做了各种函数关系的实验，先后写了130多个实验报告，整理出一套计算公式，还编制了各种部件的比例表，积累了大量有价值的数据、资料，还在改造锅炉、改进点火及燃烧方法以及制造工艺等方面做了大量工作。斯米顿的工作为瓦特的发明奠定了实验基础。

瓦　特

现存于博物馆的瓦特蒸汽机

对纽可门机进行根本性变革的是英国格拉斯哥大学的仪器修理工瓦特（1736—1819）。瓦特仿造了几部纽可门机，研究它的优缺点，并查阅了许多关于蒸汽机发展历史的书籍。通过分析和实验，他发现，为了产生真空，纽可门机每一冲程都要用冷水将汽缸冷却一次，造成热量的巨大浪费。他经过思索和研究，发明了分离冷凝器，大大降低了蒸汽消耗量，使热效率提高到3%，比纽可门机提高4到6倍，耗煤量减少了3/4。这对蒸汽发动机的发展起了关键性作用。瓦特发明分离冷凝器的理论基础主要是英国化学家布莱克和他的学生欧文刚刚提出的热学理论。接着，瓦特又对蒸汽机进行了几项重大改进。1781年，他发明了行星式齿轮，将蒸汽机的往返运动变为旋转运动。1782年，他发明了双作用蒸汽机，使活塞沿两个方向的运动都产生动力，效率提高了4倍。1788年，瓦特又发明自动控制蒸汽机速度的离心调速器，并在1790年发明压力表。经过这些改进后的瓦特蒸汽机配套齐全，切合实用，耗煤省，运转快，性能可靠，很快得到普遍推广。

蒸汽机的发明，以蒸汽动力代替人力，迎来了近代史上的第一次技术革命。瓦特的名字和蒸汽机一起传遍了全世界，瓦特也被人们誉为“蒸汽大王”，成为近代第一次技术革命的伟大旗手。

瓦特的双动旋转式蒸汽机成为近代蒸汽机的样机，以后的发明大都属于机械结构上的完善、效率的提高和为适应各生产部门的专业要求所作的各种改进。在瓦特之后，人们开始把蒸汽机引向大功率、高参数、经济、安全、可靠的现代化的发展方向。

随着蒸汽机的不断完善，它作为一种动力机不但在纺织、采矿业中得到广泛的应用，而且被推广应用到交通运输、冶金、机械、化工等一系列工业部门，使生产力以前所未有的高速度发展着，出现了蒸汽时代的技术革命。

蒸汽革命的后果

蒸汽革命的直接后果是导致产业革命（又称工业革命）的胜利完成，而它更为深远的后果是对社会物质文明与精神文明的发展产生了持久而巨大的影响。

1. 促成产业革命的胜利

在英国产业革命的进程中，蒸汽动力机的普通应用推动了工场手工业向机器大工业生产的过渡，极大地提高了劳动生产率。据统计，从1771年建立的第一座纺织厂算起，英国到1835年已有棉纺织厂1 260家。1800年，英国使用蒸汽机321台，共5 210马力，1825年上升为15 000台，共375 000马力，25年中蒸汽机的马力数增长了71倍。英国1800年有两家手工棉纺工场，到1831年已有800多家纺织厂，装配有2 300多台蒸汽动力机。产业革命的完成，使英国经济得到飞速发展：煤产量由500万吨增加到3 000万吨；铁产量由1万吨增加到130万吨；钢铁、机械等工业产品均占世界总产量的50%以上，国民收入增长了7倍；从1770年到1840年间，工厂的人均劳动生产率提高了20倍，英国成为世界上资本主义最先进的国家。之后，产业革命陆续在其他国家完成，使“资产阶级在不到一百年的阶级统治中所创造的生产力，比过去一切世代创造的全部生产力还要多，还要大”。从这个意义上讲，产业革命可以说是蒸汽革命的后果。

2. 促进其他工业部门的发展，造成产业结构的变动

蒸汽技术革命的完成，不仅使纺织部门实现了由手工工场向机器大生产的过

渡，促成了机器制造、钢铁冶炼等部门的快速发展，而且导致了许多新兴产业的产生和发展，使产业结构发生了很大变动。

（1）机器制造业。蒸汽机以及其他各种机械，愈来愈要求向着结构精密、运转灵活、工艺细致和效能良好的方向发展。这些机器的制作单靠手工操作已经不可能了，必须把制造机器的工作交给机器来完成，因而逐渐出现了各种自动车床、自动刨床、铣床和钻床等，并逐渐使测试手段精密化、加工部件标准化。19世纪40年代就已经能用机器制造机器，保证了机器的精确、严密和灵活。

（2）钢铁工业。19世纪中叶，蒸汽机每分钟达250个冲程，这就需要既有一定强度又有相当韧性的钢铁，因此推动了钢铁生产技术的发展。1855年，贝塞麦发明了转炉炼钢法，1865年前后，马丁发明了平炉炼钢法等。这些发明不仅使钢产量在十几年里增加70%，而且能生产出高碳钢等多种高强度的钢材，为制造机器和刀具提供了材料，也为其他工业发展奠定了基础。

（3）交通运输业。工业经济的发展对交通运输提出了新的要求，原来使用的帆船、马车显然不适应时代的需要。18世纪就有人试图将蒸汽机用于推动船舶，虽然也曾制造过能行驶的汽船，但因不适用而告失败。1807年，美国工程师罗伯特·富尔顿建造成功世界上第一艘实用轮船。该船长150英尺，宽30英尺，排水量100吨，时速9.25千米，航行在哈德逊河上。这是第一艘可以长距离航行的真正客轮，因此富尔顿被公认为轮船的发明人。1838年，英国制造的“天狼星”号和“大西方”号轮船，完全依靠蒸汽机为动力，横渡大西洋成功。之后航运业得到迅速发展，从1760到1800年，美国海港船舶的年吞吐量提高了32倍，内河航运到1830年总长度达7 510千米。

蒸汽机在船舶上广泛应用的同时，人们也注意到陆上交通的改进。随着经济的发展，虽然陆上交通由铁轨马车代替了木轨马车，但仍不能适应当时生产力发展的需要，于是人们开始研究把蒸汽动力应用于陆上运输。在这方面作出突出贡献的是英国人特里维西克，他在1802年制成了第一部蒸汽机车。但是，真正可用的蒸汽机车是1814年由英国发明家斯蒂芬孙设计制造的。1825年，他负责设计修建的斯托克顿—达林顿铁路正式通车，全长30英里，时速15英里，这是世界上第一条公共铁路交通线。1829年，在一次蒸汽机车比赛时，斯蒂芬孙的“火箭号”蒸汽机车获胜。因此，斯蒂芬孙被称为铁路蒸汽机车的发明者。继英国之后，铁路运输在美、法、德等世界各国普遍推广。

除此之外，产业革命的发展也带动了各行各业普遍发展。各种产业在国民经济中的地位也发生很大变化，产业结构更趋向合理。工业化的初步实现，使工业产值超过了农业产值，工业中轻工业占主导地位，采掘工业比加工工业发展速度快。

3. 蒸汽革命对科学、教育发展的影响

随着蒸汽动力技术的飞速发展，热力学也相应有了显著的进步。著名的卡诺定理就是关于热机效率的定理，它被发现最初就是要找出热机不完善性的原因。1824年，卡诺发表了《关于热机的燃料效率及进一步发展的意见》，提出了理想的热机循环，得出效率和工质无关。同时，19世纪早期的法国工程师由于在多种工艺学院和理论科学家一同受训练，他们一开始的研究课题也是研究和控制蒸汽机把热变为机械能的各种因素。1822年，傅立叶发表《分析理论》，用数学分析方法建立了热传导方程，他的著作被看作是最基本的热学理论的专著。

蒸汽动力技术的成就又是能量守恒定律的基本物质前提之一，在德国人迈尔发表的第一批论述“能量原理”的论文中，就是以蒸汽机车作为例证来说明问题的。

蒸汽革命也促进了教育事业的发展和科学技术人才的培养。机器化大生产的发展要求工人也要具备相应的科学知识和劳动技能。因此，这个时期资本主义国家先后通过了普及初等教育法，建立了许多大学和技工学校，如格拉斯哥大学、伦敦技工学校、伯明翰技工学校等。到1850年，英国共有600多所技工学校，学生达10万多人，其中很多后来都成为著名的科学家。由于蒸汽动力机的发明及影响，使资产阶级认识到教育对技术进步和经济发展的重大作用，因而他们普遍重视教育事业，推行了许多鼓励科学技术和教育发展的相关政策。

二、电力技术革命

电力革命的进程

第二次技术革命即电力革命，是从19世纪70年代开始的，以电能的开发和应用为主要标志，此外还包括内燃机的发明和应用等。电力技术革命引起了整个生产体系的组织结构和经济结构的变革。

1. 直流电机的研制和改进

1821年，法拉第制成了一台用化学电源驱动的近代电动机的雏形。1834年，俄国科学院院士雅科比（1801—1874）制成了一台回转运动的直流电动机。他利用电磁的吸力和压力的特性，以化学电池组为能源产生机械运动。1838年，雅科比把他研制的电动机安装在船上，驱动轮船行驶在涅瓦河上，成为世界上第一艘电动轮船。1834年，美国铁匠戴文泡特用电磁铁和电池制成了第一台电动机。次年，他用这种直流电动机驱动圆形轨道的小车，这是电气火车的雏形。

法拉第

1860 年，意大利物理学家巴奇诺基发明了环形电枢，并制成了包含环形电枢、整流子和合理的励磁方式的直流电动机，它基本上具备了现代电动机的结构和形式。

1831 年，法拉第发现电磁感应定律。1832 年，法国巴黎的皮克西兄弟制造了世界上第一台手摇永磁式交流和直流发电机。1834 年，英国伦敦仪器制造商克拉克制成了第一台实用直流发电机。1836 年，英国著名电机制造家魏尔德（1833—1919）制成了具有磁电激磁机的发电机。1867 年，德国的西门子（1816—1892）基于自激原理制成了自激式直流电动机。在技术史上，西门子发电机相当于瓦特的蒸汽机，具有划时代的意义。1870 年，比利时人格拉姆研制出具有环形电枢的直流电动机。到 19 世纪 70 年代，直流电动机已开始占统治地位。

2. 交流电的研制和改进

在电机发展过程中，长期存在着用直流电还是用交流电的争论。从 19 世纪 80 年代起，由于变压器的出现，交流电的发展和应用迅速扩大。1832 年，一位佚名发明家就研制出一台单相、同步、多极发电机。1878 年，俄国科学家亚布洛契可夫制成了一部多相交流发电机。1885 年，意大利物理学家法拉里（1847—1897）提出旋转磁场原理，研制出二相异步电动机模型。1886 年前后，俄国工程师多里沃-多布罗斯基先后发明了三相异步电动机、三相变压器和三相制。1891 年，在电能实际应用中首次采用三相制，标志着电工发展的新阶段的开始。

3. 中心发电厂的建造和电能远距离传输的实现

19 世纪 30 年代以后，随着电能应用的迅速扩大，发电厂相应地发展起来，由功率小的“住户式”电站，进而发展为大功率的中心发电厂。1889 年，英国建成的特普夫电站是现代大型中心发电站的先驱。1882 年，法国物理学家和电气技师德普勒（1834—1918）成功地进行了远距离高压直流输电试验。1891 年，有人制造出了高压油浸变压器，以后又研制出巨型高压变压器。随着变压器的发展，远距离高压交流输电有了很大的发展。1901 年，美国在密西西比河流域建成了 50 千伏的高压输电线。远距离输电技术的发展，使电力成为比蒸汽动力更强大更方便的动力，它的广泛应用对工业的发展具有决定性的作用。从 19 世纪 70 年代开始，电能作为新能源逐步取代蒸汽动力而占据了统治地位。19 世纪末

20世纪初，全世界掀起了电气化的高潮。美国、德国由于最早实现了电气化而迅速进入世界工业强国的行列。电力技术的广泛应用首先促进了电力工业、电气设备工业的迅速发展，以发电、输电、配电这三个环节为主要内容的电力工业产生和发展起来了，制造发电机、电动机、变压器、断路器以及电线、电缆等的电气设备工业也迅速兴起，同时还促进了材料、工艺和控制等工程技术的发展。电力技术的发展使许多传统产业得到改造，使一系列新技术应运而生。

电力革命的动因和特点

19世纪中叶到20世纪初的电力革命是技术体系的质变，引起了整个生产体系的组织结构和经济结构的变革。这场深刻变革的动因是技术体系内部要素和外部环境的矛盾运动。

1. 内因——电机的开发成功

电机是电力技术体系的主导技术，电机的开发成功是电力革命的内在原因。日本现代技术论学者星野芳郎认为，技术发展不仅是连续的，而且具有阶段性，在某一个阶段，技术形成一个以某项主体技术为中心的紧密联系的体系，具有相对稳定性。在技术革命中，新兴的主体技术打破原有体系的平衡而组成新的体系，从而实现新旧体系的更替。在电力革命中，主要是由于电和电机作为一个新动力取代了蒸汽机，打破了蒸汽技术体系中原有的平衡状态，从而使原有的体系解体，形成新的电力技术体系。在这里，电机作为主体技术，它引起了技术体系的变革，它决定着其他技术的内容和方向，代表了电力时代发展的主流。

2. 外因——社会需要

社会需要指社会经济、文化和政治上需求的综合。

从经济生产上看，随着生产规模的扩大，蒸汽机的局限性越来越显露出来。蒸汽机虽然能提供强大的动力，但热效率低、传输系统结构复杂、外形庞大，只能对能源作单一形式的转化和定点近距离传递，无法满足进一步发展生产的要求。相反，电力作为一种新能源可以集中生产，远距离输送，分散使用，不受地区条件的限制，并且可以转化为热、光、机械、化学等形态的能量。电力刚好适应了生产的需要，于是它一出现便受到普遍的欢迎和重视。

社会文化、政治上的需求一般通过统治阶层的政策、社会舆论和观念形态反映出来。电力革命的种子是由英国人种下的，法拉第制成第一台电动机模型，麦克斯韦提出完整的电磁理论，然而，这场革命却首先在美国和德国开花结果。在电力革命中，许多欧洲先进技术都首先在美国获得广泛使用。电力技术先是在欧洲得到实现和完善，而第一座比较大型的水力发电站和火力发电站都产生在美国。内燃机发明于欧洲，美国却首先建起了汽车制造业。美国的铁路由1860年的5万千米发展到1915年的42.5万千米，成为世界上最大的运输系统。美国最先发明电话，最早使用电灯，最大幅度地发展了制造业。美国在电力革命中的腾飞反映了美国社会政治和文化对科技发展的影响。19世纪60年代，美国正处于南北战争时期，北方政权的民主政策和发展生产力措施及南北战争的需要使美国人把引进新技术作为首要任务。还在南北战争期间，林肯总统就签署了一系列支持科学技术发展的重要法令。统治者的政策深得人心，因此美国人最先接受了电力技术，一跃而进入先进国家的行列。经济在世界上居于首位的英国对面临的工业体系的改造和更新忧心忡忡，他们害怕技术更新会带来经济损失，因而热衷于对蒸汽技术的改进，对电力技术革命采取了排斥态度。总之，社会对技术革命的影响是各种因素的综合效应。从技术发展的总趋势看，社会生产的需要最终会成为新技术革命的动力，但是社会其他因素的作用也会影响革命的进程。

3. 特点——以科学为指导

科学理论对技术进步和生产力提高的指导作用明显加强。电磁理论的建立为电力革命提供了重要的理论准备。奥斯特关于电磁效应的发现和法拉第电磁感应定律为制造电动机和发电机提供了基本原理，安培定律为电能转化为机械力提供了定量公式，麦克斯韦完整的电磁学理论则为电能与机械能、光能、声能的互相转换提供了理论依据。在电力革命过程中，电磁理论规定了革命的方向，指导着电力系统技术体系的建立。而且，电力技术的开发是对数学、电磁学、力学、化学、光学、声学等多种学科理论知识的综合运用。

技术在生产中的地位明显提高。在蒸汽时代，技术只是发挥传统技艺的作用，与生产融为一体；而到电力时代，技术发展为技术科学，作为科学化的理论体系指导生产，成为连接科学与生产的纽带。

电力革命的后果

1. 经济后果

从性质上讲，电力革命的经济后果同蒸汽革命的经济后果是同质的，即促进社会生产力的发展，并促成产业结构的变化。电能的应用使大工业的发展摆脱了地区条件限制，从而使人类对自然力的支配达到新的高度，极大地解放了社会生产力。到19世纪最后30年，世界工业总产值增加了两倍多，其中钢产量猛增55倍，石油产量增加25倍。工业技术体系发挥出前所未有的功能。电力技术使产业结构发生了深刻变化，发展了电力、化学、汽车、航空、电子等一大批技术密集型新兴产业，增强了生产对科学技术的依赖关系，使技术体系从机械时代进入电气化时代。电力在农村的普遍应用，使原先技术水平远落后于大工业的小农业发展成技术比较密集的、高效的大农业，农业生产体系的组织结构有了质的进步。

2. 对科学发展的促进作用

第一，作为电力革命先导的电磁理论的建立，将科学研究领域由宏观扩展到微观和宇观，引起了一批新兴学科的诞生，而电力技术为科学提供的新研究手段和途径又加速了这些学科的研究进展，从而促进了20世纪科学的发展。

第二，在技术密集型工业体系中，"工匠"传统和学术传统达到了统一，实现了科学与技术的结合，确立起技术理论体系——技术科学。在这一时期出现了新的社会角色——工程师，出现了以工程师为主体的工程技术学术团体和学术活动。技术的科学化改变了以往以科学—数学—哲学为主体的社会知识结构。

第三，使科学研究出现了社会化的趋势。以往个体的、自由式的科学研究方式逐渐让位于一种新型的科研形式——集体的、合作式的研究组织。在基础理论研究方面，最早出现的集体研究组织是1871年麦克斯韦创建的卡文迪许实验室，该实验室在后来不但成为英国的研究中心，而且为20世纪培养出汤姆逊、卢瑟福等一大批优秀科学家。在应用技术方面，发明家爱迪生于1876年建立第一个有组织的实验室，在电力革命中发挥了巨大作用。

3. 社会后果

电力革命改变了整个社会的面貌，使社会文明发展到新阶段。通信技术的普及改变了人们以往生活的封闭状态，使人与社会的联系更广泛、更密切。科学技术向生活各方面的渗透，使人们的消费方式、服务方式、交往方式等发生了急剧变化。生产的社会化促使企业出现新型的科学管理体制，加快了政治民主化进程。电力革命使人的体力在更大范围内得到解放，人的聪明才智得到更大的开发和利用。新产业体制对公民的文化素质和高技术人才的规格提出了新要求，这促进了教育的改革和新教育体制的形成，高等教育开始面向社会并且重视对科学技术人才的培养，中等教育中则出现了技术教育和职业教育。

三、信息技术革命

到20世纪初，电力革命在发达国家已普遍取得成功，完成了以电气化为中心的工业化进程，极大地推动了社会生产的发展，整个社会的面貌也发生了很大的变化。这就为现代自然科学的发展提供了雄厚的物质基础和强大的推动力，导致20世纪上半叶以物理学革命为中心的现代科学革命。20世纪40年代后，在军备竞赛和战后其他社会需要的刺激下，在现代科学革命浪潮的推动下，一大批新兴技术不断出现，形成了现代技术革命的新高潮，出现了微电子技术、电子计算机技术、基因工程、核技术、空间技术、海洋技术、新材料技术和新能源技术等许多高新技术。这是近代以来的第三次技术革命，由于主导这次革命进程的是信息技术的发展，所以也称信息革命。信息革命包括的各种高新技术将在后面的章节中具体介绍，这里扼要叙述现代信息技术的发展进程。信息革命正在进行中，它对社会经济和文化的巨大影响，将在第三编的各章节中具体分析，这里简要分析它的动因和它正在产生的后果。

现代信息技术的进程

现代信息技术包括微电子技术、计算机技术和通信技术。

1. 现代信息技术的前史

在通信技术方面，早在蒸汽革命时代，就诞生了有线电报这种利用电信号传递信息的新型技术。有线电报传递信息的速度接近光速，可以跨国跨洲跨洋远距离传递信息，开创了人类远距离高速传递信息的新纪元，对以后人类社会经济和文化的发展产生了不可估量的影响。发明有线电报的是一位业余发明家，美国画家莫尔斯。1837年，他通过实验验证了有线电报的技术原理，并发明了高效率的“点—划”电报码，即莫尔斯码。1844年，他和机械师艾尔弗雷德·维尔研制出第一台实用电报机。1875年美国人贝尔发明了第一部磁石电话机，1877年爱迪生发明了留声机，1898年丹麦工程师波乌尔森发明了磁带录音机等，使信息传递和存储手段发生了新的变革。1895年和1896年，俄国工程师波波夫和意大利工程师马可尼分别成功地进行了无线电波传递实验。1906年圣诞之夜，无线广播实验成功，电子大众传媒的时代开始了。无线通信的技术理论——无线电电子学也于世纪之交诞生。它开始时只研究自由电子在真空中的运动规律，后来逐渐扩展到研究电子在气体、液体和固体中的运动规律，并取得了许多研究成果，指导研究电磁波发射和接收技术的无线电技术的迅速发展。20世纪上半叶，无线广播、无线通信、电话、电视等技术的广泛应用成为工业文明的一道风景线。

在计算机技术方面，17世纪已有了机械计算器，到19世纪机械计算器已投入批量生产，并获得广泛应用。19世纪初，天才的英国数学家巴贝奇（1792—1871）提出了自动计算机的设计方案。他的设计思想同100多年后的现代通用数字计算机的原理基本相同，即通过事先存储的程序自动控制计算。19世纪中叶，英国数学家布尔（1815—1864）提出布尔代数，成功地将形式逻辑演算归结为代数运算，是现代计算机的数学基础之一。由于人口普查的需要，1888年美国人研制成功第一台卡片程序控制的机械计算机。

世界上第一台计算机——ENIAC

2. 现代信息技术的发展

现代信息技术的核心是计算机技术。

计算机技术产生的内因是计算机理论的提出和所需硬件技术的基本成熟。1936年，英国数学家图灵（1912—1954）在《关于理想计算机》一文中提出了理想计算机的数学理论和数学模型，包括“程序内存”等。硬件技术方面，使用电子管的电子技术由于在通信、广播和工业上已获得广泛应用而基本成熟。

计算机技术产生的外因是第二次世界大战带来的军事上的迫切需要。1941年，德国人造出了继电器式程序控制计算机“Z—3”。1944至1947年，美国人研制出几种继电器式通用数字计算机“MARK—1”、“MARK—2”、“Model—1”和“Model—2”。继电器式计算机的速度慢，问世不久就迅速被使用电子管的电子计算机取代，因为电子管技术在那时已很成熟，而电子管的开关速度比继电器快一万倍。1945年，美国人制成了第一台使用电子管的数字计算机“电子数值积分计算机”，简称ENIAC，但它不是程序内存的。同年，美籍匈牙利数学家冯·诺伊曼在发展图灵思想的基础上提出了完整的存储程序通用计算机的逻辑设计方案EDVAC。他的方案所确定的计算机基本结构和工作原理，通常称作“冯·诺伊曼机”，时至今日仍为大部分计算机所用。

现代信息技术的硬件技术的核心是微电子技术。微电子技术是半导体技术的主要分支。1947年，美国的贝尔实验室研制出第一个半导体三极管，宣告了半导体技术的诞生。1958年，美国得克萨斯仪器公司和仙童公司研制出半导体集成电路，微电子技术的时代从此开始了。

现代信息技术和信息革命的后果

现代信息技术仍在高速发展之中，信息革命的浪潮正在冲击着我们的社会，它已对社会生活的所有领域都产生了空前的影响，虽然现在还不可能准确预言它的长远后果。

1. 现代信息技术和信息革命的特点

简单地说，现代信息技术和信息革命的主要特点是解放人的智力，或者说，解放人脑。相比之下，蒸汽革命和电力革命都是解放人的体力，或者说，解放人手。现代信息技术和信息革命主要是通过计算机来实现对人脑的解放。正因为如此，有人将这个特点称为“信息化”，将信息革命进程较快的发达国家称为“信息社会”。信息革命还有许多新特点①，如科学与技术的一体化、技术的综合化等。

2. 信息革命推动社会生产力迅速发展

信息革命的各种新技术已成为发达国家社会生产力提高的主要动力，充分体现出“科学技术是第一生产力”。据估计，20 世纪初，大工业劳动生产率的提高只有 5%～20%是靠采用新技术取得的；70 年代以来，这个比例上升到 60%～80%，在一些知识、技术密集型行业中甚至高达 100%。

现代技术革命的深入发展，首先使传统工业部门得到技术改造，生产效率大大提高。例如，将电子计算机运用到机床上，制成了数控机床，改变了传统的机械加工由人控制的方式，产品质量、数量大大提高。服装工业也可用先进录像设备和激光工具来量体裁衣，用微处理器控制缝纫机实现单件生产，它不仅大大提高了劳动生产率，也满足了人们的不同需要。又如土地资源普查，过去靠人工进行，时间长、效果差。现在采用地球资源卫星，普查工作完成得又快又好。还有初露头角的“机器人”，在汽车、机械、电机、塑料加工、采矿等传统工业部门广泛使用，促进了生产过程自动化，提高了劳动生产率和产品质量，减轻了工人的劳动强度，降低了生产成本。

3. 信息革命使产业结构发生重大变革

随着信息革命的深入，传统产业在衰落，成为“夕阳产业”。与此相反，一大批新兴工业正如初升朝阳，蒸蒸日上。新兴产业的迅速发展，大大增加了经济活力。由于新兴产业生产的商品采用了一系列新兴技术，因而竞争优势明显，这又反过来大大促进经济的进一步发展。近几年来，美国有一批原来规模较大的传统企业倒闭，但同时又有大批中小型企业开业，其中多数是采用新兴技术的企业。

现代技术革命的发展，还大大提高了生产管理水平，从而提高了劳动生产率。随着社会生产的迅速发展，管理在企业中的作用越来越突出，它已成为生产力水平的一个重要因素。新技术革命的深入发展，创造了许多新的决策和管理的

---

① 参见本书第十二章。

技术手段，特别是电子计算机在管理方面的应用，使管理工作正在经历着一场深刻的革命。由于计算机在生产管理上的广泛使用，使企业的日常信息处理工作基本上可由计算机完成，这使管理人员从烦琐的事务工作中解放出来，将主要精力用于企业决策和开发性工作，从而大大提高了管理水平，推动了生产的发展。

4. 信息革命改变了社会生活方式

现代技术革命的深入发展迅速改变着人们的社会生活方式。目前，在发达国家，新兴技术已渗透到社会生活的各个方面。随着新技术的发展，人们的工作时间缩短，业余时间增多，现在许多国家已普遍实行每周五日工作制。新技术也为丰富人们的业余生活提供了技术条件。首先，人们的精神生活大大丰富了。除了广播、电视的普及外，通过家庭终端机，可查询最新新闻和以往任何一天的新闻。电子计算机还可用来作曲、拍电影、做游戏、下棋、上网等等，大大丰富了人们的业余生活。其次，新技术使教育手段现代化，有利于扩大受教育机会，提高科学文化水平。电视、电子计算机、互联网、微型录音机和录像机等用于教育，取得了显著的成效，现在世界上不少国家已兴办了远程教育系统，使大批人员特别是成年人不是进学校而是在家就可以继续学习，这就大大改变了传统的受教育方式。将电子计算机等用作教育工具，在提高教育质量、启发人的智力等方面起着积极作用。

第六章

地球科学和生物科学的重大进展

地球是人类赖以生存和发展的基地。人类自诞生以来，就开始探索地球。在漫长的探索过程中，地球科学逐渐产生和发展起来。地球科学与社会生产和生活密切相关，其研究成果对资源的普查勘探及开发、自然灾害防治、环境保护与改善等都有重大作用，是解决当今世界面临的人口、粮食、能源、环境等全球性难题的主要科学基础。20世纪地球科学涌现了许多重大成果，其中揭示大地构造特点和地壳运动与演化规律的大陆漂移学说、海底扩张学说和板块构造学说是我们尤其需要了解的。

20世纪以来，生命科学对生命现象本质和生命活动规律的研究都有了新的突破。除了最辉煌的成就即分子生物学外①，现代生物遗传学和综合进化论解决了19世纪的达尔文进化论未能回答的许多重大问题，更深刻地揭示出生物生存和演化的机制，是20世纪生命科学的重大进展。

一、现代地球科学的突破

地球科学（以下简称地学）研究地球的状况和演化规律，主要分支有地理学、地质学、地球物理学、地球化学、海洋学等。20世纪以来，现代科学技术为地学研究提供了一系列新的技术手段和研究方法，使地学研究在多个分支中都出现了突破性进展，并出现了许多新的综合性研究成果。

大陆漂移说

1. 大陆漂移说的渊源

古人已经设想过大地漂移，例如我国古代就有“地若浮舟”的说法，希腊的泰勒斯也说过大地是浮在水上的圆盘，不过那时人们在地质方面的知识少得可怜，连地圆地方都弄不明白，所以这些说法也只能湮没于各式各样的臆测猜想之中。欧洲资本主义的兴起促成了地理大发现，使人们得以了解美洲、大洋洲等新大陆的地理状况。随着地理资料的积累和世界地图的测绘，在18、19世纪，不断有人根据大西洋两岸海岸线形状的基本吻合和两边大陆的生物及古生物之间存在的亲缘关系，推测大西洋是因大陆漂移而形成的。然而，这个时期占统治地位的思维方式是机械论，虽然有赖尔的地质演化思想，绝大多数人仍然相信大陆固定和海洋永存。

① 分子生物学的主要内容将在本书第十六章中介绍。

2. 魏格纳创立现代大陆漂移说

20 世纪初，德国地球物理学家魏格纳（1880—1930）创立了现代的大陆漂移说。1912 年，他在几次讲演中提出了他关于大陆漂移的假说，然后在 1915 年出版的《海陆的起源》一书中予以详细的论证。他认为，古生代石炭纪以前（约 3 亿年前），各大陆是连在一起的，在中生代末期开始分裂，逐渐漂移到现在的位置。他立论的依据远不止是南美洲和非洲大陆的海岸线吻合，还包括大量的生物和古生物学、地质学、古气候等方面的事实。在生物学和古生物学方面，他指出，大西洋两岸的许多生物有亲缘关系。比如，有一种蚯蚓，不仅西欧有，美国东部也有；庭园蜗牛在欧洲和北美都有发现；肺鱼和鸵鸟在南美、非洲、澳大利亚都有；此外，中龙化石也分别在巴西和南非的地层中发现；舌羊齿植物化石广泛分布在印度及南半球各大陆的晚古生代地层中，说明过去确实存在过南方古大陆。在地质学方面，他认为，大西洋两岸的岩石、地层与褶皱构造也相当吻合。比如，南非开普敦山脉与南美的布宜诺斯艾利斯山脉相接，其地质构造、岩层分布和年龄相同；加拿大的阿巴拉契亚山脉同欧洲的加里东山脉也有许多相似之处。在古气候方面，他认为，在 2.5 亿～3.5 亿年前，今天的赤道地区曾经出现过冰川，今天的两极地区曾是炎热的沙漠。

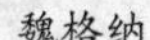

魏格纳

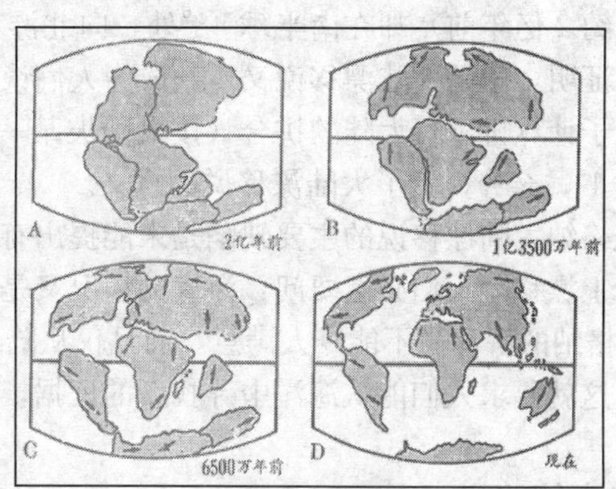

大陆漂移示意图

魏格纳还对大陆漂移的机制进行了探讨。他认为，促使大陆漂移的动力来自两个方面：一是由于地球自转而产生的自两极推向赤道的力；二是从太阳和月亮的吸引而来的自东向西的推动力。

3. 大陆漂移说的命运

魏格纳的大陆漂移说在 20 世纪初曾风行一时，但是后来经一些学者的计算，这两种力都远远不足以推动大陆漂移，因此魏氏的理论受到大陆固定论的攻击，批评文章接踵而来。有的说他的假设“定量不够，定性不当”，有的说他的假说是“大诗人的梦”。到 30 年代时，这一假说便冷落下来。为了寻找大陆漂移的直接证据，他于 1929 年和 1930 年先后两次去格陵兰岛探险，曾冒着零下 65℃的严寒跋涉 100 英里，最终于 1930 年 11 月 1 日他 50 岁生日那天遇难，为科学献出了自己的生命。

到了 50 年代，由于古地磁学的研究提供了新的强有力证据，沉寂了二三十年的大陆漂移说又复活了。岩石一般具有相当稳定的磁性，那是在岩石形成时由于地磁场的作用而获得的，其磁化方向与岩石形成时的磁场方向一致。古地磁学对化石磁性的研究证实：地球的纬度自古至今发生了很大变化，甚至地球的磁极也在不断迁移，北美和欧洲的磁极迁移曲线在形状上相同，只是前者位于后者的前面而已。如果把北美与欧洲两块大陆移动靠拢，那么这两条曲线就合二为一，大西洋也就不存在了。这样，古地磁学强有力地证明了欧美两大陆原来确实是相连的。

1957 年，英国地质学家布莱克特（1897—1974）发现，在地质期中地磁极存在着漂移。他还发现不同大陆所记录的漂移轨迹重合，存在规律性偏差。例如，英国两亿年来向北移动了很大距离；印度的孟买目前处于北纬 19°，但在侏罗纪（约 2 亿年前）却在南半球 48°处，向北漂移了 7 000 千米。这是大陆漂移的有力证明，于是大陆漂移说又重新成为人们谈论的话题。根据大陆漂移说，人们用电子计算机进行大陆的拼合（按大陆坡某一深度线来拼接），结果平均误差不超过 1°，充分显示了大陆漂移说的意义。

魏格纳大陆漂移说的主要缺陷是未能提出有说服力的漂移机制。他主张大陆在海底上漂移，人们必然要问：海底的情况又是怎样的？大陆是怎样在海底漂移的？魏格纳的解释尚不能令人满意，而且仅从陆地上寻找大陆漂移的原因是不全面的，这就要求人们能从海洋中寻找新的证据，于是海底扩张说应运而生。

海底扩张说

1. 海洋地质的重大发现

20 世纪以来，由于军事、渔业及石油等矿产开发的需要，加大了对海洋研究的力度，获得了日益增多的重要的海洋地质资料。其中最突出的发现是海底全球性山系（现称大洋中脊）、海底热流量及海底磁带。

20 世纪 50 年代随着海洋探测技术的运用，人们终于发现各大洋都有洋脊纵贯其中。大西洋底有高约 3 千米、长达数百千米的巨大山脉，它把大西洋分为东西两部分，称为大西洋中脊；太平洋东侧有洋隆；印度洋有倒Y字形山脉，它的西南分支与大西洋中脊相连，东西分支与太平洋洋隆相连。这样，三大洋底的山脉都是相连的，形成一个全球性的全长 65 000 千米的山系，比陆地上的任何山系都大。海底山脉与大陆山脉不同，它没有褶皱，全部由火山岩组成；洋脊堆积物离中脊越远越古老，越近则越年轻，最老的也不超过 2 亿年，而且中脊两侧的堆积物的年龄对称。洋脊的中央有数十千米宽的裂谷，洋脊顶部的地热流值最高，大洋中的地震点多沿大洋中脊排列，也就是说，洋脊是重要的地震带，地震主要发生在裂谷带上。

20 世纪 50 年代以后的探测发现，海底的温度和热流量比预想的要大得多，如在大西洋裂谷所测得的热量，相当于几百万年烧了 300 米厚的煤层所放出的热量。地质学中用花岗岩里的放射性元素的裂变来说明大陆的地下热，但大洋下的地壳缺乏花岗岩，于是人们推测，大洋中脊的热源可能来自上地幔。

50 年代以后，地质学家用新的手段对洋底的古地磁情况进行了探测，发现沿大洋中脊的两侧，古地磁增强的强弱倒转呈有规律的对称分布。经研究断定，这是由于大洋中脊不断喷出岩浆，这些岩浆在向两侧流出及冷却过程中，因受到当时地磁场的作用而磁化，磁化的方向亦随地磁场的转向而转向；岩浆不断喷出，海底地壳被挤向两侧，便形成了两侧对称的古地磁分布。

2. 海底扩张说的提出

海洋地质的重大发现表明，海底是年轻的，同时又在扩张之中。1960 至 1962 年，美国普林斯顿大学地质系的赫斯（1906—1969）和迪茨根据上述发现，分别提出了海底扩张说。他们认为，海底以大洋中脊为中轴，不断地向两侧扩张。具体地说，地幔中有一个圆环形的对流体，驱使地幔的炽热物质从洋脊的裂谷中涌出，冷却后形成新的海底，并以每年约几厘米的速度推动原来的海底向两侧扩张，当扩张到海沟时，又重新下沉，钻入地幔之中，被地幔所吸收。由于海底的扩张像传送带一样运转，海底不断更新，大陆同海底一起在地幔对流体上漂移。海底经 2 亿年便可更新一次。他们的假说提出后不久，就得到了一系列有力的论证。

海底钻探工作表明，最古老的沉积物的年龄不超过 1.6 亿年，海底地壳的年龄随它同洋脊距离的增加而增加，其扩张速度为 2 厘米/年。从理论上给海底扩张说以有力支持的，是英国剑桥大学的凡因等人于 1963 年提出的海底磁异常条带假说（洋底磁异常条带是海底扩张和磁极倒转联合作用的结果），和美国地质学家考克斯于 1964 年把古地磁倒转与同位素测年法相结合完成的地磁倒转年表。1965 年，加拿大人威尔逊对大洋火山岛考察时发现，除个别岛屿外，所有大洋岛屿的年龄都小于 1.5 亿年，并且离洋脊越远越古老。到 60 年代，海底扩张说取得有力的证据，固定论被彻底击败。

板块构造说

1968至1969年，美国普林斯顿大学的摩根、拉蒙特地质研究所的法国人勒皮雄和英国剑桥大学的麦肯齐在大陆漂移、地幔对流和海底扩张等科学假说的基础上，综合了当时海洋地质的三大发现，建立起一种新的地壳运动模型——板块构造理论，被称作“新全球构造理论”。

他们把岩石圈被各种断裂分割成的块段称为板块。勒皮雄把整个地球岩石圈划分为六大板块，即欧亚、非洲、澳洲、南极、美洲及太平洋板块，并详细讨论了它们的运动情况。他们认为，板块是漂浮在软流层上的刚块体；板块在大洋中脊处增生，在海沟处消减；板块运动的动力源泉是地幔的热流。软流圈以每年几厘米的速度做对流循环运动，驮载其上的板块便因此做水平方向的漂移，运动方向与转换断层平行；板块的边界处是构造运动最活跃的地方（岩浆自大洋中脊裂谷中涌出，冷凝成地壳的一部分，同时把板块推向两侧，海洋板块与大陆交界处或沉入大陆板块之下，或对大陆板块产生强大的挤压，其交界处便成为地质构造最活跃的地区）。板块的边界按其应力可分为三种情况：两侧板块相对运动，形成海沟或年轻的造山带；两侧板块相背离去，形成了裂谷；两侧板块相互滑过（剪切），留下剪切状痕迹。

板块构造说提出后，已得到越来越多的科学验证，是大地构造学和整个地学中最具活力、最有影响的科学假说。它的影响已超出科学界，受到公众的热切关注，因为它的许多论断与人们生活其中的地理大环境密切相关，又比理论物理学的结论易懂得多。例如，根据这个学说，大西洋在不断扩大，太平洋在不断缩小，印度板块与欧陆板块相撞（地质学家发现，印度陆地以每年2.5厘米的速度向北移动），前者钻到后者下面，两者相叠形成了西藏高原，而喜马拉雅山则是两者挤压而迅速隆起形成的。

板块构造说综合了以往提出的多种大地构造学说的优点，对研究山脉及高原的成因、地震活动、矿带分布、古气候及生物演化等，有重大的指导作用。它的提出是地学史上的一次重大变革。它开创了人类对地球史认识的新阶段，对大地构造学、地质学以及整个地球科学产生了深刻影响，也改变着人们的旧地球观。

板块构造学说也有它的不足之处。比如，板块运动的驱动力问题，地幔对流的证据问题，秘鲁海沟沉积物基本未经变动问题等，它还不能予以很好的说明，而有待进一步的探索。

探索地球内部结构

人们对地球内部的结构、成分和性质的探索主要是在20世纪以后展开的。

除了钻探以外，人们只能通过从火山喷发中采集的物质样品直接探索地球内部的奥秘，但这两种方法只能研究地下几百千米深的地方，面对半径达 6 400 千米的地球时，它们无疑鞭长莫及。20 世纪发展起来的探测地球深层结构的主要方法地震波分析，即由于地震波在经过不同地层的边界时波速会发生明显的中断，可以通过观测和分析地震发生之后穿过地层传播的地震波研究地层的物理结构。20 世纪上半叶，地球内部的分层结构大致得以揭示。1906 年通过地震波分析证实了地球铁核的存在，同年还发现了作为地壳与地幔分界面的莫霍面，1914 年计算出了地球内部纵波和横波的速度分布，1916 年确定了地球外核深度的精确值(2 900 千米)，1936 年地球内核的存在得到证实，1940 年地震波走时表问世，在此基础上提出了地球内部分层模型，证实了上地幔低速层的存在。

20 世纪 60 年代以来，人们开始运用高精度人工源深部地震探测和地震层析成像等地震波反射成像技术揭示地球内部的二维和三维结构，发现了岩石圈的精细结构（沉积盖层、地壳低速层、莫霍面起伏、大型滑脱带）、核—幔边界起伏，以及对地壳、地幔和地核的进一步分层。目前，三维地震成像已经成为一种成本低廉、应用广泛的技术。通过一次典型的三维地震成像探测，可以获取多达 3 000亿字节的信息，经过信息处理后可以获得一幅不同地层的立体图像。三维地震成像技术可以采用不同尺度探测地表下沉积盆地内的各种现象，包括大尺度倾斜、岩石层的褶皱与断裂、沉积地层填充盆地的细节等等，它还能够有效地监视熔岩移动、石油和水通过岩石孔隙的流动过程等诸多随时间而变化的过程。除了能够获得地球结构的静态图像之外，三维地震成像技术还可以展示沉积岩中包含的“第四维地质时代”——地球的地质演化信息。

为了研究地球内部的成分和物质状态，自 20 世纪 70 年代以来，相继实现了在 100 万～550 万以上大气压的静高压和 5 000℃以上高温状态下的高压、高温实验技术，当前主要采用的是高压、高温实验模拟和计算机仿真分析相结合的方法。高压、高温实验的目标是精确模拟从地心到地表的高压、高温条件，通过对实验样品所形成的微观结构的观测与分析，对地球深层物质成分和所发生的物理化学过程进行仿真研究，阐明地球深层结构的物理、化学性质。目前采取的方法主要有静力压缩法和冲击压缩法两种。静力压缩法采用液压原理压缩实验样品，并以烤炉和激光束照射使试样达到超高温。冲击压缩法采用力学冲击波压缩试验样品，使试样同时迅速升温并受到高压。

随着深度的增加，精确模拟地球深层的极端高压、高温条件越来越困难，计算机仿真成为一种有效的替代方法。采用计算机分析方法，可寻找和检验那些能使地震波研究证据与高压、高温模拟实验数据达到最佳匹配的地球结构理论模型。这不仅有助于对现有实验数据的精细理解，还能为超越现有实验方法所达极限的外推与拓展提供可靠依据。计算机仿真方法所依据的基本原理是，具有最低能态的原子的状态最为稳定。计算机模型通常包括两类，第一类运用表征原子间相互作用的原子势能函数描述系统的能量分布，第二类通过求解薛定谔方程揭示电子的相互作用，描述系统的能量分布。在此基础上，计算机仿真方法主要通过系统能量分析研究物质在高压、高温条件下所具有的特性。

洋流、大气环流与气候变化

20世纪以来，在海洋与气候研究领域有很多重大突破，其中尤为重要的成就包括大洋环流理论、大气环流研究与数值天气预报、逐年气候变化和为期数十年的气候变化等。

1. 大洋环流与大气环流

大洋环流主要由风应力、太阳的不均匀加热以及降水和蒸发的不均匀分布所驱动。大洋约1千米以上的上层环流主要为风驱动的风生环流，大洋约1千米以下的环流主要是由密度不均匀驱动的热盐环流。大洋环流对维持全球气候系统的热平衡和淡水平衡至关重要，其中的热盐环流对十年到千年时间尺度的全球热循环和二氧化碳循环起着关键作用。人们对大洋环流研究可以追溯到1905年关于海洋最上层对风驱动的相应描述，到20世纪40年代末，大洋环流理论得以完整建立。20世纪70年代，通过大洋动力学实验，中尺度现象被确定为大洋的基本特征，恰如大气中的“天气现象”一样，大洋研究由研究“定常”转向研究“变化”。20世纪80年代，大洋环流的次表层运动的驱动机制得到研究，风生环流研究由二维转向三维。

全球范围的大气运动所形成的大气环流决定了全球和区域的天气与气候类型。20世纪初，人们开始运用低层大气运动的锋面和气团解释气象变化。20世纪三四十年代后，随着无线电探测技术的发展，相继提出了大气波动说、大气环流动力学理论及其数学模型，并运用计算机实现了大气环流变化的数值模拟，为气候数值模拟试验奠定了基础。自此，天气预报进入客观化与定量化阶段。20世纪80年代以来，随着计算机运行速度的提高和气象卫星等观测技术的进步，出现了运用数值模拟进行延伸预报与季节性气候预报的研究和试验，逐步实现了从几小时的天气要素预报到10天以上的中期天气预报，人类进入了数值预报的时代。

2. 气候变化

气候变化这一概念有狭义和广义之分。在《联合国气候变化框架公约》中，气候变化这一术语强调的是由于人类活动导致的天气状态的平均变化，尤指二氧化碳和甲烷之类的温室气体排放所导致的变化。但在科学界，气候变化被赋予更具普遍性的含义，用于表达人类与自然双重因素令气候产生的变化，其中最受关注的是逐年气候变化和为期数十年的气候变化两类。

引起地球气候发生逐年变化的最重要的自然因素包括厄尔尼诺（EI Nino）与拉尼娜（La Nina）现象、北大西洋涛动现象以及剧烈的火山喷发。厄尔尼诺现象发生时，南美沿岸的赤道东太平洋海表水异常变暖，而通常发生于其后的拉尼娜现象则会引起东太平洋海水温度反常地显著变冷。大约每四年可能发生一次较大的厄尔尼诺或拉尼娜现象，往往可能引发全球各地大气温度、降雨和风暴天气的异常分布。由于海气相互作用，厄尔尼诺（或拉尼娜）现象会对东太平洋地区的“海洋—大气”系统造成剧烈的扰动，它们与南方涛动现象（指热带东太平洋和西太平洋之间海平面气压发生“跷跷板”似的反相变化的现象）相耦合，形成所谓ENSO，引起太平洋和印度洋之间大气压力的大规模起伏震荡。ENSO是热带海洋和大气运动相互耦合的标志，对全球气候具有广泛而重要的影响。ENSO循环的发现导致了一系列海气相互作用理论的出现，气候系统概念也因此于20世纪80年代产生。20世纪80年代至90年代中期的热带海洋和全球大气研究计划（TOGA）对ENSO的演变进行了监测，揭示了ENSO的非规则性及其对全球气候的影响，提出了ENSO循环中海气相互作用的机制，建立了ENSO的预测模式并展开测试。1995年启动的气候变动和可预测性研究计划（CLIVAR）的重要内容之一是海陆气相互作用以及ENSO与季风的耦合与预测。此外，北大西洋涛动和火山喷发也是造成逐年气候变化的重要原因。

从未来10～1 000年的时间尺度上来看，人类活动引起的全球变暖以及太阳辐照度的变化是影响地球气候长期变化的两个重要因素。全球变暖的主要原因是地球大气层增强了的温室效应。地球大气层中原本有一些能够产生温室效应的温室气体，地球表面的平均温度因此得以保持在15℃，而如果没有它们，地表平均温度会降至－18℃。大气中天然的温室气体主要包括水蒸气、二氧化碳、甲烷等，人类的活动导致了这类气体的增多，造成增强的温室效应。自近代工业革命以来，人为的排放使大气中的二氧化碳含量出现了明显的增加，全球平均地表温度升高的趋势日益明显。从有可靠全球平均地表温度记录的1860年到20世纪90年代末，全球平均地表温度至少升高了0.6℃～0.7℃，到2010年升温将达到2℃±1℃。化石燃料的燃烧所排放的二氧化碳占人为总排放的60％，森林的砍伐和焚烧、农田耕作过程和产生的腐烂物各占10％。更为复杂的是，地表温度并没有随着二氧化碳含量的增加而同步升高，这可能是天然或工业气溶胶

（特别是硫化物气溶胶）产生的调节效应所致。沙尘暴、火山爆发、焚烧化石燃料、人类活动导致的尘土翻动等都可能对入射的阳光产生阻挡，使地表变冷。尽管它们不能普遍抵消全球性气候变暖，但能对局部区域的变暖产生显著抵挡作用。

同时，太阳辐射照度的变化是导致气候发生长期变化的另一个主要原因。气象学研究表明，在过去的一个千年中，太阳活动的强弱对地球气候产生过重大影响。例如，在11、12世纪，太阳活动处于高峰期（太阳表面出现大量太阳黑子）时，地球十分温暖，而在14世纪，太阳活动减弱时，气候较为寒冷。研究数据指出，在工业革命以前，太阳辐射的变化与地表温度的长期变化呈现明显的相关性。但在20世纪70年代以来的最近的一次长期气候变化中，太阳辐射的变化对0.4℃以上的升温只有很小的贡献。

为了保护人类赖以生存的地球，地球科学开始致力于研究地球系统中的三大相互作用，包括大气、海洋、陆地、生物圈和冰雪系统等地球系统各组成部分的相互作用，地球物理、化学和生物过程的相互作用以及人类与地球环境的相互作用。20世纪80年代以来，相继实施了世界气候研究计划（WCRP）、国际地圈—生物圈（IGBP）和国际全球变化人文计划（IHDP）。在现实行动层面，1997年12月在日本召开的京都会议上，一些工业化国家同意有计划、有步骤地削减温室气体排放量。在我国，节能减排也成为一项重要的政策。但有科学家指出，要阻止大气中温室气体浓度的增加，需要将全球二氧化碳排放量削减60%。气候变化是人类目前所面临的重大全球挑战之一。

二、现代遗传学和进化论的新探索

现代生物学的主要进展是在分子生物学、遗传学和综合进化论等领域，分子生物学的发展和主要内容将在本书第十六章中介绍，这里只介绍遗传学和进化论的发展。

现代遗传学的发展

1. 魏斯曼提出“种质”概念

德国生物学家魏斯曼（1834—1914）根据对水螅纲动物的研究，发现生殖细胞总是发生在一定的部位，不会从一个胚层到另一个胚层。因此，他认为生殖细胞只能由生殖细胞产生，不能由体细胞产生。他把这种生殖细胞称为“种质”

(germ-plasm)。魏斯曼说:“种质一词,意味着发育的种细胞的遗传,而不表示任何别的意思,它包含在细胞核中。”他总结了当时染色体研究的成果,把种质进一步确定为种细胞核中的染色体,并认为它是由“决定子”(这是假设的有机颗粒)所组成。种质通过决定子与性状间存在着一对一的关系,来控制性状的发育。

魏斯曼认为种质具有连续性。他在观察水螅时,没有看到这种动物的自然死亡。于是,他认为多细胞动物也可以长生不死,决定它们长生不死的部分是种质。其过程是由新代的种质产生子代的种质和体质,它们起初以受精卵的形式存在,随着受精卵发育成多细胞的胚胎,一部分新代种质成为子代的种质,而另一部分新代的种质就形成了子代的体质。魏斯曼就把这种由新代种质产生子代种质和体质的过程,称为“种质的连续性”。他认为生物就是以“种质连续性”来保持它的世代相传的。

魏斯曼从“种质论”的原理出发,反对达尔文的“泛生论”和获得性状遗传的思想。但是,他又接受了达尔文自然选择的一般概念,并把这种选择机制推广到种质。在他看来,虽然生物界有各种选择或淘汰机制,即无论在个体间、器官间和种质间,都存在着选择。但对生物进化而言,只有种质间的选择才是最基本的。因此,他从种质论出发,提出了“种质选择论”,即以种质淘汰说来说明进化。他说:“这种彻底的、推广到一切生命单位的淘汰原理的应用,乃是我的见解的核心。”魏斯曼为了表示自己的研究与达尔文学说的联系和区别,首先提出了“新达尔文主义”一词。

2. 孟德尔的“遗传因子说”

奥地利遗传学家孟德尔(1822—1884)出生于农民家庭,24 岁当了僧侣,翌年成为牧师。孟德尔将 22 个豌豆品种(都是经过严格自花授粉的)种在僧侣院花园内。经过七年的杂交试验和统计观察,他获得了他曾经设想的结果。1865 年春,他根据试验结果进行理论概括,提出了“遗传因子说”以及因子的分离和组合律。

孟德尔

孟德尔的豌豆实验是选用性状稳定的品种作亲本,分别进行系统的正反交,大量采用了统计学方法计算杂种后代表现相对性状的株数,从而分析它们的比例关系。他证明,这些相对性状杂交的结果有两个共同点:

第一，子一代所有植株的性状都表现一致，它们只表现一个亲本的性状，而另一个却隐而不见。他称这一对性状中的前者为显性，后者为隐性。

第二，子二代的植株有性状分离的现象，即一部分植株表现一个亲本的性状，其余植株表现另一亲本的相对性状，在子二代群体中相对性状的分离值大致总是3∶1。

以上结果表明，控制生物性状的遗传物质是以自成单位的因子存在着，它们可以隐藏不显，但不会消失。于是，孟德尔认为，因子作为遗传单位在体细胞中是成双的，它在遗传上具有高度的独立性。因此，在减数分裂形成配子时，成对因子能互不干扰，独自分到配子中去。

孟德尔的“遗传因子说”及其分离和组合律是遗传学的基本理论。这一理论说明了生物界由于杂交、分离和自由组合，造成了变异的普遍性。正如他自己所说：“对于豌豆属来说，试验证明杂种形成……是造成它们后代的变异性的原因。在其他后代有同样行为的杂种里面，同样地，我们可以假定有同样的原因。”

摩尔根

3. 摩尔根的“基因论”

美国细胞遗传学家摩尔根（1866—1945）早年对实验胚胎学有兴趣，后来开始研究遗传学，先后当过哥伦比亚和加州理工学院的遗传学教授。1917年他发表了名著《基因论》。1933年，摩尔根由于创立基因理论而荣获诺贝尔奖。

摩尔根首先为创立细胞遗传学（cytogenetics）作出了重要的贡献。在19世纪，细胞学的研究没有与遗传学相结合。直至20世纪初，才有学者注意到它们之间的密切关系，提出染色体是遗传物质载体的根据。后来，有人把遗传因子称作基因。但在当时人们还没能把某一基因与某一特定的染色体联系起来，因此，关于基因的概念仍然是抽象的。直到1910年，摩尔根在果蝇实验中，发现了白眼性状的遗传方式，第一次把一个特定基因（W）与特定染色体（X）联系起来。这样，由于把基因的概念具体化了，便为细胞遗传学的建立提供了直接的证据。

此后，摩尔根同他的学生一起，仍以果蝇为实验材料，研究遗传性状的变化与染色体之间的关系。他研究了在实验中不同于孟德尔第二定律（独立分配律）的现象。他发现生物体都有保持它们原来组合的倾向，他称这个现象为连锁遗传。连锁遗传现象说明有连锁基因的存在，连锁基因位于同一个染色体上。也就是说，连锁遗传是由于处在同一染色体上，是邻近基因的作用所引起的结果。他认为，孟德尔第二定律只限于不同染色体上的基因，因此不是普遍现象。于是，他提出了连锁遗传定律，对孟德尔定律作出了重大的补充和发展。

在此基础上，摩尔根又对遗传的物质基础作了深入的探讨。他发现任何生物体都有大大超乎染色体对数的基因数来表现各种性状。例如，果蝇虽只有 4 对染色体，却负载有几百个基因，可见，每个染色体都必须带有许多基因。摩尔根进而假设，这些基因在染色体上呈线形排列，它们的距离与次序将与其连锁程度成正比。之后，摩尔根等人运用对交换值的测定方法，证实了基因在染色体上具有一定的距离和次序，它们呈直线排列。由此，摩尔根根据一系列的研究成果，发表了《基因论》一书。在这本书中，摩尔根把孟德尔的“遗传因子”、魏斯曼的种质构造单位——“决定子”和约翰森的“基因”概念统一了起来。正如他说：“……种质必由某种独立的要素（element）组成，正是这些要素我们叫做遗传因子（factors），或者更简单地叫做基因。”

同时，摩尔根的《基因论》把基因的概念落实在染色体上，并提出了基因在染色体上直线排列的学说，从而明确了不同基因与性状之间的对应关系。根据这一理论，人们便可以根据基因的变化来判断性状的变化。

此外，《基因论》也说明了由杂交所引起的基因重组是使生物发生变异的原因。因为根据摩尔根关于连锁遗传的研究，生物的连锁遗传常常是不完全的，总是一定程度地存在着交换现象。交换现象是由于连锁基因有时会分开，而使基因发生重组的结果。摩尔根认为，生物的基因重组是按照一定的频率必然要发生的，它的发生与外界环境没有必然的关系；并认为这种变异一经发生就以新的状态稳定下来。因此，获得性状是不遗传的。

基因理论的提出是生物遗传学发展的一个里程碑。从此，对遗传现象的研究进入了更深层的生命体组织结构层次，为以后分子生物学和分子遗传学的诞生奠定了基础。

综合进化论的发展①

综合进化论是美国生物学家杜布赞斯基创立的。这个理论从种群的水平上重新认识达尔文的自然选择学说，因此被称作“现代达尔文主义”。

1. 早期综合进化论的基本原理

(1) 种群是生物进化的基本单位；进化机制的研究属于群体遗传学的范围。

---

① 参见李难主编：《生物进化论》，第十章，北京，人民教育出版社，1982。

按照杜布赞斯基的学说，物质形成和生物进化的基本单位不是个体，而是种群。种群是物种的基本结构单位。在自然界里对于绝大多数的生物，特别是由有性生殖产生后代的生物来讲，个体都生存于种群之中。

种群遗传具有个体的高度杂合性和种群的极端异质性的特点。一般地说，自然界中的生物种群是遗传混杂的个体类群，特别是由杂交产生的后代生物种群，遗传混杂的程度更高。从基因型上看，不是AA、aa、BB、bb，而是Aa、Bb，基因的组成上是杂合型的。虽然不同的个体都是杂种，但彼此之间遗传基础有差异，例如有的个体基因型是AaBBCc，有的是AABbCc或AaBbCc……其差别在于等位基因的差别。由此，形成了一个遗传混杂的群体。人类就是遗传混杂的种群。

杂种的存在就意味着等位基因的存在。在一个种群里，某一等位基因的数量就是这个基因在这个种群里的频率。例如，一个种群是由纯合体AA和aa两种基因型的个体组成，两类个体数量相等，因此在这个种群中A的频率是50%，a的频率也是50%。又如，另一个种群是由三种基因型AA、Aa、aa的个体组成，个体数AA占40%，Aa占40%，aa占20%，在这个种群里，A的频率是60%，a的频率是40%。

关于基因频率，数学家哈代于1908年在英国、遗传学家温伯格于1909年在德国分别独立地提出，如果一个自然群体的基因频率要保持不变，那就必须符合下列条件：第一，无限大的群体；第二，个体间可以随机交配；第三，没有突变发生，或突变已达到均衡；第四，没有任何形式的自然选择。但是，这种理想条件是不存在的。因为在自然界中，不可能有无限大的随机交配的群体，也很难想象有绝对不受自然选择影响的基因。事实上，自然种群的基因频率总是受着突变、遗传漂变、基因迁移和选择的影响，其中主要是突变和选择的影响。因此，杜布赞斯基认为，种群的基因频率只能保持暂时的、相对的稳定，迟早要发生变化，由此引起生物类型的逐渐演变。进化的实质就在于基因频率的改变。

（2）突变、选择、隔离是物种形成及生物进化过程中的三个基本环节。

突变 关于突变，杜布赞斯基认为它的发生可以引起基因频率的改变。按照杜布赞斯基的研究，突变是生物界普遍存在的现象，它在每个物种内都有发生。他认为，突变是生物遗传基础的深刻变化，它的发生是生物遗传变异的主要来源。

那么，突变是怎样给生物进化以原材料的呢？杜布赞斯基认为，虽然在自然状况下，生物大多数基因的突变率是很小的，但是，生物通过基因的突变不仅能产生大量的等位基因，而且还可以产生大量的复等位基因。复等位基因的存在，又进一步增加了生物突变的潜能。此外，基因重组的类型也远远超过染色体的重组。这是因为基因的重组机制，除基因的自由组合外，还有基因的互换。因此，在任何种群内都经常存在着足够的变异材料，来对任何环境的变化进行反应，从而满足物种进化的需要。

选择 杜布赞斯基指出："变异可以比作是建筑的材料；但是材料的无限制供应，其本身并不能保证一座房屋就可以造成。"因为在他看来，"突变的产生与它是否有利是无关的。不受控制的（即随机的）突变不可避免地会引起基因型的变坏，因为大多数突变是有害的，其性质表现为遗传性疾病"。显然，有害的基因突变是难以作进化的建筑材料的。因此，杜布赞斯基认为，在生物进化的过程中，随机的基因突变一旦发生后，就受到选择的作用。通过自然的选择作用，使有害的基因突变消除，而保存有利的基因突变，其结果便造成基因频率的定向改变，这才使新的生物类型得以形成。他认为，达尔文的自然选择学说，正是以这种明显的事实为依据的。他指出："突变和染色体变异的产生只是进化过程的第一阶段。变异一旦发生，就被贯注到群体的基因库中去了……符合于它的生育习性。这是进化过程的第二阶段，在这过程中，由于环境的冲击，在生活群体中便产生了历史性的变化。"

根据杜布赞斯基的研究，基因频率的定向改变，归根到底是生殖作用的选择性，即不同的基因型对后代的贡献是非随机的。所以，生存斗争实际上是繁殖斗争，适者生存实际上是行之有效者繁殖。由于生存和生殖的机会是非随机的，即有所选择，随机的突变经过许多世代，基因频率就会发生一定的改变。

那么，自然界如何能将改变了的基因频率在种群中固定下来，进而形成新的适应于环境的类型呢？

隔离 杜布赞斯基十分重视隔离在物种形成中的重要作用。他说："最后第三阶段（即隔离），就是把前两阶段所得到的多样性固定下来。族和种，乃是因某些原因限制了它们相互交配繁殖而保持着分立的群体或群体类群。""没有隔离，自然选择的摧毁作用就将太大了。"隔离是如何在新种形成的过程中起作用的呢？新种的形成过程可以看作是种群内从连续变异到不连续变异的发展过程。它以亚群为基础，以亚种为阶梯。在隔离的作用下，最初是由它的祖先种分化成不同的种群，然后各自发生不同的突变和重组，自然选择又分别对不同的种群起作用。一个种群中所发生的突变不会扩散到另一种群，即种群之间限制或停止了基因的交换。不同种群走着不同的进化路线，这样就往往造成不连续性，也就是形成了种。如果没有隔离，那就没有种群的分化。种群中任何个体所发生的突变，如果在选择上有利，就可以逐步扩散到整个种群，不同个体所发生的突变在种群内可以进行各种组合，那么，一个种群始终保持一个群体。没有种群的分化，就不可能有新种的形成，而且将造成这个物种的全面崩溃，因为这个种群的组合中绝大多数都对环境不适应。因此，杜布赞斯基说："维持种和族成为独立的群体，须视它们的隔离如何而定，族和种的形成，没有隔离是不可能的。"

隔离机制一般可分两类：一类是空间性的地理隔离；另一类是遗传性的生殖隔离。地理隔离在物种形成中起着促进性状分歧的作用，它是生殖隔离必要的先决条件，结果便造成生殖隔离。生殖隔离则是物种形成的最重要的一个步骤。在杜布赞斯基看来，物种是生殖隔离的种群。

2. 后期的综合进化论

1970年，杜布赞斯基提出了"新综合理论"，修正、发展了早期的综合进化论，这就是后期的综合进化论，而早期的理论被称作"老综合理论"。

新综合理论也遵循着生物进化的突变、选择、隔离的机制。但是，20世纪50年代后，分子生物学和其他现代学科得到了迅速的发展。随着在分子水平上对生物进化的讨论，人们对进化的机制又有了新的了解，新综合理论就是在这一过程中产生的。因此，新综合理论又被称为是分子水平的综合进化论。

与老综合理论相比，新综合理论主要在进化的选择机制的认识上有很大的不同。老综合理论只是根据突变的偶然现象，自然选择的过筛作用，通过隔离种群而实现趋异进化。这样的选择机制，只是作为在每一对等位基因上分别而独立地起作用的因素，它从"坏的"等位基因中挑出"好的"等位基因。于是，必然由于个体越来越纯而形成同源种群的趋势。显然，这种自然选择的筛选机制既不能很好地解释适应和生物多样性的起源，也不符合种群遗传结构的基本事实。

事实上，具有有害基因的个体并不一定被自然选择所淘汰，往往还出现另一种情况，就是同一座位上的两个或两个以上的等位基因即复等位基因在群体中都有相当高的频率。多态现象是指同一物种在同一生态环境中，存在着两个或两个以上的明显区别的类型。这种现象用老综合理论是很难解释的。因为这一理论认为，只要等位基因略有不利，就会被自然选择所淘汰。然而，这种现象对于新综合理论却是很好理解的，新综合理论用种群遗传的特点和自然选择的新概念解释了这种复杂的现象。

20世纪50年代后，杜布赞斯基进而对致死基因和其他有害基因进行观察，并精细地研究了染色体结构类型的多型性和果蝇科自然种群的生物化学多型性等问题。这些研究证明，自然种群是极端异质的，每一个体都具有独特的"基因型"，其杂合程度不仅比以前想象的要高得多，而且更重要的是这些基因并非都有利，它包含大量的有害基因，甚至是致死基因。因此，纯属有利的个体是不存在的。于是，杜布赞斯基根据自己的科学实验和当代各种生物学有关进化的材料，大大改变了对自然种群结构及其自然选择机制的看法。他认为，在大多数生物中，自然选择都不是单纯起着筛子作用的。在杂合状态中，自然选择保留了许多有害的甚至致死的基因，其原因就在于自然界存在着各种不同的选择机制或模式。这一思想，构成了他的新综合理论的重要内容。他指出，自然选择是复杂的，它以不同的方式起作用，即消除有害等位基因的“正常化的选择”；在位点(locus）上保留不同等位基因的“平衡选择”；产生进化变异的“定向选择”。于是，杜布赞斯基认为在综合理论中最大的困难解决了。

中性说、间断平衡说和生存协同说

直到20世纪60年代，综合进化论对自然选择的解释几乎成为生物学上的定论。但如同所有科学假说一样，进化论和综合进化论的自然选择学说不可避免地受到了挑战。根据自然选择学说，只有那些出现了对于生存和生殖有利的突变的个体才能够生存和留下后代，只有适应环境的个体才能生存，即所谓“适者生存”。作为新达尔文主义的综合进化论虽名为综合，实际上只是用现代遗传学知识对自然选择学说进行了重新解释和改造，并将其视为唯一的进化因素，有理论拼凑之嫌，这难免导致对自然选择及其外在决定性的过度强调，而忽视了其他可能影响进化的偶然性与随机性因素。此外，进化论所主张的渐变论、生存竞争等主张也受到了挑战。

1. 中性说

1968年，日本的木村资生提出“中性突变漂变学说”，认为“在分子层面发生的突变，如果不考虑对生殖不利的突变的话，基本上都是无所谓有利还是不利的‘中性突变’，有利的突变其实非常稀少，简直可以忽略不计”。一种常见的情况是，基因的碱基排列虽然发生了突变，但该基因对于由它所制造出来的蛋白质功能起关键作用的部分并未发生变化，这种基因突变对蛋白质功能基本上没有影响，属于对自然选择中立或接近中立的中性突变。木村将他的“中性突变漂变学说”概括为“幸者生存”，即从生物分子层面看，与其说是适者生存，不如说是运气好的生存。木村指出，发生中性突变的个体，在偶然性的支配下，可能留下子孙，也可能没留下子孙。这样经过若干代后，具有中性突变基因的个体在群体中所占的比例会随时间而消长，一些运气欠佳的基因最终将会消失，运气好的基因则最终在群体中扩散开来而趋于稳定。这个过程就是“遗传漂变”：在每一代中，只要某种中性突变基因在群体中的比例缓慢而持续地偶然变动，在经过了数百万乃至数千万年后，中性突变基因在有限群体中的比例可能变得非常高。换言之，新种的产生并非微小的有利变异长期积累的结果，而是中性突变长期积累的产物，进化的快慢取决于中性突变的速度，而非达尔文主义所主张的环境变化速度和生物世代的长短。

中性说提出之初，遭到了综合进化论支持者的强烈反对，甚至在生物学界和哲学界引发了有关进化是偶然性还是必然性的讨论。然而，一旦进入到分子生物学层面，兼具哲学与科学双重意涵的偶然性与必然性之类源于前康德时期的范畴就难免显得简单与含混，真正具有论证力的是实验数据。实际上，分子生物学为中性说提供的证据越来越多，中性说在分子层面成为主流的进化学说（还有人认为在表现型层面更多的也是中性进化），它使进化论的解释范式发生了转移，成为现代进化论的基础。1992年，木村资生因中性说而获得英国皇家学会颁发的“达尔文奖”。

2. 间断平衡说与新灾变论

达尔文进化论的支持者认为，新的物种由整个种群逐渐变化所产生，而我们今天所看到的物种之间的间断是由化石记录的不完整造成的。20世纪发现了很多一度十分繁盛而后骤然灭绝的早期种群（如中国澄江动物种群），以及发生于奥陶纪末、泥盆纪晚期、二叠纪末、三叠纪末和白垩纪末等地质年代的几次重大灭绝事件。化石记录表明，在大约5.4亿年前出现了生物物种的“寒武纪大爆发”，形态各异的大量多细胞生物物种突然出现，但在化石记录中找不到进化论所主张的共同祖先和中间型之类渐变痕迹。同时，化石记录还显示地球物种曾经经历过几次物种的大量灭绝。大约2.45亿年前的二叠纪大灾难使得海洋中一半无脊椎动物的“科”消失，包括90%以上的物种一同灭绝。大约6 500万年前的白垩纪晚期发生的大灭绝使恐龙和大量动植物遭遇灭顶之灾。

随着化石研究的深入，1966年提出的集群灭绝——“大灭绝”概念很快成为研究的热点和前沿。这些新发现促使古生物学家重新思考地质时期生物演化的规律，对达尔文的渐变论提出质疑，并在新的层次上重新探讨灾变论。根据相关的古生物学研究，物种的产生、存在和消亡难以运用渐变论加以解释。其一是物种的稳定性，即多数物种在出现后和消失前的形态变化有限且无特定方向性。其二是物种的突然性，即局部区域出现的新物种，不是由其祖先类型经过稳定的转变产生的，而是一下子出现并完全成型的。据此，古德尔和埃尔德里奇于1977年提出了间断平衡理论。该理论认为，渐进变化不是生物进化唯一的或占绝对优势的模式，进化的本质是中断性的而非渐进性的，生物进化实际上依照间断平衡模式进行——大量的新物种或异域物种会在某一时期突然集中出现，并形成较长的形态稳定期，即在演化中短期的剧变期和中长期的稳定期相互交替，间断性的变化支配着生命的历程。对于剧变或灾变的原因，出现了源于地内和地外两个方面的多种推测。其中白垩纪末的“星体撞击说”得到较多认同，这是由于在地层中找到了灾变事件留下的一些记录，如微量元素铱、锇等等异常、稳定同位素异常、微粒球、冲击石英、撞击坑等。

3．生存协作说

达尔文的进化论受到马尔萨斯《人口论》关于个体竞争的启发，用种间生存竞争解释自然选择机制。现代生态学的研究则提出了与此相反的生存协作说，即生存竞争只是一种极端的现象而并非普遍现象，它不是促进生物进化的主要因素，环境作用和物种间的生存协作才是进化的主要机制。其中，“生态重叠”原理认为，不同物种的个体一般具有广泛和重叠的生态位，在完全竞争与完全没有竞争之间，它们的关系有多种可能；“完全竞争不能共存”原理强调，生态位完全相同的两个物种在同一区域不能形成稳定的种群，这使生存竞争失去竞争对象；“近缘种的趋异进化”原理指出，竞争并非生物本性，它在生物界不是不可避免的普遍现象，由于竞争对竞争各方均利大于弊，物种在受到竞争压力时往往会选择拓展生存环境和生态位，朝生态多样性方向演化，这使近缘物种共存的情况比不共存更为普遍，一些适应性广的物种可能选择另辟栖息地，进而导致了物种分化等趋异进化的发生。

生物宏演化与偶然性

面对中性说、间断平衡说和生存协作说的挑战，人们可以声称达尔文的进化论并未过时，甚至还可以说它们并非对达尔文纲领的基本内核的否定，而是对后者的丰富和发展。但是，值得指出的是，且不论作为科学假说的现代进化论的基本内涵是否相对达尔文纲领发生了根本性的变化，它们是在当代分子生物学、古生物学和生态学的基础上展开的，其所涉及的概念已与这些新的研究语境密不可分。实际上，就具体的科学研究本身来说，现代进化论与达尔文进化论的关系如何往往并非必须廓清的重要问题。很多人之所以强调达尔文纲领的正确性，一个原因是因为历史上的灾变论与神创论的纠葛造成了对灾变论的成见，另一个原因是对决定论规律的偏好。

在达尔文进化论发表差不多一个半世纪后的今天，作为宗教思想的神创论或当代基督教科学已不再是一个科学需要严肃对待的对手，现代灾变论所凸显的实际上是生物与地球协同演化的思想。地球科学与生命科学的研究表明，地球上的生命演化与非生命部分的演化是相互作用、相互影响、相互制约的协同演化过程，生命的起源与演化取决于地球的大气圈、水圈和岩石圈等地球环境，生命过程反过来又影响到地球固体表层及大气圈和水圈的成分变化。20世纪90年代提出的宇宙生物宏演化理论认为，不论是生物演进的停滞或变缓，还是全球性突发生物事件，都与生物生存环境的稳定、变化或剧变相协同。对从寒武纪到白垩纪的几次生物大爆发—大灭绝—大复苏—大辐射过程的研究表明，在地质历史的重大转折时期，生物宏演化进程具有全球性和突发性，生物的爆发、灭绝、复苏和辐射是生物宏演化进程中有机联系着的重要环节。

同时，在20世纪以来的科学所揭示的世界图景中，从宇宙的形成到生命的出现，偶然性都扮演着关键性的角色，而这些充满偶然性的世界图景，不仅源于人类认知的局限性，还很可能体现了世界在本质上的偶然性。在今天看来，很难说某种因素决定了生物的进化，也很难简单地运用基于生存竞争的自然选择说，把握来自多个层面的、海量的生命演进信息。原本为假说的科学理论是可错的，并可能不断为新的发展所证伪，与其将科学的道路视为一元化既定路径的必然延伸，不如视其为不断拓新的多元化的竞争事业。如同所有的伟大思想一样，达尔文的进化论之所以伟大，主要在于其开创性，而不一定是其具有宗教教义般永恒的正确性。

第七章

空间科技和海洋科技的重大进展

太空和海洋蕴藏着远比陆地更丰富的资源，是人类未来生存的重要领地。实际上，对太空世界和海洋世界的向往自古就已产生，但在20世纪之前，这种向往更多地是一种幻想。20世纪尤其是第二次世界大战以后，随着空间科技和海洋科技的突飞猛进，人类的足迹已经超出了陆地，开始向浩渺的太空和神秘的海洋进发。鉴于目前陆地空间和资源的紧张，人类需要新的生存空间和资源，空间科技和海洋科技日益受到更多的关注，是当代科技发展最引人注目的前沿领域之一。

一、空间科技

空间科技是探索、开发和利用宇宙空间以及地球之外其他天体的综合性、系统性科技，主要包括空间飞行技术、航天器制造与发射、控制与导航、空间遥感等领域，涉及数学、物理、化学、生物、医学等多种基础学科和材料学、电子技术、自动控制技术、计算机技术、通信技术、遥感技术等多种应用学科。空间科技是高度综合的现代科学技术，是当前衡量一个国家科技水平、综合国力的重要指标。空间科技开拓了许多新的科技领域，如卫星气象学、空间物理学、空间地质学、航空医学等，它们直接服务于军事和国民经济的各个部门，产生了巨大的社会效益和经济效益。由于掌握了空间科技，人类的活动范围从陆地、海洋和空中扩展到了太空。

第四环境

空间科技的“空间”指的是宇宙空间、外层空间，又称为太空，是地球稠密大气层之外的空间。1981年，在国际宇航联合会第32届大会上，科学家们把陆地、海洋分别称为第一、第二环境，把包围地球的大气层称为第三环境，而把外层空间称为第四环境。

地球大气层厚度约为1 000～1 400千米。即使超过这个高度，仍然有少量的大气存在，因此大气层与外层空间的分界线尚无确切的界定。一般说来，距离地表100～120千米以内的大气层被称为稠密大气层，超过这个高度就称为外层空间。人们通常把在大气层中航行称为航空，在大气层以外、太阳系以内航行称为航天，而把太阳系之外的航行称为航宇，把航天和航宇合称为宇宙航行。2003年，我国发射的“神舟五号”载人飞船远地点高度为350千米，近地点为200千米，迄今为止“神舟”系列载人飞船的飞行高度都在200～400千米范围内。

在第四环境中，蕴藏着极为丰富的空间资源。现已探明可供利用和开发的空间资源至少包括高位置资源、高真空环境资源、高洁净环境资源、超低温环境资源、微重力环境资源、太阳能资源、月球及其他行星资源等，对其中任何一项的开发都会给人类带来巨大的利益。

进入太空开发利用太空资源，是一件极其复杂和困难的事情。人类要进入太空，必须要克服四大难题。第一，要克服地球引力。地球引力在160千米的高度上仅仅减少1%，2 700千米的高度才减少一半。人类必须达到一定的速度，才能克服地球引力。根据牛顿万有引力定律，可以计算出当飞行物速度等于7.9千米/秒的时候，它就可以围绕地球做圆周运动。这个速度被称为第一宇宙速度，又称环绕速度。当飞行器的速度大于环绕速度时，它的飞行轨道就变为椭圆，地球位于椭圆的一个焦点上；飞行器的速度越大，椭圆轨道就越扁。当飞行器速度达到或大于11.2千米/秒时，飞行器的轨道变为抛物线，它将脱离地球引力围绕太阳运动，这个速度称为第二宇宙速度，又叫脱离速度。现在的大气主要由氮气和氧气组成，这是因为宇宙早期氢分子和氦分子运动速度超过脱离速度离开了地球。月球的引力小，其脱离速度为2.4千米/秒，所以氮气和氧气都离开了月球。当飞行器速度等于或大于16.7千米/秒时，物体将脱离太阳引力而离去，这个速度叫第三宇宙速度，又称逃逸速度。第二，要克服高度真空。在地球上制造出的最高真空度为1.33×10^{-10}帕，相当于每立方厘米内含32 000个分子，也相当于1 500千米高度的真空度。星际空间每立方厘米含有的分子数不到100个，其真空度可想而知。飞机飞行需要空气的浮力，同时燃料燃烧需要空气中的氧气，因此飞机不可能飞出大气层。火箭发动机自带燃料和氧化剂，在飞行时无需空气，所以能在太空飞行。第三，克服剧烈温差。地球表面的温度基本在40摄氏度到零下40摄氏度，而太空中温差变化极其悬殊。在近地的太空中，阳面温度高达200多摄氏度，阴面温度只有零下100多摄氏度。在远离恒星的太空，环境温度甚至接近于绝对零度，而恒星附近温度则高达几千摄氏度。最后，要克服强烈辐射。地球大气层能吸收大量的宇宙辐射，从而保护地球上的生命。在外层空间中，没有大气层的保护，太阳电磁辐射、地球辐射和宇宙辐射线对人体、材料有很大的影响。只有克服上述四个难题后，人类才能在太空遨游。

人类航天简史

中国是火药和火箭的故乡，它们的发明使人类的飞天梦有了可能。据史书记载，“火箭”一词出现于三国时代；宋代时有一种用火药燃烧喷射气体产生反作用力而一举射向敌阵的火箭；明代发明了一种叫“火龙出水”的两级火箭，虽说制作简单粗糙，但其原理和现代火箭完全是一致的。明代有一位名叫万户的工匠，试图利用火箭的推力升空。他坐在一把绑着47个火箭的椅子上，手持两只风筝，准备升空后借助风筝降落。结果，火箭点燃后万户被炸死。20世纪60年代，国际天文联合会将月球上一座环形山命名为“万户”（Wan Hoo），以纪念万户的壮举。

近代航天是在航空和导弹技术基础上逐步发展起来的。1903年，美国的莱特兄弟用自己制造的飞机进行了人类第一次有动力持续飞行，开创了现代航空的先例。19世纪末和20世纪初，许多科学家认识到火箭对空间飞行的重要作用，纷纷组成民间研究团体，开展液体火箭发动机的研究，试图发射火箭。俄国的齐奥尔科夫斯基（1857—1935）最早阐述了火箭的基本原理，推导出火箭运行计算公式，提出液体火箭构造和多级火箭概念，被人们称为“航天之父”。罗马尼亚科学家哈尔曼·奥伯兹对多级火箭推力进行了数学论证，并详细描述了载人航天器运载火箭、制动火箭和回收用的降落伞。1926年，美国工程师戈达德发射了世界上第一枚用液氧和汽油作为推进剂的液体火箭，上升到12.5米的高度，水平飞行距离56米。20世纪30年代，他又多次发射了多枚火箭，飞行高度达到2 500米。

20世纪30年代，德国火箭技术在世界上处于领先地位。德国科学家冯·布劳恩（1912—1977）领导的研究小组为了战争的需要，于1924年研制成A—4型液体火箭，能把1吨重炸弹送到300多千米远的盟国领土上，但最终未能挽回法西斯德国失败的命运。第二次世界大战以后，美国和苏联成了德国火箭技术的获益者。苏军占领了V—2（改良的A—4）火箭基地，缴获大批制造设备，在此基础上研制成洲际导弹。美国则俘获冯·布劳恩等大批德国火箭专家，冯·布劳恩后来还参加了著名的阿波罗计划。

苏联宇航员加加林

1957年10月4日，苏联第一颗人造卫星发射成功，标志着人类进入太空时代。1958年1月31日，美国也匆忙发射第一颗人造卫星，拉开了美苏太空争霸的序幕。1961年4月12日，苏联航天员尤里·加加林驾驶人类第一艘载人飞船在绕地球航行一周后安全返回北非地面，开创载人航天的壮举。同年5月5日，美国人艾伦·谢泼德做了一次短暂的太空飞行，而美国人约翰·格伦绕地球飞行是在加加林上天后11个月才完成的。1965年3月18日，苏联宇航员出舱实现第一次太空行走；6月，美国宇航员也在太空行走了20分钟。1961年5月，美国总统肯尼迪提出要在10年内把美国人送上月球并安全返回的报告，很快被国会批准，并命名为“阿波罗计划”。该计划动员2万多家公司、280多所大学和科研机构、42万民众，耗资240亿美元，终于在1969年7月21日如愿以偿，用“阿波罗11号”飞船把航天员尼尔·阿姆斯特朗和布兹·奥尔德林送上月球。两位宇航员在月球上共停留了21小时36分钟，其中在舱外工作2.5小时。

20世纪60年代末至70年代，航天领域还取得了载人空间站和空间探测器两项重大突破。1971年4月9日，苏联发射人类首座试验性空间站——“礼炮1号”，不久“联盟11号”飞船升空与“礼炮1号”对接，3名宇航员成为首批空间站乘员。之后，苏联又发射礼炮2到7号和“和平号”空间站。“和平号”于1986年2月发射，使用了15年后坠毁，接待了来自不同国家的100多名宇航员。1973年，美国发射了唯一的“天空实验室1号”空间站。之后，美国转向月球之外的其他行星，向金星、火星、木星、水星等发射探测器，它们或是从这些星球上空掠过，或在一些星球上着陆，进行大量科学探测。70年代，中国、日本、西欧一些国家也先后发射自己的人造地球卫星，使世界航天技术形成多极化竞争格局。

1970年4月24日，中国自行研制的“长征一号”运载火箭成功发射了中国第一颗人造卫星“东方红一号”，成为世界上继苏、美、法、日之后第五个能够独立发射卫星的国家，后来又成为世界上第三个掌握卫星回收技术、低温高能氢氧发动机技术、独立发射地球静止轨道卫星技术、独立研制和发射太阳同步轨道卫星技术的国家。至今“长征”系列火箭已经发射100多次，火箭发射成功率超过90%，成为我国具有自主知识产权和较强国际竞争力的高科技产品。2003年，中国第一艘载人宇宙飞船“神舟五号”成功发射，航天员杨利伟进入太空，中国成为世界上第三个掌握载人飞船技术的国家。2008年9月，“神舟七号”成功发射，航天员翟志刚顺利完成了太空行走任务。

神舟飞船

运载火箭与航空器

1. 运载火箭

运载火箭是提供强大动力克服地球引力和空气阻力将航天器送入空间的工

具。为了克服技术上的难题，运载火箭一般采用多级火箭技术。多级火箭是由几个单级火箭组合而成，当第一级火箭燃料耗尽时，壳体自动脱落，第二级火箭接着点火，在第一级火箭加速的基础上进一步加速，如此下去，直至最后一级，从而使被运载的航天器进入轨道。“土星5号”运载火箭总功率可达 1.47×10^{8} 千瓦，相当于50万辆卡车的总动力，能把100多吨有效荷载送入地球轨道，把50吨有效荷载送入月球轨道。“长征”系列运载火箭有12种不同型号，其中近地轨道的运载能力达9 200千克，地球同步转移轨道最大运载能力达5 100千克，跻身于国际先进行列。

运载火箭是第二次世界大战以后在导弹的基础上发展起来的，是20世纪航天技术的重大成就之一。火箭的原理是奠基于动量守恒定律：一个系统未受外力作用，其动量永远保持不变；火箭点火后不断向后喷射高温、高压的燃气，为保持动量不变，火箭势必向前飞行。运载火箭包括箭体结构、推进系统和控制系统三部分。液体火箭装有燃料（液氢）和氧化剂（液氧），由燃料和氧化剂化合产生大量炽热的气体作为反冲力，推动火箭向前飞行。

2. 航天器

在地球大气层以外的宇宙空间按照天体力学规律运行的飞行器，称为航天器，又称为空间飞行器。1957年至今，世界各国已经成功发射5 000多个各类航天器，有近60多个国家投资发展空间技术，有170多个国家和地区应用空间技术的成果，总投资达到7 000多亿美元。航天器包括无人航天器和载人航天器两类，前者主要有人造地球卫星和空间探测器，后者包括载人飞船、空间站和航天飞机。

人造地球卫星（简称卫星）是环绕地球轨道运行的无人航天器。按照其用途，卫星可以分为通信卫星、导航卫星、天文观测卫星、气象卫星、军用卫星、地球资源卫星等，都是开发利用高位置的空间资源。截至目前，世界各国发行的航天器中，卫星占90%以上。卫星大多环绕地球做椭圆轨道运动，高度一般为一百至数百千米。有时因任务需要也可达几千到几万千米，如通信卫星和导航卫星。

空间探测器包括月球探测器和星际探测器。目前，中国正在进行探月工程，已经完成月球探测器的发射工作。星际探测器需要摆脱地球的引力飞向其他行星，对太阳系范围内的宇宙空间进行考察，其中最早出现和发射最多的是火星探测器。

载人飞船实质上是载人的卫星，将卫星体积增大使之可以载人，并配备好维持生命的系统和返回地球的设备，就称为宇宙飞船。世界范围内著名的载人飞船有美国的“水星号”、“双子星座号”、“阿波罗号”，苏联的“东方号”、“上升号”、“联盟号”，中国的“神舟号”。

空间站是比宇宙飞船体积更大、活动更自由、携带科学仪器更多的航天器。空间站可以长时间地在环绕地球的轨道上运行，进行规模更大、项目更多的科学实验活动，相当于搬到太空上的实验室，所以也叫“太空实验室”。空间站主要功能有：进行遥感及微重力等科学研究；物资、宇航员及航天器转运基地；在空间站进行部件或整机组装工作；为人造卫星补充燃料。目前，著名的空间站有俄罗斯的“和平号”、欧洲的“太空实验室”、美国的“天空实验室”等。空间站一般重达几十吨，可居住体积几百立方米，必须要分批次发射升空，在太空进行组装。

航天飞机是一种有人驾驶的航天器，是可以重复使用、往返于地球与外层空间的运载工具。航天飞机像运载火箭那样垂直发射，像飞机那样水平滑跑着陆，在空间做机动和变更轨道的飞行，集运载火箭、航天器和飞机的本领于一身。航天飞机一般由轨道器、固体助推器、外储箱三部分组成。轨道器是航天飞机的主体，一般也称它为航天飞机，它在轨道上飞行，并返回地面。轨道器和固体助推器按标准组装，具有通用性。固体助推器内装高氯酸铝和氧化铁粉等固体燃料，燃尽后固体助推器溅落海面回收以备下次再用。外储箱内储藏着 700 多吨的液氧和液氢，燃尽后陨落大气层烧毁。航天飞机穿梭往返太空与地面之间，也叫作太空穿梭机，担负着接送人员、运输物资、修理卫星、发送卫星等任务，也是一个空间实验室，可以进行各种实验。1986 年 1 月 28 日，美国“挑战者号”航天飞机升空 73 秒时，因固体助推器火箭密封圈故障造成爆炸，机组人员全部遇难。2003 年 2 月 1 日，运营了 20 多年的美国“哥伦比亚号”航天飞机发生空难，机上 7 人全部丧生。目前，全世界航天飞机为数不多，只有美国的“发现者号”、“阿特兰蒂斯号”、“奋进号”和俄国的“暴风雪号”四架。

另外，运载火箭的发射、航空器的发射与返回都离不开地面系统的保障。地面系统包括发射场、地面控制系统和返回着陆场。发射场地又称航天港，目前世界上共有十多个，如著名的美国肯尼迪航天中心。中国有酒泉、西昌和太原三个航天发射场。酒泉航天发射场建于 1958 年，是我国最早的发射场，我国第一颗人造卫星、第一代远程导弹、“神舟”飞船都在此发射。西昌航天发射场建于 1970 年，被誉为中国的航天城，“亚星”、“奥星”在此成功发射。地面控制系统主要对航天器进行跟踪、遥测、遥控和保持通信联系，人们通过地面控制系统对航天器进行控制，调节它的速度、方位和获取航天器捕捉到的各种信息。返回着陆场为需要返回地面的航天器服务，包括对地观测卫星收容器、载人飞船返回舱和航天飞机，尤以航天飞机的着陆场要求最高。

空间遥感技术

遥感技术是利用一定技术设备与系统，在远离被测目标的位置对被测目标的特性进行测量及记录的技术。广义上，可以把一切非接触的检测和识别技术都归入遥感技术。空间遥感技术利用航天器尤其是人造卫星和空间站，来对地球本身进行多方面的考察，探测地球资源是发展遥感技术的强大推动力。把飞机作遥感观测平台来完成如大地测绘、军事侦察等工作，已有数十年历史。空间技术的发展，使遥感观测平台升高到了航天器的轨道，收集的数据量、搜集遥感信息的速度、提供可观测的范围等都发生了根本性的变革。空间遥感技术还结合了多种遥感探测方法，已成为人类科技活动和军事侦察中不可缺少的一种技术手段。

遥感技术主要包括遥感设备、信息传输、目标特征搜集和信息处理、判读和分类，其中最基础的是遥感设备。遥感是建立在物体的波谱特性之上的。地面上的一切物体，无论是自然的，还是人造的，只要温度处于绝对零度之上，就能反射、辐射和吸收电磁波。不同的物体，由于其物理、化学特性不同，因而对电磁波的反射、吸收和辐射不同，比如对电磁波敏感波长不同、反射电磁波的频谱不同等等，这就是物体的波谱特性。当我们事先掌握了各种物体的波谱特性，就可以将遥感器检测到的波谱信息与之相比较，从而识别出物体的种类。

航天遥感器用不同的大气窗口来遥感不同波段的电磁波。常用的大气窗口有以下四个：300～1 300 纳米窗口，它包括部分紫外波段、全部可见光波段（380～760 纳米）和部分红外波段，属于地物的反射波段，是广泛应用的一个窗口；1 300～2 500 纳米窗口，它属于近红外线波段范围，也属于地物的反射波段；8 000～14 000 纳米窗口，它属于远红外波段，为物体在常温下热辐射能量最集中的波段；0.8～2.5 厘米窗口，它处于微波范围内，透射率可达100%，具有穿透云层和雨区的能力，为全天候的遥感波段。

从卫星遥感器上接收的电磁波是很复杂的，既包括地表发射的电磁波，也包括地表反射的电磁波、大气层反射的电磁波、大气层辐射的电磁波以及大气层向下发射后被地表反射的电磁波，并且，达到遥感器上的电磁波是多波段的叠加。但是，我们可以采用选择光谱的办法，排除干扰，从而对地表的任何目标物进行分辨，完成遥感。

空间遥感技术从地球轨道上来探测地表目标，搜集地球有关现象的遥感数据，有相当多的优点。首先，探测范围广，搜集数据快。卫星飞行高度一般在数百千米以上，可以对大范围地区进行观测和摄影，为宏观地研究各种自然现象和规律提供了有利条件。由于卫星不停地围绕地球运转，所以能够很迅速地获得所覆盖地区的各种自然现象和最新资料。其次，能获取实时信息。比如，可以通过卫星遥感连续监测臭氧层的分布和变化、台风的形成，测量地球板块的移动和断层变化等。再次，不受地面限制，测量精确性高。对于那些人们不容易到达的高山、沙漠、海洋，空间遥感相当便利。最后，可以观测空间行星和空间科学现象。空间遥感器克服了大气层的阻碍，大大提高了星际观测的效果。

按照工作方式，遥感器可以分为有源遥感器和无源遥感器。所谓有源遥感，就是用人工产生的特定电磁辐射来照射目标物，再由接收来自目标的反射电磁波特征达到识别目标的目的。无源遥感则不需要人工电磁辐射源，而利用自然辐射源（如宇宙辐射、太阳光、物体由吸收太阳能而发出的红外辐射等）来测出目标的反射或辐射电磁波，以达到遥感的目的。红外遥感和可见光遥感一般为无源的。只有距离较近时，才使用有源的激光遥感器。由于强大的微波源发生技术臻于完善，微波遥感已大量采用有源遥感。

按照是否成像，遥感器还可以分为成像遥感器和非成像遥感器。目前空间遥感使用最多的还是光学成像手段，大约占所用遥感器的60%左右，主要包括多谱段扫描仪、照相机、电视摄像机等。原因主要在于光学成像手段具有其他遥感手段所无法比拟的高分辨率，同时也由于用它们得到的数据是直观照片，易于分析与判读。此外，包括红外辐射和微波辐射测量的辐射计在空间遥感中应用也较广泛。在许多情况下，往往要将红外、无线电、可见光等多种遥感手段综合使用。

空间科学研究

外层空间有其特殊的位置、环境特点，因而具有进行某些科学研究的特殊优势。目前，在太空中进行的科学研究主要有如下几种：

对地观测与对天观测。对地观测主要包括海洋资源观测、陆地资源观测、洪水灾情观测、森林火灾观测，以及与天气预报有关的高层大气和红外辐射观测。对天观测排除了大气层的干扰，扩大了从太阳、行星和其他星体收集信息的总量。比如，1990年4月被送入太空的哈勃望远镜分辨率是地面上最佳天文望远镜的10倍，能观测到现有光学望远镜所能探测到亮度的1/50的天体，观测距离提高了7倍。无论是对地观测，还是对天观测，都给科学家提供了大量有用信息。

空间实验。目前，在太空进行的科学实验主要以生命科学和材料科学为主。空间生命科学主要研究人体生理学，即研究人长期生活在微重力环境的可能性，并扩展到空间医药学、空间生物学和空间生物技术等领域。比如，“和平号”空间站上进行过鹌鹑卵胚胎发育实验，发现畸变率为13%，高出地面4倍多。空间材料科学实验受到重视，是因为微重力环境下，物质轻重差别的消失使得用密度相差很大的材料制造地面无法生产的新型材料成为可能，并且温度变化引起的对流消失也可以使空间站生产的材料质量比地面更优良。

阿尔法磁谱仪研究。在宇宙线进入大气层之前，阿尔法磁谱仪（AMS）可以对宇宙中的原始宇宙线进行探测。它可以在太空中长时间连续探测，具有非常高的灵敏度，有能力探测到100亿个普通粒子中存在的一个反物质粒子。除了寻找反物质粒子，阿尔法磁谱仪还有助于解决其他宇宙学难题，比如探测占宇宙总质量90%的暗物质。

微重力科学研究。它主要包括微重力流体力学、微重力材料学和微重力生命科学。微重力流体力学是研究微重力环境中的重要物理过程，包括流体因微重力引起的对流变弱，因密度不均匀引起的沉淀和分层消失，内部静压梯度趋于零，微重力环境下特别突出的毛细现象和表面张力，等等。微重力材料学和微重力生命科学研究微重力在材料领域和生命科学领域引起的特殊现象和过程。科学家不仅在太空进行微重力科学研究，还在地面模拟微重力环境进行研究。比如，用飞行器急速下降制造短时间的微重力环境。

二、海洋科技

目前，人类社会面临人口膨胀、资源紧缺和环境污染等一系列问题，人类在陆地上的发展开始受到严重的制约，海洋为人类的生存和发展提供了广阔的前景。海洋中蕴藏着人类所需的丰富资源，是远远大于陆地的“家”。随着海洋科技的发展，人们获得了进一步开发利用海洋的必要的技术物质条件，促进了各项海洋产业的发展，业已形成近海石油、滨海旅游、海洋渔业、海洋交通运输四大支柱产业，进入了大规模开发利用海洋的新时期。然而，现代海洋开发也伴随着海洋污染问题。必须把海洋开发与海洋环境保护结合起来，实现可持续的开发和利用，否则将酿成无可挽回的生态灾难。

海洋与海洋资源

海洋指的是环绕陆地的大片水域，它是陆地水的主要源泉，又是一切陆地水的最终归宿。全世界的海洋面积为 3.62×10^{8} 平方千米，占地球表面积的

70.9%。海洋的容积约为 13.4×10^{8} 立方千米，为地球体积的 0.15%，地表水的 97.2%属于海洋。

海洋包括海和洋。洋是海洋的主体，远离大陆，面积广阔，约占整个海洋面积的 89%。大洋的水特别深，一般在 3 000 米以上，盐度高、水色高、透明度大、水文要素比较稳定。通常将世界大洋分成四部分：太平洋、大西洋、印度洋、北冰洋。

海靠近大陆，或受大陆包围，是位于大洋边缘的水体。海面积小，水深较浅，一般都在 3 000 米以下。海水盐度低、水色低、透明度小、水文要素的季节变化十分明显。海底地壳具有陆壳性质，有些以狭窄、孤立的海峡和大洋相连，有些以岛链与大洋相隔，分别称为海或海湾。按所处位置的不同，可将海分为内陆海、边缘海、陆间海（又称地中海）三种类型。

海洋底部高低起伏（见图 7—1），既有高山深谷，也有平原丘陵，而且在规模上远比陆地庞大、壮观。一般把海底地形分为大洋中脊、大洋盆地和大陆边缘。大洋中脊是世界大洋中最宏伟的地貌单元，隆起于洋底的中央部分，贯穿各个世界大洋，呈线状延伸，是一个规模宏大的洋底山脉。大洋中脊总长 80 000 千米，面积 1.2×10^{8} 平方千米，约占世界海洋总面积的 33%。大陆边缘包括大陆架、大陆坡和大陆隆，约占海洋总面积的 22%。大陆架或大陆浅滩是毗邻大陆

图 7—1　海底地貌立体示意图

的浅水区域和坡度平缓的区域，是大陆在海面以下的自然延续部分，通常以200米等深线为大陆架的外缘。大陆坡和大陆隆构成了由大陆向大洋盆地的过渡带。海沟主要分布在大陆边缘与大洋盆地的交接处，是海洋中的最深区域，深度超过8 000米。世界上最深的海沟是马里亚纳海沟，位于菲律宾东北、马里亚纳群岛附近的太平洋洋底，最大深度达11 034米。大洋盆地约占海洋总面积的45%，是海洋的主体，有的与大陆隆相邻，有的与海沟相接。其中主要部分是水深4 000～6 000米的开阔水域，称为深海盆地。深海盆地中最平坦的部分称为深海平原。

海洋中有丰富的资源，主要包括如下几类：

(1) 海洋生物。海洋生物数量惊人，品种繁多，可以作为食品和医药等工业的原料来源。研究表明，海洋生物共有约20万种，占地球生物物种总数的80%，其中包括18万种动物，2.5万种植物。海洋生物总重量近4×10^{10}吨，生物生产力约为全球的88%。最早开发的海洋资源是海洋生物，鱼虾、贝类甚至鲸等早已是人类的佳肴。海洋生物不仅可供食用，有的还具有医用价值。迄今为止，人类只利用了海洋生物中的极小部分。

(2) 海洋能源。海洋蕴含极其丰富的能源。海洋能源来自波浪能、潮汐能、海流能、海水温差能和盐度能等。潮汐能由于月、地、日的相对运动而形成，潮汐周期约为23小时，在一些特殊地形区域，潮高可达10米以上。估计全世界潮汐发电可装机1.0×10^{9}千瓦，年发电量可达到1.0×10^{12}千瓦时。波浪能源自太阳能。波浪的上下运动和横向运动均可用来发电。海流存在于许多地区的海面或海洋深处，其水流极强，水量极大。专家估计，海流的总能量足以让全世界实现电气化。海水温差能是海洋表面受太阳照射后温度升高，形成与深水层的温差所带来的能量。在河口地区，咸、淡水之间的盐度差也形成一种重要的能源。此外，海水中含有大量氘和锂，经提取后可用于核聚变，作为核电站的原料。

(3) 海洋矿产。科学家估计，沉积于海底及溶解于海水中的矿物可达一千到几万亿吨。海水中共有80多种元素，其中铀4.5×10^{9}吨，银5×10^{8}吨，黄金6×10^{6}吨。长期以来，人类几乎只开发利用了海盐，目前年开采量已达5×10^{7}吨。海底矿物资源总量更大，每年海水还带来大量新的沉积矿物。目前已探明的大陆架石油储量达1.35×10^{11}吨，天然气1.4×10^{12}立方米。自20世纪70年代石油危机以来，海底的勘察和开采活动加快，海底石油的大量开采缓解了石油紧缺。大陆架特别是近岸处的大量海砂、石灰砂、贝壳和磷灰石等，可开发作建筑材料或原料，或者用作肥料。海底还有大量硫黄、磷灰土等，深海底的主要矿物资源是锰结核，均有很大的潜在价值。

(4) 其他资源。滨海的沙滩、海岛、缤纷的海底世界都是重要的旅游资源。

海洋还是重要的航道，海湾可以用于建设港口，沿岸浅水区和滩涂可以养殖水产品，海水本身也是水资源。

海洋科学及其发展历程

海洋科学是研究海洋的自然现象、性质及其变化规律以及开发利用海洋资源的学科。它的研究对象是海洋，包括海水、溶解和悬浮于海水中的物质、海洋中的生物、海底沉积和海底岩石圈，以及海面上的大气边界层和河口海岸带，等等。从学科分类上看，海洋科学应该属于地球科学的重要组成部分。海洋科学研究领域既包括海水运动规律，海洋中的物理、化学、生物、地质过程及其相互作用等基础理论问题，也包括海洋资源开发、利用以及有关海洋军事活动需要的应用研究，既涉及力学、物理学、化学、生物学、地质学、大气科学和水文科学等多种自然科学，也涉及管理科学、环境法学等社会科学，尤其是海洋环境保护和治理与社会科学关系密切。

从结构层次上划分，现代海洋科学可分为基础性学科研究、应用技术研究和管理开发研究三大部分。管理开发研究方面的分支有海洋资源、海洋环境功能区划、海洋法学、海洋监测与环境评价、海洋污染治理、海域管理等。属于应用与技术研究的分支有卫星海洋学、渔场海洋学、军事海洋学、航海海洋学、海洋声学、光学与遥感探测技术、海洋生物技术、海洋环境预报以及工程环境海洋学等。属于基础性科学的分支学科包括物理海洋学、化学海洋学、生物海洋学、海洋地质学与地球物理学、环境海洋学、海气相互作用以及区域海洋学等。

古人已具有关于海洋的一些地理知识。公元前4世纪，古希腊哲学家亚里士多德在《动物志》中已描述了爱琴海的170余种动物。人类对海洋更多的了解是从15世纪资本主义兴起之后开始的。1492至1504年，意大利人哥伦布四次横渡大西洋到达南美洲。1498年，葡萄牙人达·伽马从大西洋绕过好望角经印度洋到印度。1519至1522年，葡萄牙人麦哲伦完成了人类第一次环球航行。1740年瑞士人贝努利提出平衡潮学说，1770年美国人富兰克林发表湾流图，1772年法国人拉瓦锡首先测定海水成分。1768至1779年，英国人库克四次进行海洋探险，首先完成了环南极航行，并进行了最早的科学考察，获取了第一批关于大洋深度、表层水温、海流及珊瑚礁等资料。1775年，法国人拉普拉斯首创大洋潮汐动力理论。

哥伦布

工业时代的到来促成了海洋科学的创立。在海洋调查方面，著名的有“贝格尔号”1831至1836年的环球探险（达尔文参与了该探险活动）、英国人罗斯1839至1843年的环南极探险，特别是英国“挑战者号”1872至1876年的环球航行考察，被认为是现代海洋学研究的真正开始。在海洋研究方面，大量重要研究成果涌现。19世纪40至50年代，英国人福布斯出版了海洋生物分布图和《欧洲海的自然史》。1855年，美国人莫里出版《海洋自然地理学》，被誉为海洋生态学和近代海洋学的经典著作。1884年，迪特玛证实了海水主要溶解成分的恒比关系。1891年，默里的《深海沉积》对此前海洋科学的发展和研究给出了全面、系统而深入的总结，被誉为海洋科学建立的标志。1903年，桑德斯特朗和海兰·汉森提出了深海海流的动力学计算方法。1905年，瑞典海洋学家埃克曼（1874—1954）提出了漂流理论。1925年和1930年，美国先后建立了斯克里普斯和伍兹霍尔两个海洋研究所。1946年，苏联科学院海洋研究所成立。1949年，英国成立国立海洋研究所。

由于海洋的战略地位，海洋科学的不少研究直接涉及国家利益，因此，海洋科学研究与国家安全也有直接联系，从而具有重要的战略地位。当代海洋科学有三大主要研究任务，即海洋在全球气候变化中的作用、海洋环境的演变规律及其与全球环境演变的关系和海洋资源形成机制与开发利用及其保护。第二次世界大战后尤其是20世纪60年代以来，出于军事上的目的和对海洋资源、环境重要性认识的加深，对现代海洋科学发展产生了重大而深远的影响。1960年，“政府间海洋学委员会”（简称海委会［IOC］，隶属于联合国教科文组织［UNESCO］）成立。1966年，国际生物海洋协会（IABO）成立。在政府间和民间组织的促进下，海洋国际合作调查以更大的规模展开，比如国际印度洋考察（IIOE，1957—1965）、热带大西洋国际合作调查（ICITA，1963—1964）等。进入20世纪80年代以后，海洋科学发展的全球化趋势日益明显，研究区域不断扩大，持续时间不断增长，出现了一系列有较大影响的国际海洋科学研究计划。1994年11月正式生效的《联合国海洋法公约》囊括了全球海洋的所有重要方面和问题。近年来，各国对海洋科学研究的投资更是大幅度增加，海洋科技迅猛发展。

海洋开发科技

海洋资源开发主要包括水产开发、矿产开发、能源开发、海水开发等。

海洋水产开发目标是海洋的生物资源，主要包括海洋捕捞业和海洋养殖业两个方面。目前，海洋捕捞不断现代化，采用系统化作业，调查、捕捞和运输充分协调。现代化的捕捞技术使用电子探鱼器、红外探鱼器等现代化鱼群探测仪器，采用光诱捕鱼和声诱捕鱼等诱捕技术，捕捞器具全面机械化。大型捕捞船几乎就是海上的水产品加工厂，捕获物可在船上冷冻，可立即加工成各种成品或半成品。目前，各国每年从海洋中捕捞的水产品已达 8 000 多万吨。海洋养殖业利用浅海水域和滩涂发展海水养殖和培育，变狩猎式渔业为农牧化渔业，被称为“蓝色革命”。海洋养殖业包括海洋农业和海洋牧业。在浅海、滩涂人工进行鱼、虾、贝、藻的培育，使其在人工条件下长成成体，以供食用。目前，养殖的品种已发展到包括对虾、龙虾、鲑鱼、鳟鱼、师（金师）鱼、牡蛎、鲍鱼、海带等许多种鱼类、贝类和藻类。海洋牧业类似于在海洋中开辟“人工牧场”，把人工培育的优良鱼苗放到大海中放养，长大后通过一定的技术措施令其洄游，再有计划地捕捞。

海洋矿产开发最有代表性的是开采石油和天然气、锰结核和热液矿。这里简要作一个介绍。

(1) 油气开采。目前，有 100 多个国家从事海上油气勘探，全球石油海洋产量占世界石油总产量的 28%以上，全球海上天然气占世界天然气总产量的 20.8%以上。海上油气开采运用先进的地球物理勘探技术，移动式石油钻机和采油（气）平台，以及可重返海底的坑道口装置和现场海上石油暂存与装运设施等，机器人、光导纤维等也已广泛应用其中。

海上钻井平台

(2) 锰结核开采。目前，锰结核中有提取价值的金属是锰、铜、钴和镍四种。锰结核分布极广，大约 25%的深海海底都覆盖有锰结核，总储量约为 3 万亿吨，并且在不断缓慢生长。锰结核分布在 4 000～5 000 米深的海底，那里的压强高达 400～500 个大气压，因此开发起来难度非常大。目前，美国拥有日产 5 000吨锰结核的开采设备和日加工处理 50 吨锰结核矿的工厂，日本用气吸法把锰结核连续不断地从海底吸上来，开采量最高可达每小时 40 吨。

(3) 热液矿开采。20 世纪 60 年代中期，美国人发现在快速扩张的海底裂隙间有高温、高盐的热液，热液中富含铜、锌、铝、银、金等金属元素。海底热液矿床有十分可观的储量，所含金属的潜在价值很大，是 21 世纪最有希望的开发对象之一。与锰结核相比，海底热液矿具有水深浅、矿体富集度大、易于开采和冶炼等特点。目前，已发现了 37 个巨大的热液矿床，以红海海底和太平洋加拉帕戈斯群岛东部海底的矿床储量最多。

海洋能源包括潮汐能、波浪能、温差能、盐差能等，海洋能源开发技术就是要把这些自然能量转换成电能加以利用。潮汐能发电是利用潮水涨落造成的水位落差发电。其发电原理是：先在海湾和河口处建筑堤坝和闸门，形成水库，在涨潮和落潮过程中，利用潮水进入和退出水库时产生的动力推动水轮机，再用水轮机带动发电机发电。据估计，全世界潮汐能可装机10亿千瓦左右。1966年投产的法国朗斯潮汐电站最为著名，是世界上最大的潮汐电站。海水温差发电是利用太阳辐射造成不同深度海水温度不同来发电。其发电原理是：先让表层的高温海水（热源）在低压或真空锅炉内沸腾，产生蒸汽，通过汽轮机带动发电机发电，然后通过涡轮机后的蒸汽由深层低温海水（冷源）冷却，从而形成温差循环发电。上下层海水的温差越大，发电效果越好。海水温差发电热效率只有普通发电厂的1/10，但海洋面积大，太阳照射机会多，发电不受时间限制，发电量大，电量稳定。联合国已将温差发电确立为海洋能源开发的重点项目。海浪发电利用波浪来发电。其发电原理是：把上下运动的波能转变为高速旋转运动的机械能，进而带动发电机发电。目前主要采取两种方法：一是在海面浮标中安装涡轮发电机，利用波浪上下起伏的垂直运动，推动装有活塞的浮标，通过活塞与浮标的相对运动产生压缩空气，驱动涡轮发电机发电；二是在海岸上设置固定的空气涡轮机，借助海浪冲击力，通过导管鼓动空气来驱动空气涡轮机发电。盐度差发电是利用河流入海处的淡水与咸水间的含盐浓度差别所形成的化学能发电。由于咸水与淡水的渗透压力不同，若在咸水与淡水的交汇处建立一个装有渗透膜的水压塔，淡水便会通过渗透膜而被压到咸水一侧，从而使水压塔内咸水一侧的水位上升，造成咸水与淡水之间的水位差，这样便可以发电。由于渗透膜的技术问题目前尚未取得实质性进展，所以，盐度差发电目前仍处于研究、试验阶段。

海水本身就是一种资源，开发海水主要包括海水淡化和从海水中提取化学物质。与陆地水资源相比，海水淡化几乎可以提供取之不尽的水资源。海水淡化方法很多，比较成熟的技术有蒸馏法、冷冻法、电渗析法、反渗透法等。目前运用最广的蒸馏法耗能很大，因而耗能低的反渗透法已成为当今世界各国竞相开发的热点。其淡化原理是：在淡化器内安装一层只允许水分子通过、不许其他化学元素离子通过的半透膜，当对海水施加约25个大气压（大于海水渗透压）时，则海水中的纯水将反渗透到淡水中，这样就可达到分离的目的。目前，科研人员在海水中已发现80多种化学元素，几乎包括了陆地上存在的所有元素。在海水化学资源开发方面，除了海水提盐外，主要还有海水提镁和海水提铀。1980年，日本提铀试验厂提取了 5.3 千克铀，成为世界上第一个成功开发海水铀资源的国家。在众多的提铀方法中，吸附法和生物富集法比较有前途。吸附法是用对铀吸附力强、选择性好的吸附剂提取海水中的铀，生物富集法利用具有富集铀的能力的海洋生物吸附、分离海水中的铀。

海洋探测科技

现代海洋探测的目标包括海面、水下和空中，形成了立体化的调查网络。主要的海面探测装备包括调查船和浮标站，主要的海面探测装备包括水声技术装备、潜水器和水下实验室，主要的空中探测装备包括飞机和卫星遥感。

海洋科学调查船是利用和开发海洋资源的先锋，主要调查海面与高空气象、地球磁场、海流与潮汐、海洋水深与地貌、海水的化学成分、海水物理性质与海底矿物资源（石油、天然气、矿藏等）、生物资源（水产品等）、海底地震等。现代海洋调查船非常先进，许多都应用动力定位、自动操纵、自动调查、自动处理和自动导航系统等最新技术。

海洋浮标是载有各类探测传感器的海上平台，在海面定点或漂流，开展长期连续的观测活动，也称海上自动观测站。自动观测站收集的海洋环境资料，通过电缆、无线电、卫星等方式传送到地面中心站。在全球海洋上按照一定间距分布的海洋浮标，可以构成全球性的海洋观测网，实现全球同步观测。

用海洋卫星对海洋进行卫星遥感观测应用十分广泛。1978 年，美国发射了第一颗海洋遥感卫星。之后，各国纷纷发射海洋卫星。海洋卫星利用遥感技术可以观测洋流、海浪潮汐、海面温度、海水颜色、海洋上空气象变化等，观测结果十分准确。

潜水器可以深入水下了解海洋中发生的各种现象和过程。深潜器是一种被广泛运用的高新技术，集自动技术、电子计算机技术、人工智能技术、新材料技术、水下通信技术及能源技术于一体，在海洋探测中发挥了重要作用。

水声技术是利用声波进行水下探测、定位、导航、识别、通信的综合工程技术。声波在海水中的衰减比电磁波小 1 000 倍以上，也就是说海水对于声波几乎是无阻碍的，这决定了声波可以用于探测海洋中的物体、传输信息和遥测遥感。近年来，各种用途的水声装备大量出现，广泛用于海底地形地质探测、水声通信、导航和定位、海底矿物资源勘探以及海洋水文物理探测等领域。水声扫描声呐可以一次成像海底立体图像，水声通信和定位技术可以探测鱼群、搜索水下目标和遥控水下开发设备，水声海底探测可应用于海底油气资源勘探。

海洋环境保护

开发海洋的同时必须要保护海洋，目前海洋环境保护问题已经受到全球范围的关注。虽然海洋有很强的自净能力，可以通过扩散、稀释、氧化、沉降等作用，分解、破坏污染物，但是随着陆地和海洋开发的加剧，大量污水、石油、有毒物质等进入海洋，海洋环境已日益恶化。油轮事故、海底油田开采等造成大量石油沉入海洋，每年排入海洋的石油以千万吨计。1990年，联合国的一份世界海洋健康评价报告指出，世界海洋中的广阔海域仍然处于比较清洁的状态，但许多沿岸地区已经受到严重污染，化学污染物和废物从海滩到深海，从极地到热带海域到处都可看见。海洋污染源广，持续时间长，扩散范围大，治理困难。所有陆地污染物都可能通过河流、空气等渠道进入海洋，海洋污染物还可以通过食物链聚集和传递。比如，牡蛎在被农药污染的海水中生活一个月，体内农药浓度可以高出周围海水七万倍。因此，在开发海洋的同时必须保护海洋环境。

目前，世界各国都逐步制定了海洋环境保护的法律法规，如开展海洋污染调查和监测、加强管理、制定环境保护法规、控制排放、制定水质标准和排放标准，等等。1982年，《联合国海洋法公约》通过，其中专门有“海洋环境的保护和保全”部分，公约其他部分也有一些条款涉及保护海洋环境问题。1992年，“联合国环境与发展大会”通过的《21世纪议程》，将海洋资源的可持续开发与海洋环境保护作为重要的行动纲领。联合国教科文组织的政府间海委会、联合国环境规划署、世界粮农组织、世界海事组织以及其他一些非政府机构纷纷投入力量实施海洋环境保护计划，开展了大量的国际性和地区性合作项目。

除此之外，各国也开始对海洋污染状况进行调查和监测。经联合国大会同意，国际海洋地理委员会和世界气象组织联合建立了全球海洋监测站系统。目前的海洋污染监测是现场调查和遥感遥测并用，以现场调查为主，同时应用多参数自动监测仪，使用人造卫星对海面的大面积污染以及其他一些异常现象进行监测。美国20年来一直在对海洋污染进行监测，日本使用海洋资料浮标系统，可自动监测PH值、溶解氧、悬浮固体等八个参数。海洋污染监测应利用自控水下运载器和海底自动监测站，实现对海水和沉积物的取样及分析，发展海洋环境的原位实时测量和监测系统。

当然，海洋污染防治更关键的是控制污染源。对沿海工业排放的污水必须严格控制排放标准，推行清洁生产技术。海洋开发的任何项目都必须进行环境影响评价，推行回收利用制度，进行废物审查并使之减少到最低限度，建造和改良污水处理设备。全面制定质量管理标准，以正确处理有害物质，并对来自空气、陆地和水体的破坏性影响采取统一的方针。国家和区域的管理框架，都必须包括改善沿海人类居住区的内容，并将沿海区的综合管理与发展纳入其中。总之，必须从源头、监测和治理等各个环节对海洋环境进行全方位的系统保护。

中国的海洋环境保护形势非常严峻，中国政府作出了大量的努力。1982 年，全国人大常委会通过了《中华人民共和国海洋环境保护法》，对防止因海岸建设、海洋石油勘探开发、船舶航行、废物倾倒、陆源污染物排入等问题作出了法律规定。此后，国务院颁布了许多相关条例，加上 10 余项政府各部门制定的规章和标准，形成了完善的海洋环境保护法律体系。此外，中国还十分重视海洋污染监测，建成了沿海污染监测网，编制了相关的污染调查规范。

材料科技和能源科技的重大进展

材料和能源是工业的基础，是当代高新科技赖以发展的支柱。早在20世纪70年代，就有人将材料、能源和信息称为当代文明的三大支柱。材料是高新产业的物质载体，能源则是高新产业系统运转的动力。从人类发展史看，能够支配的材料和能源的种类与性质，代表了不同的生产力发展水平，因此开发新材料、利用新能源是人类文明前进的强大推动力。

一、材料科技

科技发展史表明，每一种重要材料的发现或发明，都极大地促进和推动了社会的发展。这是因为材料是人们用于制造机器、构件和物品尤其是生产工具的物品，新材料应用导致生产工具的改进是生产力前进的关键因素。18世纪炼钢技术的广泛运用，使纺织机、蒸汽机、车床等大规模生产成为可能，为人类进入工业时代奠定了基础。20世纪半导体材料的进步，使电子计算机技术、微电子技术迅猛发展，为人类进入网络时代奠定了基础。目前，全世界材料已达数十万种，新材料品种正以每年5%的速度在增加。

一般说来，我们把材料分为结构材料和功能材料两大类。前者利用材料的力学性能，如强度、塑性、弹性、韧性等，以制造机械部件。后者利用其物理或化学及生物特性，如声、光、电、磁及热等，以实现某种功能。按照应用领域，可以把材料分为信息材料、能源材料、建筑材料、生物材料、航空航天材料等。按照材质，可以把材料分为金属材料、无机非金属材料、有机高分子材料和复合材料四大类。

第二次世界大战以来，材料科学新近发展了许多比传统材料性能更为优异的新材料。这些新材料知识含量高，与新工艺、新技术关系密切，更新换代快，品种式样多，是多学科相互交叉和渗透的成果，涉及固体物理、有机化学、量子化学、冶金科学、陶瓷科学、生物学、微电子学、光电子学等前沿学科的最新成就。

高分子材料

所谓高分子是指分子量足够大的分子，高分子材料是指人工合成的由碳、氢、氧、氮、硅、硫等元素组成的分子量足够大的有机化合物。高分子材料同样也可以大体分为高分子结构材料和高分子功能材料。塑料、合成橡胶、合成纤维，是应用最广的三大高分子合成材料。高分子材料中的分子都依一定方式连接成大分子，犹如一根根长长的链条（叫作分子链）。这些分子链互相缠绕，彼此攀附，结果使分子间的相互作用力很大，像纠缠在一起的线团。这就是高分子材料强度高、弹性大的根本原因。合成高分子材料的原料来源于石油、天然气和煤，因而具有资源丰富的优势，而且生产耗能低。目前，科学家已经合成了上千种高分子化合物，其中有近百个品种得到应用和工业化。

1. 高分子结构材料

塑料是以合成树脂为主要成分，加入某些添加剂构成的可塑性高分子材料，具有质轻、耐腐蚀、易成型、光洁度高、可调性好等优点。用它既能制出强如钢铁、轻如羽毛的优良材料，又能制造出能导电、导磁的特殊材料。塑料按其性能和用途，一般分为通用塑料、工程塑料和特种塑料三种类型。

通用塑料产量高，价格低，应用广，可用来生产产品的包装物、农用薄膜和一般零件。主要种类有聚乙烯、聚丙烯、聚氯乙烯、聚苯乙烯、酚醛塑料和氨基塑料等，其产量占塑料总产量的80%左右。工程塑料是指能作工程材料和代替金属材料制造各种机械设备或零件的塑料，主要有聚碳酸酯、聚酰胺、聚甲醛、ABS塑料等。特种塑料是指具有耐高温、耐腐蚀、耐辐射等特殊性能的一类塑料。

合成纤维是把石油、天然气中的化学物质，用有机合成方法制成个体，然后聚合成高分子物质，再经过抽丝纺制而成。在合成纤维中，涤纶（聚酯纤维）、锦纶（聚酰胺纤维，俗称尼龙）、腈纶（聚丙烯腈纤维）、丙纶（聚丙烯纤维）、维纶（聚乙烯醇纤维，又叫维尼纶）和氯纶（聚氯乙烯纤维）被称为“六大纶”。它们具有强度高、弹性好、耐磨、耐化学腐蚀、不发霉、不怕虫蛀、不缩水等优点，用途广泛。

合成橡胶是根据天然橡胶的高分子结构原理，用化学合成方法，以天然气、煤、木材等为原料提炼制作而成的。它比天然橡胶耐热、耐寒、耐油、耐酸，是天然橡胶的理想代用品。合成橡胶一般分为通用合成橡胶、特种橡胶两种。前者性能与天然橡胶相仿，被广泛应用于日常生活和工农业生产中，如丁苯橡胶、丁基橡胶、丁腈橡胶等，可用于制作汽车轮胎。后者具有耐寒、耐热、耐腐蚀等特殊性能，在国防和尖端技术上起着重要作用，如硅橡胶，可在－100℃～300℃温度范围内使用，绝缘性好、耐老化，不仅被广泛应用于航空、造船、建筑等领域，还被用来制作人造器官。

2. 高分子功能材料

一般塑料不导电，导电塑料具有比铜还强的导电性，有塑性和弹性、低密度、低导热性、低膨胀系数、抗化学物质和耐腐蚀、可调的光学性质、电致变色性、增强的储存电能和再充电性等特点。高分子材料具有选择性透过功能，利用这一特性制成的高分子半透性薄膜称为高分子分离膜。分离膜以压力差、温度梯度、浓度梯度或电位差为动力，使气体混合物、液体混合物或有机物与无机物的溶液，分离成单一成分。医用高分子材料与天然高分子在化学结构上极相似，这使它们在制造医用材料方面大有用武之地。用聚四氟乙烯、聚碳酸酯和橡胶等材料，可制成心脏起搏器。用聚甲基丙烯酸甲酯及乙烯—乙烯醇共聚材料等制成的承担透析和过滤功能的人工肾，已用于临床，存活三年左右者占80%。以聚乙二醇和聚甲基丙烯羟乙酯为主制成人工皮肤，用于烧伤面达55%的患者，60天内痊愈。高吸水性高分子材料可以吸收自身重量几百倍到一千多倍的水分，而且经挤压或加热也难于脱水。这种高分子材料除用天然淀粉、纤维素作原料外，还可以用合成聚合物作原料，如聚丙烯酸、聚丙烯醇、聚丙烯酰胺等。

光电材料与超导材料

电子材料主要指半导体材料，用来制作晶体管、集成电路、固态激光器和探测器等器件。制造半导体器件的主要材料是硅单晶。硅材料具有机械强度高、结晶性能好、储量丰富、成本低等特点，是大规模集成电路的基石。砷化镓是继硅之后的第二种最重要的半导体材料。与硅相比，砷化镓具有更高的禁带宽度，因而砷化镓器件可以用于更高的工作温度；又由于它具有更高的电子迁移率，可用于要求更高频率和更高开关速度的场合，成为制造高速计算机的关键材料。砷化镓材料更重要的特性是它的光电效应，可以作为激光光源。

光电子工业是一个新兴的高技术产业，包括光通信、光计算、激光加工、激光医疗、激光印刷、激光影视、激光仪器、激光受控热核反应、激光分离同位素、激光制导等。光电子信息材料包括光源和信息获取材料、信息传输材料、信息存储材料以及信息处理和运算材料等，其中主要是各类光电子半导体材料、各种光纤和薄膜材料、各种液晶显示材料和电色材料、新型相变和光色存储材料、光子选通材料、光致折变材料、新型非线性光学晶体材料等。智能玻璃就是新型材料的一种，是由玻璃和电色材料组成。它除了具有一般玻璃的特性以外，还拥有光色可控特性，可根据环境需要用来控制透光的强弱或色彩。

1911年，荷兰科学家用液氦冷却水银，当温度下降到－269℃左右时，发现水银的电阻完全消失，这种现象就称为超导电性，具有超导性质的材料叫超导体。1986年1月，瑞士科学家发现了转变温度为－243℃的超导体，由此揭开了世界性的高温超导研究热潮。目前，全世界已发现近30种金属、1 000多种合金和化学物质具有超导性。超导体具有广泛的应用领域。用其制造的超导悬浮列车，在运行中不与钢轨接触，时速可达500千米。若用于输电，可减少电能损失

上海磁悬浮列车

10%以上，电费开支可节省 15%以上。从浦东龙阳路到浦东国际机场的上海磁悬浮列车线路是世界上第一条磁悬浮列车示范运营线。如果用超导电动汽车取代燃油汽车，每年全世界可节省燃油 10 亿吨以上，并可减少噪音和环境污染。如果制造超导电子计算机，既可大大提高计算机的运算速度，又能减少计算机体积。超导通信的传递速度可达 1 亿次/秒，比光纤通信快 100 倍。

光敏高分子材料对光有特殊的敏感性，因而在信息记录、信息存储领域发挥着重要的作用。这类高分子材料在光的作用下，能在很短的时间内产生物理或化学变化，从而把信息记录和存储起来。在芯片上刻制大于 1 微米的电路尺寸的感光材料已大量应用于电子线路上，下一代更大规模集成电路将要制成的电路图尺寸小于 0.4 微米，这就要求感光树脂具有更高的感光度和解像率。

纳米材料

纳米（nm）是长度单位，1 纳米等于 10^{-9} 米，即百万分之一毫米、十亿分之一米。1 纳米相当于头发丝直径的十万分之一，大约是三四个原子的宽度。目前，国际上将处于 1～1 00 纳米尺度范围内的超微颗粒及其致密的聚集体，以及由纳米微晶所构成的材料，统称为纳米材料，包括金属、非金属、有机、无机和生物等各种粉末材料。

纳米材料研究，是目前材料科学研究的一个热点。纳米材料是纳米技术应用的基础，相应发展起来的纳米科技则被公认为是 21 世纪最具有前途的科研领域。所谓纳米科学，是指研究纳米尺寸范围（0.1～10 纳米）之内的物质所具有的物理、化学性质和功能的科学。纳米科技，其实就是一种用单个原子、分子制造物质的科学技术；它以纳米科学为理论基础，研究新工艺方法，制造新材料、新器件。

纳米材料有奇特的物理、化学和生物学的性质，最引人注目的是纳米材料的熔点特别低。例如，金熔点是 1 064℃，纳米金的熔点只有 330℃。对于需要高温烧结的材料，制成纳米材料后，便可使它们的烧结温度大为降低。由于烧结温度降低，纳米陶瓷能在比一般陶瓷低 600℃情况下达到与后者相似的硬度。半导体纳米材料的特性是可以发出各种颜色的光，可制成超小型的激光光源。它还可以吸收太阳光中的光能，并使之直接转变为电能。这种技术一旦实现，太阳能汽车、太阳能住宅等就会使人类生活大为改观，居住环境更美，空气更加清新。利用特种半导体纳米材料使海水淡化的技术，已在严重缺乏淡水的中东地区首先得到应用。磁性纳米微粒具有单磁畴结构、矫顽力很高的特性，用其作磁记录材料可大大提高信噪比，改善音质图像质量。因其具有对电磁波在较宽范围的强吸收特性，故成为性能优异的隐身材料，可用于战略轰炸机、导弹等的反雷达装备中。纳米材料还可以广泛应用于生物和医药领域中。纳米微粒比人体中的红血球（6～9 毫米）小得多，可在血液中自由运动。因此，注入各种对人体无害的纳米微粒可直接到达体内的任一部位，以检查病变，对症治疗。

新金属材料

当代新金属材料的开发，主要不再是研制新的合金配方，而是采用新技术，改变合金结构，获得优良性能的合金，或在特殊条件下制备出新型高性能金属材料。这里列举几种新金属：非晶态合金、记忆金属、超塑性合金和贮氢合金。

贮氢合金可以用于贮藏氢气。目前，氢是世界各国努力开发的主要新能源之一，但传统用钢瓶运输氢的方法很不方便，也很不安全。1968 年，美国布鲁海文国家实验室率先发现了镁—镍（Mg-Ni）合金具有吸氢特点。1969 年，荷兰飞利浦实验室又发现了钐—钴（Sm-Co）合金能大量吸收氢。之后，科学家又发现镧—镍（La-Ni）合金在常温下具有良好的可逆吸收氢的性能。从此，众多贮氢材料应运而生，人们也逐步弄清了贮氢的机理：一些过渡族金属、合金以及金属间化合物具有特殊的晶体结构，氢原子极易进入其晶格间隙中并形成金属氢化物，其结合力很弱。这种金属氢化物的贮氢量很大，可以贮存比其本身体积大出 1 000～1 300 倍的氢。贮氢合金的贮氢密度，比标准状态氢密度要高几个数量级，用贮氢合金运输氢气既轻便又安全。需要用氢时，通过加热或减压就能使储存于其中的氢释放出来，好比蓄电池的充放电。

还有一种新型超塑性合金具有神奇的性能，在适当的温度（约相当于其熔点温度的一半）下它变得如软糖一样柔软，并可以拉长 10 倍、20 倍，甚至 100 倍。由于高延伸率性能，超塑性合金很容易被加工成薄壳容器、薄壁件，而且可以一次成形，比如一次性制造航空、航天中的多种钛合金构件。

记忆金属是一种特殊的合金。20 世纪 60 年代，人们发现镍—钛合金（Ni-Ti）具有特殊的变形功能，它在高于和低于某个临界温度时会呈现出两种不同的形状。从外观上看，这种材料能“记忆”过去的形状，因而称为“形状记忆合金”，简称记忆金属。用记忆金属做成的金属丝，即使将它揉成一团，但只要达到某个温度，它便能在瞬间恢复原来的形状。形状记忆合金最早的应用是作为管接头和紧固件。将用记忆合金制成的接头管在低温下扩径，当处在常温时管径又自动收缩到原形，从而和被接管紧紧地连接起来。这种管件连接密封性好、耐压，装配简单且不需焊接。目前，研究成功的已有 Ni-Ti 形状记忆合金、铜基形状记忆合金、铁基形状记忆合金等，高分子材料、铁磁材料和超导材料也存在形状记忆效应。

通常的金属和合金都是晶体，在人工条件下可以制成具有特殊性质的非晶态合金。晶体的原子或分子具有周期性排列，非晶体的原子或分子排列是混乱的、无规则的。1960 年，美国科学家发现，某些贵金属合金急速冷却而使金属来不及结晶，获得非晶态结构，具有类似玻璃的某些结构特征，故称之为金属玻璃。非晶态合金的微观结构特征，决定了它具有许多特殊的或优异的性能，如优异的软磁性能、力学性能、耐腐蚀性能等。非晶态合金是在保持极高的冷却速度这一新工艺条件下制成的，即在千分之一秒的时间内，把熔融的合金冷却为固体。非晶态合金非常薄（厚度在 30 微米左右），但却兼有高硬度和高强度，而且其耐蚀性超过不锈钢，导磁率和磁滞损失优于磁性材料。目前，非晶态金属在电子工业中已经得到广泛应用。用非晶态金属制成磁头，其耐磨性比普通磁头提高几十倍，音响效果佳，使用寿命长。用非晶态金属做的薄膜磁盘，其记录密度比一般的磁盘高 4～5 倍。

新陶瓷材料

陶瓷是人类最早使用的非金属材料之一，使用历史超过一万年。传统陶瓷以黏土为主要原料制成坯体，然后烧结而成，硬度大、强度高、耐水、质脆。20 世纪二三十年代，出现了区别于传统陶瓷的新陶瓷材料，也被称为先进陶瓷或精细陶瓷。新陶瓷的显微结构十分精细，制备技术也相当精细。新陶瓷大体上可以分为新结构陶瓷和新功能陶瓷两大类。传统陶瓷通常是采用天然矿物为原料，制备工艺比较单一，注重质量的工艺控制和生产效率。新陶瓷的原料大多数采用合成的化学原料为基材制成粉体，在成型和烧结过程中采用特殊的、先进的技术，注重控制材料的显微结构。

新结构陶瓷是按其化学组成分类的，最常用的有氧化铝陶瓷、氮化物陶瓷、碳化物陶瓷和复相陶瓷等。它们能承受高温、高载荷，而且耐腐蚀、耐磨损，这是金属和高分子材料难以相比的。氧化铝陶瓷是高硬度、高耐磨、高导热的先进结构陶瓷，是制作各种机械零部件、集成电路和基片以及包封等电子器件的理想材料。氮化物陶瓷具有少见的耐磨防撕口硬度，用它制成的刀具，磨损程度只是硬质合金刀的1/12～1/4。碳化物陶瓷研究较多的有碳化硅、碳化钛和金刚石。碳化硅是理想的复合增强材料，碳化钛主要用于刀具的表面处理，金刚石陶瓷十分致密坚硬。复相陶瓷综合了不同陶瓷的优点，但并不是把两种陶瓷机械地混合，而是在制作工艺和显微结构上都有其独特之处。目前，研究较多的有氧化铝/氧化锆复相陶瓷、莫来石/氧化锆复相陶瓷，等等。

新功能陶瓷主要是指利用材料的声、光、电、磁、热、弹性等方面直接的或耦合的效应，以实现某种使用功能的陶瓷。新功能陶瓷品种繁多，其分类与使用效能和制成的器件相关。比如，用来制造电容器的陶瓷称为电容器陶瓷，在电子器件中用作绝缘基片和封装的陶瓷称为装置陶瓷，具有磁性功能的陶瓷称为磁性陶瓷，能把机械力变成电能的陶瓷称为压电陶瓷（如打火石），像玻璃一样透明的称为透明陶瓷，与人体组织相容性非常好的称为生物活性陶瓷，等等。目前，新功能陶瓷已形成相当大的市场，主要用于电子工业，如高绝缘性装置陶瓷用于集成电路工业作基片和封装材料，高介电性陶瓷用来制造大容量电容器等。

二、能源科技

在自然界中，有各种自然存在的能量资源。但是，只有其中一些已经被人类开发利用，这些能够被人类支配的能量资源才能被称为能源。随着生产力的发展，人类社会对能源的需求不断增长。有人提出，可以按照使用能量的数量级来衡量文明的先进程度。一般来说，一个经济体越庞大，对能源的需求就越大。工业发达国家的人口总和只占世界人口的1/5，而能源消费量却占了世界能源总消费量的2/3。因此，能源是各国经济发展的命脉，世界各国都争相发展能源科技，以保障经济进一步发展的能源需求。

能源与新能源

按照不同的标准，可以对能源种类进行不同的划分。按照能源的最终来源，能源可以分为三类。一是来自地球以外的太阳能包括由太阳能转化形成的化石资源（煤、石油、天然气等）、生物质能、水能、风能、海洋能等资源。二是地球本身蕴藏的能量，主要是蕴藏于地球内部的地热能和地球上的铀、钍等核裂变能与氘、氚、锂等核聚变能。三是地球和月球、太阳等天体之间规律运动所形成的能量，如潮汐能、波浪能等。按照能源的形成条件，能源可以分为一次能源和二次能源。一次能源是指自然界中以天然形式存在的、没有经过人为加工的自然能源，如煤、天然气、石油、风能、水能等。二次能源是指由一次能源经过人为加工转换而成的人工能源，如蒸汽、焦炭、汽油、柴油、电力等。按照能否再生，能源可以分为可再生能源和非再生能源。可再生能源是指可连续产生、连续利用的一种能源，如风能、水能、太阳能等。由于可再生能源可以持久地供人们使用，有着开发、利用的无穷潜力，所以当今世界各国都在积极采取各种措施，大力发展各种再生能源的新技术。非再生能源则是经过亿万年逐渐形成，短期内无法恢复的能源，如原煤、原油、天然气等。

所谓新能源是按照能源利用的技术状况划分的概念，与常规能源相对。常规能源是指目前已被人类广泛使用的、开发利用技术比较成熟的能源。目前，煤、油、气、水力是世界各国消耗最多的四大常规能源。新能源是指那些还未找到合适的使用技术或使用技术尚有待于进一步完善才能被广泛推广利用的能源，如核能、太阳能、生物能、风能、海洋能、地热能等。这些新能源大都属于天然的、可再生的或不易枯竭的能源，环境风险较小，是非常理想的能源。

核能

秦山核电站外景

关于核反应与核能技术的基本原理，本书第十七章将作详细介绍，这里只是简要介绍一下目前核电站的基本情况。

核能是某些原子核在外界条件作用下，发生裂变、衰变及聚变作用释放出的能量。利用这巨大的能量来进行发电的装置，就称为核电站。世界上核电站堆型很多，但达到商用规模的却只有五种，即压水堆、沸水堆、重水堆、石墨气冷堆和石墨水冷堆，并且后两种堆型由于安全和经济方面的原因一般不再建造了。压水堆是从军用基础上发展起来的最成熟、最成功的动力堆堆型。现在世界上的核潜艇和核航空母舰上用的反应堆几乎全是压水堆。所谓压水堆，主要是指以普通水为导热介质，使这些水处于高压状态的核反应堆。

核电站只需消耗很少的核燃料，就可以产生极大的电能，每千瓦时电能的成本比火电站要低20%以上。1954年，苏联建成世界上第一座试验核电站。1957年，美国建成世界上第一座商用核电站。截至2004年底，全世界正在运行的核电机组有440台，在建机组26台，这些核电站主要分布在美国、法国、日本、英国和俄罗斯等31个国家和地区。其中，美国拥有103座核电站，居世界首位，装机容量占全球的1/4。2004年全球核发电量为2.618 6×10^{12}千瓦时，占世界发电量的16%。1985年，我国开工建设第一座核电站，至今已经建成秦山、大亚湾、岭澳和田湾四个核电站，共11台核电机组。

可再生能源

可再生能源是新能源开发利用最重要的领域。这里我们主要讨论太阳能、生物能、地热、氢能、风能，海洋能源在第七章已经作了介绍。

1. 太阳能

太阳能是太阳内部高温核聚变反应所释放的辐射能。太阳内部持续不断地进行的热核反应放出的热量，使太阳表面温度达6 000多摄氏度，以光辐射向宇宙空间发射，其中只有20亿分之一到达地球大气层。这些到达大气层的太阳能，经过大气层的反射、吸收，最终45%（即相当每年85.5万亿吨标煤）的辐射能到达地球表面。如果世界每年总能耗量按150亿吨标煤计算，那么每年到达地面的太阳能便是世界年能耗的5 700倍，因此太阳能开发利用的空间非常广阔。

太阳辐射能的利用有间接利用和直接利用两种。间接利用是指利用草木燃料、化石燃料、风力、水力、海洋热能等各种被固定的太阳辐射能中的热量。作为燃料的木材是通过植物的光合作用而获得的，作为动力的水力是阳光照射蒸发造成的水位差带来的，煤炭、石油、天然气是造山运动中原始树木变成，均属于太阳能。

直接利用太阳能主要包括光—热转换、光—电转换和光—化学转换三种技术形式。光—热转换又称太阳能热利用，主要通过反射、吸收或其他形式收集太阳辐射能，使之转换为热能后被直接利用。太阳能集热器是最常见的太阳能热利用的装置。光—电转换利用特殊半导体材料和光生伏打效应，直接将太阳能转换成电能。简言之，光生伏打效应是指当物体受到光照时，物体内的电荷分布状态发生变化而产生电动势和电流的一种效应。光—化学转换利用光照射半导体和电解液界面发生化学反应，在电解液内形成可以利用的电流。

2. 生物能

生物能是储存于生命物质中的能量，通过光合作用将太阳能转化为化学能而形成。生物能通常包括木材、林业废弃物、农业废弃物、水生植物、油料植物、城市废弃物、工业有机废弃物和动物粪便等，是一种廉价而丰富的可再生能源。

生物能利用技术形式主要包括热化学转换、生物化学转换、化学转换等。热化学转换将固体生物质转换成可燃气体、焦油、木炭等品位高的能源产品，包括生物质气化技术和热解技术。目前，我国已研制成小型气化炉，气化率达70%以上，而高效生物质燃烧炉热效率达85%。生物化学转换主要是将生物质在微生物的发酵作用下生成沼气、酒精等能源产品。目前，我国农村大力推广沼气的使用。化学转换通过适当选择的酶改变生物质的分子结构，将其降解为油、乙醇等能源产品。

3. 地热能

地热能存在于地球内部的岩石和流体中。地球本身就是一个巨大的热源，其热量源于重力作用、潮汐摩擦、化学反应和放射性元素衰变所释放的能量等等，其中放射性热源是地球内部的主要热源。这些热量可以通过热传导进入大气和海洋，或者通过热对流进入大气。

在现代技术条件下，除了某些火山发电之外，能被用的地热能主要是地下水、地球蒸汽和热岩层。利用地热最著名的国家是冰岛，该国40%的居民利用地热取暖。高温的地下热水汽可用来发电。地热发电投资高，但发电成本低，设备利用率高。意大利是世界上利用地热发电最早的国家。我国地热资源也很丰富，现已建成多个地热发电站，其中规模最大的是西藏羊八井地热发电站。

4. 氢能

氢的热值高、无污染、资源丰富，从20世纪70年代初开始已被用于发电以及充当各种机动车和飞行器的燃料、家用燃料等。利用同样重量的氢可取得三倍于汽油的燃烧效果，因此可以用作火箭、航天飞机和军用飞机等对重量敏感的飞行工具的燃料。同时，由于氢的燃烧效率高、无污染，可作为未来汽车的理想燃料，甚至可用氢代替焦炭改造现行的炼铁技术。

氢的来源广，除了少量存在于空气中之外，主要以化合物的形态储存在水中。目前，常用的制氢方法是水煤气法和电解法，前者是用水蒸气通过炽热的炭层使水分解而得到氢，后者是通电使水分解成氢气和氧气，然后从阴极析出氢气。高效率制氢的基本途径是利用太阳能。目前，利用太阳能分解水制氢的方法主要有四种：太阳能热分解水制氢、太阳能发电电解水制氢、阳光催化光解制氢以及太阳能生物制氢。随着技术上的突破，以太阳能制氢很可能成为新世纪普遍使用的新能源。

5. 风能

风能是由于太阳辐射造成地球各部分受热不均，引起大气层中的压力不均，空气流动形成风而产生的空气运动能量。据估算，太阳辐射到地球上的热量约有20%被转换为风，相当于10 800亿吨标准煤的能量，是目前全世界年消耗能量的100倍。

风力发电先将风能转变成机械能，再将机械能转变为电能。和太阳能一样，风能能流密度低，而且风力不稳定，时大时小，风向不定。因此，风能发电需要有调速、调向和储能等配套装置，才能有效利用。风力发电装置主要由风轮、发电机和铁塔组成，左图就是巨大的铁塔和风轮。风能工业最发达的国家是丹麦，被誉为“风车王国”，已建成世界上最大的螺旋式风车。目前，世界上最大的风力发电机在美国夏威夷，风轮直径 97.5 米，发电能力 3 200 千瓦。

风能发电机

洁净煤技术

在三五十年内，煤炭仍将是世界各国能源结构中的主要组成部分。因此，近期内如何从煤中获取高质量、高效益的能量，是世界各国所迫切从事的研究课题。当前，世界煤炭能源开发利用技术的主要方向，是研究在煤炭加工、燃烧转换过程中，如何减少污染、提高效率，即所谓“洁净煤技术”（Clean Coal Technology，简称为 CCT）。洁净煤技术是对旨在减少污染和提高效率的煤炭加工、燃烧、转化和污染控制新技术的总称。中国是煤炭开采和消费的大国，发展洁净煤技术对于中国有重要的意义。

洁净煤技术体系，以煤炭洗选为源头，以煤炭气化为先导，以煤炭高效、洁净燃烧与发电为核心，以煤炭转化和污染控制为重要内容。其基本框架为：煤炭加工（选煤、型煤、水煤浆等），煤炭燃烧（流化床锅炉、高效低污染粉煤燃烧、燃煤联合循环发电等），煤炭转化（气化、液化、燃料电池等），污染控制（烟气脱硫、粉煤灰综合利用、煤矿区污染控制，包括煤矸石、煤层气、矿井水与煤泥水的治理等）。

流化床燃烧技术是煤炭洁净燃烧的重要技术。流化床燃烧是把煤和吸附剂（石灰石）加入燃烧室的床层中，从炉底鼓风使床层悬浮，进行流化燃烧。流化形成湍流混合条件，从而提高燃烧效率。石灰石固硫减少 SO_2 排放，较低的燃烧温度（830℃～900℃）使 NO_x 生成量大大减少。

煤炭洁净转化技术以化学方法为主将煤炭转化为洁净的燃料或化工产品，包括煤炭汽化、煤炭液化和燃料电池，也是洁净煤技术的重要内容。煤炭汽化是把经过适当处理的煤送入反应器，在一定温度和压力下，通过汽化剂（空气、氧、蒸汽）以一定的流动方式（移动床、流化床或携带床）转化成气体。煤炭汽化主要产生CO和H_2，灰分形成废渣排出，其优点是在燃烧前脱除硫。煤炭液化分直接液化和间接液化两类。直接液化是把煤直接转化成液体产品。间接液化是煤先汽化生成原料气，经净化后进行调质反应，调整H_2与CO的比例。燃料电池是一种将存在于燃料与氧化剂中的化学能直接转化为电能的发电装置。燃料和空气分别送进燃料电池，电就被奇妙地生产出来。它从外表上看有正负极和电解质等，像一个蓄电池，但实质上它不能“储电”，而是一个“发电厂”。

第九章

系统科学和交叉科学的重大进展

20世纪科学发展的一个重要特征就是学科交叉。20世纪20年代，在美国最早出现了交叉科学（interdisciplinary）一词。第二次世界大战以后，学科交叉趋势愈演愈烈，形成了许多全新的学科，成为当代科学研究最为重要的生长领域和研究方法。目前，关于交叉学科的定义还存在很多争议。但是，大家都大致把交叉科学视为两种或两种以上不同学科相互交叉、融合和渗透所形成的新学科或学科群，学科交叉可以是不同的自然科学之间交叉，也可以是自然科学与人文社会科学之间交叉，或者不同的人文社会科学之间相互交叉。至今，被承认为交叉科学的学科已经超过2 500多种。总的来说，交叉科学至少包括了五种类型：(1）边缘科学，即由几个学科相互交叉而在公共边缘地带形成的学科，比如物理化学、生物物理学、社会心理学、技术美学、历史地理学等；(2）横断科学，即在广泛学科交叉研究的基础上，以某种物质层次、运动形式的某些共同点为研究对象而形成的工具性、方法性很强的学科，比如一般系统科学、耗散结构理论、信息论、控制论和自组织理论等；(3）综合科学，即以特定问题或目标为研究对象，综合应用多种理论、方法和技术而形成的学科，比如环境科学、城市科学、能源科学、空间科学、海洋科学、行为科学等；(4）软科学，即以管理和决策为中心问题，在自然科学、社会科学和人文科学学科交叉基础上形成的学科，比如管理学、政策科学、战略科学、领导科学、咨询学等；(5）元科学，即超越一般学科层次，在更高或更深的层次上总结学科发展一般规律和方法的学科，比如科学学、科学哲学、技术哲学、科学方法论、数学哲学、科学技术史等。

交叉科学覆盖的学科门类非常广泛，当代科学发展最前沿的发展基本上都与学科交叉有关。很多交叉科学的新发展我们在本书的其他章节进行了介绍，比如能源科技、空间科技、海洋科技等。这里我们主要介绍系统科学和软科学。系统科学与软科学实际都是学科群，包含许多关系密切的不同专业。系统科学包括了信息科学、控制论、耗散结构理论、协同学、混沌学等许多分支学科，软科学包括了决策学、战略研究、政策研究、管理研究等许多分支学科。

一、信息论与控制论

信息论和控制论主要探讨生命系统、社会系统和人工技术系统的通信和信息控制问题。

信息论

在第二次世界大战期间，由于通信的迫切需要，促使人们对通信的一些基本问题进行了深入研究。美国应用数学家香农（1916—2001，也译作申农）于20世纪40年代开始致力于通信信息论研究，被称为信息论的创始人。1948年和1949年，香农分别发表了《通信的数学理论》和《在噪声中的通信》两篇论文，提出了度量信息的数学公式，从量的方面描述了信息的传输和提取等问题，宣告了狭义信息论的诞生。香农把信息看作是不确定性的减少或消除。他认为，从通信角度看，信息就是通信的内容，通信的作用就是消除通信者的某种不确定性。

大致来说，香农的信息论主要包括三方面的内容：

(1) 研究消息由发信者传送给收信者的过程。在信息论中，这个过程是通过由信源、信道和信宿三部分组成的通信系统来实现的。信息论使用的通信系统模型如下：

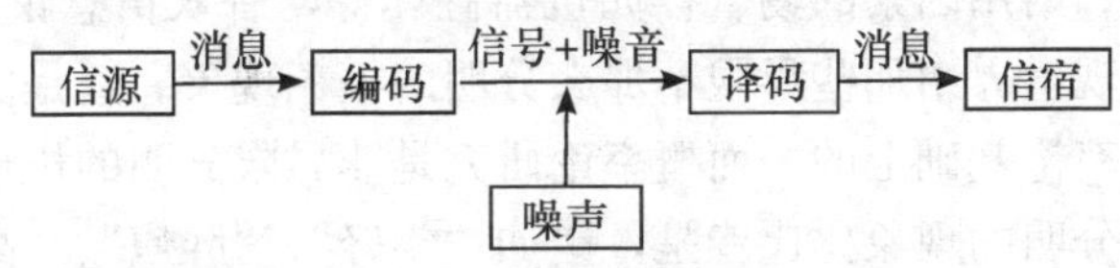

图 9—1　通信系统模型

在这个模型中，信源（发信者）通过发信机的编码把消息变成信号系列，然后发送出去，在收信处则用接收机译码，把信号变为消息，再交给信宿（收信者）。传递信息的媒介叫作信道，信道中往往混有各种噪音。信息论从信源—信道—信宿的整体联系中研究信息传输的问题。

(2) 只研究信息的形式，不考虑信息的语义内容。香农认为，通信的基本任务就是精确地或近似地在接收端重现发送端的消息，不需要对消息的语义作任何处理和判断，因此在描述和度量时不必去追究信息的语义内容，只考虑其形式就可以了。这样就朝定量地研究信息迈出了重要的一步。

(3) 用概率统计方法去度量信息的量。香农一改机械决定论的观点，大胆采用统计学观点和手段，得出了度量概率信息的数学公式，创立了统计通信理论，即香农（狭义）信息论。通信的作用是提供信息以消除通信者在知识上的不确定性，而不确定性又与多种结果的可能性相联系。在数学上，事物出现可能性的大小是用概率来表示的，基于这一点，香农证明：

某状态 x_i（$i=1, 2, \cdots, n$）的不确定性的数量或所含的信息量为

$$h(x_i)=-\log_2 p(x_i),\ (i=1, 2, \cdots, n)$$

若 $p(x_i)=1$，则 $h(x_i)=0$

若 $p(x_i)=0$，则 $h(x_i)=\infty$

它的含义在于：某一状态的发生越是出人意料之外，它的信息量就越大，那

么作为整个系统各个状态所含有的平均信息则表示成：

$$H(x)=\sum_{i=1}^{n}p(x_i)h(x_i)=-\sum_{i=1}^{n}p(x_i)\log_2 p(x_i)$$

这就是著名的香农信息量公式。从式中可以看出，香农的信息概念只与概率有关，因此也称概率信息。

从宏观上讲，香农的信息论是一种狭义的信息论。1949 年，韦弗提出信息理论的研究应分为三个层次：技术问题或称语法问题、语义学问题、有效性问题或称语用问题。香农的侧重点是第一层次问题，他只研究了信息中的语法或技术问题，这就不能不带有一些局限：(1) 应用范围只限于通信工程的范围，而在那些必须考虑语义和语用因素的场合，如机器翻译等，香农信息论就无能为力了。(2) 无法解释客观世界中那些界限不那么分明的模糊现象。这是因为，香农的信息论是建立在概率论基础上的，而概率论研究是非界限分明的机理过程，但是现实生活中界限不分明的现象比比皆是，诸如“年轻”、“胖瘦”、“高矮”、“大概”、“几乎”等等，尤其是对生物学、心理学、经济学、图像识别等领域的问题大都无法处理。为了克服狭义信息论的局限性以适应科学技术发展的需要，近年来又产生了广义信息论（或叫信息科学），但还不成熟。

控制论

现代控制论产生的直接原因是第二次世界大战期间研制火炮自动控制系统的需要。美国数学家维纳（1894—1964）是现代控制论的奠基人，他两次受命参加了火炮自动瞄准系统的研究工作。1948 年，他出版了《控制论——关于在动物和机器中控制和通讯的科学》，把控制论定义为“关于机器和生物的通讯和控制的科学”，宣告了控制论的诞生。

1. 控制论的基本思想

从控制论的形成过程中可以看到，控制论就是以研究各种系统（包括机器、生物和社会）共同存在的控制规律的科学。在《控制论》中，维纳提出了控制论的两个基本概念——信息和反馈，通过它们揭示了机器、生物和人所遵从的共同规律——信息变换和反馈控制。在维纳看来，控制就是通信，要进行控制必须了解对象的状态，下达命令，知道命令的执行情况，因而必须和被控制对象存在通信关系，于是他把控制和通信一同处理。并且，他主张用统计的观点来处理控制和通信问题。

反馈是控制论的核心。有人认为，控制论是关于反馈的科学。反馈是指控制系统把输入信息输送出去，又把输出信息作用的结果返送到原输入端，并对信息的再输出产生影响，起到控制作用，以达到预期目的。反馈又可分为正反馈和负反馈。凡是回输信息起相同作用，使总输出增大，叫正反馈。反之，回输信息与原输入信息起相反作用，使总输出减少，就是负反馈。通俗地说，负反馈的特点就是检出偏差，纠正偏差，以达到目标。负反馈是控制的机制，它在系统达到稳定工作的过程中具有重要意义。以负反馈为基础的控制原理在任何自动控制系统中都存在。例如，航行中的船只必须不断地排除一切干扰因素，缩小"目标差"以达到目的。既有正反馈又有负反馈的多层次反馈则是复合反馈。自适应控制就是一种复合反馈控制，利用负反馈使系统在一定的环境中保持某个稳态，又利用正反馈系统在环境变化超过一定限度时从一个稳态跃向另一个稳态。

维纳等人在研制高炮自动瞄准仪以取代高炮操纵者时发现，自动控制装置在行为上与生命有机体相似，因而负反馈不仅是机器系统达到稳定工作的方式之一，也是人和生物系统达到稳定工作的一种方式。于是，他们从行为和功能的角度把生物和机器进行类比，把机器的负反馈概念引入生物系统，同时把生物的目的性行为赋予机器，通过"行为"把"反馈"的目的联系起来。所谓"行为"是指系统在外界环境作用（输入）下所作出的反应（输出），即由于输入的变化所引起的系统输出的变化。系统的行为目标之间常常会出现偏差，要认识和调整这种偏差，必须通过反馈。反馈使输出这一结果变为影响系统下一步输入的原因。系统的行为就是在输入与输出、原因与结果的交替转化中趋向目的的。生物系统的行为与机器行为不同，它是有意识的。生物系统的目的性行为靠信息的输入与输出来保持与外界环境联系的平衡。生物系统与外界联系并达到一定目的的手段也是反馈，即依靠反馈信息对外界对象进行控制。

根据控制论的基本原理，可以给出一般控制论的模型，见图 9—2：

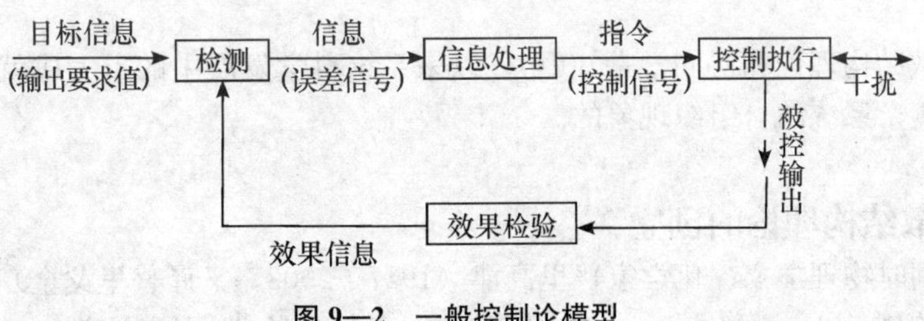

图 9—2 一般控制论模型

控制论的方法主要有功能模拟法和黑箱法，这将在本书第十三章中介绍。

2. 控制论的发展

20 世纪 50 年代控制论的发展，主要体现在生物控制论和工程控制论两个分支学科上。1954年，艾什比建立起“生物控制论”。生物控制论是用控制论的观点和方法，从信息和反馈的角度去研究生物机体内各种生理调节系统。工程控制论是控制论基本概念和方法应用于工程技术领域而形成的自动控制理论，它也继承了控制论诞生前已有的反馈放大器理论和伺服机器理论的一些成果。我国著名科学家钱学森是工程控制论的创始人，他于1954年写的《工程控制》一书是该分支学科的奠基性著作。工程控制论与自动化技术紧密相关，它在自动化系统的设计中具有重要作用。

工程控制论的发展已经经历了三个时期。第一个时期是20世纪40至50年代，被称为“经典控制论”时期。这个时期的工程控制论要处理单输入、单输出的线性自动调节系统，采用建立在传递函数或频率特性上的动态系统分析和综合方法。到了60年代，控制论进入“现代控制论”时期。这一时期，由于导弹、航天技术的需要，控制论逐步向多输入、多输出的多变量系统发展，使用的方法是状态空间方法和微分方程，并以计算机为技术手段，形成了现代控制论。从70年代到现在，是控制论发展的第三个时期，即“大系统理论”时期。所谓大系统是指规模庞大、结构复杂的系统。大系统的变量、参数很多，系统目标也是多样的，所以大系统更是多变量、多输入、多输出的系统。大系统控制论是研究各种大系统共同控制的理论，它通过模型化方法，对大系统的控制和信息进行定性、定量以及静态、动态分析，估计大系统的运动状态，预测其未来的发展趋势，并对系统的有关性能进行评论。大系统理论的出现，使控制论扩展到社会、经济和思维领域。

二、耗散结构与协同学

耗散结构理论和协同学是60年代以来系统科学发展中的重大成就，它们都是研究复杂系统的自组织现象的。

耗散结构理论的创立

比利时物理学家、化学家普里高津（1927—2003，又译普里戈金）是耗散结构理论的创始人。1969年，在一次理论物理与生物学国际会议上，他发表了《结构、耗散和生命》的论文，首次提出了耗散结构概念。耗散结构论是在非平衡热力学和非平衡统计物理学发展过程中出现的一种新理论，研究一个系统从混沌无序向有序转化的机理、条件和规律。

启发普里高津创立耗散结构理论的主要科学事实有“贝纳德花纹”等现象（见图9—3）。置于平底容器中的液体，在沸腾之前，其中心液体向上流动，边缘液体向下流动，形成非常规则的六角形蜂窝的“对流格子”。在观察这种现象时，他发现：这种有序结构的形成，必须依靠外界供给热量才能维持，一旦加热停止，结构就会破坏，普里高津在这一发现的基础上，通过进一步研究提出了耗散结构理论。

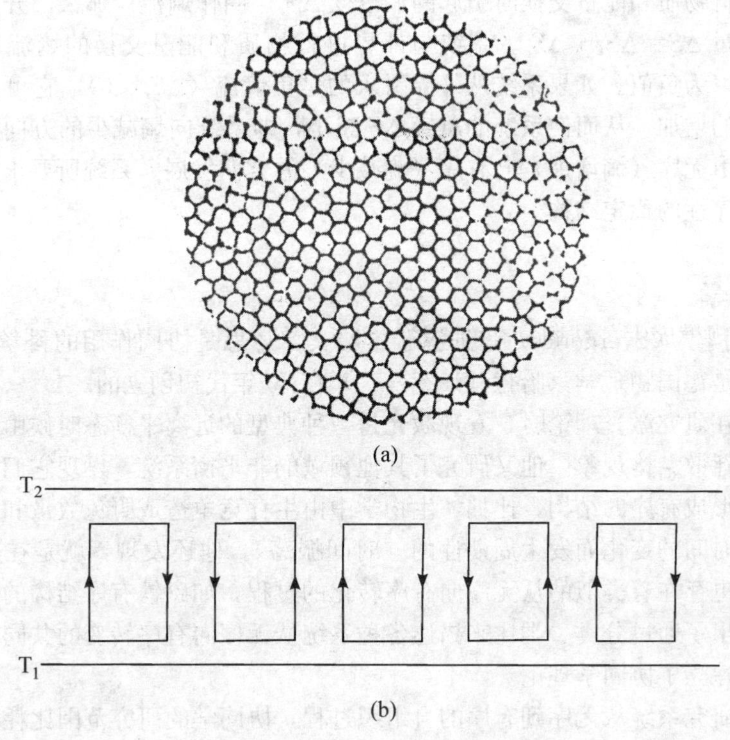

图 9—3　贝纳德花纹

耗散结构理论的基本思想

耗散结构理论的基本思想可以用一句话概括：“非平衡是有序之源。”普里高津认为，宏观有序结构的形成和保持，必须满足下列条件：第一，系统必须是开放系统，即必须不断地同外界进行物质和能量的交换；第二，系统必须远离平衡态，离平衡态近了还不行；第三，系统必须以不稳定状态为前提，通过涨落波动使系统跃迁到新的稳定有序状态。就是说，系统内部必须存在某些非线性动力学的作用。他把这种开放的、远离平衡的系统，在与外界交换物质和能量的过程中，通过量的耗散和内部非线性动力学机制形成和保持的宏观时空有序结构，称为“耗散结构”。

普里高津认为，一个远离平衡的开放系统有可能从无序状态转变为新的有序状态，这是因为一个开放系统在与外界进行物质和能量交换时，其总的熵改变 ΔS 分为两部分：一部分是系统本身内部的熵改变 ΔS_i，根据热力学定律，系统的内熵部分总是向增加方向改变，即 $\Delta S_i>0$，所以叫作熵的产生；另一部分是与外界进行物质和能量交换时引起的熵改变 ΔS_e，叫作熵流。那么，开放系统的总熵的变量 $\Delta S=\Delta S_i+\Delta S_e$。系统与外界进行物质和能量交换的熵流可以为正值，也可以为负值。如果系统从外界引入的是负熵流（$\Delta S_e<0$），它可抵消系统本身内熵的增加，从而使系统的总熵 ΔS 减小，即系统向熵减少的方向发展，也就是系统由无序（熵增加）向有序（熵减少）的方向发展。系统所要求的就是这种具有有序性的稳定结构。

协同学

“协同学”（Syergetics）一词源于希腊文，意思是协同作用的科学。“协同学”理论是德国物理学家哈肯（1927—　）在70年代初创立的。

哈肯在研究激光理论时，发现激光是一种典型的远离平衡态时候由无序转化为有序的耗散结构现象。他又研究了其他领域的非平衡系统，发现它们也通过类似的过程形成有序的结构，比如，生物学中由生存竞争造成野兔数量和其天敌山猫数量随时间的变化而发生周期性的“时间振荡”。他还发现，就是在热力学平衡系统中也存在着类似的从无序向有序转化的过程，如磁铁有序结构的形成。于是，他找出了通过分类、类比来描述各种系统从无序向有序转变的共同规律的一种方法，建立了协同学理论。

同是研究系统从无序到有序的自组织过程，协同学的研究范围比耗散结构理论研究范围更宽，其研究对象不仅有远离平衡态的开放系统，也包括平衡态的封闭系统；它不仅研究非平衡相变，也研究平衡相变；它不仅研究系统从无序到有序的演化规律，也研究系统从有序到混沌、无序的演化规律。协同学指出，一个系统从无序向有序转化的关键并不在于热力学平衡还是不平衡，也不在于离平衡态有多远，而在于是否有大量子系统以及子系统之间的相互作用。只要是一个由大量子系统构成的系统，在一定条件下，由于子系统间的通过非线性的相互作用，就能产生协同现象和相干效应，系统就会在宏观上产生时间结构、空间结构或时空结构，形成具有一定功能的自组织结构，达到新的有序状态。这就是非平衡系统中的自组织现象，所以协同学又可称为非平衡系统的自组织理论。协同学认为，各种系统虽然有千差万别，如原子、恒星、生物、社会、团体和个人等等，它们的性质完全不同，但是他们由无序向有序、从不稳定向稳定转变的机制却是类似的，甚至是相同的，都遵循共同的规律。协同导致有序。

在协同学理论中，哈肯提出了长寿命子系统慢变量（序参量）役使短寿命子系统快变量的著名原理，用它具体解释了协同现象的产生。影响系统的变量有两类。一类变量在系统受到干扰而产生不稳定时，总是企图使系统重新回到稳定状态。这种变量起了一种类似阻尼的作用，并且衰减得很快，所以称为"阻尼大、衰减快的快驰豫参量"，或称"快变量"。另一类变量在系统受到干扰而产生不稳定性时，总是使系统离开稳定状态走向非稳定状态。这种变量在系统处于稳定与非稳定的临界区时，表现出一种无阻尼现象，并且衰减得慢，因此被称为"临界无阻尼慢驰豫参量"，或称"慢变量"。快变量衰减得快，对系统从稳定到非稳定的过渡影响不大。慢变量衰减得慢，并且表现为临界无阻尼，所以在系统从稳定态向非稳定态过渡的过程中起了决定的作用。但是，两类变量又是相互依存、相互作用的。所以，当系统达到非稳定态时，快变量的作用又会使系统达到一个新的稳定平衡的位置。如果原来的稳态是无序的，新的稳态意味着有序的产生和形成。如果原来的稳态是有序的，那么新的稳态就意味着更新的有序状态的出现，意味着系统的进化。在这样的有序化进程中，两类变量表现出一种协同运动，在宏观上则体现为系统的自组织现象。

三、混沌与分形

混沌学和分形理论研究确定性系统（决定论系统）的复杂的非周期运动和内在的随机性。

混沌及其特征

混沌（又写为浑沌）及所对应的英文词 chaos，在中英文中都不是一个新词。古人多用混沌指一种混合为一团、模糊不清、不可分辨的状态，这种状态"气似质具而未相离"，是一种可以从中生出秩序和规则的原始状态。作为现代混沌学研究对象的混沌则特指一类广泛存在的动力学现象：一种由非线性作用导致的、可在简单确定性系统中出现的极为复杂、貌似无规则的运动。如果我们把自然界中的物质运动形式分为三类，一是严格确定性的，如精确的周期运动，一是彻底随机性的混乱，混沌运动则是介于二者之间的有序的混乱，一种被限制在确定而且稳定的范围内的混乱，一种与周期运动密切相关的混乱。

混沌有如下两个重要的特征：

1. 混沌是确定性系统内在的随机性

混沌学发现确定性系统在没有受到外部作用的情况下自身会出现以随机性很强的非周期性为特征的混沌，这表明混沌是确定性系统内在固有的属性，它所表现的随机性是确定性系统内在的随机性。

经典的确定性系统和随机性系统的概念是完全对立的，有随机性因素的系统就不是确定性系统，是确定性系统就不能有随机性因素。只要知道一个系统是确定性系统并总结出系统的因果关系（列出运动方程），就应该可以对系统未来的行为作出长期的、准确的预测。例如，太阳系是个经典的确定性系统，整个系统受牛顿力学定律的支配，对太阳系中星体的运动可以作出相当准确的预测，如数千年间的日食、月食发生时间等都能准确预报。可以说，确定性系统就应该是可预测的，只有随机性系统才是不可预测的。

然而，混沌学在考察一些极简单的确定性系统时却发现了系统的不可预测性。

下面是一个简单确定性系统的运动方程：

$$\begin{cases}\dfrac{dx}{dt}=\sigma(x-y)\\ \dfrac{dy}{dt}=-xz+rx-y\\ \dfrac{dz}{dt}=xy-bz\end{cases}$$

这是美国气象学家洛伦兹于 1963 年建立的一个描述大气对流的数学模型，称为洛伦兹动力学方程。它很简单，因为它只有三个变量，x、y、z 分别代表着大气对流中的速度、温度和温度梯度；它是确定性的，因为它不含有任何随机项，三个控制参数 σ、r、b 都是确定的，初始值也可以给定。但是由它所描述的简单的确定性系统却出乎意料地出现了不可预测性。这个系统的运动轨迹描绘出一种奇特的形状，像一只展开了双翼的蝴蝶（见下页图 9—4）。

在这个蝴蝶上，确定性和随机性被有机地结合在一起。一方面，系统运动的轨迹以 A、B 两点为中心缠绕着，绝不会远离它们而去，这是确定性的，表明系统未来的运动被限制在一个明确的范围之内；另一方面，系统运动轨迹缠绕的规则是随机的，轨迹绕 A 若干圈后被甩到 B 附近，绕 B 若干圈后再回到 A 附近，如此无穷往复，关键在于每次绕 A 或 B 的圈数和圈的大小都是随机的，表明无法

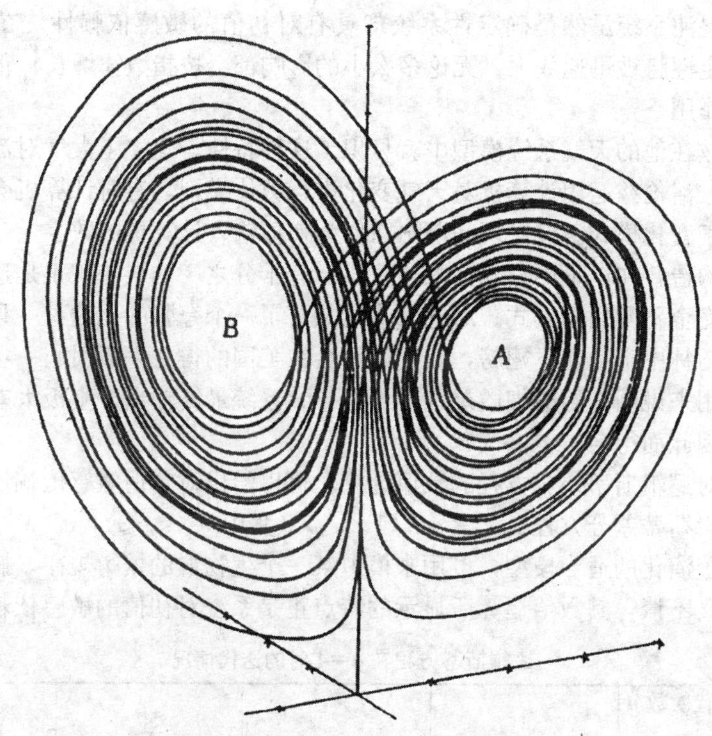

图 9—4　洛伦兹动力学方程的轨迹

准确判定在某一时刻系统究竟是运动到 A 还是 B 附近。不可预测性这种随机性系统所具有的特性就这样出现在确定性系统中。

混沌学指出，这种系统就是混沌系统，它的随机性是混沌的随机性，它反映了混沌系统的一种根本的、内在的性质，搜集更多的信息也不能使之降低或者消失。在混沌系统中确定性与随机性共存，二者同时起着作用，随机性被限制在确定性之中。

2. 混沌具有对初始条件的敏感依赖性

处于混沌状态的系统，其长期行为将敏感地依赖于初始条件。也就是说，从两个极其邻近的初值出发的两条轨道，在短时期内其差距可能不大，但在足够长的时间以后会必然地呈现显著的差异。

按照牛顿力学的观点，确定性系统应是不敏感地依赖于初值的，即从两个相邻近的初值引出的两条轨道会自始至终相互接近，初值的小差别只会引起轨道的小偏离。

然而混沌学研究表明，对于具有内在随机性的混沌系统来说这一观点是不能成立的，混沌系统虽然是确定性系统却具有对初值的敏感依赖性。在混沌系统中，不确定性将被迅速放大，无论多么小的影响都会按指数律增长，很快在宏观尺度上起作用。

洛伦兹在他的天气系统模型中就见识了这种特性。建立了大气对流的动力学模型之后，洛伦兹运用计算机对天气变化进行数值模拟，有时计算机会打出完全不同的天气变化模式。他发现问题出在作为初值输入计算机的数字上，由于计算机的工作构造，在以不同方式输入初值时会有千分之一的误差，正是这小小的误差带来了完全不同的新模式。对此，洛伦兹打了一个夸张的比喻：一只蝴蝶在巴西的热带雨林中扇动几下翅膀，几周后便会在美国的得克萨斯引起一场巨大的龙卷风——用来说明初始值细微差别最终却导致系统最终输出产生极大差别的“蝴蝶效应”因此而得名。

通过对逻辑斯蒂差分方程的数值计算，可以给出对初值敏感依赖性的另一种描述。逻辑斯蒂差分方程 $x_{n+1}=ax_n(1-x_n)$（其中 $0<x_n<1$，$a>0$）是描述单一种群系统演化的适当模型，可用来模拟某一个生物群的繁衍规律。撇开此方程的实际意义不谈，其数值运算所显示的特点正是系统对初值的敏感依赖性。

表 9—1　逻辑斯蒂方程在 $a=4$ 时的迭代情况

初值 \ 迭代次数 n	1	2	50	300
0.199 999	0.639 997	0.921 603	0.001 779	0.597 519
0.200 000	0.640 000	0.921 600	0.251 742	0.987 153
0.200 001	0.640 002	0.921 597	0.421 653	0.004 008

从表中可以看到，三个初值中彼此相邻的只相差十万分之一，分别代入逻辑斯蒂方程后，第一、第二次迭代的结果还相差不大，然而差值在迭代过程中被不断放大，到了 50 次迭代时已在十分位上体现出来，到了第 300 次迭代差别更大，所得的三个数已经完全没有什么相似之处了。

进入混沌

1. 非线性作用导致混沌

一般而言，线性系统不可能出现混沌，只有非线性系统才有出现混沌的可能。因此，非线性才是现实世界丰富多彩、复杂多变的真正根源。非线性系统中具有某种自我组织、自我更改运动规则的能力，正是这些能力造就了混沌。在确定性非线性系统中，非线性因素与线性因素共同发挥着作用，彼此相互影响，在它们达成某种微妙的平衡之时，系统的运动将在一个确定而且稳定的范围内随机地展开，使系统在有序和无序之间动荡，在确定性和随机性的统一体内发展，进入混沌状态。

2. 通往混沌的道路

一个非线性系统从有序态通往混沌的道路可能有许多条，如准周期道路、倍周期分岔道路、阵发（间歇）道路等，其中倍周期分岔道路是目前了解得最为详尽的一条。

倍周期分岔进入混沌指的是：在适当条件下，一个系统可以经过周期的加倍而逐渐丧失行为的有序而进入混沌。我们以某一生物群为例，通过用逻辑斯蒂差分方程描述这种关系系统的动力学行为。在逻辑斯蒂方程 $x_{n+1}=ax_n(1-x_n)$ 中，x_n 代表不同年份这一种群中个体的数量，0 表示种群灭绝，1 代表种群可能达到的最大数量，a 是控制参数，可调，可表示种群的生殖率。若给定一个 a 值，并测出某年的种群中个体的总数为 x_0，将此值代入方程即得到 x_1；将 x_1 代入方程可得到 x_2；不断进行这样的迭代，就可能计算任何一年的种群数量 x_n。这些数值反映出这个种群的数量将遵循极不相同的规律变化，系统会表现出截然不同的行为。混沌学关心的正是参数变化时系统行为变化的特征。

当 $0<a<1$ 时，无论 x_0 在（0，1）区间上取何值，经若干次迭代后，x_n 的值会变为 0，不再变化。这意味着该种群由于生殖率太低而走向了灭绝。

当 $1\leqslant a\leqslant 3$ 时，系统会最终稳定在某个数值上：$x_n=c$（c 为常数，$0<c<1$）达到一种定态，而且 a 大，c 也会随之增大。这表明当 a 在区间（1，3）中取值时，种群中个体的数量处于平衡状态，稳定在一个确定的数值上，而且此数值随着生殖率的提高而增大。

当 a 比 3 略大一点点时，系统行为出现了第一次分岔，有了两个稳定解 x_α 和 x_β，系统状态在这两个数值上振荡（周期 2）。这意味着 $a=a_1=3$ 是个临界点，种群在保持此生殖率时，最终将达到其个体的数目今年为 x_α 则明年为 x_β 的状态。

$a=a_2=3.449\,487\,43$ 又是一个临界点，此时系统行为出现了第二次分岔，有了 4 个稳定解，系统状态在 4 个稳定值上循环（周期 4），表明种群中个体的数目以 4 年为周期在 4 个数值上周而复始。

继续调整 a（使 $a=a_3$），系统行为会陆续出现第 3 次分岔，有 8 个稳定解（周期 8）；……使 a 取 a_s 值，出现第 s 次分岔，有 2^s 个稳定解（周期 2^s）；……

当 a 值接近 3.57 时，系统行为的分岔突然中断，周期运动停止，系统进入混沌态。这意味着种群中个体数目的变化似乎毫无规律可循，不可预测（见下页图 9—5）。

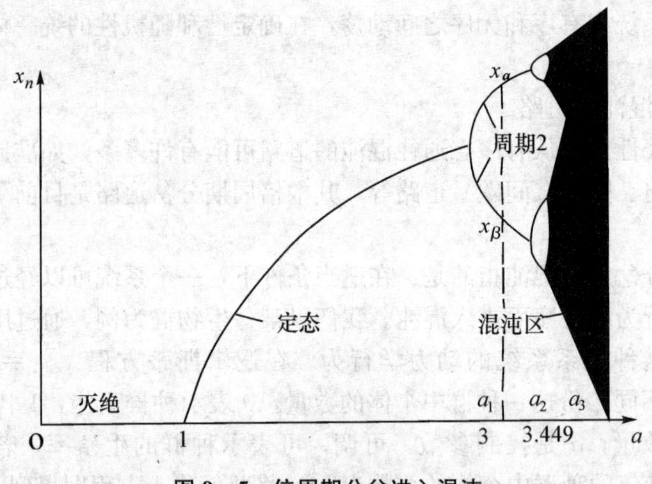

图 9—5 倍周期分岔进入混沌

对于逻辑斯蒂系统而言，系统的行为随着参数的不断调整，通过不动点、周期 2、周期 4、周期 8……周期 2^s……以这种周期加倍的方式进入到混沌态。在系统沿这种倍周期分岔道路进入混沌的具体过程中，参数的取值明显也存在三个区段：定态区、周期区和混沌区。在定态区和周期区，系统的运动规律简单；对于确定的 a 值，任取初值 $x_0 \in (0, 1)$，系统未来的行为是完全可以预言的，或者趋于一个定态，或者采取 2 的某个倍数点周期循环。一旦参数越过周期区进入混沌区，便无法简单而且分明地描述系统的行为，虽然在混沌区中仍然具有精细的结构，有着倒分岔、基期窗口和层层叠叠自相似的分形结构，但系统呈现出的是一种貌似极不规则的、复杂的运动形式。

系统科学的各个分支的进展，尤其是对自组织、系统复杂性和混沌问题的研究，正在创造一系列新方法、新思想。未来的系统科学将涉及自然、社会和思维的所有领域和各个角度，将产生比牛顿力学、相对论和量子力学更深刻、更广泛的影响。

分形理论

分形理论（fractal theory）是目前非常活跃的新学科，它的创立与人类对分维（或称分数维、分形维）的认识有关。长期以来，人们习惯于将点定义为零维空间，直线定义为一维空间，平面定义为二维空间，立体定义为三维空间。在相对论中，爱因斯坦引入了时间维，形成了四维时空。人们还可以根据需要引入其他维度，建立起更高维的空间。沿着这种维数建构思路，人们产生了一个疑问：

维数只能是正整数吗？进入 20 世纪，整数维数观受到了挑战。1919 年，豪斯道夫首先引入了分数维的概念，认为空间维数是连续变化的，可以是整数也可以是分数，即豪斯道夫维数。1975 年，曼德勃罗创立了分形几何学，并给出分形的第一个定义：设集合 A⊂Rn 的豪斯道夫维数是 D，如 D 恒大于 A 的拓扑维数 DT，则称集合 A 是分形集，简称分形。在分形几何学的基础上，研究分形性质及其应用的新学科即分形理论逐渐建立起来。

分形形体最显著的特征是自相似和迭代生成。1967 年，曼德勃罗在《科学》杂志上发表了著名论文《英国海岸线有多长?》。他指出，作为极不规则的曲线，我们无法区别这段海岸线与那段海岸线有什么本质的不同，也就是说，海岸线不同的局部在形态上是自相似的；从高空拍摄 100 千米的海岸线与其中 10 千米的海岸线，会发现两张照片十分相似，也就是说，海岸线的整体和局部在形态上是自相似的。实际上，自相似性的形体广泛存在于自然界中，比如连绵的山川、飘浮的云朵、岩石的断裂口、浓密的树冠，等等，这些都属于分形形体。1986 年，曼德勃罗给出了分形的简化定义：组成部分与整体以某种方式相似的形体叫分形。按照自相似原则，我们可以从简单形体出发，迭代生成无穷多的结构并相互套叠，类似洋葱头或套箱；这些结构互相套叠又彼此相似，可以无限迭代生长，成为无穷套叠的自相似结构。将这种结构中任意小的单元加以放大，都和整个结构一样。比如，科赫雪花（见图 9—6）就是一种简单的、规则的分形图案，科赫雪花曲线的分形维数 D=1.26。在实际生活中，类似科赫雪花这样有规则的分形是少数，绝大多数是统计意义上无规则的分形。

图 9—6　科赫雪花曲线变幻示意图

分形和混沌是密切联系而又各自独立的两个新学科，混沌吸引子可以说是一种分形。混沌吸引子通常指的是相空间或状态空间中某个特定区域，其特殊性在于能将其他区域发出的轨线吸引过来。也就是说，混沌区域相当于一个吸引子。系统进入混沌是确定的，但在混沌区域内却是不确定的。整个混沌区是稳定的，但混沌内部却是非常不稳定的。混沌内两个距离很近的点，由于对边界条件极为敏感，会随着时间的推移而呈指数发散分开，无法用“轨道”概念来描述它，因而无法预测其未来的行为。1971年，茹勒和泰肯把混沌这种特殊性质称为奇异吸引子，它往往具有不同于传统几何学维数的非整数维。

分形理论提出了分数维的概念，利用它可以对无特征尺度的复杂现象进行定量描述，从而实现了从欧氏几何测度观向豪斯道夫测度观的转变，称为混沌学的有力工具，为人类提供了一种新的认知领域和方式。从方法论和认识论的角度，分形理论启发人们从部分认识整体、从有限认识无限，揭示了介于整体与部分、有序与无序、复杂与简单之间的新形态、新秩序，从一个全新的层面揭示了自然界普遍联系和统一的辩证图景。

四、软科学

软科学根源于当代科学、技术、经济和社会发展的综合化、集成化的特点，是自然科学、社会科学与人文科学交叉发展而形成的新学科，是经济发展和社会进步的必然结果。战略决策、规划制定、政策选择、科学管理以及整个社会的协调发展等问题，是当代社会大规模整体活动中凸显出来的新课题，软科学着力解决这一类的问题，核心问题是决策与管理。第二次世界大战以后，系统科学、决策科学和现代管理研究的发展，以及1948年美国第一个独立咨询机构兰德公司的建立，标志着独立的软科学研究正式兴起。从此，软科学成为科学领域中的一个重要研究部门，并在社会实践的各个领域中发挥着积极的作用。

软科学以“人—事—物”复杂系统为研究对象，与哲学、经济学、数学、社会学、人类学、心理学、系统论、信息论和系统论等许多学科保持着密切的联系，是科学、社会与人文交汇的重要研究领域。作为一个学科群，软科学囊括了很多不同学科，这里简要介绍一下决策科学、战略研究和政策研究。

决策科学

科学决策是指人们针对特定的问题，运用科学的理论和方法，拟定各种行动方案，从中作出满意的选择，以便更好地实现目标的活动。现代决策理论的主要

代表人物是美国经济学家赫伯特·西蒙（1916—2001），他因创立现代决策理论获得了1978年的诺贝尔经济学奖。

赫伯特·西蒙

决策理论主要包括六个方面的基本内容：

（1）管理决策论。管理就是决策，决策贯穿于整个管理过程中，任何管理过程都是不断决策与不断执行决策的过程。比如，制定计划的过程就是决策，组织设计、机构选择、权力分配属于组织决策，实际同计划的比较、检测和评价属于控制决策。

（2）有限理性论。人不是完全理性的"经济人"，而是有限理性的。"经济人"理论只能处理相对稳定与竞争性均衡相差不大的经济行为，无法令人满意地处理有关不确定和不完全竞争情况下的决策行为，不符合实际的决策情形。现实生活中个人或企业的决策，都是在有限理性的条件下进行的。

（3）满意决策论。决策并不是为了追求最优决策，现实中的决策受到人的非理性制约，或者最优选择的信息条件不具备，或者无限接近最优极大地增加了成本，因而都是选择满意的决策。

（4）决策程序论。西蒙把决策划分为四个阶段：一是搜集情报资料，二是拟定方案，三是选择方案，四是检测评价。

（5）决策问题分析论。决策要解决的问题多种多样，因而决策方法也不尽相同。因此，要对决策问题进行分析，分析问题属于哪一类，有什么特点，是否有风险，是否是程序化决策，怎么算解决问题，等等。这些分析都是为决策作准备的。

（6）决策体制论。所谓决策体制，就是承担决策的机构和人员所形成的组织体系。现代决策工作，不是决策者单独完成的，还有赖于参谋咨询系统和情报信息系统的配合，必须建立科学的决策体制。

战略研究

"战略"一词起源于军事科学，是与战役、战术相对的概念。后来，该词逐渐应用于政治、经济、科技和社会等领域。随着应用领域的扩大，其含义也变得越来越广泛，一般而言，"战略"泛指重大的、带全局性的、规律性的谋划。第二次世界大战以后，国内外学者从不同角度，以不同的方法，就不同的层次与范围，展开了多层次、多模式、多学科的战略研究。按照研究的层次来看，战略研究可以分为全球战略研究、国家战略研究、地区战略研究、部门战略研究和企业战略研究。

全球战略研究所关注的是具有全球性、危机性、挑战性、依存性和协作性的重大问题，包括人口、资源、经济增长、生态环境、南北差距、战争与和平、文化发展等问题。早期的、有组织的全球问题研究活动，是由著名学术团体罗马俱乐部发起的。从1972到1982年，罗马俱乐部陆续提出了12份有影响的全球研究报告，最为著名的是第一份报告《增长的极限》，具体地描述了工业化、人口增长、营养不良、不可再生资源耗尽、环境恶化五个方面的增长极限、严重后果以及人们必须采取的对策。

国家战略研究力图围绕国家的中心任务和长远目标，系统安排国家政治、经济、文化、国防等各个方面的体制与政策。目前，大部分国家的发展战略都以经济增长为中心。区域战略通过对区域综合体中的人口、资源、经济、科技等各方面进行组织和协调，以实现区域的可持续发展目标。区域发展战略的核心是区域经济社会发展战略，是对一个地区在一个较长时期的经济社会发展总目标、总任务以及关键性对策所作的全局性、长远性和方向性的谋划，包括战略目标、战略重点、战略方针和战略措施。企业战略研究是对一个企业组织的总目标及其变动，为实现目标而使用的资源以及指导获得、使用和配置这些资源的方针，所进行的系统研究。高度重视企业发展战略，是现代企业的一个基本特征。

政策研究

政策是国家、政党等组织为实现一定的政治路线而制定的行动准则。政策是由政治组织制定和实施的，是理论指导实践的中间环节，具有突出的系统性和全局性。政策具有导向功能、调控功能和促进功能，对于国家管理和社会生活作用明显。

政策研究围绕政策方案来进行，一般分为四个环节：

(1) 分析政策问题。政策问题不同于一般问题，往往非常复杂，随时在变化，与重大社会现实相关，受到社会的强烈关注，因此要深入分析。分析政策问题包括察觉问题、界定问题和描述问题。

(2) 确定政策目标。政策目标的确定必须有的放矢，尽可能明确具体，分析清楚目标实现的约束条件，制定科学的、可行的目标，并且处理好多目标之间的协调关系。只有确定好政策目标，政策才可能得到真正的落实。

(3) 设计政策方案。设计备选方案是公共政策制定过程的中心环节。所谓政策方案设计，就是针对政策问题，提出实现政策目标的各种具体途径、方式和方法。对于非常规或较为复杂的政策问题，至少要拟定两个以上的政策方案供决策者选择。

（4）评估备选方案。评估政策方案要集中考虑如下问题：方案是否符合社会公共利益，方案费用是否合理，方案效益如何，方案是否具备实施条件，方案风险如何，方案可行性如何。实施政策方案前必须要评估，不能拍脑袋决策。

对于一些十分重大的创新性政策，在实施之前，特别需要在一定范围内对政策进行必要的实验。政策实验要选择好试点对象，设计周密的实验方案，认真总结和分析实验结果。政策实验的目的，是为了解决推广的问题，即政策的具体执行问题。政策试点经验的推广也要从实际出发，因地制宜，有步骤、有计划地进行，走"实验—总结—推广—再实验—再总结—再推广"的路子，最终实现政策的普遍实施。

本篇参考文献

1. 马克思．机器。自然力和科学的应用．北京：人民出版社，1978

2. 马克思．资本论．2 版．第 1 卷．北京：人民出版社，1993

3. 恩格斯．自然辩证法．北京：人民出版社，1971

4. 恩格斯．反杜林论．北京：人民出版社，1975

5. [美] 申农．通信的数学理论．北京：科学出版社，1962

6. [美] 维纳．人有人的用处．北京：商务印书馆，1978

7. [美] M. 克莱因．古今数学思想．上海：上海科学技术出版社，1979

8. [美] L. A. 斯蒂因．今日数学．上海：上海科学技术出版社，1982

9. [比] G. 尼科里斯，I. 普里戈金．探索复杂性．成都：四川教育出版社，1986

10. [比] I. 普里戈金，I. 斯唐热．从混沌到有序．上海：上海译文出版社，1987

11. [德] H. 哈肯．协同学——自然成功的奥秘．上海：上海科学普及出版社，1988

12. [美] N. 施皮尔伯格等．震撼宇宙的七大思想．北京：科学出版社，1992

13. [英] E. A. 伯特．近代物理科学的形而上学基础．成都：四川教育出版社，1994

14. [美] 弗・卡约里．物理学史．桂林：广西师范大学出版社，2002

15. [英] 斯科特．数学史．桂林：广西师范大学出版社，2002

16. [英] 柏廷顿．化学简史．桂林：广西师范大学出版社，2003

17. [美] 卡茨．数学史通论．北京：高等教育出版社，2004

18. [英] 康．走进材料科学．北京：化学工业出版社，2008

19. 倪光炯，李洪芳．近代物理．上海：上海科学技术出版社，1979

20. 李难．生物进化论．北京：人民教育出版社，1982

21. 徐利治．数学方法论选讲．武汉：华中工学院出版社，1983

22. 陈昌曙．自然科学发展简史．沈阳：辽宁科学技术出版社，1984

23. 李少白．科学技术史．武汉：华中工学院出版社，1984

24. 潘永祥. 自然科学发展简史. 北京：北京大学出版社，1984

25. 张瑞琨. 近代自然科学史概论. 上海：华东师范大学出版社，1986

26. 王雨田主编. 控制论、信息论、系统科学与哲学. 北京：中国人民大学出版社，1986

27. 宋子良. 理论科技史. 武汉：湖北科学技术出版社，1989

28. 宋子良，王平. 科学社会史. 北京：科学技术文献出版社，1991

29. 鲁品越. 西方科学历程及其理论透视. 北京：中国人民大学出版社，1992

30. 王玉仓. 科学技术史. 北京：中国人民大学出版社，1993

31. 周述歧. 数学思想和数学哲学. 北京：中国人民大学出版社，1993

32. 孔慧英，梅智超. 现代数学思想概论. 北京：中国科学技术出版社，1993

33. 郭奕玲，沈慧君. 物理学史. 北京：清华大学出版社，1993

34. 董光璧，田昆玉. 世界物理学史. 长春：吉林教育出版社，1994

35. 林定夷. 近代科学中机械论自然观的兴衰. 广州：中山大学出版社，1995

36. 王鸿生. 世界科学技术史. 北京：中国人民大学出版社，1996

37. 李建华，傅立. 现代系统科学与管理. 北京：科学技术文献出版社，1996

38. 王士航，董自励. 科学技术发展简史. 北京：北京大学出版社，1997

39. 苗东升. 系统科学精要. 北京：中国人民大学出版社，1998

40. 应礼文编著. 化学史话. 武汉：湖北教育出版社，2001

41. 冯之浚主编. 软科学纲要. 北京：三联书店，2003

42. 宗占国主编. 现代科学技术导论. 3版. 北京：高等教育出版社，2004

43. 厚宇德. 物理文化与物理学史. 杭州：浙江科学技术出版社，2004

44. 胡迎新，许英编著. 能源科技. 北京：党建读物出版社，2004

45. 朱朝枝主编. 现代科学与技术概论. 北京：中国农业出版社，2005

46. 邸成光主编. 飞跃太空：航天科技. 延吉：延边人民出版社，2006

47. 文兴吾. 现代科学技术概论. 成都：四川人民出版社，2007

48. 郭红，周瑞怀，郑岳夫编著. 海洋科技. 北京：中国大地出版社，2007

49. 刘自强主编. 地球科学通论. 武汉：中国地质大学出版社，2007

50. 赵春红编著. 现代科技发展概论. 南京：南京大学出版社，2008

51. 顾凯平等编著. 系统科学与工程导论. 北京：中国林业出版社，2008

第二篇

现代科技概观及其视野

第十章

现代科技的分类

科学技术分类是科学技术发展过程自身提出的客观要求。在人类认识和改造客观世界的过程中，科学技术知识不断积累和丰富，科学技术不断分化，于是产生了对科学技术分类的要求，进而产生了认识各门学科或各个技术部门的地位和作用，以及正确理解它们之间互相关系的问题。

一、科学技术分类的思想渊源

关于科学技术分类的思想源远流长，追溯其发展的过程有利于根据现代科学技术发展特点制定一些原则，进而作出系统的分类。为适应科学技术分类的客观要求，各个时期的众多学者进行了大量研究工作，提供了一些合理的分类思想。

古希腊的科学技术分类思想

在古代，由于生产力水平低下和自然经济的限制，人们对自然界的认识和改造还停留在直观、经验的阶段，各种知识都包孕于自然哲学中。除了统一的哲学之外，不存在其他独立学科，因而也就不存在科学技术的分类问题。但是，随着社会实践的发展，无论是自然知识还是社会知识都越来越丰富，这促使人们对这些知识进行初步的分类整理。在古希腊，首先是柏拉图构筑了把知识分为三类的科学结构：第一类是辩证法；第二类是物理知识；第三类是伦理学。随后，亚里士多德把全部知识划分为三大类：一是制造性的，即指各种行业的技术知识的总结，研究“制造出来的物品”，是从经验上升到技术，如医术、建筑术、雕塑和一切艺术；二是实践性的，是关于人的行为的总结，是由技术上升到一定程度的理论，如政治学、经济学、伦理学等；三是理论性的，即指关于人类纯认识活动的学问，研究某“一类的存在”，如形而上学（研究“不能运动的东西”）、数学（研究“在运动中但是不可毁灭的东西”）。亚里士多德关于知识分类的理论中，形而上学性以及关于级别划分的偏颇是显而易见的。但是，他的客观性分类原则是可取的，同时，他将研究对象区分为没有人的意志渗入的自然界、由人的目的和意识渗入其中的社会以及通过劳动改变的自然，这又体现了主体的能动性。

近代西方的科学技术分类思想

近代西方的科学技术分类思想，是随着近代自然科学发展和产业革命的需要而形成的。自欧洲文艺复兴以来，近代自然科学分门别类地对自然界进行了收集和整理的研究工作，产生了一系列相互独立的学科。同时，随着资本主义生产方式的产生，特别是机械化大生产的出现，各门专业技术也得以诞生。这就为近代科学技术的分类奠定了基础。

对近代科学早期发展作出系统分类的是英国哲学家弗朗西斯·培根（1561—1626）。培根认为科学发展是人类理性能力的表现，因而科学分类应从理性出发。在他看来，人类理性有三种能力：记忆能力、想象能力和判断能力。与之相对应，有三种科学：历史学（记忆的科学）；诗歌、艺术（想象的科学）；包括自然科学、人类科学在内的哲学（理性判断的科学）。18世纪法国百科全书派十分赞赏他的这一理论，把他的《人类知识体系图表》载入了法国的《百科全书》。在这一体系中，不仅包括了自然科学、社会科学和工具技术，还列入了“反常科学”（培根称之为“自然变态”）和物理数学这样的边缘学科。但是，培根的分类原则恰与亚里士多德相反，他不是根据学科研究的对象之同异归并与区分，而是根据主体从事科研活动的特点归类的。这一分类原则可以归结为主观原则。培根模糊地认识到学科间的联系，但不能从结构上看出它们彼此是如何沟通的，因而其科学分类结构还是缺乏内在联系的学科集纳而已，分散于其中的近代自然科学和技术也必然是陈列型的。

弗朗西斯·培根

进入19世纪后，由于产业革命的发生，资本主义工业得到了迅速发展，科学技术有了长足的进步。这时，科学发展进入了整理阶段，培根的分类方法不再适用了，于是出现了对整个自然科学全面概括的要求，产生了建立综合式的科学分类的尝试。

法国的圣西门（1760—1825）力图恢复客观性分类原则，提出以研究对象作为分类依据。他把世界上的一切现象分成以下几类：天文现象、物理现象、化学现象和生物现象。与此相应的是研究这些现象的天文学（几何天文学、力学天文学）、物理学（重力学、热力、声学、光学、电学）、化学（无机化学、有机化学）和生物学（植物、动物生物学）。圣西门虽然坚持科学分类的客观性原则，认为科学分类应该遵循由简单到复杂的方法，包含着一定的合理因素，但在他那里的所谓简单和复杂只是现象的联系，并不反映对象自身的本质联系。

实证主义创始人孔德（1798—1857）把外界所有现象分为无机和有机的两大类，科学也相应地分为无机物理学和有机物理学，它们包括五门基本科学。他按各类现象产生的历史和特殊性程度的不同，以天文学、物理学、化学、生物学

孔德

和社会学为顺序安排科学体系。

只有黑格尔才把发展的思想引进了科学分类，他的哲学体系实际上是一个科学分类体系。他以“绝对精神”的演化发展来说明各门科学的相继产生，“绝对精神”的演化从逻辑阶段开始，发展到自然阶段和精神阶段，相应的科学是逻辑学、自然哲学和精神哲学。在自然阶段，它的演化经历了机械性阶段、物理性阶段和有机性阶段，相应出现的科学是数学、力学、物理学、化学、地质学、植物学和动物学等。在精神阶段，它的演化又从主观精神阶段发展到客观精神阶段，相应出现的学科有人类学、心理学、精神现象学、国家学说、艺术和宗教以及哲学等。由此可以看出，黑格尔虽然把科学学科之间的转化看成是“绝对精神”自我发展的结果，但还是在一定程度上反映了自然界和各门学科的内在联系和发展顺序。

上述这些学者的科学分类并没有把技术包含在内，19世纪技术发展的专门化同样引起了人们对技术分类的关注。从近代产业革命初期起，就有人把种类繁多的工业技术加以总结概括，试图建立一个统一的技术体系。德国的贝克曼在其《一般技术学的轮廓》（1806）一书中提出，应当在分析比较各种技术的主要功能的内部结构的基础上建立统一的技术学，可称为技术体系研究的先声。他将整个技术学分为两类：一为特殊技术学；二为一般技术学。前者研究用特定原料和材料去制造特定产品的全部生产工艺学流程，后者则是从各种产业生产工程中找出共同采用的方法，研究其性质、过程和规律性。继贝克曼之后，有许多学者都对技术分类和体系进行了研究，但并没有取得什么成就，主要原因是没有把技术放到劳动过程中加以考察，而只局限于纯工艺学的范围来分析各种技术。

马克思主义的科学技术分类思想

马克思主义的诞生使近代科学技术分类有了崭新的原则。马克思、恩格斯高度重视前人关于科学技术分类思想的合理性。恩格斯批判继承了历史上一切“形态分类”的思想，特别是黑格尔分类的辩证发展的合理思想，把科学分类的客观性原则和发展性原则有机地统一起来，以物质运动形式的区别和固有次序，对各门科学进行了由低级到高级的排列，形成了力学（机械运动）、物理学（物理运动）、化学（化学运动）、生物学（生命运动）和社会学（人类社会运动）的序列。这样，就把自然界的发展顺序、科学的发展顺序和人类认识的顺序客观地统一起来，从科学整体上反映出学科之间的本质区别和它们之间的有机联系。在考察技术史的基础上，马克思不仅从工艺学的观点而且还把技术放到生产过程（或劳动过程）中研究了机器体系和整个社会的技术体系。他把所有机器分为三个本质上不同的种类：发动机、传动机、工具机或工作机（现代机器体系还有第四个组成部分，即控制机），并指出其各自的地位、功能和联系。而且，他还在此基础上探讨了产业革命中各种技术部门（机器纺纱、织布、漂白、印花、染色技术，棉纺、轧棉机，交通运输工具，等等）之间相互联系、相互作用的规律。马克思指出，近代技术体系是在产业革命时期由于生产技术之间的相互影响和推动而形成的。马克思主义的科学和技术分类理论的建立，是科学技术分类思想史上的一次伟大革命。

20 世纪以来，现代科学技术越来越发展成为一个内容丰富、结构完整、门类齐全的庞大体系。现代科学技术在日益分化的同时，又出现了渐次综合的趋势，特别是第二次世界大战以来，综合的趋势已占主导地位，使科学技术日益整体化和系统化。这就提出了发展马克思主义科学和技术分类理论，对现代科学技术进行整体的系统分类的要求。

二、现代科技的分类原则

纵观人类关于科学技术分类的历史，根据第二次世界大战后科学技术发展出现的新问题、新特点，现代科学技术的分类遵循如下原则。

主体与客体的统一

确立主体与客体相统一的分类原则，是辩证唯物主义认识论的要求。辩证唯物主义认为，认识固然是主体对客体的反映，但它又依赖于主体所进行的改造客体的实践。任何科学技术的进程，首先是人的实践行为的发展，科学技术只能随着人的主体实践和主体条件的改变而改变。现代科学技术活动更是被鲜明地打上了主体行为的烙印。因此，对现代科学技术进行分类，必须以主体辩证统一的原理为指导。所以，科学技术的分类与结构，既取决于对象的自然客体的结构，又取决于主体对客体的认识和改造。因而现代科学技术的分类，既要反映对象化客体本身由简单到复杂、由低级到高级的发展顺序，也要反映科学技术主体对客体的认识和改造逐步深化的顺序。

确立主体与客体相统一的分类原则，也是现代科学技术自身内在逻辑的要求。现代科学技术的任何门类，都是按照客观尺度同人的内在尺度相统一的原则建立的，现代技术尤其是这样。作为对象化的自然客体，有其自身的结构和内在联系以及由此决定的自然属性、本质、规律，等等。与此相应，现代科学技术各门学科或部门之间，也应按照对象化客体的结构、联系构成特定的纵横关系。按照客观尺度对现代科学技术进行分类，并不排斥按人的内在尺度进行分类的必要性。从微观上讲，现代科学技术任何分支都是人们按自己的需要从自然客体诸多方面、诸多联系、诸多成分、诸多属性中，选择其中之一来加以研究的。从宏观上讲，现代科学技术的分类不仅要反映自然现存的结构和内在联系形式，而且要与人们需要的状况相适应。这就要求依据自然的客观尺度和人的内在统一原则，对现代科学技术进行分类，创造出一个揭示现实客体发展状态，能适应未来科技发展趋向的新的分类体系。

历史与逻辑的统一

科学技术分类的历史方法是指按科学技术门类出现的历史顺序进行分类。科学技术结构是科学技术历史发展在不同阶段的横切面，而横切面的内部关系就是它的逻辑。它是与科学技术结构演化历史相统一的，而且是辩证的统一。现代科学技术作为科学技术发展在现代阶段的横切面，就是这种辩证统一的表现。就自然科学来说，在古代，首先发展起来的是天文学、数学，后来是力学。力学在17世纪就获得了迅速而完备的发展，接着是物理学在19世纪相对完成，化学在整个19世纪与物理学并驾齐驱，而地质学和生物学的长足发展则是较为晚近的事情。可见，研究对象越是复杂，人们对它们的认识达到较高级的水平就越晚。从历史上看，人类对自然的认识和改造往往是从矛盾最尖锐的一点开始，逐步向两端延拓。在科学技术分类中，在历史方法基础上，结合运用逻辑方法，不但能舍弃历史进程中非本质的因素，充分揭示科学技术发展的基本过程，同时，它也能为寻找现代科学技术结构的突破点提供指导，进而推动现代科学技术向前发展。

分化与综合的统一

现代科学技术经受着分化与综合两种趋势作用。一方面，现代科学技术的分化越来越细，学科越来越多，专业化程度越来越高。美国国家研究委员会和联合国教科文组织的统计表明，当代基础科学已有500个以上的主要专业，技术领域则有400多种专业领域。另一方面，现代科学技术综合越来越占主导地位，各种交叉科学、横断科学和边缘科学不断涌现。从某种意义上说，科学技术的分化实际上成了科学技术综合化趋势的另一种表现形式。不断出现的新学科、新门类，日益消除着科学技术各学科的界限。例如，生态经济学是生态科学与经济科学相交叉而形成的边缘学科，它同生态学、生物学、地学、环境学、系统科学以及政治经济学、部门经济学等多种学科有密切的关系。生态经济学同与之有紧密联系的环境科学，都是具有高度综合性的学科。由此可见，现代科学技术发展的分化与综合是辩证的统一。现代科学技术分类必须反映和体现这种分化与综合的统一，对于现代科学技术同一层次内部的不同门类和层次之间的区别和联系，都应考虑到分化与综合。这样才能把握对象化客体矛盾的普遍性和特殊性，形成与物质运动层次以及运动形式相对应的现代科学技术结构。

科学、技术与生产力的统一

19 世纪马克思在研究资本主义生产方式时就已经指出，科学不仅仅是知识体系，而且是人类劳动生产力发展的一个方面；并且强调随着大机器工业的出现，科学实际上已经变成了直接的生产力。在现代，科学技术已成为“第一生产力”。其表现是，现代科学通过现代技术转化为生产力的过程所需要的时间越来越短，也即科学、技术、生产相互转化的周期不断缩小。在这个转化过程中，技术是中间环节，是人类有目的的活动或劳动的方法和手段。一方面，技术直接作用于生产过程，调整、控制生产过程；另一方面，技术又是科学原理的物化和应用。所以，按照科学并入生产过程、科学转化为直接生产力的过程，可以把现代科学技术活动划分为三个阶段：一是基础研究阶段；二是应用研究阶段；三是开发研究阶段。基础研究是探索性的，它的成果在短期内收不到经济效益。应用研究的实质就是创造新技术、新工具和新产品。开发研究是在技术发明的基础上使其逐步发展、完善，进入更加实用化的阶段，创造和加工出理想的新技术、新工艺和生产模型，或者对现有成熟技术予以改进提高，如改造旧技术、旧工具和旧产品。发达国家十分重视基础研究、应用研究和开发研究之间的合理比例，并将对这三者分别投入的人力、物力、财力的比例视为科技政策的实质。

现代科学技术的分类，必须联系科学、技术和生产的统一关系。如果说在 19 世纪技术的生产力属性已明朗化的条件下，马克思是把技术置于生产过程来研究近代技术体系的话，那么在科学、技术和生产日益融合为一个整体的今天，就更应该把科学技术与生产联系起来探讨现代科学技术的分类，特别要考虑现代科学技术活动阶段的划分。只有这样才能确立与基础研究、应用研究和开发研究相适应的现代科学技术体系结构，从而在科技政策方面建立相应的科研体系，以缩短从科学到生产的周期。

三、现代科技的系统分类

现代科学技术作为一种社会实践活动，是社会大系统中的一个子系统，因此，就应从系统的观点出发，在上述分类原则的基础上，根据一般、特殊和个别的关系，对现代科学技术体系进行分类。

现代科学技术虽是一个整体，但科学和技术作为人类两种规模巨大的创造性社会活动，它们各有不同的特点，它们的发展各具有相对的独立性。鉴于此，现代科学技术分类应分别就现代科学和现代技术来进行。

现代科学的分类

按照科研活动的三个阶段，即基础研究、应用研究和开发研究，把现代科学分为基础科学、技术科学（或应用科学）和工程科学。

基础科学是对客观世界规律的认识。就研究自然界的基础科学来说，包括天文学、地质学、力学、物理学、化学、生物学以及作为各门科学的工具和方法的数学。基础科学有以下几个特点：(1) 它是物质运动最本质的规律性的反映，是在丰富的感性材料上总结出来的理性认识，一般表现形式是由概念、定理、定律等组成的理论体系；(2) 它与生产实践的关系一般比较间接，必须要通过一系列的中间环节，才能化为物质生产力；(3) 基础科学的研究领域十分广阔，其研究工作具有长期性、艰苦性和连续性；(4) 基础科学具有非保密性，它的研究成果可以公开发表在科学刊物上。但是，基础科学的研究有助于科学技术基础性问题的解决，往往会产生预想不到的工业应用，一旦找到物化为直接生产的途径，便会给人类社会文明带来飞跃。因此，对基础科学绝不可采用实用主义或功利主义的态度。

技术科学研究生产技术和工艺过程中的共同性规律，其对象大部分是技术产品，即所谓人工自然，目的是把认识自然的理论转化为改造自然的能力。由于人工自然还没有公认的分类，因而技术科学分类也没有统一的模式，一般包括应用数学、计算机科学、材料科学、能源科学、信息科学、空间科学，以及应用光学、电子学、应用化学、医学科学、环境科学、农业科学，等等。技术科学有以下两个特点：(1) 它相对于基础科学而言是研究具体对象（人工自然对于自然是具体的）的特殊运动规律，但对更具体的工程学而言就不那么具体了，其规律可以应用到工程科学中去；(2) 它与生产实践的联系比较密切，因而发展极其迅速。比如，20世纪初力学一从物理学领域脱离，就立即走上了技术科学的道路，迅速建立起流体力学、空气动力学、弹性力学、固体力学等近100门学科。

工程科学是具体地研究基础科学和技术科学如何转化为生产技术、工程技术和工艺流程的原则和方法，以供改造自然之用。工程学已形成领域广泛、内容丰富的繁多门类，它们往往与技术科学没有明显的界限。因此，一般把工程科学划入技术科学中，共同作为基础科学与工程技术之间的桥梁。这里把工程科学划分出来是考虑到它较之技术科学更接近工程技术或产业技术，而技术科学相对于工程科学则更带有基础性。工程科学主要有农业工程学、冶金学、工程力学、水利工程学、土木建筑工程学、机械工程学、化学工程学、电力工程学、半导体科学、自动化科学、仪器仪表工程学、宇航工程学、海洋工程学、生物工程学，等等。工程科学有以下几个特点：(1) 它的研究目的十分明确，就是要通过研究制造出特定的机器，绘制凝聚新思想的图纸，制定出合适的工艺流程；(2) 它与生产领域最为接近，是要解决产业中生产技术的一系列具体理论问题；(3) 它有一定程度的保密性，往往以申请专利的形式得到保护。

现代技术的分类

对应于基础科学、技术科学和工程科学，可以把现代技术分为三大类：实验技术、基本技术和产业技术。

技术存在于人工自然过程，是实现自然界人工化的手段。实验技术是为了科学认识和探索自然客体的元技术手段。按照实验者作用于自然过程的四种基本形式（即对机械运动、物理运动、化学运动、生命运动的作用），实验技术可划分为：(1) 力学实验技术，它是用来改变自然界的机械运动状态的；(2) 物理实验技术，它是用来探测自然物的物性的；(3) 化学实验技术，它是用来分析自然物的物质成分和变化或用自然物来合成人工物质的；(4) 生物实验技术，它是用来作用于生命运动的状态和性质的。实验技术往往是以科学仪器如温度计、望远镜、显微镜、分光计、干涉仪、电子加速器、中子对撞机、电子计算机等来体现的。

按照人工自然过程的四种基本形式，整个技术同样也可划分为四种基本技术：广义的机械技术（人工的机械自然过程）、物理技术（人工的物理自然过程）化工技术（人工的化学自然过程）和生物技术（人工的生命运动过程）。在人类的各个时代，都存在着这四种基本技术，只是发展状况不同。从近代至现代，是从机械技术占主导地位而逐渐转变为物理技术和化工技术占主导地位。在现代的知识工业或技术密集型产业中，物理技术与化工技术正在大显身手。同时，必须看到生物技术的巨大进展，有人预计，未来将是生物技术率先发展的时代。

上述四种基本技术只有进入到生产劳动过程中，才会作为现实生产力发挥作用，并借劳动过程中的技术进入产业技术。因此，还必须有劳动过程中的技术分类。从经济学的观点看，劳动过程是劳动力运用技术，改变自然界的运动状态和运动形式，创造使用价值的过程，进一步分析则可以看出任何劳动过程都是技术过程和自然过程的统一。由于自然过程包括有生命的自然过程和无生命的自然过程，因而可以按照自然过程的改造，把劳动过程中的技术分为改造有生命的自然界的技术和改造无生命的自然界的技术，它们都是基本技术的不同组合。改造有生命的自然界的技术又可分为改造的对象为植物界的技术（包括陆上植物栽培育种技术和海水养殖技术）、改造的对象为动物界的技术（主要是家畜饲养育种技术）和改造的对象为微生物界的技术（主要用于食品、药物、细菌肥料等的制造）。改造无生命的自然界的技术主要是在工业生产中，按劳动过程分为采掘技术、原材料精制技术、机械生产技术、建设技术、输送技术、信息技术、能源生产技术等。

社会经济中的每种产业都是各种劳动过程的综合，劳动过程中的技术只有进入产业系统中变为产业技术，才会有经济效益。产业技术是由不同劳动过程中的不同技术组成的更为复杂的系统。考察技术与产业的关系，发现与某一劳动过程的技术相关，或以这类技术为主，便产生了对应的产业。大致可以将其作出如下分类：植物栽培育种技术→农业、林业；捕获技术→水产业、狩猎；饲养育种技术→畜牧业、水产业；采掘技术→采油工业、采煤工业、矿业；材料技术→金属冶金工业、石油精炼工业、化工业、水泥工业；机械技术→全部制造业以及各种加工组装业；交通运输技术→汽车、火车、轮船、飞机运输业；建筑技术→土木建筑业；动力技术→火力发电、水力发电、核电、煤气；通信技术→电信、电话、广播、电视；控制技术→计测控制产业；系统技术→信息机械制造与服务业；保健技术→医疗机器、药品制造业、医院、环境保护产业。这种分类虽未能把社会各种技术与产业的关系概括无遗，但却可以清楚地表明技术和产业的关系。

应当看到，随着现代科学技术的发展，特别是电子计算机的应用和发展，信息技术（包括通信技术、控制技术和系统技术）已经渗透到各个产业之中，使得技术产业之间的关系发生了新的变化。于是，人们开始探索产业技术的不同分类方法。美国的丹尼尔·贝尔按照各个社会的产业特征，将社会分为前工业社会、工业社会和后工业社会，并相应地把产业划分为第一产业（采掘业：农业、矿业、渔业、木材业）、第二产业（商品生产：制造业、加工业）和第三产业（交通运输、公用事业）乃至第四产业（商业、金融业、保险业、地产业）及第五产业（卫生保健、教育、研究、政府、娱乐）。在前工业社会，资源来自采掘业，是以原料采掘技术为中心的社会。工业社会是以人与机器之间的关系为中心，利用能源把自然环境改变为技术环境。后工业社会则是以信息为基础的“智能技术”同机械技术并驾齐驱。尽管这种划分较好地反映了技术与社会的关系以及技术进步的程度，但是如何运用产业与技术的新关系对产业技术进行分类仍然是一个有待研究的课题。

从技术与产业的关系特别是技术与经济的关系考虑，还可以对产业技术作如下划分：(1) 劳动密集型技术，即为生产活劳动消费较多、物化劳动消耗（劳动资源消耗）较少的劳动密集型产品所应用的技术；(2) 资本密集型技术，即为生产耗费物化劳动或需要资金投入较多的资本密集型产品所应用的技术；(3) 知识密集型技术，即生产知识密集型产品所运用的技术，生产这种产品所投入的活劳动不只是简单劳动，而更多地则是需要复杂劳动（它要求劳动者掌握许多科学技术知识），因而该产品凝聚着更多的知识量。知识密集型技术形成的知识密集型产业有许多新的特点，比如，附加值高，资源、能量耗费少，产品主要是智力的产物，研究开发的投资额大，所需科技人员数量甚多，产品由少品种、大批量转向多品种、小批量，更新换代快，等等。从现代科学技术发展趋势看，知识密集型技术必将更快地发展。

以上对现代科学技术的分类都属于一种静态的划分。越是深刻地对现代科学技术体系的各个分支或部门进行划分，就越能看到它们的高度的统一性，进而也就显露出现代科学技术体系和谐的结构图像。

第十一章

现代科技的体系结构

现代科学技术的体系像一座雄伟的大厦，内部各分支或部门具有一种物各有度又彼此支撑、相互交织而又层次分明的相对稳定的联系方式。基于对它的系统分类，研究现代科学技术的整体结构和层次结构及其规律，正是为了揭示这一体系的本来面貌，进而达到结构优化的目的。

一、现代科技的整体结构

现代科学技术的整体结构是从整体上对现代科学技术知识的概括。在现代科学技术日益发展成为一个门类繁多、纵横交错、相互渗透、彼此贯通的网络体系的情况下，探讨各个分支或部门的结合方式，在科学技术整体中的地位和作用，以及它们如何决定科学技术的整体功能，越来越引起人们的关注。

在这方面，我国著名科学家钱学森（1911—　）根据现代科学技术发展的状况，作了全局性的考察和概括，从纵横两个方面提出了一个现代科学技术的体系结构模式。① 他认为，部分之分并不在于学科研究对象之不同，而在于研究或看问题的角度不同。由于考察世界的着眼点或角度不同，便产生了不同科学类型：自然科学、社会科学、数学科学、思维科学、军事科学和文艺科学，它们各自经过一定中介通向哲学；在基础科学之下则是技术科学和各类工程科学。其中，哲学居于最高位置，对各类科学具有指导意义；其次是相互并列的八大基础科学，它们同哲学之间都有一门学科相联系，分别是自然辩证法、历史唯物主义、数学哲学、系统论、认识论、人天论、军事哲学和美学；技术科学则把基础科学和工程科学联系起来了。钱学森的这一体系是从科研角度对现代科学技术，特别是基础科学的划分，是对恩格斯分类思想的实际应用和发展，但它只是反映出现代科学技术的科学理论形态结构，没有明显反映出它的技术实践形态结构。

还有些学者提出现代科学技术的结构主要由基础科学、技术科学和应用科学构成。② 每一类科学本身又由相应的科学理论和物化技术组成：基础科学由基础理论和实验技术组成，技术科学由技术理论和专业技术组成，应用科学则由应用理论和生产技术组成。科学理论包括基础科学理论、技术科学理论和应用科学理论，技术包括实验技术、专业技术和生产技术。这样一个结构虽然从科学的视角也反映了现代科学技术的实践形态结构，但关于技术的划分尚显模糊，而且也没

① 参见钱学森主编：《关于思维科学》，上海，人民出版社，1986。

② 参见冯之浚、赵红州：《现代化与科学学》，北京，知识出版社，1985。

有展开分析。

现有的研究成果考虑到了现代科学技术的整体性和层次性，注意到了理论和实践的关系等，这些都是富有启发性的。以此为指导，根据上节关于现代技术的分类，可以把现代技术的整体结构归结如图11—1。

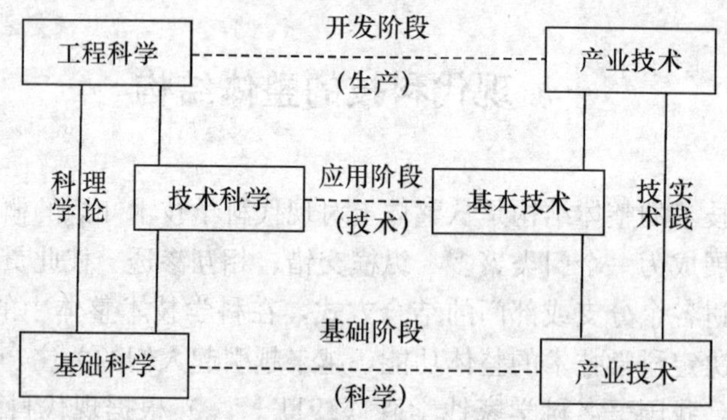

图11—1 现代科学技术整体结构图

从此图中可以看出，现代科学技术的整体结构具有如下一些特点：

(1) 现代科学技术是通过其个体发育过程的三个阶段联结成一个整体的。第一个阶段是基础阶段，它反映基础理论和实验技术的矛盾运动。第二个阶段是应用阶段，它反映技术理论和基本技术的矛盾运动。第三个阶段是开发阶段，它反映工程理论和产业技术的矛盾运动。任何一项科技的发育，都要经过这三个阶段，使科学、技术和生产达到完善的统一，进而使现代科学技术构成一个整体的动态结构。例如，激光打印机的发明就经历了爱因斯坦的受激辐射的理论和第一台红宝石激光器的实验技术阶段，然后经历了激光理论和各种激光器研究的基本技术阶段，最后经历了激光运用和激光打印及其他激光通信设备的产业技术阶段，从而变成了直接的生产力。最终，科学理论和技术实践通过这三个阶段也取得了统一。

(2) 现代科学由基础科学、技术科学和工程科学形成了一个“三足鼎立”的结构。在现代科学中，基础科学、技术科学和工程科学三者既相互独立，又相互联系、相互促进。基础科学是现代科学的基石，是技术和工程科学共同的理论基础，起着指导作用，其发展水平和状况反映着一个国家的科学水平。基础科学的发展，开辟着新的生产技术领域，产生并促进新的技术科学和工程科学的发展。例如在20世纪30年代，当时物理学一个重要的研究课题就是中子与铀核的相互作用，物理学家们原先预料这种相互作用将可能获得更重要的超铀元素，但结果却出人意料地发现了铀核裂变反应。正是这一发现导致了原子能技术科学和核电工程科学的诞生。技术科学是将基础科学知识用于解决实际问题的中间环节。它既带有基础研究的性质（相对工程科学而言），又为基础研究提供新的研究课题和研究手段，从而推动着基础科学的发展。技术科学发展的状况和水平，反映着一个国家的技术水平。基础科学和技术科学只有通过工程科学才能转化为现实的生产力。工程科学的发展，依靠基础科学和技术科学发展，同时与经济、社会有着密切联系。作为生产力最重要的组成部分，它是推动经济、社会发展的强大力量。所以，工程科学发展的状况，反映着一个国家生产力发展的水平。

(3) 现代技术由实验技术、基本技术和产业技术形成了另一个“三足鼎立”结构。在现代技术中，实验技术、基本技术和产业技术也是既相互区别，又相互联系、相互促进的。尽管实验技术是随着近代科学发展而产生的，较之基本技术产生为晚，但在现代科学越来越成为技术和生产力发展的先导的情况下，仍可被视为基本技术和产业技术的基础。实际上，现代任何一项技术发明都是从实验技术开始，然后走向基本技术和产业技术而获得应用。例如，如果没有德国的赫兹为证实电磁波存在所使用的实验技术，就不会有法国的布冉利、英国的洛奇和意大利的马可尼等人的无线电波传播这项基本的物理技术的出现，更不会有无线通信技术的产业实现。基本技术既可以为实验技术提供某些仪器、设备，促进其发展，又可通过劳动过程中的技术来推动产业技术的进步。劳动过程中的技术往往是不同基本技术的组合，比如在一个火力发电厂中，发电首先需要物理技术，另外由于要提高煤或油的燃烧效率、改善水质和减少环境污染，又离不开化工技术乃至生物技术。产业技术是由劳动过程中的不同技术组成的，如冶金产业就需要采掘技术（采矿）、建设技术（矿井、选厂、高炉）、机械生产技术（破碎、烧铸、轧制）、能源技术（焦炭、电力）、输送技术（矿石、钢锭运送）、信息处理技术（化验、检测、控制）等劳动过程中的技术。基本技术的开发必然会促进产业技术的巨大发展。这可以从电子计算机这项物理技术明显看出，它不仅改造了机械制造、冶金、煤炭、化工、交通运输等传统产业技术，还使计算机、通信等高新技术产业得以兴起。产业技术既以劳动过程中的技术和基本技术为基础，又与工业、农业、交通运输业等经济部门密切相关。因此，如果说实验技术和基本技术代表着一个国家的科学能力和技术力量的话，那么，产业技术就代表一个国家的经济水平。

二、现代科技的层次结构

从现代科学技术的整体结构图中可以看出其存在三个明显的层次，即基础科学与实验技术、技术科学与基本技术及工程科学与产业技术。因为它们各自都具有相对独立的内在逻辑关系和运动机制，并分别处于现代科学技术个体发育过程的基础阶段、应用阶段和开发阶段，所以相应地可以称为基础性层次结构、应用性层次结构和开发性层次结构。在对现代科学技术的整体结构进行研究之后，还需要进一步探讨这三个层次的结构。

基础性层次结构

所谓基础性层次结构是指基础科学与实验技术的内部以及它们之间的相互联系。

1. 基础科学和实验技术的结构

由于物质层次结构中各种运动形式并非互相孤立、毫不相干，而是相互联系、相互渗透、相互转化的，因而各门基础学科不仅在各自领域里不断向前发展，而且相互影响和相互渗透形成一个基本构架，并从中产生出许多分支学科、边缘学科、综合学科和横断学科，从而形成了基础科学的各个学科的左右相连、纵横交错的立体网络结构。

分支学科是对原有学科对象的某一侧面或一部分进行深入研究而产生的学科，并呈现多级发展的趋势。比如，对分子水平的生命物质的各个侧面的研究导致了分子遗传学、分子生理学、分子进化学、分子免疫学、分子药理学的产生；物理学对热的研究有热力学，热力学又分化为平衡态和非平衡态热力学，非平衡态热力学再分化为非线性热力学，等等。边缘学科是两门或三门学科相互渗透、交叉而在其边缘地带形成的学科，如物理化学、生物物理、生物化学、生物地球化学、天体物理、天体化学、地球物理等。综合学科是指那些利用多种学科的理论或方法，从某种不同侧面去研究某些复杂客体所形成的学科，如生态科学就是充分利用生物学、地质学、化学等学科的理论和方法对地球生态进行研究的学科。横断学科是把所有事物及物质运动形式中所存在的某些共同属性或普遍联系作为研究对象，从横的方向来把握物质运动一般规律的科学，如控制论、信息论、系统论等。无论是分支学科和边缘学科，还是综合学科和横断学科，都是现代科学分化和综合的结果。可见，现代基础科学已远远突破了传统科学的范围，这就是为什么有人把系统科学、社会科学、军事科学等也列入基础科学的原因。

与此相应，实验技术中的力学实验技术、物理实验技术、化学实验技术和生物实验技术之间也是相互影响、相互借鉴的。例如，压力计、温度计、流量计本来是属于力学实验技术，但也可用于物理实验、化学实验；电流表、电压表等作为物理实验技术，但也出现在化学实验室中；至于激光仪器、计算机则普遍用作物理实验、化学实验、生物实验等技术；而化学实验技术和生物实验技术的关系就更密切了，像光谱仪以及其他化学分析、仪器分析技术简直就是它们共用的实验技术。正因为如此，生物化学实验技术、生物物理实验技术、物理化学实验技术等的出现也就毫不奇怪了。可以说，正是力学实验技术、物理实验技术、化学实验技术和生物实验技术之间的相互影响和相互渗透才构成了现代实验技术的整体。

2. 基础科学和实验技术的相互联系

基础科学主要是科学实验经验材料的总结。现代实验设备早已不是科学家依靠自己的能力就能操纵的了，因此必须要有专门的实验技术人员配合。这就产生了有别于基础科学，然而却为基础科学服务的实验技术。例如，进行基本粒子基础科学研究的课题，就必须要有现代加速器，这就涉及加速器的装配、维修、运行、调试等一系列技术问题；计算机在实验室中的应用，也带来了一系列技术问题。实验技术作为基础科学研究的基础，既可以提供研究对象，把自然现象放在特殊环境中人工地再现出来，研究特殊条件下的物质性质，发现一般条件下不可能发现的自然规律，又可以提供多种研究手段和工具，排除自然现象次要因素而把主要现象凸显出来，实现单一参数的精确测定而逐步达到对自然现象本质的认识，还可以给科学研究提供各种巧妙的实验方法（如计算机模拟法、光谱分析法、生物工程法、化学分析法、射电观测法等），把自然现象或自然物在实验室中再现、重复、诱发、制造出来和联系起来。当然，基础科学也为实验技术的发展提供指导。在现代基础科学中，由于理论指导人们正确地确定实验目的，选择实验研究方向，制定实验设计方案，使实验技术沿着基础科学的方向向前发展。盖勒斯的低压放电管、泽尔纳的光度计、卡·布朗的示波器、盖革的气体放电计数管，以及加速器、中子对撞机、共振态探测仪等无不都是在基础科学理论指导下设计研制的。总之，基础科学和实验技术的相互作用、相互联系推动了现代科学技术的基础性层次结构的形成和运行，当其某些个体在基础性层次结构中发育成熟时便会进入应用性层次结构中。

应用性层次结构

所谓应用性层次结构是指技术科学与基本技术的内部结构以及它们的相互联系。它既以基础性层次结构为基础，又与开发性层次结构密切相关。

1. 技术科学和基本技术的结构

技术科学大都是多门科学知识的有机结合，或是在跨越几个学科的基础上取得的新突破，因而大部分都是边缘学科、综合学科、横断学科。例如，环境科学、材料科学、能源科学、信息科学、海洋科学、空间科学等。其中，环境科学是一门以保护和改善人类环境质量为目的的技术科学，它不仅要以生态学和地球化学为主要基础，充分利用物理学、化学、生物学、地学、医学以及各种工程技术方法，同时还涉及许多社会科学领域，对人类活动引起的空气、水、土地、生物等环境问题，进行系统的综合研究。因此，技术科学虽是以基础科学为基础，但由此形成的技术科学学科数目却要比基础科学学科多得多。因为这些学科本身以及它们之间的交叉性、渗透性要比基础科学学科之间更强烈、更广泛，它们所呈现出来的网络结构是如此之复杂，以致难以完整地、准确地描绘出它们的图像。然而，与此不同的是，机械技术、物理技术、化工技术和生物技术这四种基本技术之间倒是呈现出一种清晰的结构图式（见图11—2）。

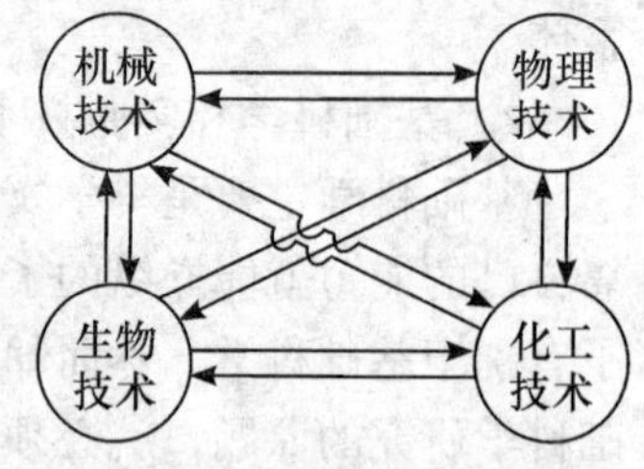

图11—2 基本技术结构图

关于机械技术、物理技术、化工技术三者之间的联系是容易理解的，至于生物技术与其他三种技术之间的联系似乎不易为人们所理解，但它们确实存在，特别是在现代技术发展中，这种相互联系更是日益突出。一方面，非生物技术对生物技术的作用进一步加强了，如化工技术的发展在植物栽培技术和施肥技术中的运用，物理技术的发展为各种生物技术提供物质手段；另一方面，生物技术也对其他技术的发展产生了重要影响，如智能计算机、人体技术以及各种仿生技术就是这种影响的结果。当然，生物技术与其他技术的结合也许并不都是直接的，而是采取间接的途径。

2. 技术科学和基本技术的相互联系

技术科学主要研究劳动过程中的技术原理和理论，因此直接与劳动过程中的技术相联系，同时又与基本技术相对应。劳动过程中的各种技术向技术科学提出问题或研究对象，技术科学在基础科学理论的基础上运用基本技术提供的手段进行研究，提出技术原理或基于原理作出技术发明。这又丰富了基本技术的内容，并进而促成劳动过程中技术的发展。例如，控制技术最初是由于机电方式不足以操纵和控制复杂、高速、规模巨大的机器体系而产生的问题，后来出现的原子能利用、喷气机、火箭等也提出了实际的需要，于是技术科学便在数学、数理逻辑、电磁学、电子学等基础科学理论的指导下得到了计算机技术原理。基于此原理，美国的爱肯于1944年利用当时生产的快速继电器，研制出了第一台功能完整的数字计算机。此后兴起的计算机技术、半导体技术、人工智能模拟技术等，使各种劳动过程进入了自动化技术时代。因此，技术科学和基本技术或劳动过程中的技术乃是相互促进、辩证统一的，这种统一正是应用性层次结构的本质所在。但是，在应用性层次结构中，技术原理和技术发明只有进入开发性层次结构才能发挥其经济效益。

开发性层次结构

所谓开发性层次结构是指工程科学与技术的内部结构以及它们之间的相互联系。

1. 工程科学和产业技术的结构

像技术科学一样，工程科学的各个学科也是由多种学科结合而成的，如生物工程学就是在分子生物学、遗传学、微生物学、细胞生物学、物理学和化学等基础科学及化学工程学、发酵工程学、电子和计算机科学等技术科学的基础上发展起来的，因而，各个学科之间的关系较之技术科学的关系更为复杂，以致难以描述它的结构图式。与此相应，因为现代产业技术中存在着新技术与旧技术、尖端技术与传统技术相互并存、相互结合的状况，而且还与不同国家、不同地区的社会、资源相关，因而各类产业技术的结合方式各不一样，很难用统一图式加以概括。仅就其中材料技术、能源技术和信息技术而言，它们的具体结合形式就有许多种情况（见图 11—3）。举例来说，在一个特定技术系统中，可以采用人力、畜力、风力、水力作动力，也可以采用电力作动力（电力既可以用煤、石油、水力发电，也可以用原子能发电）；在原材料中既可以用合成材料、钢铁，还可以用铜或陶瓷；其信息控制则既可以用人工控制、机电控制，也可以采用电子控制、计算机自动控制。现实的产业技术正是由这种不同水平的技术结合在一起，这些不同水平的技术在不同生产部门或不同企业的同时存在和相互联系，形成现实的技术结构。

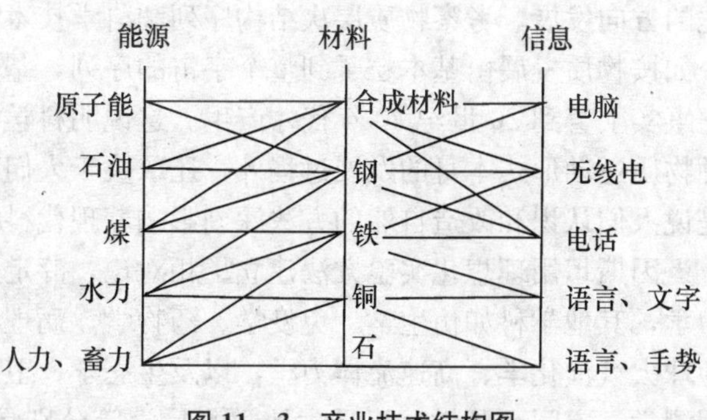

图 11—3　产业技术结构图

2. 工程科学和产业技术的相互联系

工程科学主要研究各种产业生产中设计、施工、研制的技术问题，是产业技术的先导，为产业技术服务。如果说基础科学特别是技术科学是工程科学的理论基础的话，则产业技术便是它的实践基础。据国外统计资料表明，这种以产业技术为基础的开发性工程科学研究占整个技术研究的50%～60%。日本的开发研究很多都是首屈一指的，如微型化的录像机、超薄型的电视机、小型化的汽车等。同时，工程科学的研究成果又必将促使农业技术、采掘技术、通信技术、医药技术等产业技术的进步。这在当今社会中是显而易见的。实际上，工程科学和产业技术正在融合起来，特别是现代一些高技术或高科技企业的出现更表明了这一趋势。这构成了现代科学技术的开发层次结构。现代科学技术个体只有突破基础性层次结构和应用性层次结构上升到开发性层次结构，才能得到升华，最终实现自己的社会经济效益。

三、现代科技结构的演化

在从横的方面对现代技术的整体结构和层次结构进行研究之后，还要从纵的方面探讨现代科学技术结构的演化。

时空分布

现代科学技术结构的空间分布包括两个方面：一是沿着客观辩证法方向伸展的空间分布，即向符合研究和改造的物质层次结构由简单到复杂的发展顺序性的方向发展；二是沿着主观辩证法方向伸展的空间分布，即向符合人类认识、改造自然的逐渐深化的方向发展。考察物质层次结构序列和科学技术结构，发现两者并不完全符合，如按物质发展由基本粒子到整个宇宙的序列，基本粒子物理应排在最前列，但它事实上直到20世纪30年代才产生。这说明科学技术结构的演化除了取决于各种物质运动形式本身的发展过程外，还取决于人们认识和改造自然的程度，也就是说人们认识和改造自然的方法深刻影响着现代科学技术结构的空间分布。例如，爱因斯坦用理想化实验方法建立了相对论，薛定谔用光学类比力学创立了波动力学，其他学科如仿生学、免疫学、药物学、病理学、电子计算机模拟学、原始地球大气演化学、高速流体力学，以及生态学、卫星气象学、遥感学，还有海洋观测学、空间观测学、卫星大地学测量学等分别是以观察、模拟、综合等方法为主建立的技术或应用科学。

现代科学技术结构随时间发生的变化是对其空间分布的逻辑补充。在以往，各门学科总是先后得到发展，但在现代却可能有几门学科同时获得巨大发展。例如，在20世纪40年代，物理学中的原子物理学、力学中的空气动力学、化学中的放射化学和物理化学、天文学中的射电天文学、地质学中的海洋科学、生物学中的生物化学、数学中的数学分析都是当时的主流学科。这就是现代技术结构之所以不同于以往的原因之一。不仅如此，它还随着科学技术的进步而随时间发生变化。自20世纪40年代以来，高灵敏度探测仪器的出现，催生了高能物理学领域的各个分支；电子计算机的产生，引起了计算机科学的兴起；激光技术的发展，随之而来的是激光物理、激光化学、激光大地测量学、激光计量学的产生；DNA双螺旋结构的发现则改变了整个生物学的面貌；控制论、信息论、系统论的诞生，更是推进了现代科学技术体系的发展。所有这一切都使现代技术结构发生着内在的演化。

相关生长

20世纪以来，现代科学技术出现了相关生长的趋势，大量边缘学科、综合学科、横断学科的产生都是这一趋势的具体表现。现代科学技术之间的相关生长主要有三种途径：(1) 理论的转移和综合，即通过概念的延拓、补充、修正使原有学科发生分化，发展出另一些新学科。例如在薛定谔、海森堡等人建立量子力学之后，海特勒和伦敦就把其中的波函数概念运用到理论化学研究中而建立了量子化学，此后又有人把量子力学基本概念转移到生物大分子结构研究中而创建了量子生物学。(2) 方法的转移和综合。一门成熟科学的研究方法一旦转移到其他新的领域，就可以显示出它的巨大威力。据有人统计，用数学方法、物理方法、化学方法研究其他学科对象所形成的学科数目分别为79门、555门和271门。从受益学科角度分析，生物学、地质学、天文学、化学、物理学由于综合运用其他学科方法而形成的学科数目及占总数的百分比分别为323门（32.3%）、255门（25.99%）、177门（18.4%）、154门（15.7%）和69门（7.3%）。由此可以看出，物理方法运用最为广泛，因此物理学研究成果具有方法论的意义。(3) 对象的转移和综合。现代有些学科对象越来越超出其传统范畴了，比如，海洋学自古以来一直是地质学中对地球水圈进行研究的一个分支，但是今天的海洋科学却已发展成为一门拥有一百多个分支学科的综合性学科，海洋成了包括物理、化学、地质学、气候学、生物学和工程学在内的许多学科共同研究的对象。

现代科学技术的相关生长并不限于此。现代的一些重大课题的解决，客观上需要把现代科学技术与社会科学知识结合进来。例如，要解决环境保护问题，不仅涉及一系列生态、生化、生物、地质、物理等学科知识和许多技术问题，也涉及一系列社会制度、政策法令、人口控制、历史沿革等社会科学方面的知识。又如，当代任何一项重大科研项目的开展，任何一项新技术、新工艺、新产品的推广，都要考虑到经济效益，这就必然与经济学有关。现代科学技术和社会科学技术结合而形成了许多交叉学科，如工程经济学、系统工程学、技术经济学、预测学、情报学、经济地理学、工程美学等。不管是现代科学技术本身的相关生长，还是它与社会科学的相关生长，都改变着现代科学技术的结构。

不平衡发展

现代科学技术发展是不平衡的，这是因为它既涉及其发展的内在动因，又涉及整个社会对科学技术发展的制约；既取决于某学科或部门在整个体系中的地位和作用，又取决于它同实践活动领域联系的频繁程度；既与献身于该学科或部门的科学家、发明家和工程师的基本素质有关，又与其他学科或部门相联系。即使是现代科学技术也不是各个学科或部门齐头并进的，而是总有一门或一组学科或部门作为先导带动其他学科或部门前进，这就是所谓带头学科。带头学科对于整个科学技术发展往往具有非常巨大的影响。20世纪初的带头学科是量子力学，它的理论和方法为其他学科或部门所采用，解决了现代科学技术中许多难题。第二次世界大战以来，控制论、原子论科学、航天科学这样一些科学成为带头学科。当然这并不是否定其他基础科学的带头作用，从某种意义上讲，物理学和生物学（尤指分子生物学）影响着现代科学技术的各个方面。不管怎样，带头学科的变化就意味着现代科学技术内部结构的变化。

研究现代科学技术体系的结构及其深化，具有重大的理论意义与实践意义，在理论上有助于树立辩证唯物主义的现代科学技术观。现代科学技术体系的整体结构和层次结构的形成，为客观世界描绘出一幅科学图景，为辩证唯物主义揭示的普遍联系和普遍发展的原理、多样性和统一性原理，提供了具体的科学论证。研究现代科学技术体系的结构，可以加深对不同层次的学科或部门相互区别和相互联系的认识，可以加深对基础科学、技术科学和工程科学以及实验技术、基本技术和产业技术辩证关系的认识，可以加深科学技术与经济、社会、自然相互关系的认识，从而提高辩证思维能力，树立现代科学技术的系统观。在实践上则为制定科学技术发展战略和政策，改革科研体制，进行科学管理提供了重要的理论依据。比如，了解各门学科或部门在现代科学技术中的地位和作用，有助于制定出更完善、更周密的科研规划，建立相应的科研机构，正确地确定科学技术研究和开发的重点，合理地在基础科学、技术科学和工程科学上安排人力、物力和财力，注意实验技术、基本技术和产业技术的协调发展，更好地发挥科学技术的社会功能；熟悉各门学科相互渗透的发展趋势，可以预见现代科学技术发展动向，找出突破点，取得最佳科研开发效果。在科学技术教育中，无论是专业设置还是课程安排，都必须根据现代科学技术体系的内在联系，遵循科学技术发展规律，以便培养合乎现代科学技术发展需要的人才。此外，现代科学技术体系的结构是在科学技术发展过程中逐渐形成的，是一种相对稳定的结构，而不是永远不变的封闭体系，随着科学技术的发展，会不断增加新的内容、新的联系。所以，要根据现代科学技术结构的深化规律，把握现代科学技术发展的脉搏，利用所取得的新成就，充实和完善现代科学技术体系的结构，调整科学管理的方法和手段，不断促进科学技术的新发展。

第十二章

现代科技的发展趋势

科学技术的发展由于种种内部动因而在不同历史时期呈现不同的发展趋势。在现时代，科学与社会的互动作用显著地强于以往时代，科学技术已成为第一生产力，所以科学技术的发展趋势不仅对科技工作者来说意义重大，对整个社会而言也是非常重要的。

19 世纪末开始的物理学革命拉开了现代科技革命的帷幕。以相对论物理和量子物理的一系列突破性进展为先导，现代自然科学在广度和深度上，在思维方式和研究方法上，在学科体系结构上，在科学与技术及科学与社会的关系等方面都出现了质的飞跃。20 世纪中叶以来，在基础自然科学新成果的指导下，核技术、计算机技术、喷气推进技术、航天技术、微电子技术、生物技术、激光技术等新技术相继问世。各门类的新技术相互推动，以越来越快的步伐向前发展。现代的高新技术不仅以基础科学为先导，还以某种方式同基础科学、技术科学连成一体。科学的整体化、技术综合化和科技一体化等已成为现代科学技术发展过程中呈现出的主要趋势。

一、现代科学的主要发展趋势

20 世纪以来，科学体系的各个门类、各个分支均有长足的进步。其中，物理学和生物学的进展最大、最深刻，并成为 20 世纪的带头学科。基础自然科学的体系以它们为核心形成了物质科学和生命科学这两大综合性门类。

第二次世界大战以后，对复杂系统及其属性，如信息反馈、控制、自组织等进行了跨越传统学科分类的综合研究，取得了突破性进展，由此导致一批新的横断学科的创建，如一般系统论、耗散结构理论、协同学、超循环理论、系统工程学、决策科学等。这些横断学科组成了系统科学这一新的综合性科学，又称作非线性科学。

目前，自然科学发展中呈现的第一个主要趋势为：一方面物质科学继续揭示自然界更深、更广、更久远的层次和各种极限状态下的物质运动规律，另一方面系统科学与生命科学正逐步阐明与人类关系更密切的各类复杂系统的行为规律。后者的重要性正在超过前者，系统科学和生命科学将是 21 世纪的带头学科。

物质科学对自然界微观层次和宇观层次的研究进展已逐渐减缓，主要原因在于实验手段和认识方法越来越难以实现突破性发展。

在生命科学中，分子生物学和量子生物学对生物微观层次结构，尤其是遗传基因的研究方兴未艾。同时，生态学对生物群落及其环境，尤其是生物圈整体的宏观研究也日益蓬勃开展起来。它们又推动中观层次生物组织（如人体）的研究从表象描述向本质揭示深入。生命科学自20世纪50年代初分子生物学取得革命性突破以来一直在加速发展。

系统科学不断综合着数学、基础自然科学、技术科学、社会科学和思维科学的众多分支的新成果，从系统、信息控制、自组织等新的角度提出关于自然和人类社会系统的新认识，逐渐形成独特的研究方法和研究领域。系统科学正处在大发展的前夜。

由于这三大综合性科学内部和相互之间各个分支学科的相互渗透，当代科学的体系结构与17至19世纪的传统科学体系相比，呈现出显著的变化。这个仍在进行之中的变化即是当代科学发展中的第二个主要趋势：当代科学在高分化的基础上产生了高度的综合，综合表现为多层次、多维度的学科交叉与渗透，更表现为横断学科和综合性的学科群不断涌现。此即现代科学的整体化趋势。这个趋势的另一重要表现是数学化，越来越多的学科，如生物学、心理学、经济学和社会学等，广泛应用数学的语言、模型和方法进行定量研究。

二、现代技术的主要发展趋势

现代技术既包括高新技术群，也包括传统技术的现代形态。当今仍在应用的传统技术多半经过高新技术的渗透和改造，其余的也按技术自身发展的逻辑取得了不同程度的进步。

现代技术在发展过程中呈现出一些新的特点，其中一部分延续为特定的发展趋势。目前较为明显的发展趋势有：

第一，以基础自然科学新成果为先导的高新技术成为现代技术体系的带头技术。

信息技术的基础是微电子技术。微电子技术的形成和发展都离不开固体物理学及其分支学科——半导体物理学的研究成果。微电子技术的成熟使得各种生产部门乃至社会生活各方面都通过计算机的普遍应用而发生重大变革。计算机技术和现代通信技术也是数学和信息科学新成果的引导下发展起来的。这些技术的应用使人类的信息处理及传输能力有了质的飞跃，从而带动各行各业技术水平通过实行准确、实时并且高效的控制而得到提高。

第二，各门类技术相互渗透、相互促进，并在某些技术领域围绕一个大问题或大目标的解决与实现形成庞大的综合性技术群。

光通信技术是激光技术与通信技术相互渗透的产物，空间技术就是围绕外层空间的开发利用而形成的综合性技术群，海洋技术、环境技术也由类似过程形成。高新技术与传统技术的相互渗透，也是高新技术作为带头技术发挥作用的结果。传统的机床加工技术经过计算机技术和自动化技术的渗透、移植，改造出数控机床等先进的加工技术；内燃机和燃气涡轮发动机加装电子装置控制油量和点火提高了效率。所谓“机电一体化”，其核心思想就是用信息技术带动传统机械技术的发展。

第三，综合应用多种门类技术的复杂大系统的研制开发成为技术发展的主要途径之一。

美国空间技术发展史上的两个里程碑——阿波罗登月飞船和航天飞机的研制成功，都涉及数千个技术开发项目，其范围囊括了现代技术所有主要领域。一方面，它们的成功标志着美国在多数技术领域的进展领先于别国。另一方面，如果其中涉及的某些门类技术未得到应有提高，就会影响整个系统功能的实现，甚至导致失败。美国航天飞机研制过程中因经费削减，对一些技术如燃料箱密封技术和逃逸求生技术等降低要求，使这些技术的开发未能达到系统安全运行所需要的水平，结果导致1986年“挑战者”号航天飞机因燃料箱泄漏而爆炸，七名宇航员无法逃离，全部遇难。航天飞机同一次性运载火箭相比，主要优点在于多数部件可重复使用，但同样因研制经费消减，可维护性的技术要求未能达到，致使航天飞机为重复飞行的维护周期长、成本高，总的使用成本超过原计划近十倍，同欧洲的“阿里亚那”运载火箭相当，高于苏联和中国的运载火箭发射费用。

第四，以软科学为理论基础的多种社会技术成为现代技术体系的新门类。

管理技术、决策技术、经济运行宏观调控技术、大众传媒技术、广告技术等已超越了经验方法加随机应变的前技术化阶段，初步实现了理论指导下的优化程式化操作，即实现了初步的技术化。当然，社会技术适用对象的特点使它们不可能像物质、信息领域技术那样做到完全程式化的操作，而总会带有创造性随机发挥的成分。

第五，大多数技术创新出现于新产品的研制过程。

在19世纪之前，技术创新主要出现在生产领域，通过工作机和动力机的改造不断提高生产率，而产品的更新换代较慢，多数产品是人们长期习惯使用的必需品。从19世纪中叶以后，生产率和社会生活水平的提高，使新的消费品如打字机、缝纫机、自行车等进入批量生产，但新产品诞生的速度仍低于生产工艺技术革新的速度。目前，新产品更新换代的速度已显著超过生产工艺革新的步伐，不断研制出具有新功能的产品对企业已是生死攸关的大事。过去往往是工艺的革新和新材料的出现推动发明家创造新产品，现在多半是发明家为满足新产品的技术要求而革新工艺或研制新材料。

由于许多新产品综合了数种已有的不同类型产品的功能，研制中必须综合协调各种技术要求，从而推动传统技术领域的相互渗透，如移动通信技术最早是为满足汽车中人们想与外界通话的要求而发展起来的。

从以上趋势可以看出，技术创新在现代呈现的发展趋势主要是综合化。

三、科学技术一体化的趋势

无论作为知识，还是作为社会活动，科学与技术之间都有很大差异，但又有不少共同之处。从两者的关系看，在历史上绝大部分时期内联系松散，基本是独立自主地发展。19世纪以来，由于社会生产力的提高和经济制度的演变，也由于二者自身发展的逻辑，它们之间的联系日益密切，形成了以科学为先导的相互促进、共同发展的良性循环。现代的科学更加技术化，现代的技术更加科学化，科学与技术逐渐一体化。

这种一体化是贯穿现时代的演变趋势，换言之，是一个进行之中的动态过程。作为一个综合性的复杂进程，它包括以下子过程：科学的技术化；技术的科学化；相对应领域的科学与技术的衔接；科学与技术衔接后相互渗透、相互包含以至融合成连续整体。

从科学与技术的整体看，各个领域一体化的进程很不平衡。大部分领域的一体化已初步完成，出现众多的科学技术连续体，即“基础研究—应用研究—发展研究—实际应用”紧密衔接、互动循环的连续整体。

少数科学研究领域，或因学科性质，或因目前人类实践在深度和广度上的局限，缺少相对应的技术领域，但其研究活动均已不同程度地技术化了，如对深远宇宙空间的研究。

少数技术领域，由于相对应的基础学科仍处于不成熟阶段，目前还是以探索性技术试验为主要创新途径，但也已在一定程度上科学化了，如利用数理统计方法处理实验数据。

科学技术一体化过程属于纵向整合的过程，它与前述的科学整体化和技术综合化的横向整合过程相交织，导致形成多个科学研究领域与相对应的多个技术领域融合成的整体——综合性科学技术连续体，如环境科学技术、海洋科学技术等。

科学的技术化

科学的技术化是指在总体的科学活动中包含着大量的技术科学研究、技术发展研究和技术应用作为其辅助部分。这些辅助的技术活动并非用于科学研究成果向相应技术领域的转化，而是服务于科学研究活动自身的需要。

科学技术化是科学实验发展而规模日益增大、所用仪器设备日益复杂化并且越来越用现成工艺技术制造而导致的必然后果。

欧洲长达27公里的大型强子对撞机示意图

以粒子物理学为例。这是当代物理学前沿。它通过高能粒子的碰撞实验来探索是否存在未知且理论上未预言的新粒子。实验所需的高能粒子通过加速器获得，实验结果通过专门的探测记录仪器得出。随着粒子能量的不断提高（如质子已超过 5 000 亿电子伏）和探测记录仪器的大型化、精密化，实验装置的设计制造已超出同时代工程技术的常规，必须由实验物理学家和工程师协作，作出新的发明创造和订立新的技术规范。欧洲核研究中心 1976 年建成的质子同步加速器（SPS）要求直径 2 千米、周长约 6 千米的巨大主体真空跑道的真空度高于 10^{-7} 毫米汞柱（即剩余气压小于 10^{-7} 毫米汞柱），而当时的真空泵无法满足要求，于是科学家与工程师一起发展高真空技术，发明了扩散法黏结的钛真空室，完成了高真空用大型溅射离子泵（这台加速器用了 650 个这种泵）和转轮分子泵（用了 80 个）的批量生产。类似的技术工作在加速器及探测记录仪器制造过程中不胜枚举，其中绝大多数已应用到其他领域的实验和工业生产中。例如，为制造大量高功率电磁铁而研制的特种低碳钢，现已用于工业生产小型电机；为分析气泡室、火花室等得出的照片而研制的仪器已在生物科学技术中用来计数染色体；新发明的多丝正比室被用于 X 射线透视照相；观察和拍摄高能粒子在闪烁体中产生的发光径迹的技术导致发明了亮化器，可用来观测生物体的化学发光。

又比如，为了精确观测极为遥远的天体，需要在大气圈外设置巨大望远镜，这就要研制能在大气圈外工作的望远镜和相应的信息传递装置。这项工作不仅涉及光学仪器制造技术、信息加工传递技术，还涉及许多空间技术。

不仅科学实验要解决大量的工程技术难题，像数学等传统的非实验性基础学科在今天也借助大型计算机来证明定理。数学某些分支、量子化学、空气动力学等基础科研现在都使用运行速度极高的大型计算机，需要科学家和计算机软件、硬件工程师密切合作才能完成计算工作，因此，这方面的技术性工作已成为科研活动必不可少的部分。

除此之外，科学的技术化还指科学研究大多已成为许多人协作进行的有组织工作，其中多数工作人员除了创造性思维活动外，也从事大量常规性技术活动。

技术的科学化

技术的科学化有两重含义。第一，是指已有的技术上升到技术科学，通过相应基础科学的指导，形成系统的技术知识体系，反过来完善和提高已有的技术。例如，冶金、农业、金属加工、建筑、纺织等传统技术从19世纪以来相继形成各自的技术学科体系。如今，这些技术领域都有根据科学原理和技术科学实验制定的技术极限和技术规范，为在实践中避免盲目的探索提供了极大帮助。工程结构力学和材料力学使建筑工程师不必像古代工匠那样反复用试错法才能找出新建筑的最佳结构，而只需正确地运用这些科学原理就能设计出轻巧的新建筑。

技术科学化的另一重含义指技术创造发明根据已有的（包括最新的）基础科研成果作出，即技术进步以科学进步为先导。20世纪发展起来的电子技术、计算机技术、微电子技术、激光技术、核技术等都是先有基础科研的成果，然后由于实践需要的推动再转化为实用技术。当代的高技术产业无一不是与科学的新成果相联系，并从后者转化而来。以激光技术为例。爱因斯坦在1927年提出原子系统与辐射相互作用时会产生受激发射的理论。1951年普塞尔等做核感应实验时第一次观察到微波的受激发射现象。同年，美国的汤斯研制成第一台微波激射器。1953年，肖洛和汤斯在一篇论文中提出由微波激射器过渡到激光器所存在的问题及解决问题的建议。1960年，梅曼制成第一台激光器，仅几个月后就应用到技术中，由此开始了激光技术的发展。梅曼的激光器本是作为验证受激发射的物理理论装置而发明的，因此，它也是科学的技术化和科学技术连续体形成的典型事例。

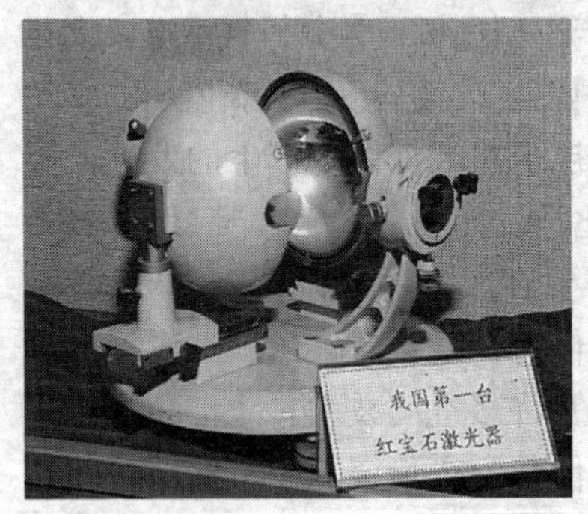

我国第一台红宝石激光器

技术的科学进程在不同领域的进展情况并不平衡，有些领域的技术从一开始就是科学化的。技术的科学化第二重含义涉及的技术一般是由科学新成果转化而来，都是如此。另一些领域，主要是多数传统技术领域，则随着对应科学领域的成熟和本身发展的需要而逐步科学化。还有一些领域，如中草药等传统医疗技术，由于对应的生物学和医学分支学科尚不成熟，其科学化进程才开始，至今多数中草药的药理作用尚待揭示，新药的配制主要根据医疗实验。

科学技术连续体的形成

科学技术连续体是科学技术高度一体化的产物，它指某个领域或因某些原因综合起来的多个领域的科学与技术联结为从基础研究经应用研究和发展研究到实用技术的连续体整体。

这种连续体的形成一般通过两种途径：一种是科学的技术化与技术的科学化两个过程相对展开，衔接后由于实践需要的推动相互渗透与融合而成；另一种是由于科学实验装置的技术原理符合某种实践需要，科学的技术化连续体演变成新技术。例如，半导体科学技术、材料科学技术（群）等就是通过前一种途径形成的。

先从有关科学领域的进展回溯半导体科学技术与技术的发展。由于1897年发现的“异常霍耳效应”用经典电子学无法解释，海森堡于1928年提出了某些固体中存在传递电流的“空穴”假说。1930至1931年，德国的古顿和英国的威尔逊提出新的半导体电模型——“威尔逊模型”，指出半导体有两类：“电子导电”型和“空穴导电”型。1938年，达维多夫和奔撒等研究了两型半导体相连时的导电，提出半导体接触整流理论（二极管理论）。

再看有关技术领域的进展。第二次世界大战期间，在雷达研究过程中首先出现用硅、锗等材料制成二极管作检波器件的技术。人们受真空二极管发展为三极管后能有电信号放大功能的启示，考虑半导体二极管能否发展为有放大功能的三极管。1945年，美国贝尔实验室指定肖克莱等人负责研制半导体三极管。三年后，他们研制成功第一代点接触型锗三极管。然后，科学家研究两个P-N结所构成的面接型三极管时发现理论准备不足，又掀起了半导体物理的研究高潮，完成了半导体技术的基础理论，为以后微电子学技术的蓬勃发展打好了基础。

材料技术是历史非常悠久的技术。传统的材料技术在20世纪中叶已发展到饱和阶段，为了进一步提高各种金属和非金属材料的物理化学性能，尤其是力学性能，技术工作者开始从固体物理学中寻找新的技术原理。

20世纪20到30年代，量子物理学家提出了固体中电子运动的理论，阐明了导体、绝缘体和半导体的微观构造差别，同时实验物理学家用X射线衍射技术分析固体的细微结构，于是固体物理学及其相关学科包括晶体物理学、非晶体物理学相继产生，研究材料的其他学科如结晶化学、腐蚀化学也陆续建立。

技术工作者寻求新的材料结构原理的热情推动各种有关材料的学科与材料技术相互渗透、相互融合，逐渐形成新的综合性材料科学技术（群）。在理论和实验的引导下，新型材料如单晶硅、非晶体态硅、低损耗石英纤维、高温结构陶瓷、功能性高分子材料以及多种多样的复合材料等纷纷涌现，满足了微电子技术、光通信技术、航天技术等新兴技术对材料的大部分要求。

空间科学技术（群）、软件学、环境科学技术（群）等也通过类似的过程形成了综合性的科学技术连续体。

当代的生物科学技术（群）从第二种途径形成。20世纪50年代，以发展DNA双螺旋结构和分子生物学建立为开端的生物学革命产生了许多划时代的成果。从60年代开始，生物学实验技术，尤其是分子生物学实验技术开始向满足实用目的的生物工程技术转化，由遗传工程（主要包括基因重组技术和细胞融合技术）、发酵工程、酶工程组成的生物工程技术伴随生物学革命迅速发展起来，成为21世纪最有潜力的新技术（群）。

激光科学技术、光通信科学技术、计算机科学技术（群）、海洋科学技术（群）等也基本循着这一途径发展形成。

科学与技术连成一体后，科学对技术的研究方式及发展速度、价值取向产生了深刻的影响。在一体化科学技术中，以寻求客观本质规律为目的的基础科研一般要以技术发展的未来范围为科研选题的主要依据，认识世界的活动明确地服务于改造世界的活动。应用研究与发展研究则根据基础科研的最新成果，主动探索可导出的新技术原理和新技术应用，使得实用技术的发展基本上摆脱了已有经验的局限，由于能够广泛灵活地运用各种新技术原理而在技术开发中得以实现最优的技术组合。科学家和工程师在一起协作，互相启发，互相促进，对双方的研究发展工作都产生了积极的作用，从而推动科学技术以更快的速度发展。

第十三章

现代科技方法的新特点

科学技术的发展必定伴随其方法体系和思维方式的变革。现代科学技术之所以能够在各个领域内持续地高速发展，与其方法和思维方式的新特点是分不开的。这些特点不仅深刻揭示了现代科学技术的实质，还从侧面反映了现代科学技术对社会文化和社会未来发展的作用。

一、科学认识方法的革新

科学的认识方法随着科学的发展而不断革新。科学的每次新发现，科学理论的每次新突破，都给科学提供新的认识角度，修正、完善已有的认识方法，并不断开创新的认识方法。科学认识方法是由许多具体方法组成的方法体系，通常按科学认识的产生和发展过程分为经验层次、理论层次和综合性的方法。

现代科学经验层次认识方法的新特点

经验层次的科学认识方法包括获取科学事实的观察方法、实验方法和整理、概括科学以得出事实表象层次经验规律或某个侧面特殊规律的归纳和统计方法、类比方法等。这些方法在现代科学研究中都得到了发展。

科学观察通常要借助一定的观察仪器去考察、描述、确认客观现象，其主要特点在于强调在自然发生的条件下，即人不实施干预、控制的条件下进行观察。

现代科学观察方法的一个特点是观测仪器的高度复杂化和观察的多层次、多方位的间接性。如在天文观测中，红外望远镜、射电望远镜和 X 射线望远镜都是非常复杂的设备，它们利用多种科学原理和技术原理将外星球的不可见辐射转化为照片或显示屏幕上的影像或仪器读数。可见光谱的大型望远镜也已高度复杂化，由许多块镜片通过计算机控制和数据处理给出合成的图像（可将等效口径扩大许多倍，也称合成口径望远镜）。美国 1990 年通过航天飞机送入地球外层空间的哈勃望远镜就是这样的高技术望远镜。这种复杂的观测仪器在被

哈勃望远镜

观测对象与观察者之间进行了多层次、多方位的物质、能量、信息变换，大大加深、加强了观察的间接性。

现代科学观察的另一新特点是观察渗透理论的深度显著增大，观察结果经过多种科学理论和技术原理的综合分析、整理才能给出并得以确认，因而人的主观能动作用大大强化。这一特点显然与上一特点密切相关。观察渗透理论是现代科学哲学中的重要论题之一，这方面的研究成果提醒科学工作者注意保持观察的客观性，注意观察结果的正确分析与鉴别。

实验方法是利用实验设备去人为地干扰、控制或模拟客观现象，使客观过程以纯粹的、典型的形式表现出来，以便在有利的条件下进行科学观察的科学认识方法。实验包含着观察。实验设备通常分成实验对象制备装置和观测装置两大部分，不过在许多实验设备中两部分有机地组合为一体。

现代科学实验使用的设备比起前几个世纪来远为庞大和复杂，由此造成现代科学实验具有类似现代科学观测的新特点，即一方面现代科学实验使用的设备应用多种物质、能量、信息的相互作用来制备、观察实验对象，从实验者到实验对象之间的中间环节众多；另一方面实验的设计和实验结果的分析、确认深深地依赖多种科学原理、技术原理，理论与实验的相互渗透极为深入。

此外，现代科学实验方法中的模拟在传统的物理模拟和数学模拟基础上又产生了新的计算机数学仿真方法。这种方法主要是利用现代电子计算机极高的数学运算能力，解出被模拟对象的数学模型在不同边界条件下的解。对于许多巨大而复杂的系统或无法得出精确解析解的系统，计算机仿真可以省时省力地得出对象在一定范围内的运动状态的详细描述。

传统的科学概括主要用归纳、类比等方法，现代研究中又增加了统计方法。统计方法用于大量事件、现象的总体规律，包括统计事实的获取、样本选取和统计推论的进行等方面。统计事实的获取一般是借助描述统计学的方法收集、整理、分析来自观察实验的原始数据，求出对象频率、分布、各种平均量的离散量和偏差等。样本选取要根据样本统计学的理论从对象总体中选出代表性和随机性都很强的样本。选出这样的样本并获取足够的统计事实后，可运用统计推论从样本具有某种属性和规律推出总体具有同样的属性和规律，统计推论属于从部分到整体的或然性推论。

现代科学理论层次认识方法的新特点

理论层次的科学认识方法主要包括科学抽象的分析方法、理想化方法、逻辑与历史相一致的指导原则和抽象上升到具体的分析与综合方法等，还包括构思假说的各种创造方法、整理理论的公理方法等。

现代科学理论层次方法新特点主要包括理想化和公理化方法的全面发展、新的逻辑方法的提出，以及还原论方法与整体论方法的综合，等等。

理想化方法和公理化方法在相对论物理学、量子物理学、热力学和量子化学的建立中起了关键作用并获得全面发展。理想模型在各种理论中广泛用来揭示客观对象完全纯化后可能出现的情况。例如，根据量子物理学建立的理想晶体模型指出理想金属的力学强度超过普遍金属一千倍，从而指导人们建立新的材料科学理论，启发人们通过最大限度减少材料缺陷来制备高强材料。公理化方法的严密化对量子力学争论（如是否存在“隐参量”等）的解决起了重要作用。公理化方法的发展还表现在其局限性被明确指出，如哥德尔不完备性定理提出任一公理体系不可能既完备又无矛盾，从而给人们发展公理化的理论指出了正确途径。

由于系统科学的进展，传统的机械还原论的局限性逐渐被认识，人们将还原论方法与整体方法在系统科学成果基础上加以综合，使得物理、化学、生物进化论、生态学等许多领域中的一些难题都得以解决。比如，20世纪30年代发展起来的综合进化论把基因水平、个体水平和群体水平的生物进化综合起来，成功地克服了达尔文进化论的一些困难。

新的综合性认识方法的产生

系统科学方法目前多用于技术科学研究和技术设计与实践，但在基础科研中也得到一定的应用（系统科学对科学研究的影响主要体现在思维方式的转变上，我们将在稍后阐述）。黑箱灰箱辨识——功能模拟方法是源自系统科学、现今已在科学研究中广泛使用的一个实验与理论相融合的综合性方法。

黑箱原是控制论中的概念，指不知道系统的内部结构，只知其输入与输出的情况。灰箱是其结构有一部分为外部观察者所知的系统，按所知程度不同而有不同的灰度等级。黑箱灰箱辨识指根据系统的外部动态联系（行为）推断其内部结构。功能模拟根据不同结构的系统在某些功能上类似的规律，用结构相对简单的模型来模拟结构较复杂的系统的内部结构和运动规律的新方法。这种方法根据未知其结构的复杂客体的行为，确定输入输出关系的数学模式，制备特定的模型系统并令其输入输出关系符合同样模式，然后从模型推测原型的部分结构，再构造新的更相近的模型，如此反复进行即可逼近认识原型的结构。功能模拟可以在物理系统上进行，也可通过计算机仿真进行。这种方法通常导致新的技术发明。如现在最新一代的计算机——神经网络计算机，就是在通过这种研究动物和人脑神经网络结构的进程中开发的。

现代科学的发展不仅对科学方法体系造成了变革性的影响，也对科学研究的一般思维方式产生了深刻的影响。

二、现代科学思维方式及其变革

随着现代科学发展，现代科学的思维方式发生了巨大的变化，出现了与近代科学思维差异很大的新角度、新层次，主导思维方式逐渐从机械观思维转向系统观思维，以达到对系统整体性、动态性、复杂性和或然决定性的更深刻的认识。

主导思维方式从机械观向系统观转变

近代科学诞生后，牛顿物理学由于其巨大成功，变成一切科学的典范，它蕴含的机械自然观成为近代科学的主导思想，机械还原论也成为近代科学方法论体系的基础。机械自然观，简称机械观，把自然界看成一个按精确的数学规律运转着的机器，有如一台精密的“钟”。机械观的思维方式具有以下基本特点：(1) 整体可以完全还原为相互分离的部分与部分之间的因果作用，具体可以说，所有物质现象都可以完全还原为物质粒子与它们之间作用着的力；(2) 用“力”来描述的物质粒子间的因果作用是严格地单义决定的，因此，一切物质现象都可以精确地解释和预言，物质运动的动态过程原则上不可能产生“新”的事物，即只要知道事物过去运动状态的全部信息就可以从事物的过去精确地解释现在并预言未来；(3) 追求简单性是科学解释的主要目标，把纷繁复杂的自然现象简化为若干基本的物质粒子与它们之间的作用力是科学的根本任务。

19 世纪中叶以后，自然科学的进展从几个方面给机械观思维方式提出了难以解决的疑问。比如，达尔文的生物进化论与克劳修斯的热力学第二定律从不同的角度提出了时间箭头问题，即物质系统的动态演化问题；麦克斯韦的电磁场理论一方面揭示了新的物质存在形态——场，另一方面暗示了时间与空间、运动与物质的不可分离；统计热力学指出大量粒子的复合运动适用于统计决定论，而天体力学中三体问题（三个天体在万有引力作用下的运动问题）更揭示出严格决定论的动力学方程蕴含着无规则的运动轨迹，等等。

20 世纪初，爱因斯坦的相对论一方面通过揭示时间与空间、时空与物质、能量与质量等内在联系而破坏了机械观的部分基础，另一方面又坚守着严格决定论和世界简单性的信念。量子力学的成功最终扬弃了严格决定论，代之以或然决定论。量子力学指出单个微观客体行为内在的随机性和大量微观客体行为的统计决定性。

20世纪中叶兴起的系统科学（群）、生物科学、现代宇宙学等取得的研究成果，如耗散结构、自组织过程、混沌现象、生物起源、宇宙起源等问题的初步解答，逐步使系统思维取代机械思维，成为现代科学的主导思维方式。

系统观思维方式的主要特点

系统观思维方式不是把自然界看作一台精确的“钟”，而是视为一个不断随机地产生未知新生事物的、有着多种多样组织结构的各种物质系统的相互联系的整体。系统观吸收了机械观的合理成分，承认整体可在一定意义上分解为部分，承认还原论方法对解释某些现象的必要性，也指出了分析与还原的局限性，揭示出整体具有不可还原到部分的新属性、新行为，自然界不断新生的多样性是不可穷尽的。系统观作为现代科学的主导思维方式有如下主要特点：

1. 强调系统的整体性和组织性

系统科学已有的成果表明，各种系统的整体或多或少都有一些不能用其组成部分的属性及行为来说明的整体属性及整体行为，并且整体的组成部分也相应地带有它们独立存在时所没有的新属性、新行为。

控制论表明，一切控制系统至少有受控子系统和施控子系统这两个子系统，其中任一子系统均无法独立实现控制系统的合目的行为。控制系统把外界环境的不确定性转化为内在环境的确定性，先要由施控子系统从外界环境的变化中提取有用信息，根据受控子系统行为模式进行一定的加工处理再作用于受控子系统，使受控子系统在外界环境和施控子系统的综合作用下按预定目标运动。

2. 强调系统的动态演化和新系统的自我产生

系统科学（群）中的耗散结构理论和协同学表明，在远离平衡态的条件下，即便相对不复杂的物理化学系统也可能进入自组织过程，由混乱的无序状态产生有序结构，或可能从有序的运动状态进入混沌状态。

耗散结构理论指出，远离平衡态的耗散结构是随机涨落被放大到系统失稳的临界点而形成的新稳态，系统在其结构质变的过程中要经历分支点。在分支点上，由随机涨落决定系统演化哪一分支。协同学更进一步说明，系统自组织过程中，系统的慢驰豫参量（即随时间在临界点附近变化相对较慢的参数，它决定系统的时空结构或序，也称为序参量）役使或支配快驰豫参量。协同学强调子系统之间的非线性相干作用导致了系统整体的参量出现快、慢驰豫参量之区别，而序参量之间的协同与竞争又决定了系统在临界点向哪个序参量占主导地位的序结构转化。

对系统演化尤其是自组织过程的研究，使人们发现湍流、孤波等传统科学方法无力描述的现象可用自发混沌过程来刻画。混沌现象的研究成果使人们对有序与无序的相互转化有了更深刻的认识，为复杂系统和复杂行为的研究开辟了新的研究角度。

3. 强调系统结构和行为的复杂性

系统科学（群）研究方向不同于传统科学的一个鲜明特点是不再把多样化的复杂世界归结为简化的、统一的规律，而是强调从系统的整体层次探索复杂性的奥秘。

统计力学和量子力学试图把某些类型的复杂性归结为系统组成要素的“大量”。然而系统科学的成果表明复杂性的根源在于非线性作用，正是非线性作用使要素的较简单行为转化为系统整体的较复杂行为。经典天体力学只能求出二体问题的精确解，量子力学也只能给出两粒子体系的精确解，多体问题和多粒子体系由于内部非线性相干作用导致了系统运动的非线性运动的非规则或混沌。对混沌的分析发现，非平衡非线性过程进入混沌后的行为相当于受一个奇异吸引子吸引，出现无穷嵌套的自相似时空结构。奇异吸引子和自相似结构的维数可能是分数维数。研究奇异吸引子、自相似、分数维数混沌有关的现象的分形理论是继混沌理论之后系统科学又一新的分支学科。

从耗散结构理论、协同学、突变论、超循环理论到混沌理论和分形理论，系统复杂性的内涵得到愈来愈深刻的揭示。但是，目前人们对系统复杂性产生机制的认识，尤其对复杂大系统等级组织结构（如生命体、大脑、社会等）及其行为的认识，仍是非常初步的。只要坚持以系统观为主导，系统复杂性之谜必然将被揭示出来。

4. 强调或然决定论

统计力学的统计决定论并不彻底，有的科学家把统计力学涉及的微观层次的不确定性归于知识的不完备，如爱因斯坦就多次这样指出过。放射性现象和量子力学把内在的不确定性赋予微观客体，但认为宏观现象仍是决定论的。系统科学关于自组织和混沌的研究成果说明，宏观系统也存在内在的不确定性，而正是这种不确定性导致了自然界演化过程中不断新生的多样性。因此，现代科学只在某些接近理想化简单系统的条件下，用严格决定论方程单义地确定事物的行为，在多数情况下则必须运用随机论与决定论、不确定性与确定性统一的或然决定论来解释和预言对象的运动变化。

或然决定论与从演化的动态观点认识系统是相辅相成的。严格决定论的系统不存在真正意义上的演化，严格决定论的世界没有真正的新生事物，因而不符合我们面对的有生有灭、新生事物层出不穷的生机勃勃的真实世界。或然决定论为认识真实的世界开辟了道路。尽管目前的科学成果尚未使必然与偶然、方向与选择完全统一，但这一思想却是正确无误的。

现代科学一方面揭示随机性的普遍性、内在性和选择的必然性等，另一方面努力寻求随机现象内在的规律性、选择的方向性及其适用限度，引导我们从多种可能的世界发展道路中找到最优的道路。从多种可能的选择中寻找最优并实现它，不仅要以系统观思维方式为指导，用系统科学方法去认识，还要在正确的价值观念基础上用适当的技术方法去改造世界。

三、现代技术方法的新特点

现代科学技术的发展，使得技术方法越来越多地呈现出与19世纪以前不同的特殊性质，主要表现在技术方法越来越多地依靠科学理论的指导和约束，强烈地受到社会发展，特别是受到经济发展的影响和制约；更为重要的是技术方法发展到了这种程度，使得它本身不得不成为人类认识研究的对象，以至于出现了一个崭新的领域——技术方法学、技术方法论。

从认识过程来讲，技术方法明显不同于科学方法。科学方法尽管会有一些实验方法，但在本质上，科学方法只能是认识方法，因为它要解决的是“是什么”、“为什么”之类的获取知识的问题，是从经验事实、实践过程向理论认识的转化途径问题；而技术方法是要解决“怎样才能达到某种目的”的问题，是从理论向实践转化的途径问题。一个是认识的方法，一个是实践的方法，必须把二者严格区分开来。

新的基本原则

技术发展日新月异，现代技术日趋复杂。首先是技术的对象更复杂，由自然物、人工自然直到人类社会都已成为技术方法的对象，其范围的广度和涉及的内容，都已远非19世纪以前的技术所能比拟。不仅如此，现代技术方法的目标也越来越复杂多样，目标也不再是单一的，而是一个复杂的目标系统，有技术系统的总体目标，也有总目标下面的子目标，以及子目标的子目标，不同目标之间也构成复杂的系统关系。此外，现代技术方法本身也与传统技术方法不同。现代技术方法所依据的技术原理是现代科学理论，技术方法种类增多，范围扩大，技术方法之间的关系也愈来愈复杂。因此，现代技术方法在基本原则上发生了深刻变化，出现了新的基本原则。

1. 科学直接规定性原则

技术方法的对象决定了它必须遵守技术对象发展中存在的客观科学规律。这个原则要求技术方法以科学所揭示的技术对象规律为基础，要求技术活动必须着眼于科学与技术之间的内在联系，把技术方法视为沟通科学与技术对象之间的一种途径。在古代和近代，科学的发展还不足以直接进入技术，技术原理仍然停留在工匠的技艺、经验水平上，甚至某种神秘因素也在很大程度上左右着技术。科学对技术的规定是潜在的、间接的。从19世纪中叶开始，技术发展已经摆脱了工匠传统的束缚，从手工作坊开始向大规模现代工厂转变，越来越强烈地需要新的科学知识作为基础，于是，科学在现代确实充当了源源不断地向技术、工业输入基本原理的重要角色。也正因如此，科学与技术才可能在现代呈现出一体化的趋势。反过来说，科学技术的一体化使得技术方法直接地受到科学的制约和规定。科学对技术方法的直接规定性并不一定直接表现为以某种科学成果作为某种技术方法的原理，而可能是科学原理成为一种背景，一种限定因素。实际上，现代技术方法一方面遵照科学的内在逻辑，不断实现科学原理的物化；另一方面，现代技术方法又按照自己的内在逻辑，在科学背景的规定下，形成技术的内容。

2. 技术方法的经济合理原则

现代社会与传统社会的最重要的差别之一在于，现代社会是一个发达的市场经济为主体的经济社会。经济利益合理化是衡量现代技术方法是否合理的首要外在标准。在近代社会，资本主义处于原始竞争阶段，技术是攫取个人利益、资本家利益的缺乏控制的工具。在现代，技术的经济问题远非传统社会所能比拟。一是现代技术涉及的自然对象的复杂性、多样性远非旧时代所能比拟，矿产资源由单一煤矿、铁矿转变成石油、各种金属和非金属矿产等组成的多样化矿产，技术对象大到各种宇航器具，小到基因工程、基本粒子，所有这一切都使技术的经济合理性问题成为既迫切又难以解决的问题；二是技术创新涉及不同国家地区的经济竞争和使用，这在近代和古代是不可想象的。这两方面的因素，使得现代技术方法的经济合理性原则成为一个非常突出的、具有时代特征的基本原则。

事实上，技术方法的原则很多，特别是在科技发展到全方位向社会生活渗透的今天，现代技术方法的基本原则也是在不断变化。比如，技术的伦理原则考虑的是技术方法的后果是否对人类社会有利的问题。再如“人—技”和谐原则，注重的是技术操作是否符合人的生理需要，使人保持比较好的工作情绪。这种原则要考虑与技术方法有关的人体生理、心理、环境、安全、舒适、美感等因素。但上述两条基本原则是派生、决定其他原则的基础。

新的内容和分类

现代技术方法的又一重要特点表现在现代技术方法的内容和分类上。

现代技术方法在宏观和微观两个层次上出现了许多新的内容，如收集信息和选题方法、预测和评估方法、技术发明与革新方法、技术评价方法、设计方法、研制方法、技术试验方法，等等。这些方法大都并不具有技术独有的特征，实际上是数学方法、系统工程等方法在技术活动不同阶段的应用。比如，技术评估方法由环境评价法、多目标评估法、效果分析法、矩阵技术法组成，实际上这些方法都不是技术活动所独立拥有的。要明确现代技术方法有哪些，必须从现代技术方法的性质说起。

现代技术方法是技术活动的主体把科学原理或观念转化成有实用价值的物质过程的途径，也就是把科学成果变成有实用价值的技术过程的方法。从这一性质来看，现代技术方法有这样几类，即原理应用型技术方法、移植型技术方法、综合型技术方法、革新型技术方法，等等。

1. 原理应用型技术方法

它是把科学原理、推论直接变成技术原理，从而导致新的技术发明并创造出全新技术实体的技术方法。这种方法是科技直接结合的完整路径。比如，电磁场理论是电报、电动机、发电机的技术原理，这种从电磁场理论的发展一直到电力工业建立的完整路径就是原理应用型技术方法。从技术原理角度看，这种方法着眼于技术原理的突破，洞察科学原理蕴含的潜在技术可能，使之转化为具有实用价值的物质过程。从这种方法所包容的过程和程序看，中间试验、模拟法、联想法、评估法等等方法都按照需要被采用，这些方法不过是完整的技术实现过程的工具。根据这种技术方法开展的技术活动，往往不仅实现理论上的崭新突破，而且它所研制出的新产品、新工艺将引起技术变革的连锁反应，甚至导致全新的技术领域和新兴产业的出现，所以，理论应用型技术方法与其他几类方法相比，社会意义与经济意义最大。与其他技术方法相比，这种方法要经过从理论研究到应用研究乃至技术发明的完整过程，其周期较长，需要较强的经济实力和技术实力。

2. 移植型技术方法

它是依据技术对象的相似性，把成熟技术的技术原理或手段应用到其他领域中去，形成新的技术手段的方法。这种方法一般不改变原有技术的原理和目的。比如，把激光技术应用到外科手术中形成激光手术刀。这种手术刀是利用激光能切开组织或器官的功能，在切开这个角度上与传统手术刀的原理或目的并无差别；所不同的只在其副作用上，激光切开减少感染机会，伤口愈合得快。但是，它与传统手术刀相比，也有明显的不足，那就是手术医生无法通过感觉来有效控制激光手术刀的动作，容易产生过度切开或切开程度不够的现象。移植型技术方法提示技术工作者一旦完成了某种新技术，就应该注意到这种技术成果在其他领域应用的可能性和潜在功能。技术移植具有重要的社会经济意义，它能够引起新技术的连锁反应。

3. 综合型技术方法

以阿波罗登月计划的技术开发为例。登月技术采用了大量不同领域的成熟的先进技术，如生命保障技术、动力技术、控制技术、通信技术、燃料技术、材料技术等。围绕一个技术目的、技术原理，按照技术过程的系统性质，把许多不同技术系统综合起来，取得新的技术成果的技术方法称为综合型技术方法。这种方法依据技术需要和相关技术的联系，研究相关技术组合，从而创造出具有全新技术功能的综合型技术系统。一般而言，重大技术原理的革命总是要隔一段时期出现，技术的进步更多是由非原理应用型技术方法的使用而实现，甚至也不是新技术应用的结果，综合型技术方法就是实现此类技术进步的一种有效途径。

4. 革新型技术方法

这种方法是指在不改变技术原理和技术系统主体部分的前提下，对现有技术系统进行局部改进的技术方法。在现代的日常技术管理中，它是一般的提高经济效益的活动中最常采用的技术方法，因为它所需的社会人力、经济投入相对要小得多。与其他方法不同，这种技术方法的采用者不再只局限在层次比较高的科学家、工程师为主的范围内，这种方法的主体更可能是由低层次的工人、技师等与技术系统的日常运行有关的技术人员组成。这种技术方法具有极广泛的应用范围，它既可克服技术发明和技术系统的缺陷，又可实现技术发明的实用过程。从实验室样机到工业化的批量生产，其间的过渡是靠技术革新实现的。

实际的技术开发活动中一般同时采用多种技术方法，各种技术方法之间互相渗透、交叉。现代技术方法的本质是把理论的、观念的东西物化成实用价值的技术过程的途径，是与技术对象、技术主体、社会经济需要和科学发展密切相关的过程系统，它有着活生生的、具体的内容，是动态发展的，而不是静止不变的。

现代技术方法与系统工程方法

涉及多个系统要素、工序的协调运作是现代技术的又一特征，这种协调运作是只涉及客体（技术的物质对象）的上面几种类型的现代技术方法所不能解决的。因为上面谈到的技术方法的对象是人工自然或自然物，而协调运作的对象是从事不同类型技术活动的人群行为。比如阿波罗登月计划，涉及工程技术人员40万，花了11年时间，耗费250亿美元巨资，要研制700万个零部件。有2万

飞向月球的阿波罗11号登月舱

家公司和研究机构、120所大学参加了阿波罗登月计划的研究、设计、制造、控制、发射等一系列工作。这种技术工作是传统技术方法所不能胜任的，也不是上面所指出的各种技术方法所能胜任的。它需要一种既有别于传统技术方法，又不是直接涉及技术的物质客体的技术方法，这就是系统工程方法。现代技术方法由于有了系统工程方法而上升到了更高水平。我们所指称的现代技术方法发端于电磁理论应用到能源工业的过程之中，而系统工程方法则确立于20世纪50年代末。从历史来看，系统工程方法是适应现代技术方法的需要而发展起来的，它使现代技术方法更明显地区别于传统技术方法，并使现代技术方法的广度和深度有了空前的进步。

系统工程方法不能简单地归入现代技术方法之中，因为系统工程的核心概念是决策，其实质是社会控制。它是一种“事理科学”，是现代工程方法的高级形式。这与现代技术方法并不相同，它的对象是从事技术活动、工程的人的行为，是要解决如何利用现代技术方法的技术。从这一点看，系统工程方法是技术方法的方法，它更接近于管理技术，可以归入管理科学的一般方法中。系统工程方法的内容也与其他技术方法截然不同，其他现代技术方法总是由具体的科学原理成果直接规定，总是涉及自然物、人工物和各类工具，而系统工程方法不直接受自然科学原理规定，而更多地有自己独立的更数学化的决策、建模理论和技术方法。此外，系统工程的对象是整个工程中的人群和过程，而技术方法只涉及技术过程和科学家、工程师；系统工程的范围更大，系统工程的对象也更一般。

系统工程对现代技术方法的重要意义在于，它在更高层次上强化了现代技术方法的系统特征，并使许多现代技术方法有可能大规模集聚在一起，为了某一特定的社会经济目标而运作起来。系统工程方法中，一般技术总是服从系统工程的总目标，受系统工程的决策主体协调处理。技术方法在系统工程中成为其有机的一部分。更为重要的是，现代技术方法的运用不涉及决策问题，或者把决策停留在经验决策的水平上，而系统工程方法以理论水平的决策控制现代技术活动，从本质上强化了技术活动中的决策，并且把决策摆在了现代技术的核心位置上。因此，系统工程方法把科学的、有效并且合理的社会目标和社会控制加在了现代技术方法上，使其更进一步。

第十四章

科学背景下的微观世界

现代科学的发展为我们提供了观察世界的科学框架，人类对自然的认识不再仅仅停留在猜测与思辨之上，这极大地改变了人类的世界观。随着人类对自然认识的深化，以物质的层次结构、运动形式和演化机制为研究对象的物质科学获得了巨大的发展。根据现代物质科学可知，物质具有复杂的层次结构，较低层次的构成元素（粒子）通过相互作用结合而形成较高的层次系统，因此现代物质科学将物质不断地还原为更微观层次的元素及其相互作用力，试图将物质现象归结为一些不可再分的基本粒子和基本力。在对微观世界的探索过程中，当代物理学在现代物理学革命的基础上又取得了新的突破。其中，量子场论突破经典物理学中粒子和场（波）的对立，将物质的基本层次、基本相互作用和物质世界的起源纳入了一个统一的理论范式；有关对称性和守恒量的认识，则更为深刻地揭示了自然的本质，从方法论的角度来讲，这一跨越物理学各个领域的普遍法则，已成为探索未知的微观层次奥秘的利器。

一、从现代物理学看微观世界

19世纪末开始的现代物理学革命使人类对自然界物质运动的认识视野由宏观低速领域扩大、深入到微观高速领域。这场延续了30多年的物理学革命，对自然科学的各个部门（化学、天文学、地学、生物学）以及哲学思想领域都产生了深远影响。20世纪下半叶以来，在无机自然界领域，现代物理学的研究前沿向宇、微两极伸延，对微观世界的物质结构、粒子间相互作用和微观客体的运动规律以及有关宇观世界的层次、作为整体深化的宇宙和宇微联系等方面的认识都取得了很大进展。由于实验设备和分析手段日趋完善，大大拓宽了可以观察到的范围，已知最小的可观察到的长度的数量级为10^{-17}米，即相当于亚原子微粒的尺度，而最大的可观察到的空间尺度已扩展到100亿光年以上的大宇宙。与此同时，随着现代科学的飞速发展，在不断分化又不断综合的基础上，涌现出大量研究自然界不同物质运动形式间的中间环节的边缘科学和跨越各种物质运动形式的横断科学，深刻地揭示了自然界各个层次之间的联系和自然界的发展规律，具体地论证了自然界的统一性。可见，现代科学认识的新成果表明，人类对自然的认识已经达到一个前所未有的新高度。

作为整个物质世界的一部分，无机自然界包括了从微观粒子到庞大的宇宙系统等各种物质客体。这些客体构成了微观、宏观和宇观等不同层次，它们在结构上彼此联结，环环相扣，展现出一幅由种种联系和作用无穷无尽地交织起来的画面。20 世纪微观物理学和宇宙学的成就，大大推进了人类对非常小的领域——微观世界和非常大的领域——宇观世界的认识。

物质的微观结构

自然界中的微观客体一般指空间尺度小于 10^{-6} 厘米、质量小于 10^{-15} 克的粒子，包括分子、原子、原子核、基本粒子等物质层次。微观粒子和微观现象总称微观世界。微观世界的运动服从量子力学、量子电动力学和量子场论所反映的规律。

20 世纪 20 年代以来，以量子力学为基础，形成了关于原子结构的现代理论。30 年代以后，形成了现代的基本粒子概念。质子、中子和电子被认为是构成自然界所有物质的基本单元，它们本身都没有内部结构，是基本粒子。后来，在宇宙线研究和利用高能加速器进行的实验研究中，又发现了数以百计的不同种类的基本粒子（包括许多超短寿命的共振态粒子）。一般根据它们质量大小及其他性质的差异而把基本粒子分为光子、轻子（包括电子、μ 子和两种中微子）、介子、重子（包括核子、超子）四族，参与强相互作用的介子和重子统称为强子。根据基本粒子的自旋（相当于它们固有的动量矩）属性，又可把它们分别为两大类：自旋是半整数的（如电子、中子、质子及一切具有奇数核子的原子核等）属于费米子，自旋是整数的（光子、介子、α 粒子及一切具有偶数核子的原子核等）属于玻色子。基本粒子物理学（又称粒子物理学或高能物理学）作为当代物理发展的前沿之一，深入到比原子核更深层次的微观世界中研究物质的结构性质及其规律，取得了丰硕的成果。

与原子层次、原子核层次相比较，亚核世界的一个极其显著的特征是，在这里能量大得足以产生粒子和反粒子。1928 年，英国物理学家狄拉克（1902—1984）通过数学分析首先描述了自然界的这种基本对称性：存在着物质和反物质（完全由反粒子构成的物质）。除了有正电荷核和负电子的正常原子之外，还应有负电荷核和正电子的原子即反原子。几年之后，在自然界真的发现了反粒子。研究表明，不单电子，所有的粒子都有对应的反粒子。正反粒子质量相等，而电荷符号以及其他一些内禀性质则相反。有一小部分正反粒子的所有性质完全相同，它们就是同一种粒子。此外还发现，粒子和反粒子能同时湮没，也能一起产生出来。例如，电子和正电子相遇，就会同时湮没而转化为两个或三个光子。在一定条件下，没有一种粒子是不生不灭、永恒不变的。

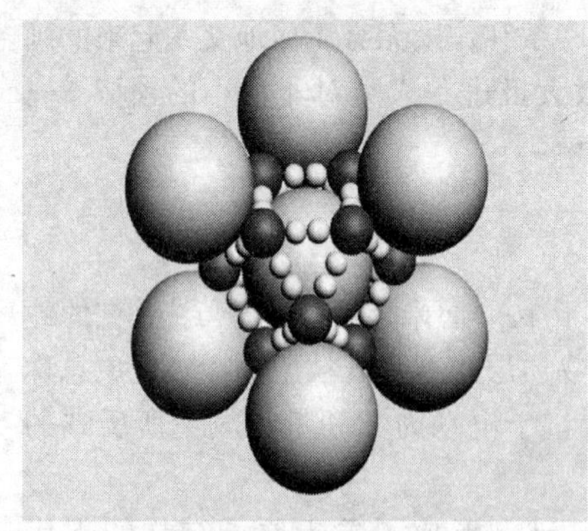
盖尔曼的夸克模型

基本粒子的大量发现以及对它们的性质和行为的深入研究，迫使人们重新审查基本粒子这一概念。基本粒子果真是物质最后的最简单的组成单元吗？它们是否还有其内部结构？在这些粒子中，是否有一些并不是“基本”的？1949年，费米和杨振宁最早提出并非所有的基本粒子都是基本的想法。1955年，坂田昌一扩充了费米和杨振宁的模型，提出所有的强子都是由核子、Λ超子和它们的反粒子构成的坂田模型。1964年，盖尔曼等提出夸克模型，认为所有强子都由三种称为夸克的粒子（上夸克u、下夸克d、奇异夸克s）组成，由一个夸克和一个反夸克的任何组合给出介子，而三个夸克（反夸克）的任何组合给出重子（反重子）。1965年，中国物理学家提出层子模型来研究粒子动态性质，此模型能统一地解释当时已发现的200多个强子的各种现象。他们认为，层子是物质结构在粒子层次上的组成部分，但它并不是物质最终的组成部分，可能包含更深层次的结构。由此推论，层子的种类也可能不止三种。后来的事实表明确是如此。1984年，丁肇中及里希特等分别发现了一个新粒子J（或称Ψ），它的非常独特的性质只能解释为它是由一个新的夸克c及其反粒子所构成。这个新的夸克称为粲夸克（粲层子）。在这之后，为了解释1977年所发现的Υ粒子，又引入了第五种夸克——底夸克b。1984年，在欧洲核子中心发现了可能存有第六种夸克的迹象，这种夸克被称为顶夸克t。①

尽管夸克模型（或层子模型）在理论上较好地说明了强子的组成和许多性质，但夸克（层子）究竟是现实的还是仅仅是某种数学对称性的反映，仍然是有待实验检验的问题。在20世纪60年代和70年代建成的一批能量更高、性能更好的加速器，提供了强子结构的一些实验证据。已有的大量实验表明，在强子内部确实存在像夸克模型所描述的那种带点电荷的、近似自由的结构。从高能电子

① 据1994年4月30日美国《科学新闻》报道，美国费米国家加速器实验室利用大功率Teatron加速器，让接近光速运动的质子和反质子之间发生碰撞，便产生成对的夸克和反夸克，这些质量较大的粒子几乎即时蜕变成可随后被检测的其他粒子的簇射。用这种方式找到的顶夸克之质量为1 740亿电子伏，误差范围约为正负10%，所测得的质量符合最新理论预言。费米实验室用来证实顶夸克存在的实验数据是从1992年8月到1993年6月所采集的数据中分析得到的。

对质子的散射实验特别是高能正负电子对撞实验中发现的三喷注（形成三个强子锥）现象，还观察到强子内部存在胶子（传递夸克之间的强相互作用的粒子）的踪迹。现在原子核不再仅仅被看成是由质子和中子组成的，而进一步被看成是由夸克（层子）和胶子组成的。不过至今所有实验都没有发现单个自由夸克和自由胶子，即使使用目前加速器所能产生的能量最高的粒子束轰击强子，也没有能将夸克、胶子打出来，使他们处于自由状态。夸克的这一奇异特征被称为“夸克禁闭”。那么是什么原因把夸克禁闭在强子内部呢？根据量子色动力学理论，夸克之间的作用力，是由于带有色荷（色量子数）的夸克相互交换带有色荷的胶子而产生的。夸克的色荷在近距离内极小，但当夸克间的距离拉大时，色荷随之增加，能量也需相应增大。必须做无穷大的功，才能把强子里的夸克或反夸克完全分开，这使得夸克和胶子不能以自由的状态存在。从粒子物理学的观点看，将夸克和胶子囚禁在强子内部是强相互作用所独有的性质，正是这种极强的相互作用使强子中的夸克互相吸引而束缚在一起。从辩证法的观点看，物质结构层次的分割具有不同的特点，夸克禁闭现象是在基本粒子层次上物质分割的复杂性、多样性的表现。

粒子物理迄今尚未发现轻子有内部结构的实验证据，但已知这类没有强相互作用的粒子与夸克间存在颇为显著的相似性。进一步弄清夸克和轻子的种类、性质以及它们之间的联系和可能的内部结构，对我们了解更深一层的微观层次的奥秘是很有必要的。

粒子间相互作用

自然界物质客体的运动包含着各种形式的相互作用，相互作用决定了物质的结构和性质。为了获得对物质世界的科学认识，就须揭示物体的各种相互作用形式。在基本粒子领域，相互作用被归结为四种基本形式：引力相互作用、电磁相互作用、弱相互作用和强相互作用。相互作用可以引起若干碰撞粒子的能量、动量及类别发生变化，也可以在自发衰变过程中使孤立粒子发生变化。物理学家认为，这四种基本相互作用能够相当完整地说明物质的特征，自然界中所有的相互作用，似乎都可归结为这四种。

这四种相互作用中，对应于长程力的引力作用和电磁作用可在宏观层次上起作用而表现宏观现象，因之早在近代关于宏观物理的研究中就已认识到了。对应于短程力的核力和弱相互作用是在原子核和基本粒子上显示出来，到 20 世纪 30 年代以后，通过原子核物理的发展才为人们所认识。

1. 引力相互作用

这是人们最先认识的一种相互作用。17 世纪，牛顿的万有引力定律描述了任意两个相距为 s 的粒子的相互吸引力，它可以解释行星绕太阳运动的轨道。爱因斯坦采用弯曲时空的黎曼几何来描述具有引力场的时间和空间，给出引力场中的物理规律和引力场方程。以此为理论基础的广义相对论，阐明了物质在空间和时间中如何进行引力相互作用。爱因斯坦还预言了以光速传播的引力波的存在，由于引力波太弱，目前还无仪器可直接观测。据现代引力场量子化理论，物体间存在引力是通过交换引力子而发生，但至今引力子仍未被观测到。

就适用范围来说，引力作用是自然界普遍存在的一种基本相互作用，不论是宏观物体还是微观粒子，所有具有质量的物质之间都存在引力作用。引力是长程力，它没有饱和性，随质量增大而增大。在天体物理领域里，因质量巨大，引力作用起着首要的作用，但它对基本粒子这样微小质量的物质作用是极小的，以致完全可以忽略不计。四种基本相互作用中，引力作用的强度远小于其他三种相互作用。

2. 电磁相互作用

自 18 世纪末建立库仑定律开始，随后在电磁学中又发现了一系列基本定律，逐渐形成了宏观的电磁相互作用理论，它被总结在 1864 年麦克斯韦的电磁场方程组中。到 20 世纪，麦克斯韦理论与量子力学原理结合，形成了微观的电磁作用理论即量子电动力学，它主要研究电磁与带电粒子相互作用的基本过程，其原理在原则上概括了原子物理、分子物理、固体物理、核物理及粒子物理各领域中的电磁相互作用过程。这是目前各种相互作用理论中发展得最为完整的理论。

现代量子电动力学研究表明，电磁相互作用是带电粒子与电磁的相互作用以及带电粒子之间通过电磁场传递的相互作用。带电粒子可以发射和吸收光子，它们之间的电磁作用通过光子场传递。在强度上电磁作用次于强相互作用，居于四种相互作用的第二位，其有效力程可达无穷远。

3. 弱相互作用

除光子和胶子外，其他所有粒子都参与弱作用。最早观察到的弱作用现象是原子核的 β 衰变，这是放射性原子核放射电子和中微子而转变为另一种核的过程，是原子核里的中子衰变造成的。中子衰变时，中子、质子、电子、反中微子这四种粒子通过弱作用联系起来。20 世纪 30 年代初，费米理论对 β 衰变作出了初步的理论描述。40 年代开始，又发现了多种弱作用，并发现这多种弱作用都有一个共同的相互作用强度。按强度排列，弱作用在强作用和电磁作用之后而居于第三位，其力程在四种相互作用中是最短的，所以在宏观领域里根本观察不到这种作用。研究者还通过与电动力学作类比，提出弱作用也如电磁作用一样，是由一种力粒子传递的，这种力粒子被称为中间玻色子。

4. 强相互作用

这是物理学家最后才有所了解的一种相互作用。只是当发现了原子核以后，才可能对强作用进行实验和理论研究。最早研究的强作用是核子之间的核力。汤川秀树（1907—1981）曾经提出核力是一种交换介子的相互作用。介子学说可以解释强作用的许多特性，但还不能说明一切已知实验事实。目前被认为是最有希望的强作用基本理论是量子色动力学，它可以统一地描述强子的结构和它们的强相互作用。

与其他相互作用相比较，强相互作用的强度最大，但其作用范围即力程很小，如同弱作用一样在宏观领域里也观察不到。此外，强相互作用还具有一个特点，即它比其他三种基本作用有更高的对称性，也就是说，在强作用的过程中有更多的守恒定律。守恒定律是物质运动过程中所必须遵守的最基本的法则，它说明自然界的不变性，特别是说明变化期间的不变性。基本粒子的相互作用为守恒定律提供了一种最好的经验基础。例如同位旋守恒在电磁作用中遭到破坏，同位旋、奇异数、宇称、电荷共轭等不变性在弱作用中均遭到破坏，但在强作用中，它们是守恒的。实验证明，相互作用愈强，所服从的守恒定律就愈多，对称性也就愈高；反之，相互作用愈弱，守恒定律被破坏的就愈多，对称性也就愈低。

现将上述四种相互作用的一些特征列于表 14—1。

表 14—1　　四种基本力的主要特征

力的类型	引力	弱力	电磁力	强力
强度	$\sim 10^{-40}$	$\sim 10^{-10}$	$\frac{e^2}{hc}=\frac{1}{137}$	~ 1
力程	$r \to \infty$	$r \ll 10^{-16}$ 米	$r \to \infty$	$r \to 10^{-15}$ 米 $\sim 10^{-16}$ 米
反应时间		$t \sim 10^{-18}$ 秒 直到 15 分钟	$t \sim 10^{-21}$ 秒	$t \sim 10^{-23}$ 秒
规范玻色子	引力子?	中间玻色子	光子	胶子
作用对象	一切物体	强子，轻子	带电及带磁矩粒子	强子，夸克
典型现象	天体运动	β 衰变，中微子反应	原子和分子力，安培力	强子的产生
理论	广义相对论	电弱统一理论	量子电动力学	量子色动力学

微观客体的规律

20 世纪科学实践的发展，层层深入地认识到物质内部结构的微观运动，发现微观客体是由一种不同于宏观世界规律性的特殊规律性所支配，用来自日常经验的经典物理学概念和语言不能对它作出完备的描述。量子力学是研究原子、分子、凝聚态物质以及原子核和基本粒子的结构和性质的基础理论，其认识成果是目前阶段我们所能认识到的微观世界的基本规律，主要内容包括微观世界的量子性、微观客体的波动—粒子二象性和微观世界规律的统计性，在本书第三章已有阐述。

二、当代物理学的新观念

在当代物理学中，场的观念日益占据主导地位，粒子被看成场的一种特殊形态。这种观念集中地反映在粒子物理学的基本理论即量子场论中。与此同时，有关物质现象的抽象的对称性及其与各种抽象的物理守恒量间的内在联系，也为当代物理学研究所揭示。规范场、对称性和守恒律三者之间的微妙关系，正在向人们昭示着大统一理论的前景。

量子场论

物理学将全部物理现象从根本上归结为粒子及粒子间的相互作用。目前人们已发现 450 多种粒子，这些粒子间可能发生四种基本相互作用，在相互作用过程中，粒子不断地产生、湮灭和相互转化，并且其中 430 多种是有内部夸克结构的强子。为了描述这些粒子产生、湮灭、相互作用、相互转化中的基本规律，物理学家将粒子和场统一起来，建立了量子场论。

量子场论向我们描述了一个场与粒子相统一的物理图景：全空间同时相互重叠地充满了各种场，每种场各对应于一种粒子。电磁场对应着光子，电子场对应着电子，中微子场对应着中微子……它们同时存在于全空间。

场的能量最低的状态称为基态。当某种场处于基态时，场由于不可能通过状态变化释放能量，而无法输出任何信号和显现出直接的物理效应，观测者也因此无法观测到粒子的存在。场的能量增加称为激发。当基态的场被激发时，它就处在能量较高的状态，称为激发态。场处于激发态时就产生了相应的粒子。场的不同激发态所对应的粒子数目及其运动状态是不同的，粒子的产生和湮灭代表量子场的激发和退激。由此可见，量子场是较粒子更基本的物质存在，粒子只是量子场处于激发态的表现。

下面，我们来谈谈真空。在真空状态下，每个场因处于基态而都不显现出相应的粒子，整个空间都没有可观测的粒子（常称为实粒子）存在。现代物理学研究表明，真空中尽管不存在大时空尺度下可观测的实粒子，但在极小的时空尺度下，会产生正反虚粒子对，如果外界不输入能量，这些虚粒子对会迅速湮灭。因此，真空中不断地有各种虚粒子对的产生、湮灭和相互转化的现象，称为真空涨落。

1. 物质存在的基本形态

物质存在的基本形态是三种基本场，它们是粒子与场互相对应的量子场。三种基本场分别为：

(1) 实物粒子场

它由自旋量子数为 1/2 的费米子组成，包括轻子（电子就是一种轻子）和夸克。轻子和夸克是所有实物的最小基石，目前尚未发现它们有内部结构。已发现的轻子和夸克之间有一种微妙的对称，人们将它们分为三代。如表 14—2 所示。

表 14—2　　三代轻子和夸克

	轻子		夸克	
	名称	电荷	名称	电荷
Ⅰ	电子（e）	−1	上（u）	$+\frac{2}{3}$
	电子中微子（Ve）	0	下（d）	$-\frac{1}{3}$
Ⅱ	μ 子（μ）	−1	奇（s）	$-\frac{1}{3}$
	μ 中微子（υ_μ）	0	粲（c）	$+\frac{2}{3}$
Ⅲ	τ 子（τ）	−1	顶（t）	$+\frac{2}{3}$
	τ 中微子（υ_τ）	0	底（b）	$-\frac{2}{3}$
?		?	?	?

稳定的普通物质都是由第一代轻子和夸克组成的。第二代轻子和夸克除中微子外极不稳定，它们所构筑的各种粒子很快就会发生衰变。第三代轻子和夸克也是如此。目前的前沿问题是：为什么有三代轻子和夸克存在？是否会发现更多代的轻子和夸克？

表 14—2 中每个粒子都存在一个反粒子，故被视为宇宙中实物物质的基石的实物粒子（场）共有 48 种费米子。

(2) 规范玻色子（媒介子）场

它由传递实物粒子之间的相互作用的媒介粒子组成。这些粒子的自旋为 1 或 2，属于玻色子。它们分别是传递强力的胶子（8 种），传递电磁力的光子，传递弱力的 W^+、W^-、Z^0 粒子和传递引力的引力子，共 13 种。目前，未观察到自由状态的胶子，但有充分的实验证据证明它的存在。由于引力的强度很弱，至今没有引力子存在的直接实验证据。

(3) 希格斯粒子场

它由自旋为0的粒子组成，是电弱统一理论预言的一种场。依照这个理论，电磁力和弱力本来是一种统一的电弱相互作用，W^+、W^-、Z^0 和光子原本都没有质量，统一的电弱力具有比较高的对称性。但是，随着能量的降低，这种对称性自发破缺，统一的电弱力分解为电磁力和弱力。在这个过程中，零质量的粒子与一种名为希格斯的粒子作用便获得质量，W^+、W^-、Z^0 因此成为静质量不为零的粒子，而光子未参与这种作用，静质量仍为零。量子场理论预言，至少有一种中性的自旋为0的希格斯粒子存在，并对其动力学和运动学特征作出了精确描绘。寻找希格斯粒子是当前粒子物理实验的前沿课题。

综上所述，最基本的粒子（场）有48种实物粒子、13种规范玻色子和至少1种希格斯粒子，共62种，其中引力子和希格斯子尚未找到。

2. 强子

在已知的以自由状态存在的粒子中，绝大多数是强子。强子分为两类：一类是自旋为0或正整数、质量介于电子与质子之间的介子；另一类是自旋为0或1/2的奇数倍的质量大的重子。所有的强子之间都有强力，同时也有弱力，带电的或具有磁矩的强子间还存在电磁力。值得指出的是，绝大部分粒子都有其反粒子，当然，有的粒子的反粒子就是它自身，如光子、η 介子、π 介子等。

粒子物理学的研究表明，强子是由带1/3或2/3单位电荷的夸克组成的，介子由一个夸克和一个反夸克组成，重子由三个夸克组成。

大量实验表明，强子内部存在夸克模型所描述的带点电荷的、近似自由的结构，并且发现了传递夸克之间的强相互作用的胶子的踪迹。因此，强子严格地来讲是由夸克和胶子组成的。但是，至今所有的实验都未发现单个的自由夸克和自由胶子，即使使用目前加速器所能产生的最高能量的粒子也未能将夸克、胶子从强子中轰击出来。这种现象就是前述的“夸克禁闭”。值得指出的是，当夸克间的距离小于 10^{-16} 米时，距离越近夸克间吸引力越弱，夸克的独立性逐渐加强。由于夸克的自由运动状态只能逐渐趋近，故称为“渐近自由”。

3. 基本力的统一

根据规范场理论，格拉肖、温伯格和萨拉姆将弱力和电磁力统一了起来。电弱统一理论经过了实验的检验，取得了巨大的成功。这一成功鼓舞了物理学家进一步将强力和电磁力、弱力统一起来的大统一理论的研究，和将所有的力统一起来的超统一理论的研究。其中，大统一理论认为，强力在高能时变弱，而电磁力和弱力在高能时变强，当能量达到约 10^{15} GeV 以上时，三种力强度接近一致，因而可能是同一种力的不同方面（如下页图14—1）。

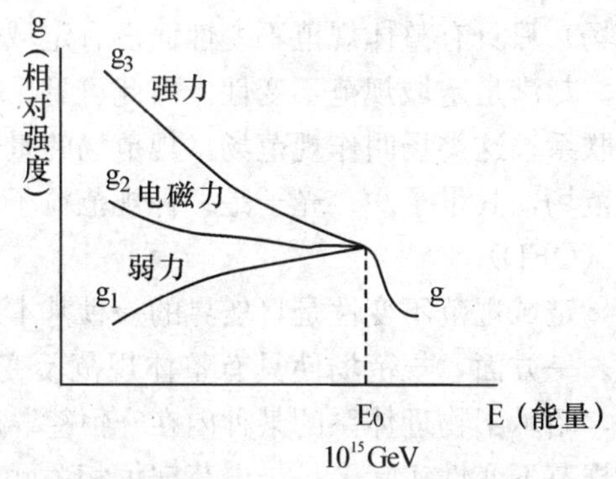

图 14—1 大统一理论

大统一的能量标度 10^{15}GeV 是一个十分巨大的能量，它对应的温度是 10^{28}K（太阳中心的温度只有 1.5×10^{7}K），靠普通方法无法达到。然而，根据现代宇宙学，宇宙是 10^{9} 年以前的一次大爆炸演化而来的，其能量可能达到这一数值，因此，我们可以借助宇宙这一天然实验室来检验大统一理论。值得指出的是，宇宙的能量为 10^{15}GeV 时，时间尺度为 10^{-35} 秒，空间尺度为 10^{-31} 米。类似地，当能量标度大于 10^{19}GeV 时，四种力统一为一种力。人们称 10^{19}GeV 为普朗克能量，与之对应的时间和空间尺度分别为 5.4×10^{-44} 秒（普朗克时间）和 1.6×10^{-35}（普朗克长度）。对普朗克时间以前的物理学研究是物质科学的最前沿，它涉及宇宙学、粒子物理、广义相对论、量子场论等各个理论物理的尖端领域。目前，重要的理论有超弦理论和量子引力理论。超弦理论认为，所有物理现象都起源于盘绕而成不少于 10 维的无限细的弦，引力子、中间玻色子、轻子、夸克等都是弦在弦空间中振动的不同模式，它们间的作用力是统一的弦与弦间的力。英国物理学家霍金（1942— ）等人的量子引力理论则将量子场论与广义相对论结合起来，试图对目前的物理理论无法解释的普朗克时间以前的宇宙进行研究，消去物理理论无法适用的奇点。

4. 规范场

由量子力学可知，自由电子（场）用时空中的概率波来描述。电子（场）的可观测量及其概率分布由概率幅函数决定。概率幅函数是一种复函数，对于自由电子场来说，如果空间各点处概率幅函数的相位改变同样的数值，概率幅函数所描述的结果不改变，即电子（场）的可观测量及其概率分布不变。物理学上将这种对空间各点进行相同变换后物理规律的不变性（对称性）称作整体规范不变性。与之相应，对空间各点进行了因时空坐标而异的变换后物理规律的不变性（对称性）被称为定域规范不变性。

虽然自由电子（场）只具有整体规范不变性而没有定域规范不变性，但是当电子处于电磁场中时，却满足定域规范不变性。由此可见，电磁场的存在与定域规范不变性的要求相联系，这类场叫作规范场，规范场的量子叫作规范粒子。电磁场是最早定义的规范场，其量子——光子是一种规范粒子。电磁力的规范场理论称为量子电动力学（QED）。

物理学家们认为，定域规范不变性是自然界的一种基本对称性，它揭示了自然界更深刻的统一性。一方面，规范场使具有整体规范不变性的物理体系（场）满足定域规范不变性，昭示了物理体系的某种内在守恒律。以处于电磁场中的电子（场）为例，定域规范不变性实际上是与电荷守恒相关联的一种对称性，因此电荷是电磁力的源。另一方面，物理学家们在电子通过交换光子而发生相互作用的启发下，试图用规范场来解释各种基本力的发生机制，即认为物理体系通过交换规范粒子而进行相互作用。

目前，较成功的规范场理论有量子电动力学、量子色动力学和电弱统一理论。其中，量子电动力学成功地描述了电磁力，并且得到了实验的检验。量子色动力学（QCD）是描述夸克间的强力的规范场理论。量子色动力学认为，夸克带有色荷，色荷在强相互作用中守恒。与这种守恒相对应，当夸克处于某个规范场中时，描述夸克的物理规律具有某种定域规范不变性。因此，色荷是强力的源，两个夸克之间通过交换胶子而发生强作用，胶子场是传递强力的规范场。

物理学家们的奋斗目标之一是用一个统一的理论框架描述物理现象。但是，当他们试图将规范场理论推广到弱相互作用时，却遇到了困难。根据规范场理论，规范粒子的静质量应为零，而弱力的性质表明传递弱力的粒子有质量。温伯格、萨拉姆等人提出了对称性自发破缺的概念，认为弱力和电磁力在能量大于10^3GeV时是统一的、对称的力，其规范粒子的质量为零，但能量降低到10^3GeV以下时，部分规范粒子在希格斯机制的作用下变得有质量，统一的电弱力分化为电磁力和弱力。这个过程被称为电弱统一相变。

类似地，物理学家们用大统一规范场和超统一规范场解释了力的大统一和超统一。其主要观点是：现有的四种力场在量子引力时期是超对称的、统一的规范场，随着能量的下降，先后发生超统一相变、大统一相变和电弱统一相变三次自发对称性破缺，最终形成了引力场、强力场、弱力场、电磁场四种规范场，它们分别对应于引力子、胶子、中间玻色子和光子等规范玻色子。

5. 前沿课题

量子场论为现代物质科学奠定了一个基本的理论范式。它将物质最基本层次的探索、物质世界最基本的相互作用力和整个物质世界（宇宙）的起源等前沿问题结合在一起，向物质世界这条难见首尾的“神龙”发起了挑战。目前，尚未解决的难题有：“夸克禁闭”问题、轻子和夸克的可分性、寻找希格斯粒子、质子衰变的实验研究、寻找磁单极子、寻找引力子、超弦理论、量子引力理论和量子宇宙学等。

对称性和守恒量

现代物理学研究表明，自然界存在着广泛的对称性，每一种对称性都对应着相应的守恒量。通过对对称性和守恒量的揭示，人们对自然的认识进入了更为深刻和抽象的层次，同时也为未知领域的深入探索提供了极具启发意义的方法。

1. 对称性和对称性原理

对称性　对称性是人们在观察和认识自然过程中产生的一种观念。几何上的轴对称、旋转对称、左右对称等都是常见的对称。在物理学上，对称性就是变换不变性。同一个系统可以处于不同状态，如果这些不同的状态没有区别，我们就说它们是等价的。我们把系统从一个状态变到另一个状态的过程叫变换，或者称为给系统一个操作。如果一个操作使系统从一个状态变到另一个与之等价的状态，或者说状态在此操作下不变，我们就说该系统对于这一操作是对称的。由于变换或操作的不同，有各种不同的对称性。最常见的对称操作是时空操作，相应的对称性称为时空对称性。其中，空间操作有平移、转移、镜像反射、空间反演等，时间操作有时间平移和时间反演等。狭义相对论中的伽利略变换则是一种时空联合变换。除了时空操作外，物理学中还涉及许多抽象的对称性操作，如全同粒子置换、规范变换、正反粒子共轭变换等。对称性变换还可以是几种不同类型变换的复合变换。对称性分为两类，一类是某个系统或某件具体事物的对称性，如晶体结构的几何对称；另一类是物理规律的对称性。物理规律的对称性就是指经过一定的操作后，规律的形式保持不变，故这种对称性又称为物理规律的不变性，相对论揭示的就是这种对称性（不变性）。

对称性原理　物质科学的最终目的是寻找事物之间的因果关系。科学定律的正确性与其可重复性和可预见性密切相关。在某种物理过程中，等价的原因必定产生等价的结果，例如，不论物体受力情况如何，只要满足合力为零这个条件，就必定有物体处于平衡态这一结论。用对称性的语言来讲，对称性原理就是：

（1）对称的原因必产生对称的结果；

（2）原因中的对称性必反映在结果中；

（3）结果中的不对称性必在原因中有反映。

借助这一原理，可以帮助我们在对物理机制不甚了解的情况下，定性地分析某些物理过程。例如，足球运动员在罚角球时常踢出一种“香蕉球”。如果赛场上无风或风很小，我们可以根据球踢出后飞行轨迹的不对称性（偏离竖直平面）断定，球除了受到竖直向下的重力外，还受到一种导致对称性破缺的力。仔细观察后，我们发现球在不停地旋转，正是这种不对称因素引起空气与球之间的相互作用，使球发生了偏斜。更进一步来讲，球的旋转这种不对称性来自运动员踢球时用力点的不对称性。

2. 对称性与守恒量

诺特定理 当我们已知某种对称性时，也许马上想到，可以由某一部分现象，通过对称性联系，去推测另一部分现象。德国女数学家诺特（1882—1935）则更为深刻地将运动规律在某一变换下的不变性直接与守恒定律的存在联系起来，提出了理论物理学的一个重要定理——诺特定理。这个定理指出，如果物理规律在某一不明显依赖于时间的变换下具有不变性，必相应存在一个守恒定律。诺特定理首先在经典物理学中得到普遍证明，后来推广到量子力学领域也普遍成立。这样一来，对称性和守恒律的对应关系成为跨越物理学各个领域的普遍法则。物理学家在探索未知领域时，一方面，可以首先从实验上发现一些守恒律，再通过对称性与守恒律的联系，来认识未知规律应具有的对称性；另一方面，也可以根据新发现的对称性反过来探求新的守恒律。如果物理规律的某种对称性并不严格成立（对称性破缺），那么它所相应的守恒量将变为近似守恒量，其不守恒部分所占比例将随对称破缺所占比例而定。正是由于这种关联性，物理学家可根据实际观测到的近似守恒程度，反过来推测运动规律的可能形式。当代理论物理学家尤其是粒子物理学家，正在运用对称性与守恒律努力寻找物质结构和物质作用力的深层次奥秘。目前，对称性、守恒律（量）和规范场已成为理论物理学家手中必备的三利器。

守恒量 在宏观物理中，涉及的对称性都是时空对称性。原来人们司空见惯的物理规律相对于空间坐标的平移不变性，经诺特定理揭示，与动量守恒律是等价对应的。与之相类似，物理规律相对于时间坐标的平移不变性决定了能量守恒，物理规律相对空间转动的不变性决定了角动量守恒。以上三个守恒律与时空对称性相联系，由于时空性质比一般力学规律有更大的普遍性，因而，三个守恒律比一般力学规律有更大的运用范围。

在微观领域，粒子物理学家揭示出微观粒子规律的许多内部对称性及相应的守恒量，如同位旋、奇异数、粲数、轻子数、重子数、电荷数、宇称等。微观领域的守恒量，依其与经典物理学的关系，分为有经典对应的守恒量，如能量、动量、角动量、电荷等，和无经典对应的守恒量，如同位旋、奇异数、粲数、底数、轻子数、重子数、宇称等。值得指出的是，首先，在微观领域，守恒量并不一定具有确定值，而只是在任何态下的平均值和测量值的概率分布不随时间改变；其次，并非所有的守恒量都可以同时取确定值。

对称性所涉及的变换可分为连续进行的连续变换和不连续进行的分立变换。时间平移、空间平移和空间转动等属于连续变换，而将空间坐标（x，y，z）变成（$-x$，$-y$，$-z$）的空间反射变换（P 变换）、将时间 T 变成$-$T 的时间反演变换（T 变换）及将粒子变成反粒子的共轭变换（C 变换），则属于离散地进行的分立变换。

与连续变换不变性相联系的守恒量是相加性守恒量。这类守恒量的计算法则是，复合体系的总守恒量等于各组分所贡献的该守恒量的代数和。能量、动量、角动量、电荷数、同位旋、奇异数、粲数、底数、轻子数、重子数等都属这类守恒量。与分立变换相应的守恒量是相乘性守恒量。这类守恒量只取$+1$或-1两个值，复合体系的总守恒量等于各组分该守恒量的乘积。宇称就属于这类守恒量。所谓宇称，是与 C、P、T 等分立变换不变性相对应的守恒量。对应于 C、P、T 三种分立变换，存在三种宇称，分别为空间宇称（P）、时间宇称（T）和电荷宇称（C），如下页图 14—2 所示。宇称只取$+1$和—1 两个分立值，两次相继的同类分立变换等于没有变换。在量子场论中可以严格证明，微观粒子现象中 CPT 联合反演变换具有严格的不变性，这就是 CPT 定理。正是 CPT 定理规定正反粒子的质量和寿命严格相等。

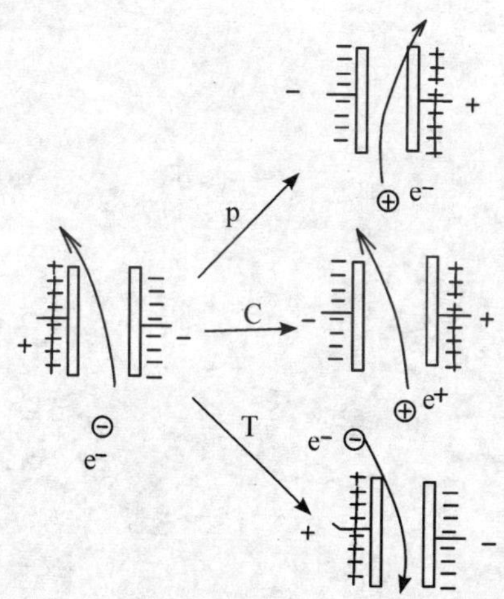

图 14—2 力学与电学过程的 C、P、T 变换

人们曾经认为，各类相互作用中涉及的守恒律都严格成立。1956 年前后，李政道、杨振宁、吴健雄通过理论研究和实验观测表明，P 宇称、C 宇称在弱相互作用上可以不守恒。后来的研究进一步揭示出，守恒律与系统的运动规律有关，特别与相互作用有关。我们将对所有作用都成立的守恒律称为严格守恒律；如果一个守恒律对某些相互作用成立，但对另一些相互作用不成立，而且后者的影响是次要的，则称为近似守恒律。例如，CP联合宇称在强相互作用、电磁相互作用下守恒，在弱相互作用上可以含有0.2%不守恒，它便是一个近似守恒律。这种近似守恒的原因何在，一直是粒子物理理论研究的前沿课题。

对称性和守恒律的意义 对称性之所以在物理学前沿占有重要地位，原因有三。其一，对称性和守恒律是跨越物理学各个领域的普遍法则，利用对称性和守恒律，我们可以回避一些复杂的过程量的演算，通过状态的不变性和状态量的守恒，探究物质结构及其相互作用的奥妙。其二，所谓不变性或对称性，深刻地揭示了自然界固有的不可测量性或不可分辨性，反映了自然的本质。其三，对称性和守恒律使物质运动和演化受到了一定的制约，一方面，它禁绝了违反守恒律的过程的实现；另一方面，为科学家提供了一个可以将研究不断推向新的领域的研究纲领，群论等描述对称性的数学方法已成为物理学研究不可或缺的工具。进一步的研究表明，相互作用越强，对称性也就越高。物理学家在此现象启发下，试图用超对称理论将四种相互作用统一起来，并认为现有的四种力的区分是能量、温度下降导致的对称性逐级缺破造成的。这一理论也许与终极理论还相去甚远，但对称性和守恒律可能是通往终极理论的一座灯塔。

第十五章

科学背景下的宇观世界

与微观世界相对应，我们在现实生活中所处的世界叫作宏观世界，一般日常所见的各种客体都是宏观的物质客体（空间尺度大于10^{-6}厘米）。“宇观”在这里泛指天体宇宙。可以认为，从人类对自然界认识的深度和广度看，现代物理学研究的前沿，已经离开人的直接感知的宏观世界，向全新的自然领域扩展。一方面，从分子、原子逐步深入到基本粒子，向着微观世界的深处进军；另一方面，从地球延伸到太阳系、星系团、总星系，向着广袤无际的宇观世界发展。

一、现代天文学的重大进展

在现代，天文学是以物理学为基础的物质科学的一个分支，主要研究宇观层次物质系统的运动演化规律。

随着现代天文观测技术的突破性发展，科学家陆续发现了许多新的天文现象，有些现象可用新的物理学来解释，如星系红移、脉冲星、微波背景辐射等，对这些天文现象的解释推动了物理学研究范围向宇观层次的扩展和微观研究与宇观研究的结合，有些则难以用已知的物理学理论来解释，如类星体、γ爆发等。科学家认识到，天体和宇宙太空所独具的巨大尺度、巨大质量以及超高温、超高压、超高密度等条件，远远超过人类在地球上能创造出的最佳实验条件，使它们成为物理学最完备的“实验室”。于是，用最新物理学理论武装起来的现代天文学，又成为科学前沿之一。

天文观测技术的进展

20世纪以来，天文观测技术有了长足的进步。首先是发现了来自银河中的无线电波，开创了用射电波研究天体的新纪元。第二次世界大战中，英国的军用雷达接收到来自太阳的强烈无线电辐射，拉开了射电天文学的序幕。从此，在光学天窗之外，又打开了射电天窗，开始了用波长从毫米到米的电磁辐射研究天体的历史。60年代，随着航天技术的发展，人们已能冲出大气圈去观测宇宙的远紫外线、红外线、X射线和γ射线，使天文学进入了全波天文学的崭新时期，天文考察可达到150亿光年的范围，追溯到150亿年以前的宇宙事件。60年代以后，随着航天技术的发展，人们已经能够冲出大气圈去观测宇宙。同时，可见光波段的天文观测仪器的观测能力也有了巨大的提高，如1990年美国用

"发现"号航天飞机送上地球卫星轨道的哈勃太空望远镜，最大观测距离也是150亿光年。

对恒星演化规律的认识

对包括太阳在内的恒星演化规律的研究，是天体物理学和天体演化学中较早取得突破性进展的领域。

20世纪初，丹麦天文学家赫兹普龙（1873—1967）和美国天文学家罗素（1877—1957）各自独立发现，绝大多数恒星的光谱类型与其光度（绝对星等）之间存在一定的正比例关系，在光谱型—光度图（横坐标表示各类光谱型，纵坐标表示光度）上，它们都分布在一条从左上方到右下方的序列上，称为主星序。左下角有少量的白矮星，而巨星位于上部的一条水平带上，再上面还有超巨星。后人称此图为赫兹普龙—罗素图，简称赫罗图（H-R图，见下页图15—1）。他们认识到，恒星演化的线索可以从恒星光谱、光度和质量的变化关系中找到，但囿于当时的物理学理论，他们未能提出正确的恒星演化理论。

核物理学建立后，人们通过理论分析和计算，认识到像太阳这样的主序星的主要能源只能是氢核聚变等热核反应，从而建立起恒星演化的科学理论。根据这个理论，主序星的前身一般是一团尘埃（气体云），由于引力的作用而收缩聚集成发光的"星胚"，"星胚"继续收缩，其核心的温度越来越高，达到近千万度以后，便发生氢核聚变反应（氢聚变为氦），从而进入主序星阶段。这时由于恒星内部的辐射压和气体压抵挡住了进一步的引力收缩，使其进入了平稳期。像太阳这样的G型主序星的聚变反应进行得很缓慢，内部所含的氢可维持100亿年的聚变，即在主序星上可停留100亿年。氢接近用完后，其核心部分只剩下聚变产物氦。由氦构成的内核，由于引力作用，越缩越密，而仍由氢构成的外壳则在继续燃烧中膨胀，使这样的恒星变成一个表面温度较低、体积很大（比原来扩大250倍）的红巨星。红巨星的氦核继续收缩，当中心温度达到1亿度时，便开始氦聚变成碳的过程。这个过程的末期，由碳构成的核心不再收缩，使外壳很快膨胀成与中心脱离的行星状星云；而中心体不具备引起碳聚变的条件，因而又继续收缩，形成一个密度很大、亮度很低的白矮星。

其他主序星的演化过程与G型星的演化过程大体相同，只是由于它们的质量大小不同，演化的最终结果有所区别。现代天体物理学认为，一般恒星的演化都经历引力收缩—平稳期—红巨星—白矮星（或中子星，或黑洞）四个阶段。

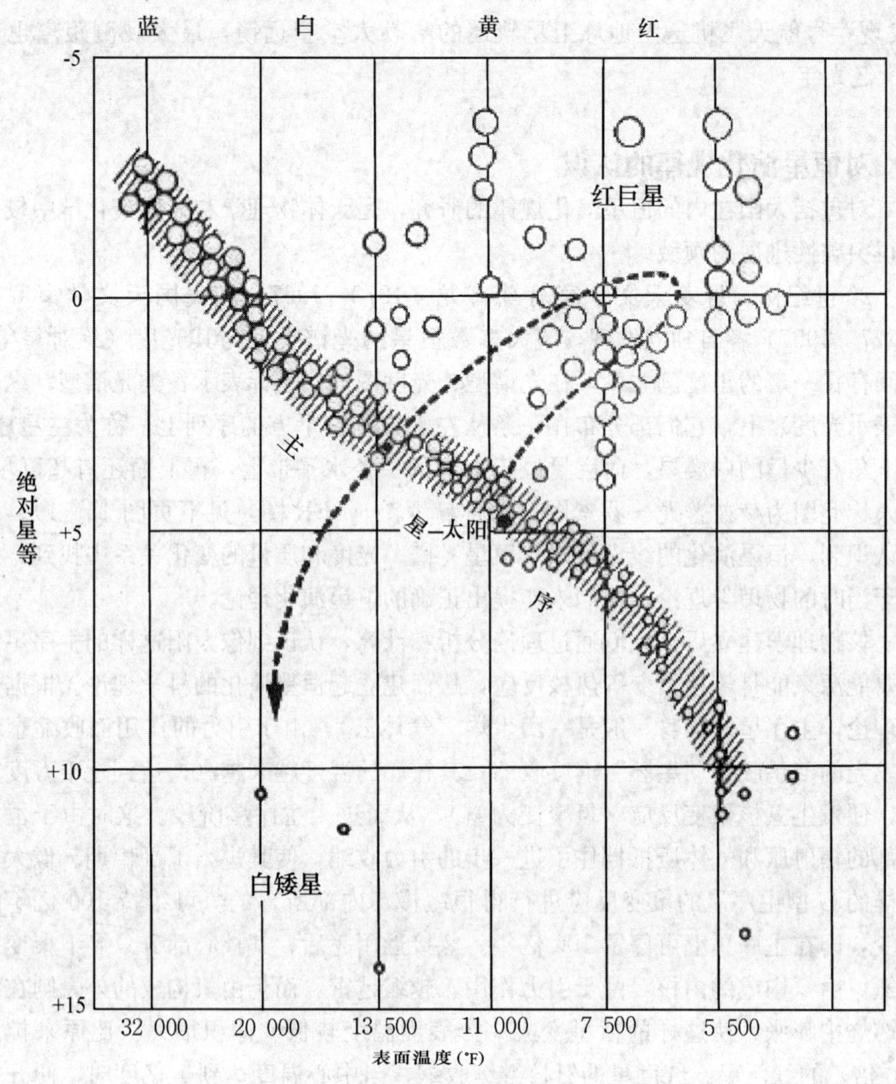

图 15—1　赫罗图

恒星演化的末期，依据质量大小不同，将形成三种天体：白矮星、中子星和黑洞。它们各自由何种质量大小的恒星演变而来呢？天文学上一般以太阳质量为标准进行判断。如果恒星质量小于 1.44 个太阳质量，其结果就变成白矮星；如果质量为 1.44～2 个太阳质量，就变成中子星；如果超过 2 个太阳质量，就变成黑洞。

图 15—2 大致表示了恒星演化的过程。

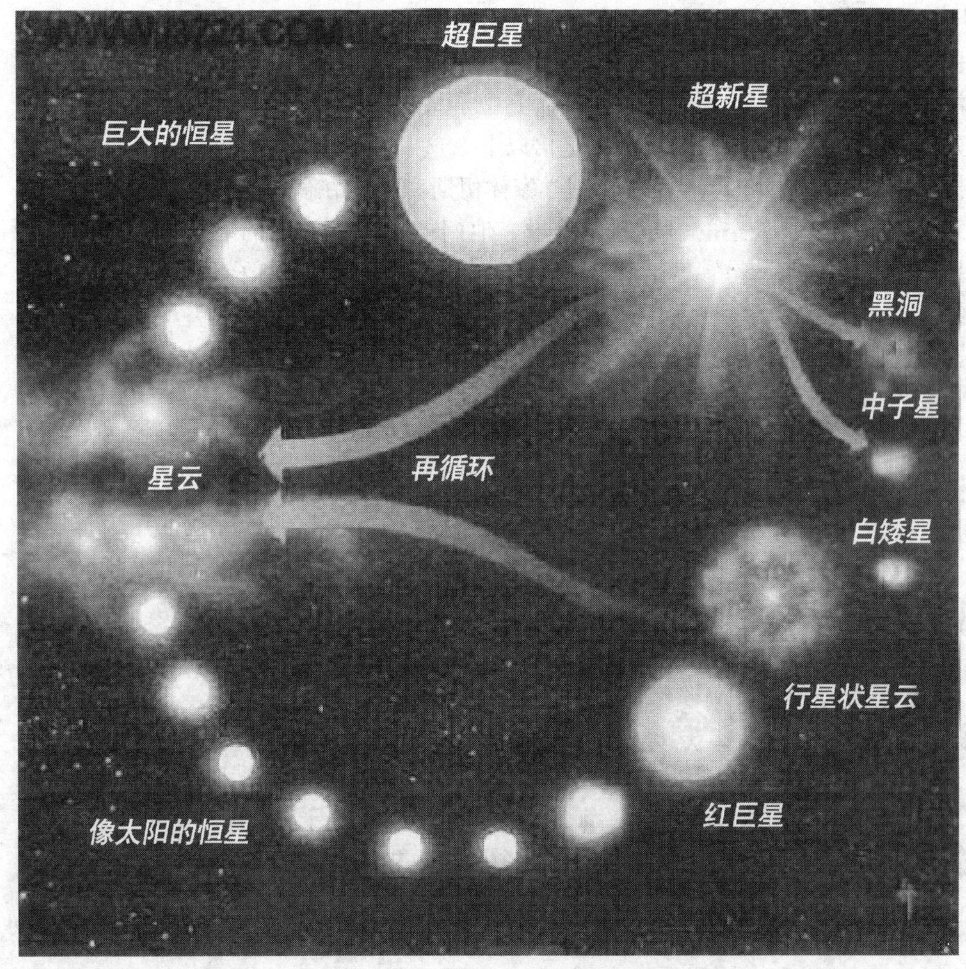

图 15—2　恒星演化示意图

白矮星、中子星、黑洞

最早发现的白矮星是天狼星，它是美国科学家克拉克（1832—1867）于1862年发现的。白矮星体积很小，密度很大，亮度只有普通恒星的平均亮度的1/10000～1/1000，肉眼很难看到。它的密度之大，直到20世纪量子力学建立后才得到解释。目前，已经发现的白矮星有1 000颗以上。

中子星的存在是苏联物理学家朗道（1908—1968）从理论上提出的一个预言。他认为，当物质被压缩到原子核密度时，90％以上的电子和质子结合成中子，由这种物质组成的恒星是可能存在的。1934年，美国天文学家巴德和茨维基提出中子星是由超新星爆发而产生的假说。1939年，美国理论物理学家奥本海默（1904—1967）用广义相对论研究中子星的结构，并算出中子星的直径只有几十千米，密度则比白矮星高一亿倍以上。这一假说当时难以令人信服，因而被搁置了30年。1969年，英国物理学家休伊斯和贝尔在研究行星闪烁现象时，无意中观察到来自天空的射电脉冲信号，他们把这一新发现的射电源称为“脉冲星”。不久，“脉冲星”就被确认是快速自转、有强磁场的中子星。目前，人们已经发现中子星330颗以上。中子星是一种物质密度极为巨大的恒星，中子星上一颗花生米大小的物质颗粒其质量将有几亿吨，其磁场比地球实验室内可达到的最强磁场强几百万倍，而引力场要比地球的引力场强千万倍。

奥本海默

黑洞是广义相对论所预言的一种特殊天体。1939年，奥本海默等人根据广义相对论推断：一个较大质量的天体，当它向外辐射的压力抵挡不住向内的引力时，要发生塌缩；当塌缩到某一临界大小时，便形成一个封闭的世界，称为“视界”。“视界”之外的物质和辐射（包括光子）可以进入“视界”之内，但“视界”之内的物质和辐射却不能跑到“视界”之外。也就是说，一切物质和辐射到它那里，都有去无回。人们把这种天体称为“黑洞”。由于黑洞的探测十分困难，所以这个预言也被搁置了起来，直到中子星被发现后，人们才想到它可能存在，并进行了探测。许多科学家认为，现有的观测已经证明了黑洞的存在。但是，也有人认为，黑洞的理论依据和观测证据都不充分。黑洞是否真的存在，还有待理论的进一步探讨和观测手段的进一步发展。

二、宇观世界的层次

像微观世界那样，宇观世界的客体也显示出层次性的变化。不同层次上的天体系统，其结构和规律有不同的特征，这是宇宙物质的质的多样性表现。有关这方面的认识，随着天文观测的进展而不断深化。

宇观客体通常按其空间尺度和质量大小可分为行星、恒星、星系、星系团、超星系团及总星系等层次，每个层次中还可进一步划化为若干亚层次。

行星

尺度为 10^8～10^{10} 厘米，质量为 10^{24}～10^{30} 克。行星及其卫星构成了我们所知道的天体系统。太阳系中的一切行星几乎都沿着同一平面上的椭圆形轨道绕太阳运转。现在一般把四颗内行星（水星、金星、地球、火星）称作类地行星，它们有许多大致相同之处，均主要由石质和铁质构成，半径和质量较小但密度较高。四颗大行星（木星、土星、天王星、海王星）又称类木行星，它们的成分中轻气体占优势，质量和半径都远大于地球但密度都较低。冥王星是个特殊情况，虽然它是颗最外面的行星，但比起四颗大行星来却更像地球。①

太阳系的九大行星中，水、金、火、木、土五颗行星早在几千年前已被人们所知晓。近代在发明天文望远镜后发现了天王星，继之通过理论计算和观测又找到了海王星，亮度最微弱的冥王星直至 1930 年才被发现。到 20 世纪 50 年代末人类进入空间时代以前，已发现了 31 颗卫星（月球，火卫 2 个，木卫 12 个，土卫 9 个，天卫 5 个，海卫 2 个），此外还掌握了一千多颗小行星的轨道运动。1962 年，美国发射的“水手 2 号”宇宙飞船飞过距金星 35 000 千米处，这是人类第一次就近考察太阳系行星，自此揭开了空间科学的新篇章。此后，人类曾多次向行星发射探测器，获得了关于行星各方面的大量资料。

恒星

尺度为 10^6～10^{14} 厘米，质量为 10^{32}～10^{35} 克。恒星和行星是两个显然不同的层次。从形态组成看，包括太阳在内的恒星都是气态的，即使密度极高的白矮星亦是如此（中子星除外）。已有的研究结果表明，恒星最初可能是一团主要由氢组成的球状星云。在恒星演化过程中，由于内部收缩，温度上升，氢核聚变成氦核并放出巨大能量，氢的量在不断减少而氦的数目就不断增加。随着恒星的进一步演化，氦将聚变成更重的元素。因此，恒星的化学组成同它的年龄有关。从质量看，恒星的质量在比较狭窄的范围内变化。质量比太阳大 10 倍的恒星很少。太阳的质量为 2×10^{33} 克，比地球质量大 33 万倍。由于恒星的质量比行星大得

---

① 冥王星是不是行星一直存有争议。起初，它被多数人认为是太阳系中的一颗行星，但是，在 2006 年 8 月 24 日于布拉格举行的第 26 届国际天文学会上通过第五号决议，将冥王星划为矮行星（dwarf planet）；而在 2008 年 6 月，国际天文学会再将冥王星作为类冥矮行星（Plutoid）的原型。如果这种观点最终被接受，太阳系的行星数将减少到 8 个。

多，万有引力的收缩足以使其内部加热到很高温度，使热核反应得以持续进行，这是区别恒星和行星的关键。太阳乃是太阳系能量的源泉，它决定着太阳系各行星和其他星体在其中运行的引力场。以现代科学关于恒星能量来源的了解和大量的观测材料为依据，20世纪50年代形成了恒星演化的一般理论，这一理论能够较好地解释恒星在赫罗图上沿着一定序列的演化过程。

银河系

星系

尺度为 $10^{20}\sim10^{24}$ 厘米，质量为 $10^{38}\sim10^{47}$ 克。星系是由几十亿至几千亿颗恒星以及星际气体和尘埃物质等构成的天体系统，其内部的恒星在运动，星系作为一个整体也在运动。银河系是由围绕我们的恒星所组成的巨大盘形星系，它包括的物质足够形成2 000亿颗以上类似太阳的恒星。银河系的各个部分并不相同，各种组成物聚集成为相互渗透的亚系统。太阳不在银河系中心，而是靠近银河系的边缘，距中心约3万光年。星系的特点就在于不具有太阳那样的中心物体，引力场决定于星系组成物的总和。银河系以外的星系称为河外星系。1924年，天文学家哈勃在仙女座星云里找到了造父变星，证明它们远在银河系之外，从而使人类的视界从恒星世界推向星系世界。现在已经在天空中发现了上亿个星系。除一些普通星系外，还发现了许多特殊星系。20世纪60年代，在星系世界中发现了一种性质奇特的天体——类星体，这是极其遥远、辐射异常强烈而且在产能区域内能量无比密集的一类天体，本质上可能是某种活动星系。这种新型天体的发现，给现代天文学带来了意义重大的研究课题。

星系团、超星系团

一般无明显特征尺度，但观测事实表明，确实构成一个天体层次。像恒星那样，星系成群成团地被发现。在较小范围内，星系以双重星系、三重星系以至更多重星系的结构出现。多重结构又可进一步构成小的星系群。比星系群更大的成团结构就是星系团。在星系团内部，星系靠引力联系在一起，星系间有随机的相对运动。目前，已发现上万个星系团，不同的星系团包括的成员星系数不等，大小各异。大的星系团如距地球10亿光年的阿贝尔（ABELL）2029

星系团，是由上千个星系组成的，每个星系中都有数十亿颗恒星。在这个星系团的中央，已观察到一个由 100 多万亿颗恒星构成、超过银河系 60 倍的最大星系。

与星系成团现象相似的是超级成团现象，即由星系团构成高一级的成团结构——超星系团（或称二级星系团），它们往往具有扁长的结构。本超星系团（包括 50 个左右星系团和星系群）是这一类天体系统的代表。

总星系

尺度大约为 12^{28} 厘米，质量约为 10^{54} 克。通常指我们观测所及的宇宙部分，有时又称为“我们的宇宙”。总星系中包括目前所知的全部恒星系和星系团，用现代的观测技术还不能到达它的边界。这个无比广阔的天体系是比星系团更高的天体层次，它具有其他层次所没有的整体膨胀运动和大爆炸起源方式的特殊本质，这点我们将在下面谈到。这里应当指出，总星系绝不能“总”揽整个宇宙，它还是“我们的宇宙”，而不是“唯一的宇宙”。在总星系之外，还存在着尚未被我们发现的星系。“宇之表无极，宙之端无穷。”从哲学自然观的意义上讲，宇宙是无限多样的天体构成的物质世界，是无限和有限的统一。人类对宇宙的认识，从太阳系到银河系，再扩展到河外星系、星系团乃至总星系，这是一个从有限向无限过渡的无休止的发展过程。现在所认识的宇观世界的各个层次，正是反映了从有限向无限的扩展。随着科学技术的进步，被观测的“我们的宇宙”会不断发展，它的内涵也会不断发生变化。

三、作为整体演化的宇宙

20 世纪物理学和天文学在大量观测事实的基础上发现，展现在人们面前的可观测的宇宙，是由相互作用着的物理客体所构成的一个有规律的整体，是一个演化着的整体。作为天文学的一门分支学科的宇宙学，就是从整体的角度来研究宇宙的结构和演化的。一般认为，现代宇宙学的研究肇始于爱因斯坦。爱因斯坦在广义相对论里改变了关于宇宙的概念，把时间、空间、物质、引力和运动全部联系成统一的整体。广义相对论提供了宇宙中最大尺度上所发生事件的最好描述。爱因斯坦于 1917 年发表的论文《根据广义相对论对宇宙学所作的考察》标志着现代宇宙学的诞生。

就现代宇宙学研究的内容来看，它包括观测宇宙学和理论宇宙学两个部分。

前者侧重于发现大尺度的观测特征，后者侧重于研究宇宙的运动学和动力学以及建立宇宙模型。这两个部分又是密切联系、互相补充的，有许多问题既是观测性的，也是理论性的。

宇宙的大尺度特征

观测宇宙学发现，在目前观测所及的大天区上，从整体看存在一些大尺度的特征，诸如：

（1）宇宙物质的均匀分布。在宇宙的小范围内，恒星的分布是完全不均匀的，如银河系里明显组成核球和银盘等密集分布区。星系的分布也不均匀。但是，在星系团和超星系团以上的大尺度上，宇宙物质的分布是接近均匀的。宇宙学中有一个叫作宇宙学原理的假设，认为宇宙物质在整体上是均匀分布和各向同性的。它的含义是：第一，在宇宙学尺度上，空间任一点和任一点的任一方向，在物理上是不可分割的，即其密度、压强、曲率等是完全相同的；第二，宇宙中各处的观测者，观测到的物理量和物理规律是完全相同的，没有任何一个观测者是特殊的。这条宇宙学原理意味着宇宙不存在任何中心，均匀各向同性的空间是没有中心的空间。到目前为止，这一原理似乎是与观测一致的。

（2）河外天体谱线红移。除少数几个近距星系外，河外天体发出的可见光谱线均有移向较长波长的趋势，称为红移。其原因是这些天体都向离开地球的方向移动，这称为退行。哈勃发现，愈远的星系，其光谱线向红端移动量愈大，且有近似正比关系，这就是哈勃定律，其比例常数称为哈勃常数。这一定律表明，整个观测到的宇宙正在均匀地向外膨胀。

（3）微波背景辐射。这是一种来自宇宙空间背景上微波波段的辐射，是彭齐亚斯和威尔逊于 1965 年发现的。这种辐射具有黑体辐射谱，温度近于 2.7K（习惯称为 3K 背景辐射）。由于黑体谱只有通过辐射与物质之间的相互作用才能形成，因此微波背景辐射必定是极大的时空范围内的事件。今天观测到的黑体谱表明，这种辐射起源于宇宙早期的热力学平衡阶段。微波背景辐射还具有高度的各向同性，说明它不是由某个特殊的射电源发现的，而是弥漫于太空之中。宇宙在大尺度范围内被认为是相当各向同性的，也支持了这种辐射起源于整个宇宙的观念。

（4）氦丰度。已知天体都是由与地球上一样的化学元素组成的。从天体尺度看，氢和氦是最丰富的元素，二者丰度之和约占 99%。按质量计算，氦的含量约为 1/4。这个丰度在许多不同种类的天体上都具有大致相近的比值，这显然不是偶然的，而同宇宙早期大尺度上的演化进程有关系。

（5）星系和形态。宇宙中形形色色的星系大多数都可归纳为几种基本结构类型，即旋涡星系、椭圆星系、棒旋星系及透镜状星系等，亮星系半数以上是旋涡星系。各种类型的物理特征如质量等，弥散范围不太大。

（6）天体的时际。从已经获得的天体年龄来看，各星系中最古老的天体大约都在150亿年左右，星系的年龄估计也不会长很多。

这些大尺度上的现象，反映出大尺度天区存在着某些为小尺度天区所不具备的时空结构、运动和演化的特殊性质。

宇宙模型

在科学研究中常常从一定的概念和数量关系出发，对客体从理论上作出一系列推断，亦即通过建立理论模型以便更好地理解客体或物理过程，并用以预测尚未认识的现象。当把可观测宇宙作为一个整体来研究时，为了了解宇宙在大尺度上的结构特征、运动形态和演化方式，通常也要建立宇宙模型。建立这类模型的前提假设就是所谓宇宙学原理。由前面所谈有关原理的基本内容可以看出，它主张宇宙中任何一个部分在本质上是等价的，任何方向都是平权的。虽然这一原理并不适用于宇宙的细节，但可把它当作宇宙大尺度结构的平均效应。因此，它至今仍是研究宇宙学的一个出发点。

1917年，爱因斯坦在他建立的宇宙模型中，首次提出宇宙空间均匀各向同性的假定。这个宇宙模型（通称为爱因斯坦模型）给出了广义相对论场方程的第一个宇宙学解，即宇宙是有限无边的静态解。“静态”是指宇宙没有经历任何随时间的大尺度变化；“有限”指宇宙就空间广延来说是一个闭合的连续区，其体积是有限的；“无边”则表示它是一外弯曲的封闭体，因而是没有边界的。为了得到一个稳定的静态宇宙，爱因斯坦在他的引力场方程中增加了一个会在非常大的距离上产生排斥力以平衡吸引力的宇宙项。1922年，苏联数学家弗里德曼（1889—1925）基于广义相对论和宇宙学原理（不用宇宙项）得出了非静态的宇宙模型，弗里德曼宇宙是一个膨胀着的体系。在观测到河外星系的普遍退行现象后，爱因斯坦的宇宙模型为其他模型所取代，但爱因斯坦所引进的许多观念仍未失去生命力。

伽莫夫

在已有的各种宇宙模型中，美国物理学家伽莫夫（1904—1968）于20世纪40年代中期依据弗里德曼的思想和比利时宇宙学家勒梅特（1894—1966）的“原始原子”爆炸起源的理论所提出的热大爆炸模型，因能解释较多的观测事实而为多数天文学家所接受，被称为标准模型。按照这一模型，宇宙是在150多亿年前，从一个超温密的“奇点”爆发产生，并经历了从热到冷、从密到稀、从“辐射”为主过渡到“实物”为主的演化史。在这个过程中，宇宙体系不是静止的，而是在不断地膨胀，今天的宇宙正在减速膨胀。这个模型得到三个重要观测事实（河外天体谱线红移、宇宙氦丰度的测定结果和微波背景辐射）的支持，确实能够系统地预言并说明作为一个演化着的整体的许多重要特征。近年来，美国科学家根据宇航局宇宙背景辐射卫星（COBE）发回的信息，发现了证实宇宙大爆炸理论的新证据。COBE上的仪器检测到宇宙微波背景辐射中的温度起伏，这种起伏反映了微弱的引力起伏，也就是物质密度的不均匀。科学家们相信，这样的起伏使原初的宇宙有足够的不均匀，以促使物质聚集，并经过约150亿年的演化后形成今天的宇宙结构。此外，科学家还发现COBE对大爆炸残留能量的精确测量结果，恰好与依据大爆炸理论推断出的温度能量衰退理论曲线完全相符。

热大爆炸模型也存在一些问题没有解决，如各向同性分布，奇点如何避免的问题等。在这一模型的基础上，古斯等人在20世纪80年代又进一步提出了暴胀宇宙模型，除了一点根本的差别外都与热大爆炸模型相似。暴胀模型认为宇宙开始于一个非常短暂但又非常迅速地膨胀的阶段，这一被称作暴胀的过程只持续了一个大约10～30秒的短暂瞬间，而宇宙在这段时间内则增大了10^{30}倍。暴胀对热大爆炸模型所作的显著改进在于，它可以使现今观测到的宇宙状态来自于一组宽阔得多的、更为合理的初始条件。在一定的意义上可以说，具有暴胀机制的热大爆炸宇宙模型已为现代宇宙学奠定了可靠的基础。

宇宙学原理允许宇宙随时间演化，就是说宇宙在它的不同历史时期也是不同的。有人把这原理推广成所谓的完全宇宙学原理，认为宇宙不仅从空间的任何一点看都相同，而且在任何时候看都完全相同。在以这种完全宇宙学原理为前提而得到的稳恒态宇宙模型中，不存在“大爆炸”，宇宙的性质在大尺度时空范围内稳恒不变。这个模型也同意宇宙在膨胀中，但它要求在宇宙膨胀过程中物质密度不变，因而物质必须连续不断地从虚无中创造出来，这样就违背了一些普遍适用的守恒律。另外，这个模型也无法解释微波背景辐射。观测表明，它是个不正确的模型。

四、宇观世界与微观世界的联系

宇观世界和微观虽然分属无机自然界的两个不同领域，但在它们之间却存在着十分密切的联系，正如诺贝尔物理学奖获得者格拉肖所说，隐藏在原子内心的，是宇宙结构的秘密。细微如粒子，浩瀚如宇宙，这两个极端竟然是相通的！从科学认识的角度看，粒子物理学和宇宙学这两个大相径庭的物理领域也已结下了不解之缘。它们彼此交叉，互相依存，共同促进了人们对统一的物质自然界的了解。

关于恒星物理的研究早已查明，太阳能量的来源是它中心部分原子核的聚合反应。现在知道，这个过程是所有四种已知自然力复杂的相互作用的结果。引力使太阳内部处于高温高压的状态，这使得原子中的电子被剥离，只余下核（大部分是质子，因为太阳大部分是由氢元素组成的）互相碰撞。在两个质子的碰撞过程中，弱力使一个质子转化为一个中子，后者受强力作用与另一个质子结合。在几次核反应之后的净结果是两个质子和两个中子聚合。此过程释放出相当大的能量，电磁力使能量的释放受到控制——带正电荷的质子相互排斥，由于电磁力的作用，太阳得以平衡地燃烧了几十亿年。

恒星演化理论表明，自现在至几十亿年后，一旦太阳用完了它的氢，它将开始聚合氦元素为更大的元素，使太阳膨胀为一颗光度更高的红巨星。对于一些很重的恒星，在其演化的晚期，往往会发生异常激烈的超新星爆发，释放出巨额能量，这一过程伴随着大量核物理反应。据研究，超新星爆发时核心区释放出一种不带电的以光速运动的基本粒子，即电中微子，它带走了大量能量，并会对星体外壳产生足够大的压力，将外壳吹散。可见，中微子在超新星爆发中起了重要作用。由于中微子能够不受阻碍地跑出恒星表面，因此通过对恒星发射的中微子进行探测，可使我们获得有关恒星内部的信息。

超新星爆发的一个重要后果是其核心收缩而形成中子星——一种主要由中子组成的晚期恒星。1976年，脉冲星的发现证实了中子星的存在。中子星的物质极端稠密，大约为10^{13}～10^{15}克/立方厘米，这是属于原子核等级的密度。这种高密度系统内的许多过程与粒子物理密切相关。在高密情形下，可能出现别的粒子，还可能出现新的粒子物态，如反常中子态，甚至夸克态。在超新星爆发时，如果核心区塌缩成更小的尺度，就可能形成一种新的特殊天体——黑洞，其中引力之大使任何物质包括光线都无法逃逸。1974年，霍金把量子理论的方法应用于形成黑洞的过程，证明了存在从视界（即黑洞的边界）向外稳定发射纯热能范围的粒子。大质量黑洞的发射温度很低，粒子发射能力也就微乎其微；小质量的黑洞温度很高，发射强度很大，最终总是要爆发而放出大量高能粒子。在黑洞视界产生纯量子粒子的这一发现，成为把相对论和量子统一起来的最初尝试。自20世纪30年代后期奥本海默等人根据广义相对论预言宇宙存在黑洞以来，寻找黑洞一直是相对论天体物理学的重要课题。1992 年，哈勃望远镜拍到黑洞图像，从而首次获得了宇宙中存在黑洞的直接证据。

从现代宇宙学的认识成果来看，极早期宇宙的演化与基本粒子的演化也是紧密结合不可分割的。根据热大爆炸模型，宇宙刚诞生时的温度和密度都很高，那时并不存在粒子，爆炸发生之后 10^{-6} 秒，温度和密度已经下降了，物质就能以基本粒子动态平衡的形式存在，就是处于光子、中微子、介子、电子、极少量的质子和中子，以及所有这些粒子的反粒子相互作用和转化的动态平衡状态。这种情况只维持了 1 秒钟。爆炸发生后，在 1 秒钟内温度已经降到 10^{10} K。这时正反粒子大都湮灭了，只剩下光子、中微子以及极少量的电子、中子和质子。这里所谓极少量是与爆炸初期的各种粒子总数相比，实际上今天宇宙里存下来的就是这个极少量。观测表明，在我们这个宇宙中，物质是由质子、中子和电子等构成的；反质子、反中子、反电子等这些反粒子占宇宙总质量的 $1/10^4$ 以下，它们不能构成我们周围环境中某个永久性的部分。物质多于反物质，说明宇宙中重子和反重子是不对称的，但是在所有已知的粒子过程中重子数总是守恒的，那么，我们这个正物质世界又是从何而来的呢？按照大统一理论，大统一过程主要发生在 10^{24} 电子伏那样的高能情形下，而且重子数可以不守恒。这一理论提供了解释宇宙中重子不对称需要的基本要素，而且与膨胀宇宙论结合可解释宇宙中重子光子密度比。古斯的暴胀宇宙就是建立在把大统一理论用来描述宇宙演化的最初瞬间这样的基础上，因为宇宙极早期温度超出了大统一（温度 10^{28} K）好几个数量级。这个模型所预言的一些细节密切地依赖于所利用的基本粒子理论，但这些东西尚未被弄清楚，大统一理论也碰到了严重的问题（如质子衰变的寿命问题）。对宇宙演化的深入阐明，有待于粒子物理学的进展及其与宇宙学的进一步结合。

总之，现代物理学对于微观领域和宏观领域的开拓，以最新的科学事实表明，我们所面对的整个自然界形成一个体系，即各种物体相互联系的总体。现代科学达到这种认识，也可以说是广义系统论意义上的系统自然观，它不再把宇宙（及其各个部分）视为由互相分割的无联系的客体所组成的某种东西，而是看作具有内部结构的、系统性的、动态的整体。

第十六章

科学背景下的生命世界

作为生命科学研究对象的生命自然界，是极为纷繁多样、变化万千的。进入20世纪以来，生物学的研究逐步趋于分析和实验的方向，创立了真正有系统性的实验生物学。一方面，随着分子生物学的兴起，从分子层次来了解生物体，获得许多前所未知的微观的和定量的信息，深入地揭示了生物遗传和变异的机制。另一方面，理论生物学家贝塔朗菲（1901—1972）反对生物学中的机械论和活力论观点，倡导以系统思想为基础的机体论，强调把生物作为一个整体或系统来考虑，并且确定生物科学的主要目标在于发现有机体各层次组织的原理。在生命科学中，系统方法成为最有力的工具之一，对各种生命现象的系统研究现已成为生物学研究的主要方式。20世纪生命科学这两个维度上的前进揭示了生命现象的辩证性质，极大地加深了人们对生命世界的理解。

一、生命活动的分子基础

恩格斯依据他那个时代的生物学和化学所达到的认识成果，提出“生命是蛋白体的存在方式”，这一经典定义启示人们从分子层次上去探索生命的本质。现代生命科学深入到分子层次的研究，揭示了许多生命现象后面所隐藏的最根本的原因机制依赖于细胞内外特定分子的功能。活细胞的许多种生命分子里，蛋白质和核酸这两类生物大分子在生命活动中起着其他生命物质难以起到的独特作用。研究蛋白质、酶和核酸等生物大分子的结构、功能及其相互之间的关系与运动规律，乃是分子生物学的核心内容。

蛋白质的结构与功能

早在19世纪40年代，科学家已证实了蛋白质对于生命来说较碳水化合物和脂肪更为重要。在它的组成中不仅含有碳、氢和氧，而且还含有碳水化合物和脂肪所没有的氮、硫和磷。19世纪末以来，人们逐步弄清了所有的蛋白质都是由20种不同的氨基酸所构成。在蛋白质分子中，氨基酸首尾相连形成多肽长链。氨基酸在肽链上的排列顺序，以及肽链之间的相互交联，通常称为蛋白质的一级结构或化学结构。20世纪50年代中期测定了胰岛素的氨基酸排列顺序（胰岛素是一种较小的蛋白质，由两条分别含有21个和30个氨基酸的肽链组成），从而揭开了阐明蛋白质一级结构的序幕。

蛋白质一级结构的阐明，为研究蛋白质结构与功能的关系奠定了基础。就同种蛋白质中氨基酸顺序的个体差异来说，已发现蛋白质分子化学结构中的细微差异，在某些情况下可能引起生物功能的显著变化，甚至使生物体出现病态现象。比如，有的贫血病人具有镰刀状的红细胞，血管经常堵塞，造成组织坏死，或产生溶血现象。这种病起因于病人红细胞中的血红蛋白一级结构异常。再就不同种属间蛋白质中氨基酸顺序的差异来说，通过比较从不同生物体分离得到的执行相同功能的蛋白质的一级结构，为研究生物的进化史提供了有力的证据。

蛋白质分子除具有基本的一级结构外，还具有在三维方向扩展的特定的空间结构（即三维构象）。将X射线衍射分析成功地应用于蛋白质结构测定，科学家已经阐明了大量蛋白质的空间结构。蛋白质分子的多肽链可沿着其长轴卷曲形成有规则的构象，称为二级结构。比如，构成所有陆上脊椎动物保护层的角蛋白，主要就是由广泛存在于各种蛋白质中的一种二级结构——α螺旋所形成的。二级结构在空间中进一步盘曲、折叠，形成三级结构。所有具有高度生物活性的蛋白质（如酶、蛋白激素、抗体蛋白等），都具备三级结构、近似球状的球蛋白。在许多较大的分子和复杂体系中，具有三级结构的独立单位彼此主要以表面的次级作用相联系，又可形成更大的聚合体（如多亚基蛋白、多酶复合体等），此即四级结构。现在人们认识到，具有独特的三维结构是蛋白质分子的一个显著的特征。蛋白质结构的这种多层次和错综复杂的基本特点是同它的复杂功能密切相关的，因此研究蛋白质的三维结构是理解分子功能的关键。

种类众多、结构不同的蛋白质具有多种多样的生物功能。蛋白质不仅作为细胞的构成成分为生物形态结构所必需，而且作为生物的功能物质起着生命活动的主要承担者的作用。蛋白质的一个最重要的功能是酶的催化作用。酶是生物体组织或细胞内所产生的具有特殊催化活性的催化剂，除近年来发现的极少数具有催化功能的核糖酸以外，所有已知的酶都是蛋白质。生物体新陈代谢过程中千百种化学反应都是由酶所催化的，并受酶的控制和调节。如果离开了酶，新陈代谢就不能进行，生命也就停止。可以说，自然界中一切生命现象都与酶有关。作为生物催化剂，酶的特点是具有极高的催化效率，比一般催化剂通常要高$10^7 \sim 10^{13}$倍，而且酶能保证生物体内化学过程在常温、常压、近中性水溶液等温和条件下按一定顺序进行，这和一般的非生物体的化学反应是显著不同的。酶反应还具有高度专一的特征，某一种酶只能与特定的化合物（称为底物）发生特定的反应，且生成特定的产物。例如肽酶只能水解肽类，脲酶只能催化脲的分解反应等。

蛋白质的另一个主要功能是输送物质的作用。在生物体内，蛋白质作为承担某种特异性输送体系的物质，起着对生命活动不可或缺的重要作用。比如，血红蛋白在氧浓度高（氧分压高）的肺部接受氧，再把氧释放到氧分压低的组织里。

血红蛋白的四个亚基（肽链）都各含有一个血红素，血红素中的二价铁能和氧相结合。由于血红蛋白基间有协同氧合的作用，使之成为有效的运氧分子。在消耗大量氧的肌肉等处，存在着成为氧载体的另一种含铁的血红蛋白质，这就是肌红蛋白。它跟血红蛋白很相似，也能跟氧结合，把氧贮藏起来。

还有一些蛋白质，例如肌动蛋白和肌球蛋白是肌肉收缩系统的必要成分。肌肉的舒张和收缩，在分子层次上就对应于这两种肌纤维之间做相对滑动。肌动蛋白和肌球蛋白分别是蛋白质分子的聚集体，肌肉收缩现象是由于聚集体结构变化的结果。

在高等动物的血清中，含有能选择性地结合异物、使机体对疾病产生免疫力的蛋白质，称为抗体或免疫球蛋白。抗体有很高的特异性，一般只能与相应的抗原（即引起抗体产生的物质）起专一反应。抗体还有很大的多样性，即它们可以和成千上万的各种抗原起反应。抗体的这些显著特征也是同它们的结构紧密相关的，由抗体分子的氨基酸顺序可知，正是这些顺序的多样性构成了抗体特异性和多样性的分子基础。

活细胞中存在着具有一定组成和结构的几千种不同的蛋白质分子，或作为机体的结构成分，或作为控制有机体代谢的酶，或是具有特殊性质的抗体激素，最终都显示为各色各样的形态特征和生理性状。

核酸的结构与功能

蛋白质生物化学的巨大成就，在人们面前展示出关于成千上万种蛋白质和生化反应的浩如烟海的数据，那么，究竟是什么东西在组织、指挥着如此众多、复杂的结构和过程？这个问题的答案不在蛋白质本身，而是要从核酸生物化学以及分子遗传学的研究中来回答。

核酸是最重要的生命物质，最初是在19世纪60年代末从外科绷带上脓细胞的核物质中发现的，比蛋白质的发现约晚30年。发现核酸后不久，就证明了它是已研究过的所有细胞和组织的正常组分。但是，关于核酸的结构及其重要的生理功能，直到1950年以后才为人们所认识。随着研究的进展，作为生命的最基本分子，核酸逐渐取代蛋白质的主角地位而占据了生物学的中心位置。

研究判明，核酸是由许多核苷酸连接而成的大分子，每一个核苷酸则由碱基、糖和磷酸三部分组成。根据所含糖的种类不同，可将核酸分为两大类：含有脱氧核糖的脱氧核糖核酸（DNA）和含有核糖的核糖核酸（RNA）。DNA主要由腺嘌呤（A）、鸟嘌呤（G）、胞嘧啶（C）和胸腺嘧啶（T）四种碱基组成的脱氧核糖核苷酸构成，RNA主要由腺嘌呤、鸟嘌呤、胞嘧啶和尿嘧啶（U）四种碱基组成的核苷酸构成。所有 DNA 中腺嘌呤与胸腺嘧啶的摩尔含量相等，即 A=T；鸟嘌呤与胞嘧啶的摩尔含量相等，即 G=C。这一规律的发现，为 DNA 结构模型的建立提供了重要根据。RNA 有信使 RNA（mRNA）、转运 RNA（tRNA）和核糖体 RNA（rRNA）三种类型，从碱基组成看，不像 DNA 那样具有严格的 A=T、G=C 的规律。DNA 主要存在于细胞核中，RNA 主要存在于细胞质中。

和蛋白质类似，核酸的结构也同样有一级结构和空间结构的多层次特点。许多不同的核苷酸按一定次序结合形成的大分子长链，称为多核苷酸，这种结构就是核酸的一级结构。长链再经折叠卷曲，形成一定空间结构（可以分为二级结构与三级结构）。任何一种有特殊功能的 DNA 或 RNA 链中，各核苷酸排列顺序（序列）是一定的。如果把任何两个核酸顺序颠倒，或在链的某一部分插入一个核苷酸，或把任何碱基的结构加以细微的改变，都会造成其生理功能的改变。

就空间结构来说，目前被广泛接受的 DNA 分子模型，是美国生物学家沃森（1928—　）和英国生物物理学家克里克（1916—2004）于 1953 年提出的双螺旋结构模型。按照这个模型，DNA 分子是互相缠绕的两条长链，是围绕同一个中心轴结构的类似梯子状的双螺旋结构。这两条链是反向平行的，一条链的原子顺序正好与另一条链的原子顺序相反。两条核苷酸链依靠彼此碱基之间形成的氢键联系并结合在一起。极具特色的是，碱基的配对不是随机的，而只能是 A 与 T、G 与 C 相互配对，这样其距离才正好与双螺旋的直径吻合。这种碱基之间互相匹配的情形称为碱基互补。因此，当一条核苷酸链的碱基序列确定以后，即可推知另一条互补核苷酸链的碱基序列。显而易见，碱基互补原则具有十分重要的生物学意义，它是 DNA 的一系列功能的分子基础。上述模型表明，双螺旋结构对链上核苷酸排列顺序并无任何限制，因而大分子 DNA 中核苷酸的排列方式是千变万化的。但是，每一种生物的 DNA 都有其自己特异的核苷酸序列。根据分子遗传的研究，具有特定的核苷酸序列的 DNA 片段，构成遗传物质的最小功能单位——基因。1977 年，有研究人员用电子显微镜观察到基因有若干分裂节，表明基因

沃森和克里克

可以是不连续的断连体结构。据测定，一个人体细胞中的DNA含有10万个基因，分布在46个染色体上。在研究高级生物体时，发现“分裂基因”结构的普遍现象，使人们对基因结构和生物进化的认识发生了根本的变化，对生物学基础研究有着异常重要的意义。

除某些病毒的基因由RNA构成以外，多数生物的基因由DNA构成。最短的DNA分子大约含有4 000个核苷酸对，最长的大约含有40亿个。一个基因大约有500～6 000个核苷酸对。

核酸的生物学功能也是多种多样的，但最为重要的是在生物遗传中的作用。20世纪40年代中期，有人做了细菌“转化”实验，用从有荚膜的肺炎杆菌中分离出的纯粹的转化因子，能使没有荚膜的肺炎菌转化为有荚膜的肺炎菌。转化因子即使经过分解蛋白质、RNA、脂类或荚膜物质等的处理后，仍然具有使细菌转化的活性；而如果经过分解DNA的处理，转化因子就失去活性。这就表明，DNA是使一种肺炎菌转化成另一种的活性物质。20世纪50年代初，用噬菌体（侵染细菌的病毒）做进一步的实验表明，以噬菌体作媒介，可以把一种细菌DNA转给另一种细菌，使后者的遗传特性发生相应的改变，这就是噬菌体的转导现象。由此可见，科学实验直接证明了DNA对生物特有的遗传变异起着极为关键的作用。在病毒中，有的遗传物质是DNA，有的则是RNA。RNA病毒不含DNA，显然在这类生物中，RNA是遗传的物质基础。病毒RNA还可通过复制而形成新的DNA。

现代生物学已充分证明，DNA是生物遗传的主要物质基础。每个DNA片段都携带了生物的某种遗传，这种遗传信息记载于组成DNA的全部核苷酸排列顺序之中，并且通过DNA的复制由亲代传递给下一代。能够准确地自我复制是DNA作为遗传物质的一个基本特点。由于DNA是遗传信息的储存所，在合成DNA时，决定其结构特异性的遗传信息只能来自其本身，因此必须以原来存在的分子为模板来合成新的分子。在复制时，碱基对彼此互补的双链解开，每条链都可以作为模板合成一条互补的新链，这样新形成的子代DNA与母本DNA的结构完全相同，这种复制叫半保留复制。借助于这种复制，DNA的多核苷酸链经过许多代仍可保持完整，并存在于后代而不被分解掉。DNA的双链结构及其半保留复制说明了DNA在代谢上的相对稳定性，这同它的遗传功能是相符的。

DNA的核苷酸序列既然蕴藏着遗传的信息，从而也就决定着生物的遗传性状，如形态、结构、大小、颜色、代谢等。由于生物体的生命活动过程主要是通过蛋白质来实现的，所以遗传信息的揭示过程，也就是DNA指导生物体中各种蛋白质的合成过程。那么，DNA 分子是怎样指导蛋白质的生物合成的呢？或者说，它是通过什么途径使性状表达出来的呢？这就是遗传信息转录和翻译。所谓转录，就是遗传信息从 DNA 传给 RNA，这里的 RNA 叫信使 RNA（mRNA），意即它是基因遗传信息的使者。转录的过程即是以 DNA 的核苷酸排列顺序为模板，按照互补方式来合成 mRNA 的过程。所谓翻译，就是将 RNA 携带的遗传信息传递给蛋白质，也就是用 mRNA 分子中的核苷酸排列顺序决定蛋白质分子中各种氨基酸的排列顺序。上面已经指出，不同的蛋白质都各有它特定严格的氨基酸顺序，而核酸分子即主要由四种各含不同碱基的核苷酸组成。研究证明，在核苷酸链上每三种连接的碱基决定一个氨基酸，核酸分子上所携带的这种遗传信息又称为遗传密码或三联体密码，查清氨基酸的遗传密码可以编制密码字典。遗传密码在生物界几乎是普遍通用的，即不论病毒、细菌还是高等生物都共用一套密码字典，这方面最有力的证据是病毒基因可以在人的细胞中指导 mRNA 和蛋白质的合成。遗传密码的通用性，是不同生物之间能实行基因工程的基础。基因工程是改造生物遗传性的一种新技术，它打破了种属间的天然屏障，可以把一个生物体中的基因引入另一生物体中，培育出具有新遗传特征的生物类型。

遗传信息从 DNA 到 RNA（转录），再从 RNA 到蛋白质（翻译），这种形式的信息转移在所有生物的细胞中都得到了证实。1957 年，克里克把它概括为“中心法则”，这是遗传信息在细胞内的生物大分子间转移的基本法则。但是，不能把这一法则绝对化。1970 年，在一些 RNA 致癌病毒中发现它们在宿主细胞中的复制过程是先以病毒的 RNA 分子为模板合成一个 DNA 分子，再以 DNA 分子为模板合成新的病毒 RNA。前一个步骤称为反向转录，是上述“中心法则”提出后的新发现，它完善和补充了 DNA“中心法则”。

DNA 作为遗传物质不仅具有高度的稳定性，能够忠实地复制自己并将自身所携带的遗传信息一代一代地传下去，而且还能发生变异。DNA 的分子结构并不是一成不变的，在各种理化因素或环境因素的影响下，DNA 的碱基排列顺序即遗传密码可能发生改变，从而引起基因突变。即使在正常的情况下，DNA 复制过程中也有可能发生频率极低的突变。突变后的基因可以产生新的遗传性状并可在变异的基础上进行自我复制。比如镰刀形细胞贫血症，归根结底，是由于碱基置换突变导致正常血红蛋白中个别氨基酸的改变而引起的。从历史的观点看，突变是进化的最基本、最原始的材料。地球上的生物是在悠久的进化过程中，利用突变所产生的变异作材料，经过自然选择的作用而逐渐发展起来的。没有突变，也就没有进化。

核酸和蛋白质的辩证关系

生物体内蛋白质的合成是与核酸密切相关的。DNA控制着蛋白质合成的遗传信息，任何蛋白质一级结构中的氨基酸序列最终由DNA上的基因决定。以DNA为模板转录合成的多种RNA都直接参与蛋白质生物合成的过程，如mRNA是蛋白质合成的直接模板，通过它把DNA上储存的遗传信息传递给蛋白质。另一方面我们还应当看到，核酸对蛋白质合成的这种作用并不是单方面的。实际上，在生物的统一体内，核酸和蛋白质是相互联系、相互依存又相互制约的。离开了核酸的信息，固然不能进行蛋白质的生物合成，离开了蛋白质（酶），也就无法完成核酸的复制及转录过程。它们之间的关系可用图16—1表示。

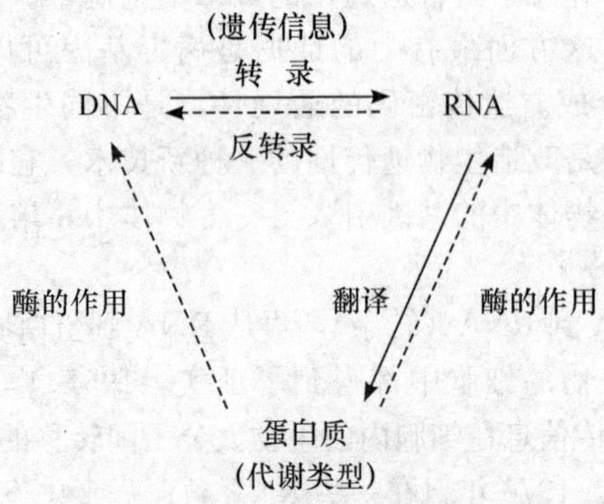

图16—1 核酸和蛋白质的相互作用

核酸的合成包括DNA和RNA的自我复制以及它们之间的相互转录，在这些过程中各有其不同专一性的酶参与作用。DNA聚合酶在DNA复制中起着关键的作用，它可以催化四种脱氧核糖苷三磷酸聚合成DNA；当其结构和功能发生改变时，就可能影响到DNA复制的准确性。现已分离出多种与DNA聚合反应有关的酶（包括几种DNA聚合酶和连续酶），可以在体外酶促合下生成DNA。生物体内DNA损伤的修复过程也有多种与DNA复制有关的酶参与作用。除了有关的酶外，DNA的复制还需要一些蛋白质参与作用，如解链蛋白和超螺旋松蛋白对于打开DNA双螺旋的两条链是必要的作用因子。像DNA的复制那样，RNA指导的RNA聚合酶在RNA的复制中也是不可缺少的。某些RNA病毒，当它侵入宿主细胞后即可借助于这种复制酶而进行病毒RNA的复制。致癌RNA病毒的复制则是由反向转录酶所催化的，这种酶存在于所有致癌RNA病毒中。再就遗传信息的转录过程即在DNA指导下RNA的合成来说，需要 RNA 聚合酶先与 DNA 模板的一定部位相结合，并局部打开 DNA 双螺旋，然后才开始进行转录。

细胞基因的表达，即由 DNA 转录成 RNA 再翻译为蛋白质的过程，是受到严格的调节控制的。1961 年，根据大肠杆菌中酶的生物合成的基因调节的研究，法国生物学家莫诺和雅可布提出操纵子模型（见图 16—2）。按照这个模型，在功能上彼此相关的编码蛋白质的基因组成操纵子，它包括一个或多个能决定酶的氨基酸结构的结构基因和一个控制结构基因转录的操纵基因，而后者又在由一种称为调节基因所产生的蛋白质的控制之下。这种蛋白质（阻遏蛋白）与操纵基因结合的时候，结构基因不起作用，而当它与操纵基因脱离的时候，结构基因就通过转录、翻译等过程合成相应的酶。阻遏蛋白能通过和一些小分子化合物的结合，接受环境的信号，根据需要控制操纵基因，从而控制酶的生成。操纵子学说已在原核细胞生物中得到实验的证明，它很好地说明了细菌体内的遗传基因之间、核酸和蛋白质之间以及小分子物质和蛋白质之间相互作用的辩证关系。

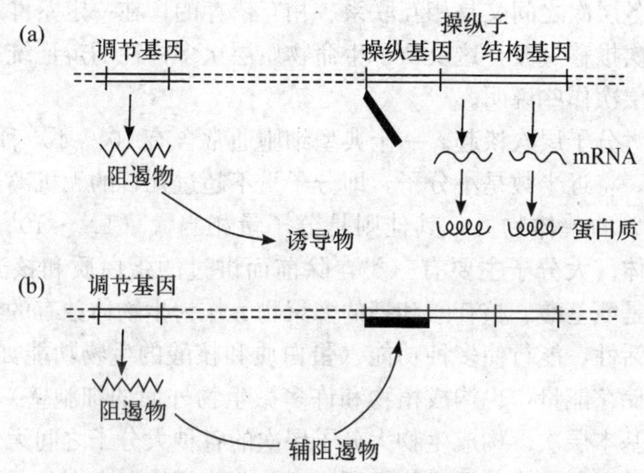

（a）在诱导系统中，使阻遏物失活，从而允许信使 DNA 产生；
（b）在阻遏系统中，使阻遏物激活，抑制信使 DNA 和蛋白质的产生。

图 16—2　操纵子模型

综上所述，蛋白质和核酸构成了一切生命现象的物质基础。从功能上看，蛋白质是代谢物质，核酸是遗传物质。在一个独立完整的生物体的生命活动中，二者都是必需的。恩格斯在一个多世纪以前所说的作为生命存在方式的“蛋白体”，根据现代科学认识特别是分子生物学的研究成果，应是指以蛋白质和核酸这两类生物大分子为重要组成的物质体系。生命活动就是这种物质体系所固有的矛盾运动。

二、作为系统的生命现象

现代生命科学的研究告诉我们，从最低等的原核生物到最高等的人类，一切生物体都是组合起来的系统，是一个多层次的、结构复杂的系统。在机体的各种器官中，人的大脑是一个最复杂的系统。生命系统作为一个有机整体的特征，不能简单地还原为它的组成部分的单独的性质。

生命系统的结构层次

根据现代生物学的认识，整个生命自然界可以划分为11个不同层次，即：生物大分子—细胞器—细胞—组织—器官—器官系统—个体—种群—群落—生态系统—生物圈。最低层次是生物大分子，最高层次是生物圈。各个层次都各有自己特殊的矛盾和运动规律，分别构成了生命科学各个分支学科的特殊研究对象。从整体上讲，各层次之间又是相互联系、相互依存的，在一定条件下一个层次可以向另一个层次推移过渡，这反映了生命物质层次多样性的辩证统一。这里主要就个体以下的层次作些说明。

先从生物大分子层次谈起。一个典型细胞通常含有 $10^4 \sim 10^5$ 种不同的分子。在这些分子中，将近半数是小分子，即分子量不超过几百的无机离子和有机化合物，一般为简单的单体物质，其他则是分子量相当大（$10^4 \sim 10^{12}$）的大分子，一般都是聚合体。大分子主要有三类，除前面讲过的蛋白质和核酸外，还有多糖，它们分别是氨基酸、核苷酸和糖的多聚物。作为生物体独有的组成部分，大分子具有生命活性，能行使多种功能（蛋白质和核酸的生物功能如前述，另外，大分子多糖能储存能量，也构成植物和许多微生物外面的细胞壁），是生命现象的一个重要的基本层次。构成生物大分子层次的各种大分子之间无例外地存在着相互作用，这是一条已为分子生物学所确证的普遍规律。在大分子间的相互作用过程中，小分子（如金属离子、甲基、水等）也起重要作用。关于核酸和蛋白质的联系，我们已作过介绍，这里需要特别提到的，是发生于生物分子之间的专一的选择性的相互作用，即所谓“分子识别”。遗传物质的复制和遗传信息的表达，都要以生物分子之间的“识别”为基础。对DNA与能“识别”特定碱基顺序的蛋白质之间的相互作用的研究表明，有许多蛋白质只与特定顺序的碱基结合，如聚合酶可从特定碱基顺序起始合成DNA和RNA，调节蛋白能开启和关闭特定基因的活性等，因此，“识别”机制是大分子层次上进行整合的关键因素。如果没有特定的分子结构的选择性"识别"，则在整合中，各组成部分的决定性相互作用和调整是不可想象的。

在生物体内，许多不同种类的相互作用的分子和生物高聚物，以及它们相互作用的产物，被组织成行使功能的活细胞。细胞是我们称为生命系统的物质单元和结构基础（病毒是细胞的寄生物，可视为一种边缘系统），它作为一个自给的、有组织的集合体，构成了微观生命现象的又一重要层次。代表着原始水平的细胞组织结构的形式是原核生物细胞，这些简单的细胞不拥有明确的、致密的细胞核和膜状胞质细胞器等结构。但是，即使是原核生物中最简单的，也是最小的细胞——类胸膜肺炎微生物，也含有必要的用于复制 DNA 的酶，能够完成蛋白质合成，将葡萄糖裂解成为丙酮酸以吸取葡萄糖分子内的部分能量，因此具有独立生存的能力。尽管非常小，但由于它们能从外界环境的物质中吸取能量，能从简单的前体合成大分子物质，能复制它们自身，所以它们具备了成为真正细胞的合格条件。它们代表最低限度的最小的组织结构，这是自主行为所必需的组织结构。生命世界中另一大类复杂性增加的细胞形式是真核生物细胞，它们具有形成多细胞系统的能力，相应地，也就存在多细胞系统的细胞特化和复杂的整合性。通过细胞的特化，众多的细胞可以形成能够利用广大范围环境的多种类型的生命，使得进化过程朝向不断增加组织化水平的方向发展。

在结构特征上，典型的真核细胞均拥有一个致密的轮廓分明的核和细胞质内按一定方式组成的膜状细胞器。细胞器是介于大分子和真核细胞之间的一个层次，包括核在内的各种细胞器都是由生物大分子组成的。由于组成的分子种类不同或组装情况不同，各种细胞器分别执行不同的功能。比如，细胞核是细胞的基本构成部分，也是细胞的控制中心，它在细胞活动中起主导作用。细胞质是细胞代谢的基地，包含多种结构不同和功能有分工的膜系构造：内质网为细胞质提供了巨大的质膜面，从而可大力加强细胞物质交流和代谢；结粒体是细胞动力工厂，它能适应细胞所需能量而产生大量的 ATP（三磷酸腺苷）；叶绿体是绿色植物进行光合作用的场所，等等。在作为一个整体的细胞中，细胞核与细胞质是相互作用、不可分离的。一方面，从细胞核发出的指令输送到细胞质中，直接或间接地决定细胞应该合成什么物质、合成多少和怎样合成。如前所述，细胞就是按照核内 DNA 所携带的遗传信息合成蛋白质的。另一方面，细胞核的主导作用也不是绝对的，它要依靠细胞质提供进行核酸代谢的必要原料、能量和工具（酶），细胞质在个体发育中起着调节细胞核和基因的作用。正是由于细胞核和细胞质在个体发育中的协同作用，才使得活细胞能够成为空间上和时间上有高度组织性的整体，并显示出生命的基本属性。

多细胞生物体内的细胞按一定规律进行分化，这是细胞类型的发育变化，这一过程使早期具有一般性质的细胞变成晚期具有特殊性质的细胞。当细胞进行分化时，它们表现更多的是特殊化成分，而不是整体。但是，单个细胞的分化是以在整体水平上具有意义的形式联合起来的。分化完成后，形态构造相同的细胞会彼此结合，成为承担某方面生理功能的细胞群，即组织。组织这一层次的各细胞之间不仅在形态上有联系（如心肌、平滑肌细胞和神经细胞等兴奋性细胞之间存在着特殊的间隙联结方式），而且在功能上也有联系（有间隙联结的细胞间容易导电，说明细胞之间能传递信息）。高等生物的机体均由各种组织组成。动物细胞分化过程较复杂，组织类型较多，通常大致分为上皮组织、结缔组织、肌肉组织和神经组织四大类。各种大小不同的组织结合起来，构成一定的形态，执行一定的功能，即成为器官，如胃、肠、肝脏、胰脏等。动物体的生理活动是由各个器官产生的，器官产生这些生理功能事实上是由于构成器官的组织细胞在发生作用，这反映了器官层次对其下的组织层次的依存关系。各个器官并不是杂乱无章地存在，常常是若干器官密切联系在一起共同完成一类生理作用，组成器官系统。高等动物一般有皮肤、骨骼、肌肉、消化、呼吸、循环、排泄、神经、生殖、内分泌等器官系统。各个器官系统之间也是相互影响、相互制约的，例如，运动器官的发达使机体的活动范围更大，随着环境条件的复杂化以及运动机体结构的复杂化，又促进了感受器官和神经系统的发展，使机体和周围环境的统一更趋灵敏，机体内部各器官间的关系更为协调。各个器官系统的协调活动，整合为更高层次的生物个体。

生命系统的整体功能

分子生物学在分子层次上研究生命现象的特征及其运动规律，但它不能脱离基本细胞代谢过程来考虑生命活动的分子机制，而要把这种分子同细胞、组织、器官以至整个机体的生命活动联系起来，实现分析和综合的辩证统一，还原方法和整体方法的辩证统一，微观和宏观的辩证统一。

从 20 世纪 70 年代开始，在细胞和分子层次上对神经活动的基本过程进行了卓有成效的研究，对脑的高级功能的研究也取得了重大进展。但是，人们也认识到，脑的功能不是单个细胞或单个突触的功能，而是包含着许多细胞和许多突触的系统的功能。人脑是由约 1 兆（10^{12}）个细胞组成的，其中有大约 1 000 亿个神经元联结成网络，它们之间有着极为复杂的突触联系。这种联系的复杂性以及神经元的结构的多样性，赋予脑以高度精巧的传递和处理信息的巨大能力。可以说，人类大脑是已知的最有效、最高级的信息处理系统。我们的感觉信息最后是如何被整合的？我们的意识是如何被控制的？意识的整体性又是怎样被保持的？等等。这样一些至今悬而未解之谜，都属于系统水平的问题，它不能通过还原为基本的细胞、分子过程来解决，而有待于从整体功能系统去揭示其实质。

作为一个有机整体的生命系统，正是在生物个体这一层次上，才充分显示出新陈代谢、发育和生长、遗传和变异等各种基本的生命特征。当然，这些特征是在生物体与其周围环境（无机的和有机的环境）存在不可分割的联系的基础上表现出来的。

新陈代谢是一切生物生命活动的基础。生物体的新陈代谢是由各种交叉连锁反应所构成的一个完整统一的过程，它包括物质代谢和能量代谢两个互相依存的方面。整个代谢过程中还存在各种形式的信息和传递，通过不断接受体内或体外的信息，以维持细胞和机体的组织秩序。物质代谢是生物体和活细胞内部的物质流动，与周围环境相互影响，从而不断打破旧的统一的物质代谢，不断形成新的统一的物质代谢的过程。生物机体内，糖、脂类、蛋白质和核酸等各类物质代谢密切相关、互相转化。细胞代谢中有一种典型的按一定顺序进行的循环反应过程——三羧酸循环或柠檬酸循环。它不仅是各类物质共同的代谢途径，而且也是它们之间相互联系的渠道。这个循环对细胞代谢来说是非常重要的，因为糖酵解产物丙酮酸经此循环后能释放大量能量供维持生命所需。所有氧化过程在机体中进行时都需要消耗能量，不论是肌肉的运动、大脑的工作，还是肾肠的吸收过程、生物合成过程等，都是如此，正是三羧酸循环为氧化代谢开拓了道路，细胞的能量代谢由此开始。糖类是物质代谢的基本原料，又是能量代谢的主要次生能源，糖类通过酵解，在有氧情况下并通过三羧酸循环及细胞呼吸链，有机键能转换为高能磷脂键（ATP）。这种键是生物体用以维持生命活动，做各种生物功的直接能源。

胚胎发育现象是作为整体的生命系统活动的又一突出之例。和其他生命现象一样，胚胎发育一方面是机体内部的变化，一方面又受到外环境的影响。胚胎发育中机体内部的变化，既包括细胞分化为许多不同的种类，也包括不同细胞以一定方式构成各种组织器官和系统。这些分化的细胞并不是独立的单位而是胚体的一部分，细胞与细胞之间、组织与组织之间以及器官与器官之间，在功能上、形态上都必须协调，这样才能发育成为一个完整的机体。在胚胎发育的全过程中，各细胞、组织和器官之间，始终保持着相互制约的作用。细胞间的相互作用可能是通过特殊的代谢产物实现的。各种细胞间的代谢产物不尽相同，一种细胞的代谢产物可能被另一种细胞所吸收，因而改变了这种细胞的特性。反过来，一种细胞的正常发育，必须吸收另一部分细胞的代谢产物。在胚胎的进一步发育中，从内、中、外三个胚层形成动物有机体的所有器官或组织。例如，从外胚层发育出皮肤和神经组织感觉器官，从内胚层发育出消化系统、消化腺，从中胚层发育出骨骼、肌肉组织和循环系统等。但是，这三个胚层不是彼此孤立地进行演变，而是紧密联系、相互配合的。往往当某一个胚层演变为某些器官组织时，如果缺少其相邻的另一胚层组织的相互诱导作用，便不可能完成它的分化过程，也就无法进行正常的形态形成。旧的胚层理论认为，三胚层各自分化、演变为不同的衍生组织和器官，现代实验胚胎学的资料不支持这种旧的机械观点，而是表明胚胎发育是在外界和内部因素的统一和相互联系中进行的。胚胎以一定的顺序发育并且作为一个整体而发育，涉及一系列有规律的复杂过程，用还原论的分析显然无法对它作出正确的认识。

生命系统的自组织特性

在自组织理论中，自组织是指系统中发生的过程不依赖于人的干预，也不依赖于系统之外的因素。自组织能力是那些其组分之间产生的关系具有相当复杂的联系的大系统所固有的，具有这种能力的自组织系统是能够自我更新、自行调节以至重组自身结构与功能的系统。与无机自然界中较简单的自组织形式相比较，生物体具有高度的自组织能力，而且生物界中的自组织过程更为普遍。

1. 作为自组织的耗散系统的生命

从热力学的观点看，生命是一种具有耗散结构而远离平衡态的开放系统，它必须不断地从外界取得食物或依靠外界的能量而自行制造食物，并把“废物”和“废热”排到环境中去。例如，生物体从外界吸收蛋白质、淀粉等低熵有序的大分子，排泄出高熵无序的小分子。生物体因摄取食物而获得了负熵流，才能克服内部熵产生造成的混乱。关于生命系统同热力学原理的关系，薛定谔早在1944年的《生命是什么？——活细胞的物理学观》一书中已进行过极有启发性的评论。他认为，新陈代谢中的本质的东西，乃是使有机体成功地消除了当它自身活着的时候不得不产生的全部的熵。他对这种熵流予以形象化的表达，即有机体是依赖负熵为生。

薛定谔

自组织是耗散结构的特征，耗散结构特有的自组织动力学对于理解前生物进化是很重要的。有关生命起源研究的一个重要进展，是艾根的超循环组织模式。他认为，初始生命形式的产生是生物出现以前的物质发展阶段上自组织的结果，这种自组织是和物质运动的化学形式所固有的自动催化反应相联系的。通过生物大分子的自我组织建立起循环组织，并导致采用普适密码的统一细胞机构。什么是超循环呢？在一个反应序列中，如果任何一步所生成的产物与上一步的一个反应物相同，则这样的系统类似一种反应循环。化学反应循环有不同的等级或组织水平，各有不同的性质。生物体内有许多重要的反应循环，如前面谈过的三羧酸循环，此循环因系底物中间物的循环复原而作为一个整体起着催化剂的作用。如果反应循环中的中间物至少有一个是催化剂，则这个循环称为催化循环。单链RNA 的复制（正链和负链互为模板）就是一个有生物重要性的催化循环。艾根证明，催化循环是复杂结构能够持续存在的基础，而复杂结构为生命的出现奠定了基础并使之成为可能。一个催化的超循环是经循环联系把自催化或自复制单元连接起来的系统，其中每个自复制单元既能指导自己的复制，又可通过它所编码的酶对下一个中间物的产生提供催化帮助。在前细胞进化中，随着足够复杂的蛋白质（多肽）和多核苷酸分子的形成，自复制的催化超循环（见图 16—3）可能起到了决定性作用。

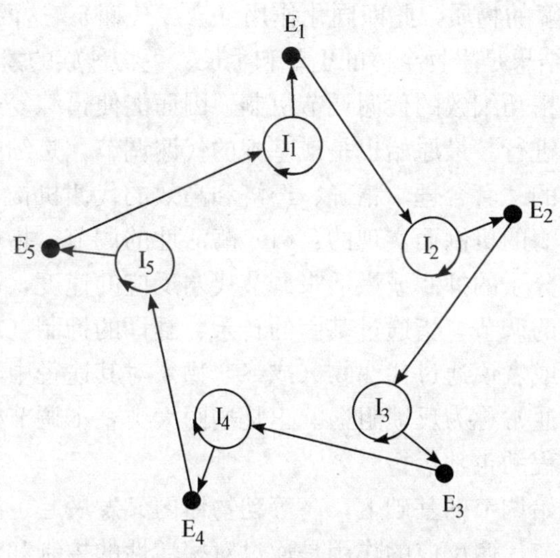

图 16—3　自复制的催化超循环

如图所示，每个信息载体 I_i（一个核酸分子），既携带着它自身复制的信息，也携带着生产酶 E_i（一个蛋白质分子）的信息。这种酶又催化产生另外一种核酸分子，而后者接着又复制自己，还外加另外一种酶。这种类型的封闭超循环由于能够以一定的准确性自我复制而能保持和积累遗传信息，又由于复制中可能出现误差而引起变异，产生新的物质。艾根的超循环模式以一种纯粹的形式描述了核酸和蛋白质的共同进化。这是一类独特的自组织化学反应网络，它在选择机制上与达尔文自我复制系统的区别在于它能产生“一次永久性”选择，这意味着它一旦建立就不容易被少量出现的竞争者所取代，因为它的选择值取决于群体，而不是像在达尔文系统中取决于单个有利的突变个体。通过其内部连接的最佳化和协同性质，超循环得以向优化功能进化，这就使得动态系统能够在组织性逐级上升的新层次上出现。

2. 生命系统的自我更新与自我调控

自我更新是生命系统最根本的特征。它在保持生命体结构完整的同时又不断地更新部分，从而保证活系统自身的存在和发展。研究表明，人体肝脏和血浆的蛋白质在10天之中要更新一半，在冬黑麦的幼嫩植株内蛋白质分子的更新速度平均仅为数小时。人体细胞也在不断更新，胰腺每24小时要把它的大多数细胞更换一次。机体内物质的变化和更新，也就是通过核酸蛋白体而实现的新陈代谢。在代谢活动中，一方面，机体将体内的大分子物质分解为简单物质，排出废料，此即异化作用（分解代谢）；另一方面，机体将从外界摄入营养物改造和合成为自身的物质以替换已经分解的物质，此即同化作用（合成代谢）。这两个过程同时发生，相辅相成，代谢的结果是生物个体的更新和生长、生物种族的繁殖和昌盛。

正常机体有其精巧细致的代谢调节机制，因而能使错综复杂的代谢反应按一定规律协调有序地进行。最原始也是最基本的代谢调节，是细胞内源性调节。这是存在于细胞内部的一套合理、精确、经济和高效的代谢机构，它主要是通过控制下述两大类有关酶的机制而实现的：(1) 酶活性的调节，指通过代谢物（或终产物）对已有的酶分子的抑制或激活来调节代谢反应的速度，通常称为反馈控制调节；(2) 酶合成的调节，指通过基因的转录、翻译的抑制（或诱导）来控制酶分子合成的数量，或者说通过代谢物（或终产物）对其途径中酶合成的阻遏来控制酶合成分子数，通常称为反馈阻遏。正是这两大类基本调节机制的并存，才保证了机体内代谢过程的正常运行。

在酶水平的原始调节的基础上，高等动物体内又发展起了激素和神经等高水平的调节。激素调节代谢反应的作用是通过对酶活性的控制和对酶及其他生化物质合成的诱导作用来完成的。为此，机体需要经常保持一定的激素水平。激素与酶直接或间接参与正常机体的代谢反应，但整个活系统内的代谢反应则由中枢神经系统所控制。神经系统是动物体内最重要的信息传送和加工系统，负责调整动物本身各部分之间的相互关系以维持机体的整体性，同时又调整同周围环境之间的关系以使机体更好地生存，因而神经调控是保持动物正常代谢的关键。中枢神经系统对代谢的直接控制是大脑接受某种刺激后直接对有关组织、细胞或器官发出信息，使它们兴奋或抑制以调节其代谢；对代谢的间接控制则是通过激素发挥其作用的（如胰岛素和肾上腺素对血糖浓度的调节）。

生物体内各种不同水平的调节方式互相之间的协调和密切联系，使代谢更有秩序，并加强了机体对外界环境变化的适应能力，活系统得以保持自己的体内平衡，保持自己在周围世界中的稳定。生物机体的这种合目的性特征，是生命系统内的发展逻辑，是系统本身功能性的表现。

综上所述，现代生命科学通过在分子层次上的分析，揭示了生命活动的基本过程都是以某种生物大分子的功能为基础，这对认识生命的本质是很重要的。同时，基于系统科学的认识成果而发展起来的系统生命观，对于我们克服还原论倾向、全面地理解生命，也是不可缺少的。从辩证唯物主义观点看，生命运动所特有的基本特征及其规律，是以把力学、物理学和化学结合为一个整体的高度的统一为其存在的前提。在生命系统的统一整体内，物理和化学的规律有着不同于在无生命自然系统中起作用的表现方式，因为它们服从于更高级的生命运动规律。在生命系统的统一整体内，物理和化学的规律有着不同于在无生命自然系统中起作用的表现方式，因为它们服从于更高级的生命运动规律。

第十七章

现代核技术及其反思

如果从1900年发现放射性现象算起，核技术的发展已逾百年，但真正的大发展是从第二次世界大战期间研制原子弹开始的。核技术是对20世纪人类历史影响最大的新技术之一，它的科学基础主要为原子核物理学。如果不算核物理自身的实验技术，核技术主要包括核武器技术、核能源技术、核分析与探测技术和射线（辐照）技术等。前两类核技术因为有极大的负面作用而引起了很大争议，对其发展过程和后果的反思告诉我们，发展新技术一定要慎重，要全面地、认真地考察其负面作用，对此科技工作者负有不可推卸的重大责任。

一、威力巨大的核武器技术

核武器是有史以来人类造出的威力最大的两种武器之一（另一种是生物武器）。目前已实用化的核武器是利用重核裂变或轻核聚变所释放的极大能量造成巨大杀伤破坏作用的各种核弹。仅利用重核裂变能的核弹一般称作原子弹；而通常所说的氢弹既利用了重核裂变能，又利用了轻核聚变能。把大部分裂变能用于产生中子的一类小型核弹是“强辐射—弱冲击波（ER/RB）武器”，俗称中子弹。

原子弹的构造

原子弹的工作原理是重核裂变的链式反应，所使用的裂变材料是铀235或钚239。在天然铀矿中，铀235与铀238的比例大约为1∶140，将这两种同位素分离的技术工艺难度很大，因此成本极高。钚239可在核反应堆运行中作为副产品生产出来，成本较低，并且还有不少优于铀235的性能，所以除早期的少量核弹外，绝大部分裂变核弹使用钚239。

链式反应的持续进行要求反应中的中子产生率大于中子损失率。对于核裂变系统，每一代裂变反应产生的中子数，称作该系统的增殖系数，用K表示。如果K小于1.0，即中子的产生率小于损失率，系统处于亚临界状态，链式反应不能维持；K为1.0时，系统被称作临界系统；K大于1.0时，则被称作超临界系统。原子弹作为瞬间猛烈爆炸的武器系统，只能在起爆时达到超临界状态，而在待用期则必须保持亚临界状态，否则任何一个杂散中子都随时可能引发意外爆炸。裂变材料的质量、密度和形状决定着系统的状态。

最早制造的以铀235为材料的原子弹，如1945年投在广岛的原子弹，其结构原理如下页图17—1所示，是通过将一个裂变材料半球体射压到另一个裂变材料半球体来实现核爆炸，通常称作枪式核武器。枪式结构有不少缺点，比如，武器当量局限于很有限的范围内（每个半球体的质量必须小于超临界质量，两个半球体的质量和又必须大于超临界质量）；裂变材料的有效利用率低；因为钚 239 的自发裂变率很高，为保证安全并达到足够大的当量，这种结构一般只能用铀 235，等等。

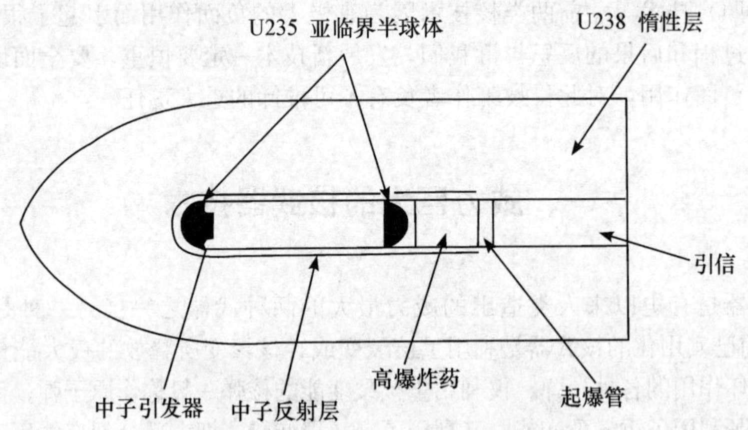

图 17—1　枪式原子弹构造示意图

后来制造的大多数原子弹采用比较复杂的内爆式结构，其原理见图 17—2。在内爆式结构中，裂变材料在高爆炸药的轰击下向中心收缩聚拢，同时被压缩，其密度可达到正常密度的两倍或更高，从而显著减小了临界半径和临界质量，大大提高了裂变材料的有效利用率。

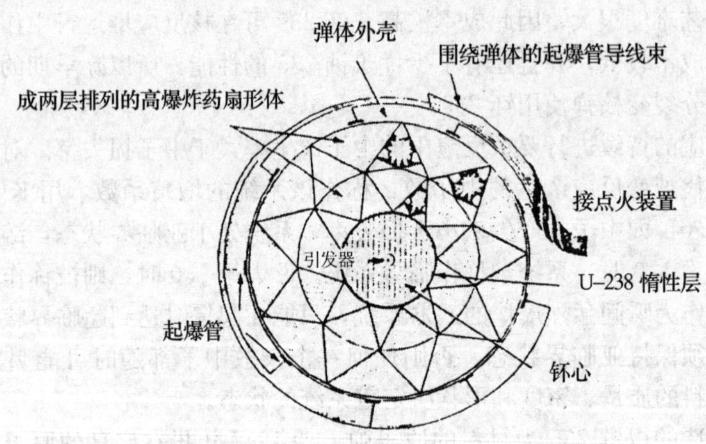

图 17—2　内爆式原子弹构造示意图

内爆式核武器还适于用作氢弹的扳机，即起爆装置。

氢弹的构造

轻核聚变需要极高的温度才能引发和维持，例如要克服氢核间的强大斥力需要 10 000 电子伏的能量，相当于 10^8K。由于裂变装置可以实现这样的高温，所以氢弹利用裂变装置作为扳机。氢弹的构造原理见图 17—3。

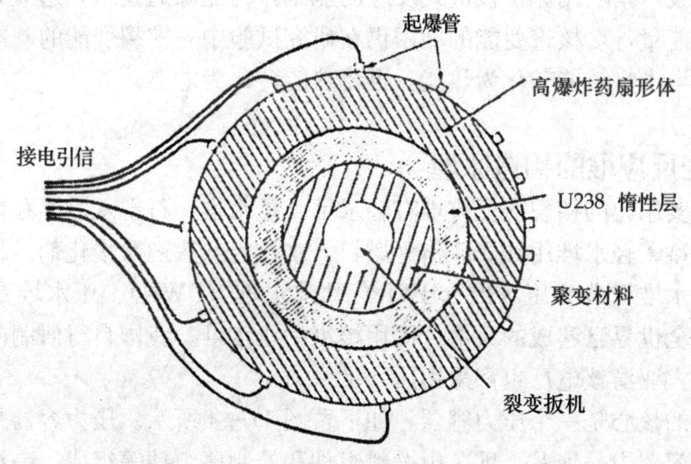

图 17—3 氢弹构造示意图

聚变核弹的聚变材料不存在临界质量问题，因此其爆炸当量的大小在理论上也不存在上限。核聚变过程的产物之一是能量为 14.1 百万电子伏的快中子，这种中子能使铀 238 发生裂变。核武器的惰性层通常由铀 238 构成，这些铀 238 的裂变显著增加了核爆炸的总当量，使氢弹实质成为裂变—聚变—裂变的三相弹。一个当量 50 万吨的氢弹大约使用 30 千克核装料，其中扳机的 5 千克钚 239 大约产生 5 万吨当量，5 千克氘化锂大约产生 25 万吨当量，20 千克铀 238 大约产生 20 万吨当量。最大的氢弹是前苏联制造的，当量达 6 000 万吨。

中子弹及其特点

对于一般的原子弹，核裂变释放的大部分能量（约 85%）转化为热能，从而产生热效应和冲击波效应，而瞬时贯穿核辐射效应（中子流和 γ 射线）仅占 5%左右的能量。70 年代以后研制出一种当量很小的裂变核武器，其大部分能量用于产生中子，被称作“强辐射—弱冲击波（ER/RB）武器”，也称中子弹。中子弹的当量一般在千吨级，用于产生热效应和冲击波效应的能量比例又小了很多，所以对物质设施的破坏半径较小，主要通过瞬时核辐射杀伤敌方人员。它的剩余核辐射也非常小，比一般的核武器要“干净”不少。但是，它仍是一种核武器，同使用化学炸药的常规武器相比破坏力大很多，且并非完全“干净”，仍会造成放射性污染。

二、有争议的核能源技术

核能源技术指利用原子核链式反应的能量作为能源的技术，迄今为止只利用了核裂变的能量，对核聚变能的利用仍在研究试验中。核裂变能的基本利用方式是在核反应堆中将核能转化为热能，再将热能转化为电能。

核裂变反应堆的构造原理

目前已实用化的核裂变反应堆有轻水堆、重水堆、石墨水冷堆和快中子增殖堆等几种类型。轻水堆用铀235作为燃料，水作为载热剂及慢化剂。根据堆中水的状态，轻水堆又分为压水堆（BWR）和沸水堆（PWR）。压水堆是目前最成熟的堆型，全世界已建成的大部分民用核堆为压水堆。我国自行研制的秦山核电厂和引进的大亚湾核电厂也都采用压水堆。

压水堆的核心是一个压力容器，如下页图17—4所示。压力容器是一个厚的钢质圆筒，容器内是堆芯，堆芯由燃料组件和控制棒组件等组成。高温高压水在它们的间隙中流过，既是慢化剂，又是冷却剂。

压水堆核电厂的核蒸汽供应系统示意图如下页图17—5所示。堆芯内核裂变产生的热传给一回路的冷却剂水。一回路的水进入蒸汽发生器，在其中把热量传给二回路的水，温度下降，然后由主泵打回反应堆。二回路的水在蒸汽发生器中吸热变为蒸汽，进入汽轮机带动发电机发电，然后在冷凝器中冷凝成水，再由给水泵打回蒸汽发生器。在压水堆核电厂中，反应堆、一回路和蒸汽发生器代替了常规煤电厂中的锅炉，这一部分被称为“核岛”。二回路和汽轮机发电机等与常规煤电厂差不多，只是进入汽轮机的不是过热蒸汽，而是饱和蒸汽，这一部分称为“常规岛”。

核裂变能发电的主要优点是核电厂建成后的发电成本低，因为单位电能所需的燃料便宜，燃料运输费更是微乎其微，1克铀235全部裂变发出的热约为1克煤燃烧热值的390万倍。但是，核电厂的技术非常复杂，建造成本通常比煤电厂高50%～70%，建设周期也长很多，所以初期投资高而回收慢；又由于公众舆论对其安全性有争议，致使20世纪80年代以后核电在世界各地的发展速度都显著减慢，少数国家基本停建。

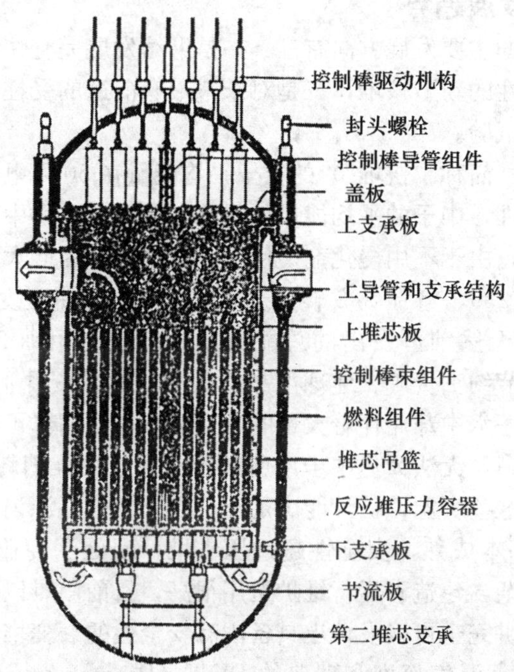

图 17—4　压水堆压力容器剖面图

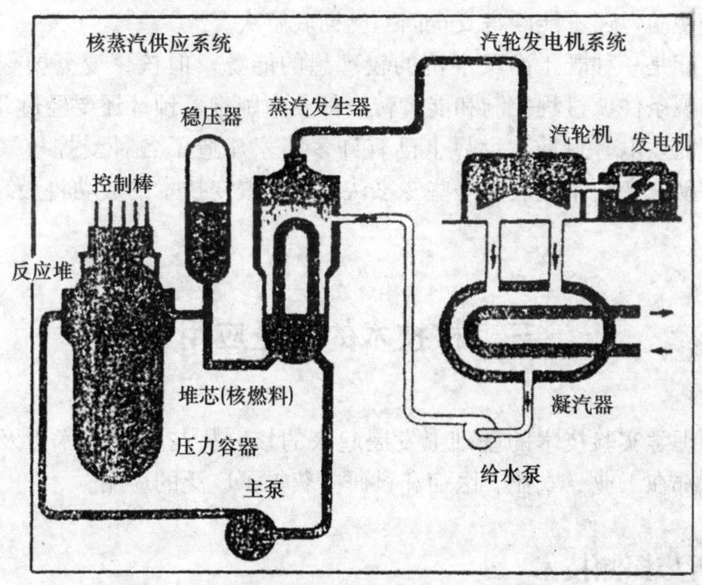

图 17—5　压水堆核蒸汽供应系统示意图

核能技术的发展趋势

当前核能技术的主要发展方向有三：一是继续发展完善快中子增殖堆，二是研制具有固有安全性的新型核堆，三是对未来最有前途的受控核聚变技术进行基础性预研和探索性试验。

快中子增殖堆（简称“快堆”）的质子平均能量在50万电子伏以上（其他堆型均为热中子反应堆，中子的平均能量仅0.07电子伏）。快中子轰击引起的裂变每次放出的中子多，由于不用慢化剂又使吸收损失少，因此大量的快中子可用来将铀238转变为钚239，将钍232转变为铀233，从而使裂变材料“增殖”。所以，快堆用1千克天然铀可发出的总能量，比仅能利用铀235的热中子堆高30～40倍，能大大节约铀资源。地球上品位较高的铀矿资源不多，而在贫铀矿、钍矿、酸性岩石和海水中却储存着大量的裂变材料，据估算可提炼出数百亿吨铀和钍，只因成本太高，无法为热中子堆所利用。由于快堆消耗的核燃料少得多，从而可以充分利用这些资源，估计能满足全球几千年的能源消费。快堆的发展已有40多年，技术基本成熟，安全性超过压水堆，现处于商业验证阶段。但是，快堆的技术更为复杂，建造和运行维护费用很高，目前尚难以推广。

尽管从理论上讲完全可以设计出具备固有安全性的裂变堆，也已研制出几种试验堆，如模块式高温气冷堆和瑞典的PIUS（Process Inherent Ultimate Safe Reactor，意为“工艺流程绝对安全反应堆”），目前在运行中表现良好，但未经长期的实践检验，还不能断言安全问题已彻底解决。

核聚变能是一种既干净又经济的较理想的能源，但核聚变需要亿度级的高温，因此实现条件、过程控制和能量转换都非常困难，预计还要经过几十年才能实现核聚变能发电。目前，世界上已有许多国家建造了各种受控核聚变研究装置，积极推动聚变技术进展。一些专家认为，核聚变技术的成功将最终解决能源问题。

三、核技术的广泛应用

在核物理学实验技术的基础上发展起来的核分析与探测技术以及射线（辐照）技术，都在工业、农业、医疗和科研中获得了广泛的应用。

核分析与探测技术

核分析与探测技术是以核物理学为基础的各种分析、探察和测定技术的总称，包括对元素进行分析和测定的核分析技术，利用放射性同位素及其标记化合物的放射性探测技术（放射性示踪技术），利用射线穿过物体组织后其强度、动量等的变化来测定物体结构的探测技术等。

在环境科学研究和环保工业中，广泛应用核分析技术（如中子活化、质子激发 X 荧光分析等）对环境中以微量元素方式存在的各种污染物进行质和量的分析测定。

在煤炭工业中，利用放射性同位素和中子辐射的核分析与探测技术，能直接测出煤层位置、厚度、灰分和周边的地质特性，不必取出岩芯作化学分析，从而提高了勘探速度，降低了勘探成本。同位素探测技术也用来提高采煤机械和输煤机械的自动控制水平，用来监测矿井的通风和瓦斯的情况，使矿井的安全性得到显著提高。放射性测井技术同样广泛应用于石油地质勘探和油气田开发。

在水利工程中，放射性探测仪表用来准确及时地测报河水含沙量、库区淤泥量等，同位素示踪技术用来监测和防止水库坝基渗漏、疏浚港口航道等。

在农业中，利用放射性同位素示踪技术，可以研究农作物的新陈代谢，肥料的吸收与利用，土壤中水分与盐碱的迁移动态，农药在植物生长过程中的转移、分布和残留量等等，为合理施肥、灌溉、耕作及合理投放农药等提供科学依据，从而使农作物增产。例如，我国科技工作者利用氮 15 示踪，证明在水稻田一次全层基施尿素，可提高氮肥利用率一成以上。这项科研的投资仅 18 万元，每年的经济效益却上亿元。

人们最熟知的核探测技术是医疗诊断中广泛应用的各种 CT（断层成像）技术。早期发展的 X 射线 CT 扫描技术只能检查出体内组织的器质性形态变化，近年来发展了核磁共振 CT 技术，灵敏度和分辨率更高，可得到任何方向断层的清晰照片，对肿瘤的诊断准确率较高。它的工作原理是：将原子核的磁矩不为 0 的样品，如人体组织水分中的氢核，放在恒定磁场中，同时在垂直于该磁场的方向加一射频电磁场，在一定条件下，此磁场能使样品发生感应吸收或发射，形成核磁共振。核磁共振信号与样品共振核的密度、磁矩间相互作用及周围环境作用有关。以肿瘤为例，由于肿瘤与各脏器组织的质子密度不同，导致磁矩密度的分布和弛豫时间的分布都不同，所以在得到的扫描图像和照片上容易判断出肿瘤。但是，它也有缺点：很难区别肿瘤与水肿，不能对钙化成像。

射线（辐照）技术

射线（辐照）技术是以放射性材料或核试验仪器设备（如加速器、小型反应堆等）作为射线源或辐射源，利用其产生的 α 射线、β 射线、γ 射线、X 射线、中子束、质子束、介子束或离子束等照射物体的技术。

在医疗实践中，射线技术已广泛用于癌症治疗、灭菌消毒。放射治疗在现代已成为治疗癌症的基本手段之一。

在农业中，射线技术主要用来进行辐射育种和消灭病虫害。辐射育种已培育出上千个植物新品种，它们具有高产、早熟、抗倒伏、抗病、蛋白质含量高等优良特性。例如，我国利用辐射选育得到的"鲁棉一号"，推广后已产生几十亿元的经济效益。利用射线照射害虫，使之不能繁殖后代，可直接防止或抑制害虫的大量产生，并且没有农药污染环境的问题。

在食品工业中，用适当剂量的γ射线（或加速电子流）辐照食物后，可以杀虫、灭菌和抑制某些生理活性作用，使食物能在常温下存放较长时间而不致霉烂、变质。例如，经适当辐照后，土豆可保存10个月以上，大米2年以上。同食品的加热杀菌和冷冻、冷藏等相比，食品辐射保藏技术还大大节约了能源。

四、对核技术的反思

对20世纪人类社会发展有极大影响的几种技术（信息技术、生物技术、核技术和航空航天技术）中，核技术引起的争议最大。在上面介绍的三类核技术中，第三类即核分析与探测技术及射线（辐照）技术给人类带来很大的益处，几乎没有什么负面作用，因此没有什么争议，而核武器技术和核能源技术则由于负面作用极大而引起了很大的争议。

原子弹在广岛上空爆炸

威胁人类生存的"核冬天"

核武器是人类曾经发明过的威力最大的武器，尤其是战略性核武器，其巨大威力已经远远超出在战场上大规模地杀伤敌人，对全人类的生存已经构成了毁灭性的威胁。

20世纪80年代初，德国和美国的一些科学家提出了"核冬天"的理论，指出大规模的核战争极有可能带来威胁人类生存的"核冬天"效应。"核冬天"理论的基本观点是，一场50亿吨当量的核大战所掀起的尘埃和引起的大火，将产生大约22 500万吨的烟云。这些核烟云升空，将把地球或北半球笼罩起来，遮挡住阳光对地面的照射。烟云的遮盖将使地球上几乎没有白天，造成温度的急剧下降（一般要降低 30℃左右），使夏天像冬天一样寒冷，甚至比冬天还寒冷。江河湖泊冰封，植物因此停止光合作用而枯萎，恶劣的气候和核放射性沾染使得农作物颗粒无收，或者无法食用。核战争的幸存者将饥寒交迫，面对一个死寂的、流行病蔓延的、没有白天和温暖的世界，很难生存下去。一些科学家断言，大规模核战争很可能把北半球的现代文明彻底摧毁，甚至使人类灭绝，对地球上的所有生命都将是一场灭顶之灾。

“核冬天”理论的依据主要有：（1）恐龙灭绝。许多科学家认为，恐龙在 6 500 万年前的白垩纪的不长时间内全部灭绝，是由小行星或彗星与地球碰撞引起的，因为碰撞后抛射的亿吨级粉尘会在同温层滞留数年并蔓延至整个地球上空，使地球失去光照，引起光合作用中断，导致植物、浮游生物和草食动物的大范围死亡。（2）火星表面极为寒冷。天文学家根据宇宙探测器发回的大量火星尘暴资料进行研究，发现火星上空的尘埃层吸收了巨量的太阳辐射，使火星上空的大气层温度很高，而火星表面却非常寒冷。（3）火山爆发时造成某些地区没有夏季。比如，1815 年，印度尼西亚的一次火山喷发不仅使当地近 9 万人丧生，而且抛射的大量火山灰进入同温层后形成了巨大的烟云，在地球上空扩散开来并于次年夏季漂移到欧洲和北美上空，遮蔽阳光，导致那里 1816 年的夏季消失。（4）广岛原子弹爆炸后盛夏的寒冷。根据广岛原子弹爆炸后幸存者的回忆，天空异常黑暗，虽然时值盛夏，却使人感到异常寒冷，实际上可以说这是一次小规模核爆炸在小范围内造成的一次短暂的“核冬天”。

当然，“核冬天”理论只是一种推测，没有也不可能用实验来验证。这个理论的基本细节未必完全可信，所包含的某些推测也有值得商榷的地方，但基本观点还是可信的，即大规模核战争会对全球气候和生态环境造成极其严重的影响，对人类生存造成极大的威胁。

要根除威胁人类生存的核战争，必须进行彻底的核裁军。我国政府一贯主张进行全面、彻底的核裁军，但是妄图通过核讹诈推行霸权主义、充当世界警察的美国统治阶层始终阻挠核裁军。尽管美国有世界数量最多、技术最先进的常规武器，美国政府仍然拒绝承诺不首先使用核武器，甚至拒绝承诺不对无核国家使用核武器。要实现核裁军，还需要全世界人民艰苦、长期的努力。

核电厂的安全性目前尚存疑问

核能源技术方面的争议主要集中在安全性问题上。核电厂是否有足够的安全性，这是近二十年来在科学技术界、舆论界和公众中争议最大的技术问题。核反应堆采用分散放置的低富集裂变材料，不可能发生核爆炸，因此核电厂的安全性问题是指反应堆发生事故后的放射性污染问题。目前，已实用化的民用核堆技术，包括最成熟的压水堆技术，都属第一代核堆技术，来源于军用核潜艇的核堆技术。由于军用核堆要求体积小功率大，造成第一代核堆有其固有的缺陷：堆芯紧凑，当发生大功率瞬变或堆芯的冷却剂流失事故时，核燃料元件温度上升快，可能导致安全壳破坏（有的堆型，如前苏联建造的石墨水冷堆根本没有安全壳），甚至堆芯熔化，从而引起大量放射性物质外泄。为防止这类事故发生，各种类型民用核堆均采用了精心设计的多重的纵深化防护措施，应该说，民用核堆的安全系数是非常高的。美国一些倡导核电的工程师们根据大量民用核堆近30年的运行情况估算，发生堆芯熔化并且有大量放射性物质外泄的灾难性事故的概率为每10亿堆·年发生一次。我国建造的核电厂采用了高于国际标准的安全系数，尽管这带来了投资的显著增加。当然，不同类型核堆的安全系数也不等，前苏联石墨水冷堆的安全性就不如压水堆。

核电发展史上出现过两次震惊世界的重大事故。

1979年，美国宾州三哩岛核电厂的一个压水堆由于冷却系统的设备故障引发了严重事故，堆芯大部分因高温而损坏，从核电厂释放出一些气态裂变产物，但外泄物的辐射剂量非常小，对环境的影响微不足道，未测出有害健康的效应。核电厂因停产、清洗、设备更新和维修等总共损失100多亿美元。三哩岛事故的原因有设备故障的因素，但主要源于操作人员的操作失误。一些专家据此指出，具有固有缺陷的第一代核堆，难免由于事先无法准确预测的操作失误而导致事故。然而，这次事故也说明，采用了多重的纵深化防护措施（包括安全壳）的压水堆是足够安全的，事故虽可能损坏反应堆，却不至于危害环境。

1986年4月26日，苏联离基辅仅100多千米的切尔诺贝利核电厂发生了历史上最严重的核反应堆事故。该核电厂使用的是没有安全壳的石墨水冷堆，这种堆型本来就有很大的安全隐患（在一定的功率范围内，功率与反应性之间存在危险的正反馈效应，靠安全保护系统抑制）。事故发生的直接起因是在做一项试验时进行了一连串的人为错误操作，其中最严重的失误是，操作人员为了避免在试验过程中发生安全保护系统实施的自动停堆，切断了这些安全保护系统，并大量抽走了堆内的控制棒。事故中反应堆因错误操作进入了瞬发临界状态，功率急剧上升，超过正常值数百倍，先是水的急剧汽化引起“蒸汽爆炸”，以后又由高温蒸汽与锆反应生成氢气，与石墨反应生成一氧化碳，引发第二次爆炸，反应堆被毁，烟云冲到1千米高处。这次事故排放出大量放射性物质，并被大火送上高空向周围扩散，一直影响到苏联国境外的北欧和东欧，仅进入环境的碘131就高达

700多万居里（三哩岛事故释放的碘131只有十几居里）。这场事故导致三四千人死亡，经济损失超过千亿美元，其放射性污染对周边环境造成了极大危害，并将持续相当长的时间。

三哩岛和切尔诺贝利的核电厂事故引起科技界和公众舆论界关于核电厂安全性的大辩论，形成了赞成与反对发展核电的两大派。应该说，两派的观点都有可取之处，也都有过激之处。我们认为，第一代核堆技术中比较安全和成熟的堆型，如压水堆，还可进一步完善，针对人为操作错误的影响修改安全防护措施，如此改进后的核堆仍可少量建造，但今后应主要发展具有固有安全性的新型核堆。

科技工作者的责任

回顾核武器技术和核能源技术的发展历程，科技工作者在推动社会重视它们、促使政府投入巨大的人财物力发展它们上起了关键的作用。许多科技工作者当初提倡并积极参与核武器的研制，是为了能尽快战胜德日法西斯。美国试爆成功第一颗原子弹之后，鉴于当时德国法西斯已经投降，而且日本法西斯也完全溃败，即将投降，参加研制原子弹的一些科学家数次致信美国政府，反对实际使用原子弹。1945年7月，60多位科学家签署了紧急请愿书递交白宫。但是，美国政府不顾反对的呼声，于1945年8月6日和9日在日本广岛和长崎投掷了两颗原子弹，造成几十万平民伤亡。第二次世界大战结束后，参与核武器研制工作的许多科技工作者认识到核战争对人类的极大威胁，投入到反对继续发展核武器、反对核军备竞赛的斗争中去。1948年，爱因斯坦在一封公开信中写道："我们这些科学家，促使那些毁灭的方法变得更加可怕和更加有效，已经是我们可悲的命运。必须考虑，把尽我们的力量制止这些武器用于野蛮的目的作为自己庄严和神圣的责任……对于我们来说，难道还有什么更重要的任务。"然而，也有一些科技工作者，如美国的"氢弹之父"特勒（1908—2003），附和美国政府和军方鼓吹核优势对美国外交有利的论调，积极主动地参与核武器技术的发展，对军备竞赛的加剧起到了推波助澜的作用。在核能源技术方面，也有部分科技工作者对军用核反应堆技术转为民用的后果考虑不周，对各种可能的安全隐患没有充分研究，就匆忙赞成推广核电技术。

通过这些问题的反思，我们应该认识到，对于那些影响面大、后果持续时间长的新技术，在使用和推广之前，一定要全面地、认真地考察其负面作用，投入使用时务必要非常慎重。在这方面，科技工作者负有不可推卸的重大责任。

第十八章

信息技术、生物技术及其反思

在当代高新技术中，信息技术对社会发展的影响最大，是这次新技术革命即第三次技术革命的主导技术。与信息技术相比，生物技术的重要性与日俱增，很多人认为它将主导未来的技术革命，是21世纪最有前途的高新技术。

一、信息技术及其反思

由于多种基础科研的突破，信息技术在20世纪中叶开始突飞猛进，新的信息技术可以远高于人脑的速度处理形式化信息，并通过信息网络极大地方便了各种信息的交流，社会进入了信息时代。信息技术正在实现解放人脑、使人摆脱机械重复性思维活动的历史使命，信息技术运用到其他技术领域可以通过优化反应过程、优化控制而提高效能。信息技术是当代高新技术的带头技术和主要前沿。

信息技术古已有之，作为新兴高技术之先导和主要基础的信息技术则是第二次世界大战以后信息技术革命的产物，包括微电子技术、计算机技术、现代通信技术和人工智能技术等。

微电子技术

微电子技术指微小型电子元器件与电路的设计、制造和检验的技术。目前，绝大多数微电子技术产品使用半导体材料，所以微电子技术又是半导体技术的主要分支。

微电子技术的核心是集成电路技术。集成电路将各种不同的功能元件造于一个硅基片内，并以整体的形式将它们相互连接，其设计出发点不是对使用分立元件的传统电子产品加以微型化的技术，而是使整个系统的设计、工艺、封装等发生质的进步的新技术。

集成电路的集成度在不断提高。目前，批量生产的超大规模集成电路已能在几十平方毫米的硅片上集成几百万至几千万个二极管、三极管和电阻、电容等，最小线宽小于0.2微米。实验室中研制的新产品甚至可达每片几亿个元件。为了满足超高速电路、微波电路等的要求，性能更好但工艺更复杂、成本也更高的砷化镓基片已投入生产，超导材料制作的集成电路也正在试验中。

集成电路特别是大规模和超大规模集成电路，可将传统电子装置的体积缩小几百至几百万倍（大功率部分除外），因而可以用来制造过去因体积、能耗、速度、可靠性等原因无法实现的复杂信息处理装置，从而带动了信息技术的大发展。今天，计算机等高度复杂的信息处理机器不仅广泛应用于生产、军事、信息和金融服务业，还进入了普通办公室和家庭。人们的日常生活用品，如手表、收音机、冰箱、洗衣机、微波炉等也都应用了集成电路的控制装置和功能部件。以集成电路技术为主体的微电子技术不仅是信息技术的硬件基础，而且是其他高新技术和许多传统技术改造的硬件基础。

计算机技术

计算机技术指有关常规及变形机硬件和软件的设计、制造及应用技术。常规计算机，又称冯·诺伊曼型计算机，是基于逻辑运算理论的通用数字计算机。常规计算机硬件由运算器、控制器、存储器、输入设备和输出设备五大部分组成，如图18—1所示。硬件与人的中介是软件系统。软件系统有一定的层次结构，大致分为系统软件、支持软件和应用软件三个层次。

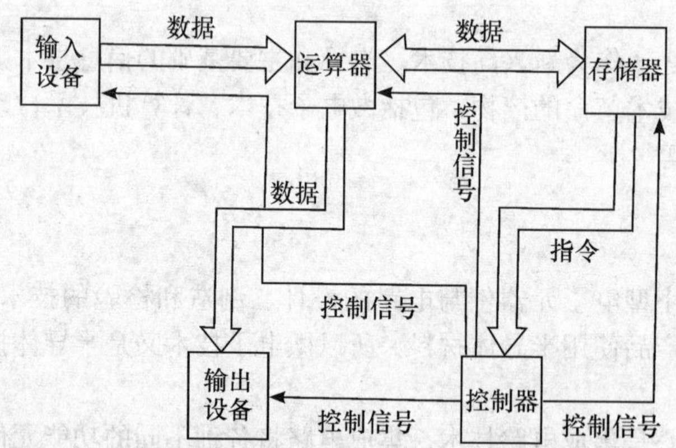

运算器——是对编成代码的信息进行算术运算和逻辑运算的部件。

控制器——发出控制信号，控制各部件。

存储器——可分内存和外存。内存多装在主板上，一般容量640KB～640MB。一旦关机，内存信息将丢失。外存如软盘和硬盘，是可以重复存储信息的设备。关机时，信息不丢失。

输入设备——键盘、鼠标等。

输出设备——显示器、针式打印机、激光印字机、激光照排机等。

图18—1 计算机结构原理示意图

计算机最初是为科学和工程的数值计算研制的，其特点是按预先编好的程序对有限长的信息符号序列进行有穷的形式变换，以产生新的符号序列。计算机的体系结构一般采用程序流按时序控制二值数字逻辑元件，即“串行”运算。变形机采用多个串行机按一定方式组织起来，进行分布的、并行的运算。

计算机到目前已有四代，第五代正在研制中。第一代是电子管计算机(1946—1959)，采用磁鼓和磁芯作主存，主要用于科学计算，程序主要用机器代码和汇编语言。第二代是晶体管计算机（1959—1964)，采用磁芯作主存，外存多用磁盘，程序使用高级语言和编译系统。第三代是集成电路计算机（1959—1972)，开始使用半导体存储器作主存。软件系统化，有了操作系统。小型计算机获得广泛应用，出现了终端和网络。第四代是大规模集成电路计算机（1973年起)[①]，特点是同时向微型化和巨型化发展，主存以半导体（CMOS）存储器为主，高速巨型机亦用约瑟夫森·结存储器，磁泡和光盘也开始应用，软件发展到专家系统和面向对象语言，广泛使用数据库。计算机微型化的基本部件是微处理器的单片机。前者将运算器和控制器集成在一块芯片，后者则进一步将主存和外设接口也集成于该芯片上，从而构成完整的主机，但性能低于前者，多用于工业生产和各种设备、电器中。微处理器加上一定的存储器和外围设备即组成目前使用量最大的微型计算机。巨型化计算机一般是使用多个高性能微处理器按特定方式组合而成的变形机，其组合方式有流水方式、阵列方式、数据流驱动方式、向量方式等，基本原理是主系统用分布多指令控制、并行运算，但从微观上看每个微处理器仍是常规的单指令串行机（即冯·诺伊曼机)。批量生产的巨型机能执行每秒数十亿次指令，试验样机已达每秒数百万亿指令。

仍在研制中的第五代机（80年代初开始研制）是超大规模集成电路的人工智能计算机，试图从基础结构就突破冯·诺伊曼机的模式，最大限度地采用并行操作，以利于执行人工智能软件。[②]

从内在结构看，常规计算机（包括第四代及第五代的变形机）运用二值逻辑按预定程序进行演算，要求被处理的问题能够完全形式化并且保证信息完全。尽管通过软件能够减弱这方面的要求，但不可能从根本上克服这方面的不利之处。常规计算机的优点是可以用极高的速度完成数值计算和形式符号处理。人们在工作生活中进行的信息处理有很大部分是可形式化的、机械式重复的，计算机从事这类信息处理的速度远远超过人脑，而且便于与通信装置直接连接，所以计算机在这方面是人脑的延伸和放大，是“电脑”。

计算机的广泛应用使社会各个方面都发生了深刻的变化。没有计算机，生产

---

① 有人认为第四代计算机主要指分布式结构的变形机，而微机、微处理器及陈列式结构计算机均属第三代后期的产品，所以将第四代机的起始时间推迟至1982年。

② 最先提出第五代机方案的日本已宣布结束研制。但是，日本的第五代机并没有取得预想的实质性突破，可以说以失败告终。

自动化不可能实现，传统技术的改造也会因解决不了实时优化控制问题而流产。计算机对巨型数据库的高速检索、处理能力，使得金融、资讯、大众媒介、教育等行业跨入了信息技术时代，根本改变了这些行业的面貌。计算机进入办公室和家庭，使人们得以摆脱机械重复的信息处理工作，腾出精力从事创造性思维活动。总之，计算机对人脑部分功能的代替、补充和放大，使人们从单调重复性的脑力劳动中解脱，并有了能以极高速度进行形式化信息处理的手段。

计算机的广泛应用，是人类社会的发展进入信息时代的主要标志。作为信息技术的核心和新兴高技术群体中的带头技术，计算机技术的意义极为重要和深远。

人工智能技术

人工智能技术指利用人工装置模拟实现人脑功能的技术，一般不包括常规计算机已实现的人脑功能。

常规计算机只模拟了人脑的小部分功能，即形式化逻辑思维的功能。人脑的形象思维、灵感思维能力以及随机灵活地处理非形式化或不完全性信息的能力，计算机则很难实现。常规计算机与人脑在能力上的主要差异见表18—1。

表18—1　　计算机与人脑的能力对比

类别	人	计算机
速度（形式化运算）	低	高
精度（形式化运算）	低	高
辨识物体	优	差
学习语言	优	差
理解上下文关系	优	差
制订计划	优	差
执行前后相关工作	优	差
学习事物	优	差
各类认识过程	优	差

人工智能技术正是为克服常规计算机技术的不足之处而发展起来的，其途径主要为软件方式和硬件方式。

从软件途径发展的人工智能技术主要在两大方面进行：模式识别；专家系统和知识工程。

模式识别包括自然语言识别及处理、机器翻译、图像识别及处理等。模式识别的基本方法为统计判决法和语言结构法。前者用统计方法从不同模式提取特征信息，压缩共同信息，然后给计算机“学习”。后者根据描述不同模式的最简语言结构的差异对模式分类，再提供给计算机用作判决依据。模式识别研究的成果不仅用于语言和图像处理，还在经济与科技的诸多领域发挥作用，如医疗中的血球自动分类、癌症自动诊断、染色体自动辨识等，产品质量、石油勘探、案件侦破、物理实验中的粒子鉴别，材料试验的金相分析乃至经济动态的识别等也应用了模式识别技术。

专家系统把取自专家的知识（包括背景知识、推理工具、推理步骤、典型推理结果等）同计算机软硬件有机地组织起来，供广大非专家使用，已在医疗、教育、勘探、管理决策、故障分析等许多领域开发出卓有成效的专家系统。

知识工程是专家系统的发展与完善。知识工程软件兼具知识表达、利用和获取的能力，可以进行联想、认知、识别和推理，其应用领域除专家系统适用的以外，还包括语言理解、自然科学的问题求解、智能机器人等。

人工智能软件在最大限度地发挥常规计算机潜力上成效显著，但受硬件结构的限制，其实质仍是把非形式化的、非线性的问题化为形式化的、线性的符号序列进行处理，局限性仍然很大，并且效率不高。从根本上克服常规计算机缺点的途径是研制与人脑神经网络相似的新型智能机，即从硬件途径模拟人脑。人脑神经元的信息处理和传递机制非常复杂，神经网络的组织结构更是错综复杂。目前的人工神经元和人工神经网络还比较简单，但已显示出巨大的优越性。使用电子元件的人工神经网络，工艺比较成熟，但受电子间干扰、连线电感等影响，集成度不如光学神经网络高。后者使用新研制的光开关器件，工艺尚不成熟，但发展潜力很大。更有前途的是利用蛋白质等生物大分子组成的人工神经网络机。

像常规计算机的应用极大地改变了人类生活一样，可以预计 21 世纪对于新型人工神经网络智能机的应用将使人们工作、学习和生活的方式再一次发生巨变。

计算机网络技术

计算机网络是将空间位置上分散配置而又具有独立功能的多台计算机、终端设备，通过通信链路、传输设备和网络技术实现相互连接，以形成资源共享的计算机集合。

按照通信距离以及覆盖面积分类，计算机网络可以分为远程网络和局域网络。远程网络又称为广域网，在地理上可以跨越很大的距离，采用分组交换技术。局域网一般限定在一个单位范围内，如一个建筑物、一个校园内，或大至几十千米直径的一个区域，通信线路一般是电话线、双绞线和光纤等。

按照连接的拓扑结构分类，计算机网络可以分为点对点传输结构和广播式传输结构两大类。点对点传输结构通常为远程网络和大城市网络所采用，其拓扑结构有星型、环形、树型和网状型（分布式）等。广播式传输结构式用一个共同的传输介质把各计算机连接起来，分为总线、微波和卫星三种拓扑结构，见图18—2。其中，总线结构将各个节点设备连接到一根总线上，也可以通过中继器与总线相连，其优点是节点设备的插入或拆卸非常方便，系统可靠性高，因此为大多数局域网所采用。

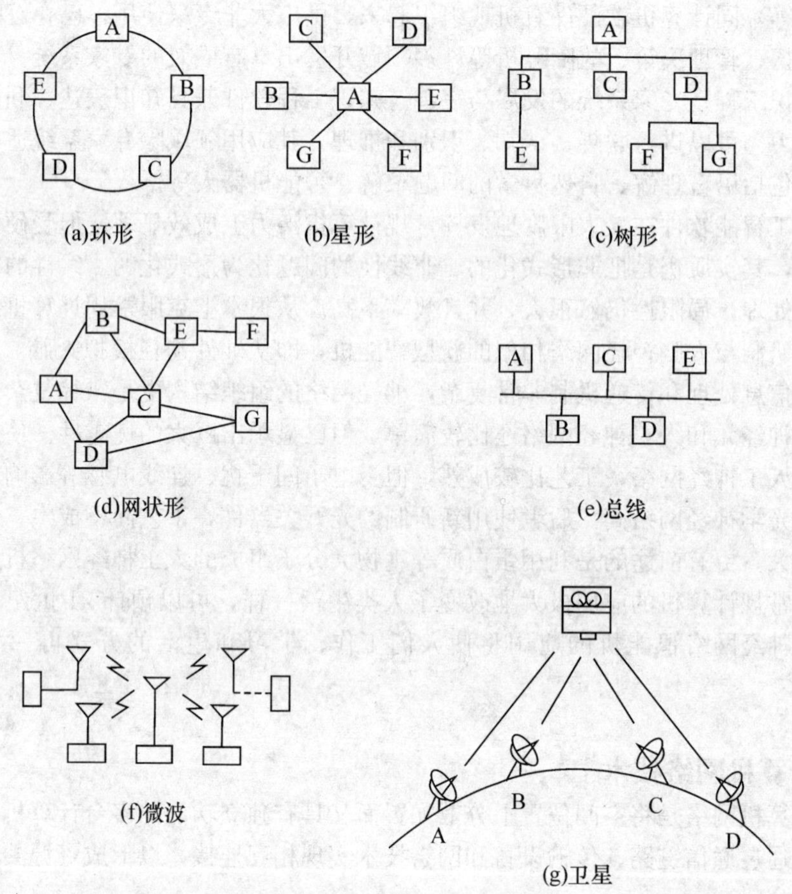

图 18—2 网络的各种拓扑连接

按照网络的属性，计算机网络可分为专有网和公共数据网。专有网用某个计算机公司特有的网络硬件和软件来实现，不同的网之间不能直接通信，常用于国家管理部门或大企业集团将大量机构连成一体。公共数据网使用兼容性好的标准方式和公共通信网将各个计算机或局域网连接起来，实现资源共享。Internet 网（即因特网、互联网）是最典型的公共数据网。

图 18—3 是我国互联网 Chinanet 的结构。

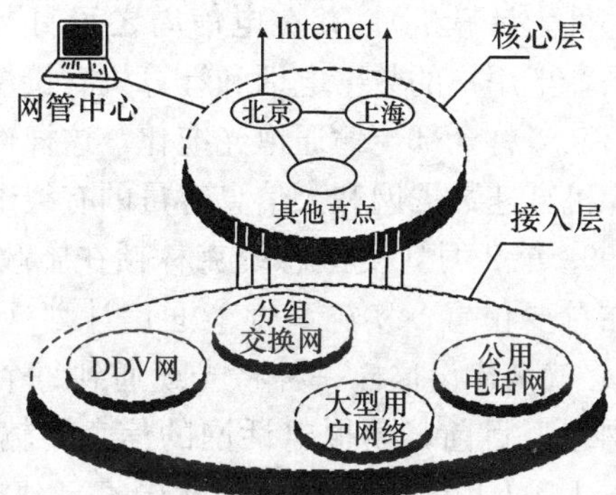

图 18—3　我国互联网 Chinanet 示意图

Internet 网的建立使网上用户拥有一种前所未有的“电脑空间”或“赛博空间”(Cyberspace)。这既是一种信息和文化的空间，又是商业和经济的新天地。互联网催生了网络出版、BBS、博客、网络游戏、网上购物、网络广告、网上城市、网络社区等无数新事物，极大地改变了传统的生活方式，让人类进入了名副其实的网络时代。并且，网络的威力远远还没有发挥出来，它必将在 21 世纪更深刻地改变整个世界。

现代通信技术

利用电子元器件和计算机提高近代通信传递的速度及质量，并提供更有效、更方便信息传递方式的技术就是现代通信技术。

19 世纪初到 20 世纪初发展起来的近代通信技术，主要包括有线电报、有线电话和中短波无线通信。近代通信技术的应用对资本主义市场经济的发展起了很大推动作用，并使社会生活方式取得了决定性进步。

现代通信技术是 20 世纪 60 年代以来开始应用的，包括有线通信技术、无线通信技术和卫星通信技术三大分支。

现代有线通信技术一方面是用数字信号通信方式及其处理设备（包括计算机）与光传输装置替代原来的模拟信号设备与铜线传输装置，另一方面提供了新的信息传送方法，如传真、图文、有线电视、电子邮件等。数字信号抗干扰性能力非常好，并且现代大量使用的信息处理机器如计算机等，输出信号本来就是数字信号，数字信号交换设备也比模拟信号设备便于自动化和抑制互串干扰。光传输比电子信号传输的效率高几百倍，一根光缆传送的信息量等于几百根电缆。

用现代技术对原有模拟通信网的改造一般分三步进行。第一步是使用程控数字交换设备（其核心部件为计算机），并在电信局之间用光缆传输信号；第二步是建立综合业务数字网，把用户的数字电话和计算机直接接入通信网，网中不再使用模拟信号设备；第三步将全部传输通道光缆化，这样可使小信息容量的电话网、中信息容量的计算机高速数据网和大信息容量的有线电视网合而为一，并极大地提高信息容量。1993年2月，美国总统克林顿在施政报告中提出把信息通信基础设施的建设放在首要位置，实施高性能通信计划（HPCC），又称“信息高速公路计划”，其核心就是建设这样一种将光缆通到每个信息电话用户的超高容量、超高速的信息网络。目前，模拟电话网的信息传输速度仅2～8 KBit/s，窄带数字电信网约64～144 KBit/s（大部分发达国家已建成，但用户不多），宽带数字通信网从2 MBit/s（N—ISDN网）到150 MBit/s（B—ISDN网），而正在建设的信息高速公路能够以600～2 500 MBit/s的速率传送数字信息。一旦这样的信息网络建成，各种文字、语言和图像信息可以不受空间限制地实时传播，从而实现最大限度的信息共享。人们坐在各自家里或办公室、实验室中的多媒体计算机终端旁，可同任意的对象进行信息交流，把产品设计、体检图像、绘图等高清晰度三维图像提交对方讨论修改或诊断疾病，也可以通过这个信息网召开会议、编辑出版书报、浏览博物馆，至于有线电视网已实现的电视购物、双向问答式教育、电子银行等业务可实现得更好，信息量更大且选择余地更宽。到目前为止，信息高速公路计划已经部分或正在实现。

现代无线通信技术主要是20世纪60年代以来发展的移动通信。早期的移动通信使用对象是军队、警察和出租车司机，信号为模拟的，不能与公共电话网联通。微电子技术和数字通信技术的发展为移动通信的社会普及奠定了基础。70年代以后，无线寻呼（BP机）和接入公共电话网的移动电话先后普及。移动电话大大方便了外出活动的各种人员，使社会信息网进一步从工作场所与住宅扩大到流动人员的身边。接入公共数字通信网的移动电话与个人便携电脑连通后，可高速发送和接收信息，极大地提高了外出活动的工作人员获取与传送信息的能力。现代移动通信网的建设一般采用多基站和小区分割、频道复用的方法，即蜂窝式方法，见下页图18—4。优点是频道利用率高、电话容量大，但单个基站的发射功率较低不利于信号的远距离传播，且超短波的直线传播也限制了移动电话的使用距离。为了满足远距离移动通信和偏远地区移动通信的要求，目前正在开发通过人造地球卫星中转信号的卫星移动通信技术。

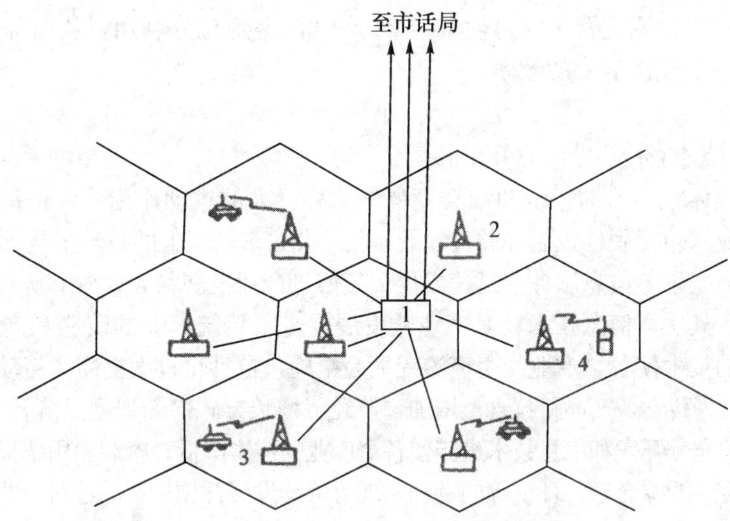

1. 移动交换局；2. 基站台；3. 移动车台；4.手持台

图 18—4　蜂窝式移动通信网示意图

卫星通信是适应超远距离传送的需要而发展起来的。卫星通信系统由通信卫星和地球站组成。目前正在使用的民用通信卫星绝大部分属于同步轨道卫星，它们在距离赤道 35 800 千米的空间轨道上与地球自转同步运行，因此相对于地面静止不动。由于轨道高，一颗同步卫星可俯视地球表面的 1/3，三颗同步卫星即能实现全球范围的通信。通信卫星使用数千兆赫的微波传送数字信号，具有信道容量远远超过洲际海底电缆的优点，而且能同时覆盖整个地球表面，可以取代海底电缆成为洲际通信的主要手段。通信卫星也用于传送电视广播、数据、气象资料等。近年来，卫星小站即小型地球站的研制成功使普通家庭均可安装卫星通信或卫星电视广播接收的装置，预示着全球信息网络的实现指日可待。

卫星通信技术的下一步发展方向是卫星移动通信。民用个人移动电话的发射功率一般较小，难以通过几万千米远的同步卫星直接接收转送，最适宜使用距地球表面仅数百千米的低轨道通信卫星。全球卫星移动网建成后，将与全球固定通信网联通。那时，一个人使用随身携带的袖珍移动电话可以在任何时间任何地点同地球上任意另一地点的他人通话或传送低速数据。专家们预计，未来的个人话音和低速数据将主要通过移动网传送，固定网主要用于高速传输大信息量数据。

现代通信技术的发展使信息社会必需的信息交流手段不断完善，极大地方便了市场经济的全球化和各国人民的交流，使世界越来越像一个地球村。现代通信对经济发展和社会进步都起了很大的促进作用。例如，高明的金融家利用洲际时差通过卫星通信调度资金，可使资金24小时都得到充分利用，从而加快了资金周转，提高了经济活动的效率。

信息技术新发展带来的问题

信息技术的进步对经济和社会发展产生了巨大的推动作用。首先是信息技术装备制造业（包括硬件设施和软件系统）在巨大的市场需求的拉动下空前繁荣。通信业、传播娱乐等信息服务业迅速发展，使信息产业发展壮大为一个新的重要的经济增长点。其次，信息技术及其产业化发展促进了传统产业的改造和产业结构升级。先进的技术使各个产业的生产流程更为精确，自动化程度提高，劳动生产率提升，管理更为科学，产品科技含量增加，使经济增长方式向知识型经济转变。再次，信息资源的充分开发和信息技术进步使各个产业的成本降低，资源利用率提高，污染减少，为缓解能源交通、环境等问题和实现可持续发展开创了新的道路。此外，信息技术及其产业化发展还促进了经济生活信息化和全球经济一体化的格局。

在社会公共生活方面，信息技术的发展引入了许多新的变化。信息的可交互性使公众参与公共事务的机会增加，但是，大量匿名性的言行如何加以规范成为新的难题。就社会控制与管理而言，信息社会中组织分散化，管理方式柔性化，同时也更加复杂化。特别是在信息、法规方面，要设法引入竞争，在取消限制的同时，加强立法，严格管理，防止信息渗透、信息犯罪和信息腐蚀等负面作用。此外，“网络社会”的形成将对传统的国家概念产生冲击，信息实力成为国家综合国力的重要标志。

在文化发展方面，信息技术的进步在引发一场文化领域的产业革命。“电脑空间”的出现使精神产品的生产和消费有了全新的载体，将使文化和知识传播方式发生重大的变革。信息网络形式上的双向信息沟通功能，往往受到实质上的信息生产、信息理解与信息处理能力的制约，而沦为旧有的单向传播。如何在文化多元的电脑空间既勇于纳新又善于保存传统，成为信息技术和信息生产相对落后的民族共同关心的问题。

信息技术的发展对人们的工作方式、学习方式和生活方式也产生着极大的影响。在信息时代，劳动者的体力和智力获得空前解放，工作将更具创造性和个性，工作方式更灵活，但同时，劳动者必须不断更新知识和技能，终身教育成为个人生存竞争的必需，而多媒体技术和远程教育使学习方式变得更主动、灵活、有效率。就生活方式而言，社会信息服务的完善，使个人生活更方便和个性化，娱乐和休闲更趋多样化，远距离医疗使更多人能及时享有高质量的医疗保健服务，网上交际方式将带来更多的情趣，“虚拟现实”和电脑空间给人以无穷奇妙的体验。当然，对虚拟现实的依赖和迷恋也可能导致人情淡化、心态畸变等新的社会病态。

二、生物技术及其反思

生物技术是人类历史上发展最早的技术门类之一，除了农业生物技术、医疗生物技术外，发酵技术、细胞工程、生物酶工程和遗传育种技术也是传统生物技术的主要分支。这里所讲的生物技术是作为高新技术的现代生物技术，主要为基因工程和蛋白质工程以及它们与传统生物技术的综合。

基因工程

基因工程也称基因重组技术，其主要操作是将不同来源的生物基因（DNA）在生物体外或体内进行重新组合，然后把经过重组的 DNA 分子转入所操作生物体进行复制和表达。简言之，基因工程就是在基因的水平上对生物体进行操作，操作的结果是可以传递给后代的。基因工程的实质是在生物体之间转移遗传信息。基因工程的意义在于使生物体的性状产生定向的改变，并且可以稳定地传递给后代，从而培育出符合我们需要的动植物新品种，甚至是新物种。

基因工程的应用十分广泛，详见表 18—2。

表 18—2　　基因工程应用举例

领域	例子
基础科学	分析基因 阐明生命的遗传及发生、分化的机理 阐明老化机理 阐明免疫机理 阐明致癌基因的结构及致癌机理 阐明遗传病
有用物质的生产	医药品——人的激素（胰岛素、生长激素、生长抑制素等）、抗菌素、干扰素、维生素、氨基酸、有机化合物（镇痛剂、麻醉剂）、酶（消化酶、乙醇分解酶）等 生物性物质——昆虫的外激素、植物激素等 化学药品——除草剂、杀虫剂等
有用微生物种的培育	净化石油废液、工业废水、城市废水等的微生物 分解有机水银等有害化学物质的微生物 促进植物糖、淀粉、纤维素的发酵率的微生物，如生产单细胞蛋白质等 利用太阳能，由水制造氢的微生物，由下水淤渣制造沼气的微生物 具有代谢能力的微生物（有利于从低品位矿石中采矿）

续前表

领域	例子
植物品种的改良	固氮自供型（可将大气中的氮作为营养成分吸收）的农作物 高效进行光合作用的农作物 耐病虫害和霜害等的农作物 品质优良、生长快的农作物 含有动物性蛋白质的农作物 对生物能源有用的农作物
家畜的品种改良	
对遗传病治疗等医疗方面的应用	

蛋白质工程

蛋白质工程即蛋白质的人工设计与生产技术，是在辨识出某个蛋白质的三维空间结构后，找出影响该蛋白质特定功能的氨基酸部位并予以替换或改造，从而按人的需要“设计”出具有新功能的新蛋白质，再通过基因工程设计并改造该蛋白质的基因，将改造好的基因导入受体细胞中进行表达，由受体细胞生产出我们设计的新蛋白质。

蛋白质具有核酸、脂质、糖等生物分子所没有的生物功能，它能根据生物体内部或外部的信息识别信号，使生物体产生物理、化学变化。一切生命现象、一切疾病、一切生物过程皆与蛋白质的形态、结构及运动有关。蛋白质特有的生物功能与它异常复杂的三维结构有关，计算机图像识别与分析技术的进展使人们开始认识蛋白质的功能结构，理解蛋白质在活体内的动态规律。因此，蛋白质工程是计算机图像技术、蛋白质结晶学、蛋白质化学、基因工程科学与技术等多种科学与技术的综合。

蛋白质工程是20世纪80年代兴起的尖端生物技术。蛋白质工程中已成熟的技术是被称作“定位突变”的局部功能优化技术。例如，枯草杆菌蛋白水解酶加入洗衣粉后能有效去汗渍、果汁等污迹，但这种酶易于受氧化而失去活性，因而无法与漂白剂等强氧化剂配伍，可后者也是洗衣粉中必需的。通过对它的晶体结构进行计算机分析，人们找到了该部分的氨基酸基因，从而生产出突变后的新酶，其抗氧化能力大幅度提高。

蛋白质工程是基因工程深化发展的产物，是基因工程的高级发展阶段。基因工程利用已有的基因，而蛋白质工程设计制造天然生物体内没有过的新蛋白质及对应基因，从而可获得比基因工程产品性能更好的产品，有人称其为第二代基因工程。

基因工程及蛋白质工程与传统生物技术的结合

基因工程及蛋白质工程等当代尖端生物技术与细胞工程、酶工程等传统生物技术的有机结合已将后者改造为现代生物技术。

农业技术的发展对解决全球人口膨胀、耕地减少引起的粮食短缺是决定性的因素。现代生物技术引入农业后，极大地推动了农业技术的发展。基因工程运用到农作物和家畜等遗传育种工作，大大缩短了育种时间，目前培育出抗病毒、抗除草剂、抗虫、高蛋白的农作物品种达数百种，还培育出携带人的生长激素基因的猪种、鱼种，它们比普通的猪和鱼长得快、长得大。表 18—3 列出了农业生物技术的基本项目。

表 18—3　　农业生物技术的基本项目

<table>
<tr><th>归类</th><th>项目</th><th>内容举例</th></tr>
<tr><td>一般</td><td>基础研究</td><td>□ 新表达载体和表达系统（如高等动物的个体表达系统）
□ 基因表达产物的加工、修饰</td></tr>
<tr><td rowspan="4">植物</td><td>基础研究</td><td>□ 通过修饰细胞（如原生质体）的融合产生杂交植物</td></tr>
<tr><td>应用和开发
□ 遗传育种</td><td>□ 高产杂交水稻育种
□ 农作物的高蛋白（如小麦）、高氨基酸（马铃薯）基因工程</td></tr>
<tr><td>□ 引入抗虫、抗病毒、耐特殊土壤或气候条件的品种</td><td>□ 甘蓝的抗虫基因工程
□ 烟草花叶病毒、黄瓜花叶病毒等抗性基因工程
□ 水稻抗白枯叶病、稻瘟病和小麦抗麦锈病基因工程</td></tr>
<tr><td>□ 生物固氮研究和合成能力研究</td><td>□ 苜蓿耐盐碱、耐旱基因工程
□ 水稻玉米联合固氮能力开发
□ 将不能固氮的植物转变为具有固氮能力的植物，使其成为各种化学制品的来源</td></tr>
<tr><td rowspan="2">动物</td><td>基础研究</td><td>□ 高等动物基因调控序列在高效表达中的作用</td></tr>
<tr><td>应用和开发
□ 用重组 DNA 技术校正家畜的遗传缺陷
□ 用制备人类医药相类似的方法生产畜药，尤其是疫苗等
□ 生产作为饲料的单细胞蛋白</td><td>□ 瘦肉型猪基因工程育种
□ 主要畜禽抗病基因工程育种</td></tr>
</table>

（此表根据《生物技术挑战》，剑桥大学出版社，1986，有删略）

克隆技术

1997年2月，英国科学家用克隆技术成功地“复制”出一只名叫“多利”的小绵羊，在全世界引起了强烈的反响。

第一只克隆羊多利

克隆是英语clone的音译，意为生物体通过体细胞进行的无性繁殖，以及由无性繁殖形成的基因型完全相同的后代个体组成的种群。克隆即无性繁殖，其实是自然界中很常见的低级繁殖方式。例如，将马铃薯等植物的块茎切成许多小块进行繁殖，由此长出的后代就是克隆马铃薯。自然界中的微生物和许多植物及低等动物都用克隆的方式繁殖，但较为高等的动物，尤其是哺乳动物，在自然状态下只进行有性繁殖。要使它们能进行无性繁殖，必须运用多种最新的生物技术人为地进行。

20世纪50年代，美国科学家用核移植术从体细胞产生出克隆蛙，但其后用体细胞来克隆哺乳动物的尝试一直未获成功。多利的诞生，标志着克隆技术的重大突破，因为这是第一次用哺乳动物的体细胞克隆成功与供体哺乳动物基因完全相同的成体哺乳动物。这项研究开辟了用人体体细胞克隆出人的可能性，所以在科学界和全社会都引起了轰动。

现代生物技术的应用范围随着基因工程、蛋白质工程的发展而逐渐扩大。将来，利用微生物和植物可以便捷地生产今日大型化工厂的多数产品，利用采矿细菌能够简化冶金工艺并大大减少能源消耗。生物技术将成为21世纪的带头技术，发挥其无污染或污染小的优点，用节约能源的小型高效生物技术工厂取代今日的多种大型工厂生产人们所需要的各种物质和材料。

作为一种在国民经济中具有重大作用的高技术，生物技术已引起各国政府和产业部门的密切关注，很多国家把生物技术列为本国优先发展的领域。我国也很重视，在发展高技术的“863计划”中，生物技术排列在首位。关于生物技术领域的研究主题包括：高产、优质、抗逆的动植物新品种；新型的药物、疫苗和基因治疗；蛋白质工程。近年来，这些方面的研究已取得明显进展。

生物技术引起的问题

鉴于生物高技术具有广泛的用途，加之它所使用的原料多为可再生资源，且有能耗低、污染小等优点，科学家预言生物科学技术将成为21世纪处于带头地位的高科技。然而，由于生物科学技术涉及生命奥秘的揭示和对生命的操作，因而引发了诸多社会问题，生殖技术行为的控制、医学目的的多元化等日益成为公众关注的话题。其中，最敏感的领域——生殖和遗传技术方面的每项进步，都曾引起人们广泛的伦理价值反思。

最近一次舆论震撼的起因是动物克隆（无性繁殖）技术。从生命技术的角度来讲，克隆羊多利的诞生具有划时代的意义。但是，公众关心的是基因工程、生殖技术可能会用于非人道的用途，甚至终将失去控制，有关“克隆人应明确禁止”、“克隆技术是否有助于挽救濒危动物”等话题，促使人们对克隆技术展开了多层面的讨论。

显然，对于一项可能对人和人类社会造成深远影响的技术，从伦理价值的角度去加以反思是十分必要的。作为人类解放自身的实践活动，现代科技应与人类社会的动态发展的伦理价值相互促进，而非相互消解或对立。对于科学活动，任何观念上或条文上的禁忌或禁令都是暂时的，其目的不是永远禁止某项研究，而是为科技与伦理价值的冲突和互动整合提供一个缓冲机制，最终使科技更好地趋利避害，为人类服务。

毫无疑问，克隆技术在农业生产和医药、医学领域具有十分广阔的前景。比如，克隆技术可以解除不能成为母亲的女性的痛苦，为“制造”能移植于人体的动物器官开辟了道路，可以用于检测胎儿的遗传缺陷，可以用于治疗神经系统的损伤，等等。同时，克隆技术也存在很高的风险。比如，克隆技术会减少遗传变异，干扰自然进化进程，引发诸多伦理问题，等等。因此，必须要慎重对待克隆技术。

在有关克隆人的讨论中，对克隆的性质往往没有界定清楚。早在20世纪50年代，美国科学家阿西莫夫就在题为《另一个我》的文章中对此作出了明确的阐释。他的基本观点是，人是社会历史文化环境与遗传因素共同作用的产物。克隆人所能复制的仅是其“基本原料”的遗传特性。并且，从人的社会心理来看，克隆不会成为一种普遍的生殖选择。

面对现代科技的行为中潜在的巨大的不确定性，正确的科技社会文化战略也许应该是，将伦理原则和价值选择编织到科技实践中去，而不是以抽象的原则静态地框定科技实践的禁区，更不能以“不能操纵生命”之类的宗教式的超验请求来否定科技实践的价值。科技实践的领域是动态地拓展的，其发展方向或禁区是社会历史文化因素相互“协商”的产物。新技术的发展往往会打破旧的“协议”，但是又只有新的技术实践本身的发展才能从根本上凸显其正、反两面的价值，从而使我们找到合理的发展进程。

本篇参考文献

1. ［美］V. F. 韦斯科夫. 二十世纪物理学. 北京：科学出版社，1979

2. ［美］G. B. 菲尔德等. 宇宙演化——天文学入门. 北京：科学出版社，1985

3. ［美］米契欧·卡库等. 人类的困惑——关于核能的辩论. 北京：中国友谊出版公司，1987

4. ［美］D. 弗雷费尔德. 分子生物学导论. 上海：复旦大学出版社，1989

5. ［英］F. 霍伊尔，J. 纳里卡. 当代天文学和物理学探索. 北京：科学出版社，1989

6. ［英］杰弗里·李. 战场武器系统与技术丛书. 第2卷. 北京：军事科学出版社，1991

7. ［法］G. 伏古勒尔. 天文学简史. 桂林：广西师范大学出版社，2003

8. ［美］V. K. 纳雷安安. 技术战略与创新——竞争优势的源泉. 北京：电子工业出版社，2002

9. ［美］奥利弗. 即将到来的生物科技时代：全面揭示生物物质时代的新经济法则. 北京：中国人民大学出版社，2003

10. ［美］高奇. 科学方法实践. 北京：清华大学出版社，2005

11. ［美］弗里德曼，罗西主编. 基因转移：DNA 和 RNA 的转运与表达. 北京：科学出版社，2008

12. 薛晓舟. 粒子物理初步. 郑州：河南科学技术出版社，1983

13. 邱仁宗. 科学方法和科学动力学. 北京：知识出版社，1983

14. 张启人. 当代新技术. 北京：人民日报出版社，1988

15. 叶大均. 能源概论. 北京：清华大学出版社，1990

16. 史忠值，余志华. 认知科学和计算机. 北京：科学普及出版社，1990

17. 张殿印等. 现代科技进步导论. 哈尔滨：黑龙江科学技术出版社，1991

18. 王汝笠等. 第六代计算机——人工神经网络计算机. 北京：科学技术文献出版社，1992

19. 王德胜. 现代科技精华. 银川：宁夏人民出版社，1993

20. 高崇寿. 粒子世界探秘. 长沙：湖南教育出版社，1994
21. 马俊如，余翔林. 高技术研究前沿展望. 合肥：中国科学技术大学出版社，1993
22. 黄德发. 后信息社会. 北京：中国统计出版社，1995
23. 林平. 克隆震撼. 北京：经济日报出版社，1997
24. 仝允桓等编著. 技术创新学. 北京：清华大学出版社，1998
25. 崔永贵，殷培江编著. 信息科技. 北京：世界知识出版社，1999
26. 闵鹤翔编著. 当代科技革命与现代思维方法. 天津：天津人民出版社，1999
27. 熊钰庆等主编. 量子效应与现代科技. 广州：广东科技出版社，2000
28. 陈晋，何荣天编著. 现代科技与当代社会. 福州：海风出版社，2001
29. 王成孝编著. 核能与核技术应用. 北京：原子能出版社，2002
30. 刘大椿. 科学活动论·互补方法论. 桂林：广西师范大学出版社，2002
31. 王伟民，康兰波主编. 创造思维与科学方法论. 西安：陕西人民出版社，2002
32. 王前. 现代技术的哲学反思. 沈阳：辽宁人民出版社，2003
33. 李庆臻等. 现代科技伦理学. 济南：山东人民出版社，2003
34. 吕乃基等. 科学方法论视野下的技术哲学. 北京：中国社会科学出版社，2004
35. 何跃，徐小钦主编. 现代科技与科技管理. 重庆：重庆大学出版社，2004
36. 刘大椿. 科学技术哲学导论. 2版. 北京：中国人民大学出版社，2005
37. 张效祥，张夷人编著. 现代科技与战争. 北京：清华大学出版社，2005
38. 张成岗. 现代技术问题研究：技术、现代性与人类未来. 北京：清华大学出版社，2005
39. 张智勇，尤小兵，张淼编著. 微观世界探秘. 桂林：广西师范大学出版社，2006
40. 朱圣庚. 生物科技与当代社会. 广州：广东教育出版社，2007
41. 张国营. 原子与原子核物理学. 徐州：中国矿业大学出版社，2007
42. 舒炜光，邱仁宗主编. 当代西方科学哲学述评. 2版. 北京：中国人民大学出版社，2007
43. 甘岚主编. 计算机科学技术导论. 北京：北京邮电大学出版社，2008
44. 吴元樑. 科学方法论基础. 北京：中国社会科学出版社，2008

45. 张明昌．现代科技中的天文学．太原：山西教育出版社，2008

46. 王宏波等．现代科技与社会人文解析：科学、技术与社会的交互研究．西安：西安交通大学出版社，2008

47. 刘月蕾，段聚宝．遗传与基因．2 版．太原：山西教育出版社，2008

第三篇

现代科技革命与人类文明

第十九章

马克思主义科技论的核心理念

自 19 世纪以来，社会主义与科学一直是两股最活跃的力量，或者说，马克思主义与科技革命是这个时代最重要的特征。从本质上看，这两者在原则上是不可分割的，但是在实践上，社会主义与科学之间的有机联系一直是个需要认真思索的迫切问题；马克思主义与科技革命之间合理关系的实现，也不是一个可以自动进行的事情，它取决于正确的认识、社会为科技发展所创造的条件、恰当的科技体制与经济体制，以及在科技发展的后果与社会主义目标之间保持良性互动的政策。有大量的问题需要研究，尤其是在当前出现了下面两个引人注目的情况的条件下。一个情况是社会主义运动发生了重大的曲折，马克思主义面临着前所未有的挑战；另一个情况是科技的可怕的负面效应与其伟大作用一样，影响到人类和地球的命运，引起了人们广泛的关注。现在有些人不是出于无知就是出于偏见，离开马克思主义来谈论科技革命，或者离开科技革命来谈论马克思主义，甚至把马克思主义与科技革命对立起来，这对于正确认识和解决我们时代最迫切的问题是背道而驰的，也是不符合实际的。

我们有必要深入研究社会主义与科学、马克思主义与科技革命的相互关系，而首先是要通过马克思、列宁、邓小平的若干思想来说明，马克思主义科技论的核心理念是什么。

一、马克思一生关心之所在

值得注意的是，正是马克思最早自觉地把科学技术与社会发展联系起来，把科技与无产阶级革命，与社会主义的命运紧密结合在一起。这不是一个偶然现象。

马克思固然是一个伟大的学者和思想家，但他首先是一个无产阶级革命家。他一生上下求索，最杰出的理论贡献就是创立了唯物史观、剩余价值理论、科学社会主义理论。他还对人的自由本性、人的全面发展、人与自然的新的和谐关系的实现进行了前瞻性的研究。对于科学和技术的历史作用，他更有独到的见解。所有这些理论建树，使他为社会改造，为人的积极性的最大发挥找到了坚实的基础。

马克思相信，在从资本主义向社会主义过渡的历史进程中，革命是“助产士”，科技是“大杠杆”。革命所起的作用将是帮助在资本主义母体中成熟起来的社会主义胚胎分娩出来，而科学和技术则是推动历史前进的有力的杠杆。

恩格斯在《马克思墓前悼词草稿》中写道：“没有一个人能像马克思那样，

对任何领域的每个科学成就，不管它是否已实际应用，都感到真正的喜悦。但是，他把科学首先看成是历史的有力的杠杆，看成是最高意义上的革命力量。而且他正是把科学当做这种力量来加以利用……”① 在生命的最后时日，马克思对电学方面的各种发现依然十分注意，特别是对马赛尔·德普勒有关远距离输电技术的发明，表现了极其浓厚的兴趣。“在马克思看来，科学是一种在历史上起推动作用的、革命的力量。任何一门理论科学中的每一个新发现，即使它的实际应用甚至还无法预见，都使马克思感到衷心喜悦，但是当有了立即会对工业、对一般历史发展产生革命影响的发现的时候，他的喜悦就完全不同了。”② 恩格斯高度评价马克思的科学观——关于科学的基本思想，认为这与唯物史观、剩余价值理论等一样，是最重要的理论贡献。正因为科学和技术具有这种革命的性质，马克思对它们情有独钟是毫不奇怪的，科技的社会作用与马克思一生的追求是完全一致的。现代工业大生产依赖科技，马克思从中发现了推动社会发展的动力，而这是与无产阶级的命运直接相关的。

一般地肯定和强调科学（以及技术）的作用，对于任何一位思想家来说，都称不上什么了不起的见地。马克思当然注意到，以知识形态而存在的科学，无论在哪个时代，都是社会发展的最重要的精神成果之一。马克思把它称为“一般社会生产力”，认为与土地、资源以及其他自然力一样，是生产的必要前提。马克思比别的思想家更为敏锐和深刻的地方，是他第一个自觉地意识到，在资本主义大生产条件下，由于科学已经并入生产，它就不再仅仅是一般的社会生产力，而是变成了“直接生产力”。

二、何以视科学为“直接生产力”？

之所以这样看，首先是马克思对机器大生产的洞察。他在分析了机器大生产的过程以及诸要素的作用后指出：“一般社会知识，已经在多么大的程度上变成了**直接的生产力**，从而社会生产过程的条件本身在多么大的程度上受到一般智力的控制并按照这种智力得到改造。”③ 这就是说，当科学以一般知识形态存在、尚未并入生产过程时，它是以知识形态存在的一般社会生产力；当科学并入生

① 《马克思恩格斯全集》，中文1版，第19卷，372页，北京，人民出版社，1963。

② 同上书，375页。

③ 《马克思恩格斯全集》，中文1版，第46卷下，219～220页，北京，人民出版社，1980。

产，即转化为劳动者的劳动技能，物化为具体的劳动工具和劳动对象，通过管理在生产结构中发挥作用时，它就直接进入生产过程，成为社会劳动生产力，即直接生产力。

其次，马克思通过透彻的分析，发现了在现代大工业条件下科学在生产力中的特殊地位和作用。马克思认为科学是生产力中的一个相对独立的因素，它能够促进整个生产力的巨大发展。马克思在《资本论》中写道："劳动生产力是由多种情况决定的，其中包括：工人的平均熟练程度，科学的发展水平和它在工艺上应用的程度，生产过程的社会结合，生产资料的规模和效能，以及自然条件。"① 他非常注意科学的力量对资本主义生产的作用，强调科学是"生产过程的独立因素"，是"不费资本家分文的另一种生产力"。马克思的这些论断，既有助于我们理解科学是生产力发展的主要源泉之一，劳动生产力各要素的提高也决定于科学技术水平这个重要思想，又揭露了现代资本主义发展的一个秘密："大工业把巨大的自然力和自然科学并入生产过程，必然大大提高劳动生产率，这一点是一目了然的。但是生产力的这种提高并不是靠在另一地方增加劳动消耗换来的，这一点却绝不是同样一目了然的。"②

马克思深入考察了科学与生产的互动关系，指出了科学转化为直接生产力的基本途径。科学既是观念的财富又是实际的财富，同时还是"生产财富的手段"和"致富的手段"。科学的发生和发展一开始就是由生产决定的，现代科学更需要大工业生产提供强大的物质基础。反过来，科学并入生产，又使整个生产结构、生产过程、生产面貌发生了革命性变化。按照马克思的理解，作为一般社会生产力的科学知识具有一个重要特征，即"不费资本家分文"，通俗地说，就是具有使用的无偿性。这种"不需花钱的生产力"，当它被应用到生产过程后将"使商品绝对降价"。转换的关键在于将科学并入生产，或者说将科学转化为直接生产力。转化的途径主要有：物化、人格化和科学管理。物化就是将自然科学和技术转化为新的劳动工具和劳动对象；人格化就是用科学武装劳动者，提高劳动者的文化科学水平，提高他们的劳动技能和科学素质。科学管理则是运用科学的管理理论和方法，建立合理的生产结构和生产过程，改善劳动者之间的关系，通过提高管理水平来提高生产力。

工业革命以后，科学技术进步作用的迅速增长，引起了许多社会经济发展的研究家和学者的重视。但是，一般说来，他们比较注意科学技术所造成的某些后

---

① 《马克思恩格斯全集》，中文1版，第23卷，53页，北京，人民出版社，1972。

② 同上书，424页。

果，特别留意各种新的机器，承认这是经济增长加快的原因，却没有下功夫去研究解释这些机器到底是怎样推动社会经济增长的。在19世纪，马克思是个例外，他致力于将对资本主义社会根本机制的研究与对科学技术进步本身如何发生的分析结合起来。他第一个突破了把科学技术当作经济系统外生变量的流行观点，开创性地认识到科学技术是社会经济系统的内生变量。马克思关于“科学是直接生产力”的理论，既是实践的结晶，又具有超前性。

三、列宁的著名公式

十月革命的成功，在人类历史上第一次建立了社会主义国家。如何建设社会主义，这个伟大的实践任务摆在了共产党人面前。列宁为此进行了艰苦的、创造性的努力。他一方面抓政权建设，一方面抓现代化技术基础上的经济建设。列宁有一个著名的公式：苏维埃政权＋全国电气化＝共产主义。他知道，建成社会主义的任务“只有在国际资本主义发展了劳动的物质技术前提的情况下才能实现，这种劳动是大规模的，是建立在科学成就的基础上的，因而也是建立在造就出大批科学上有造诣的专家的基础上的”①。

这有两层重要的意思：

第一，虽然建立了苏维埃政权，但是，如果不实行电气化，就不可能真正取得胜利。列宁写道：“只要我们还生活在一个小农国家里，资本主义在俄国就有比共产主义更牢固的经济基础。这一点必须记住。每一个细心观察过农村生活并把它同城市生活作过对比的人都知道，我们还没有挖掉资本主义的老根，还没有铲除国内敌人的基础。国内敌人是靠小经济来维持的，要铲除它，只有一种办法，那就是把我国经济，包括农业在内，转到新的技术基础上，转到现代大生产的技术基础上。只有电力才能成为这样的基础。”② 很清楚，如果我们考虑到，在当时电力乃是最先进的技术，就可以从中合理地得出这样的一般结论：建成现代技术基础上的经济，是彻底巩固社会主义的前提。

第二，要实现上述任务，必须善于利用旧社会遗留下来的专家和知识分子。针对无产阶级政权建立初期盛行的“左派”幼稚病，列宁谆谆教导说：“没有丰富的知识、技术和文化就不能建成共产主义，而这些东西都掌握在资产阶级专家

① 《列宁全集》，中文2版，第34卷，356页，北京，人民出版社，1985。

② 《列宁全集》，中文2版，第40卷，156页，北京，人民出版社，1986。

手中。他们中间大多数是不同情苏维埃政权的。但是，没有他们我们就不能建成共产主义。应当使他们感到周围的同志式的关系和共产主义的工作精神，要做到让他们同工农政权一起前进。”[①] 列宁清醒地知道，共产主义是从资本主义成长起来的，只有用资本主义遗留下来的东西才能建成共产主义。应该珍视每一个专家，把他们看作技术和文化的唯一财富；没有这份财富，什么共产主义也不可能实现。列宁在那个时候就尖锐指出了业务专家的重要性，他说：“我们没有专家，这是问题的关键，因此必须招到1 000个精通本行业务的第一流专家，这些专家重视自己的业务，热爱大生产，因为他们知道这意味着技术的进步。有人在这里说，不向资产阶级学习也能够实现社会主义，我认为，这是中非洲居民的心理。我们不能设想，除了建立在庞大的资本主义文化所获得的一切经验教训的基础上的社会主义，还有别的什么社会主义。没有邮电和机器的社会主义，不过是一句空话而已。”[②]

列宁关于社会主义建设的学说，特别是他关于在落后国家建设社会主义的理论，是留给我们的宝贵财富。列宁一向强调无产阶级政权建设和现代化技术支持的经济建设是社会主义事业最重要的、不可分割的两个方面。在苏维埃政权刚刚诞生之时，他就制定了宏伟的全国电气化计划。他极其重视知识分子特别是科学技术专家对社会主义的重要性，全面而深刻地论述了知识分子在社会主义建设中的特殊作用以及帮助他们进步的特殊道路，并且满腔热情地、竭尽所能地支持他们的工作，关心他们的工作。

这里有一个非常生动的例子。在十月革命后出现内战和饥荒的极端困难的岁月里，列宁强调要保证给专家提供尽可能好的工作条件和物质供应。

“鉴于伊·彼·巴甫洛夫院士在科学上作出了对全世界的劳动者具有重大意义的十分杰出的贡献”，列宁曾以人民委员会的名义决定：

“1. 根据彼得格勒苏维埃的呈请，建立一个由马·高尔基同志、主管彼得格勒高等学校的克里斯季同志和彼得格勒苏维埃管理局委员会成员卡普伦同志组成的具有广泛权限的专门委员会，责成该委员会在最短期间内为巴甫洛夫院士及其助手的科学工作创造最良好的条件。

2. 责成国家出版社在共和国最好的印刷厂印刷出版巴甫洛夫院士整理的总结他近20年来科学研究成果的科学著作精装本，并且规定该文集在国内外的版权归伊·彼·巴甫洛夫院士本人所有。

---

① 《列宁全集》，中文2版，第37卷，309页，北京，人民出版社，1986。

② 《列宁全集》，中文2版，第34卷，252页。

3. 责成工人供给委员会发给巴甫洛夫院士及其妻子特殊的口粮，其数量按热量计算应当等于两份院士的口粮。

4. 责成彼得格勒苏维埃保证巴甫洛夫教授及其妻子所居住的住宅归他们终生使用，并且为该住宅以及巴甫洛夫院士的实验室安装最好的设备。”①

巴甫洛夫

列宁对待科技专家的态度，他在知识分子问题上的思想和实践，不仅仅是一般的工作方法问题，而且是对向社会主义过渡这个根本问题所作的战略选择。他懂得科技的重要性，懂得没有专家和知识分子就没有科技。时隔70年之久，这一切依然使我们感到亲切，似乎列宁是在同我们讨论今日现实中的迫切问题，仿佛又是这位伟大导师在以其特有的敏锐为我们指明问题的症结。我们应当从中吸取特别重大的教益，像列宁那样两手抓：一手加强社会主义民主和法制建设，加强精神文明建设，巩固政权，维护安定团结的政治局面；一手要把一切工作落实到经济建设上，充分依靠科学技术进步来促进经济社会发展。

与此相关，列宁关于无产阶级文化建设的思想，应该引起我们的充分重视。列宁多次强调：“必须取得资本主义遗留下来的全部文化，并且用它来建设社会主义。必须取得全部科学、技术、知识和艺术。否则，我们就不可能建设共产主义社会的生活。而这些科学、技术、艺术却在专家们的手中，在他们的头脑里。”② 在尖锐批判资产阶级的偏见和狭隘性的同时，列宁深刻地指出，无产阶级文化并不是从天上掉下来的，也不是那些自命为无产阶级文化专家的人杜撰出来的，它应当是人类全部知识合乎规律的发展。只有确切了解人类全部发展过程中所创造的文化，只有对这些文化进行改造，才能建设无产阶级的文化。列宁极其藐视那些不肯用一番认真、艰苦而又浩繁的功夫，不理解必须用批判态度来对待事物，便想根据自己学到的理论结论来炫耀一番的人，认为这种人不可能成为真正的共产主义者。他谆谆告诫共产党人，只学共产主义的结论和口号，是不能建设共产主义的；只有用人类创造的全部知识财富来丰富自己的头脑，才能成为共产主义者。列宁的这些精辟思想告诉我们，应当坚决抵制文化虚无主义，既要批判民族文化虚无主义，批判“全盘西化”思想，又要防止对外国科学和文

① 《列宁全集》，中文2版，第40卷，261～262页。

② 《列宁全集》，中文2版，第36卷，48页，北京，人民出版社，1985。

化实行闭关自守政策。我们今天倡导的批判继承相结合的方针，以及面向世界、面向未来、面向现代化的态度，是符合列宁关于无产阶级文化建设的原则立场的。

四、邓小平论“科学技术是第一生产力”

社会主义的实践在20世纪取得了辉煌的胜利，也经历了巨大的曲折。

在当代中国，由于“左”的错误思想的影响，对科学技术、知识分子在社会主义建设中的地位、作用，在十一届三中全会前总的来说是模糊不清、估计不足的。尤其是在“文化大革命”期间，几乎把知识分子和他们拥有的知识全部推到对立面上去了。1975年，邓小平重新出来主持工作，重点之一就是对科技工作拨乱反正。中国科学院在根据他的指示拟定的《汇报提纲》中，首先恢复了“科学是生产力”的马克思主义观点。但是不久，这又被当作“右倾翻案风”遭到批判。

邓小平在1978年全国科学大会开幕式上讲话

青山遮不住，毕竟东流去。中国结束十年动乱后不久，邓小平在当时百废待兴的形势下，意义深邃地指出：“我们国家要赶上世界先进水平，从何着手呢？我想，要从科学和教育着手。”① 根据当代科学技术为生产开辟道路、给世界经济和社会各个领域带来巨大变化的事实，他深刻地指出：“四个现代化，关键是

① 《邓小平文选》，2版，第二卷，48页，北京，人民出版社，1994。

科学技术现代化。没有现代科学技术，就不可能建设现代农业、现代工业、现代国防。没有科学技术的高速度发展，也就不可能有国民经济的高速度发展。”① 邓小平在一系列的讲话，特别是《在全国科学大会开幕式上的讲话》中，对当时一系列颠倒了的历史功过与理论是非进行了拨乱反正，着重阐述了科学技术是生产力和科技人员是工人阶级的一部分这两个关键问题，为我国新时期制定发展科学技术的方针政策，在社会上确立“尊重知识，尊重人才”的风气，奠定了坚实的理论基础。

1988年，正当我国的改革、开放事业进入一个关键阶段之际，邓小平及时告诫大家：“从长远看，要注意教育和科学技术。否则，我们已经耽误了二十年，还要再耽误二十年，后果不堪设想。”接着，他深谋远虑地指出：“马克思讲过科学技术是生产力，这是非常正确的，现在看来这样说可能不够，恐怕是第一生产力。”② 邓小平还特别讲到解决好少数高级知识分子待遇的问题，把“科学技术是第一生产力”的理论与社会主义现代化的实践紧密结合在一起。此后，邓小平多次重申这一科学论断，强调最终可能是科学解决问题。在1992年初，他进一步指出科学技术是解决经济建设问题的根本出路。

为什么要在马克思关于“科学是生产力”这个论断中加上“第一”这个修饰词？这是因为现代科学技术处于一切生产力形式、过程和因素的首位，现代科学技术是生产力中相对独立的要素，是生产力诸因素中起决定性作用的主导因素。

诚如马克思所说，科学成为生产力发展的独立因素和主导因素，是资本主义生产方式建立以后的事情：“**自然因素**的应用——在一定程度上自然因素被列入资本的组成部分——是同科学作为生产过程的独立因素的发展相一致的。生产过程成了**科学的应用**，而科学反过来成为生产过程的因素即所谓职能。每一项发现都成了新的发明或生产方法的新的改进的基础。只有资本主义生产方式才第一次使自然科学为直接的生产过程服务……”③ 这种情况自第二次世界大战结束以来，更为引人注目。科学及其在生产上的广泛应用，事实上同单个工人的技能和知识分离了。现代科学技术不仅渗透在传统生产力诸要素中，而且在社会生产力的发展中起着比劳动者自身、生产工具和劳动对象更为重要的作用。现代科学技术除了决定着生产力的发展水平和速度、生产的效率和质量，还决定着生产中的产业结构、组织结构、产品结构与劳动方式。它不单使

① 《邓小平文选》，2版，第二卷，86页。

② 《邓小平文选》，1版，第三卷，274～275页，北京，人民出版社，1993。

③ 《马克思恩格斯全集》，中文1版，第47卷，570页，北京，人民出版社，1979。

生产力在量上增加，而且使生产力在质上发生飞跃，导引着未来的生产方向。所以现代科学技术在生产力系统中已上升到主导的地位，在资本、劳动、科技三个因素对经济增长的作用中，科技已经愈来愈显得重要，在发达国家几乎占70％。现在，向生产的深度和广度进军，不能只靠劳动力和资本，更要靠科学技术。

有人担心，说科学技术是“第一”生产力，与劳动者是“首要”生产力的原理发生冲突。其实不然。因为两者说的不是同一个问题。前者是就生产尤其是劳动者本身中智能因素与体力因素的关系而言，智能因素确是日趋重要，位居第一；后者是就生产力中人与物的关系而言，劳动者是生产力的主体，是唯一具有能动性的因素，因而处于首位。归根结底，两个命题其实是一致的，即是说，当代生产力发展主要依靠劳动者科技素质的提高，掌握了科学技术的劳动者是现代生产力的主体。

五、“社会主义本质”的焦点

1992年初，小平同志在南方谈话中精辟地指出：“社会主义的本质，是解放生产力，发展生产力，消灭剥削，消除两极分化，最终达到共同富裕。”① 在这里，邓小平把社会主义的本质聚焦在两个问题上，一个是社会主义的根本任务，一个是社会主义的价值目标。在当代科技革命条件下，社会主义面临着生产力迅速而巨大增长的机遇和挑战。对于像中国这样的现实社会主义国家，最严重的问题是生产力水平低下、经济落后、人民贫穷。因此，邓小平在论述社会主义的本质时，又把解放生产力、发展生产力作为首要层次加以强调，把它们当作社会主义本质的焦点。这是对当代社会历史发展，包括国际共运、中国社会主义建设和世界资本主义几方面的实践所作的精辟的理论总结。

诺贝尔经济学奖获得者丁伯根曾说：“社会主义作为一种社会制度，人们最初使用的，是它的非常简单的定义，那就是生产资料公有制。”② 这反映了很长一个阶段的实际情况。前苏联所提出的传统社会主义理论，便是离开生产力，只从生产关系和上层建筑的角度界定社会主义的本质，并且把苏联在特定历史条件下形成的社会主义生产关系及上层建筑的特殊模式界定为标准的社会主义。虽然

---

① 《邓小平文选》，1版，第三卷，373页。

② ［荷］丁伯根：《生产、收入与福利》，202页，北京，北京经济学院出版社，1991。

这种理论明显背离唯物史观关于生产力最终决定整个社会发展的原理，却在国内外凭借某种误解和权力而广泛流传。这也是我们不久前屡见不鲜的正统说法。邓小平依据唯物史观的基本原理，一再突出强调生产力的解放和发展在社会主义本质中的首要地位，一再批判“贫穷社会主义”的反马克思主义实质，一再从理论与实践相结合的角度阐明新时期坚持社会主义就得坚持解放和发展生产力的道理，这是最根本的拨乱反正，是对科学社会主义的一种根本性推进。

在某种意义上可以说，只有生产力标准理论才能从哲学层次上论证社会主义的根本任务。社会主义制度优越性的根本表现，应该是能够允许社会生产力以旧社会所没有的速度发展，使人民不断增长的物质文化需要能够逐步得到满足。正确的政治领导的结果，归根结底要表现在社会生产力的发展上，表现在人民物质文化生活的改善上。生产力标准，归根结底是衡量和判断一切社会的性质和一切社会现象是否优越合理的唯一标准，其中包括衡量和判断：一切生产关系，一切社会经济政治制度，一切观念形态和价值取向，一切政党或政府的路线、方针、政策。社会主义要表现自己的优越性，只能以生产力的解放和发展作为根本依据。传统社会主义理论的最大失误，是先验地把社会主义作为一种特定的生产关系和政治制度，具有自己的特定模式和内在标准，可以不受生产力标准的裁定。正是在这种传统理论的框架内，社会主义优越性成了一个脱离生产力的抽象的生产关系与上层建筑范畴。相反，坚定地把社会主义的优越性首先看作一个生产力范畴，就是认定社会主义之所以优越，首先在于它能使生产力以资本主义所没有的速度持续发展，能使人民的物质文化生活比在资本主义制度下过得好，也就是明确地把生产力发展状况看成衡量和判断一切生产关系和社会制度是否优越合理的唯一尺度。

生产力标准是实践标准的具体化和跃迁。生产力标准理论不但恢复和推进了唯物史观关于生产力对生产关系具有决定作用的根本原理，使人们对社会主义的理解超越生产关系的层次而深入到生产力层次，而且在继承马克思主义实践标准理论的前提下，从历史观和认识论的统一上把实践标准具体化为生产力标准，使实践标准理论面对当代中国实际进一步获得了可操作性和鲜明的针对性，从而实现了从实践标准理论向生产力标准理论的跃迁。在这里，作为检验人们对社会主义的认识是否具有真理性的标准的实践结果，不是可以这样也可以那样的东西，而首先是社会生产力状况，这样，真理标准就更具体更实在了。当我们判断是非的时候，就会遵循下列标准：是否有利于发展社会主义社会的生产力，是否有利于增强社会主义国家的综合国力，是否有利于提高人民的生活水平。生产力标准理论从真理标准的层次上对社会主义的本质作了哲学论证。

生产力标准理论不仅在理论上深刻地论证了社会主义的根本任务，而且在实践上有力地推进了改革开放事业。一百多年前，马克思在《资本论》中对市场经济持批判的和否定的态度，原因是在资本主义的发展过程中市场经济表现出“拜物教”的性质，构成对人本身的控制。应该说，马克思对当时具体形态的市场经济的这一痼疾的揭示是深刻的。但是，我们不能因此而对市场经济持一般的否定态度。邓小平说：“社会主义和市场经济之间不存在根本矛盾。问题是用什么方法才能更有力地发展社会生产力。”① 显然，用生产力标准来观察市场经济，是邓小平得以超越前人的理论根据。实际上，这里并没有忽视社会主义人道主义，相反，正是在这里，邓小平指出了社会主义与资本主义的本质区别。但是，价值标准是被放在生产力标准之后的，是从属于根本任务的价值目标。唯物史观善于辩证地处理两个方面，然而，伦理的标准任何时候都不应该超越生产力标准，如果把作为价值目标的人道主义与解放和发展生产力对立起来，势必在实践中碰壁。

明确社会主义的根本任务是解放和发展生产力，这一理论上的突破，为制定具体的方针政策，在实践中有重点地解放和发展生产力，即为从理论到实践的过渡创造了前提。根据当代科技革命所展现的崭新的历史可能性，人们最迫切的使命是，进一步明确科学技术是第一生产力，从而在操作层面上，为完成社会主义的根本任务找到突破口。这就是首先解放和发展科技生产力，其中包括解放和发展教育生产力，把四个现代化的关键放在科技教育现代化上。在唯物史观的框架内，既然生产力是最根本的标准，科学技术是第一生产力便理所当然是一个基本的命题。该命题准确抓住了当代新科技革命条件下社会生产力发展在结构上表现出来的新特征，使马克思主义理论与当代科技革命实现了融通。

在马克思主义同中国革命实践相结合的过程中，第一次飞跃是毛泽东思想的确立与在中国建立社会主义制度，第二次飞跃则是邓小平建设有中国特色社会主义理论的确立与中国改革开放和社会主义现代化建设事业的不断推进。邓小平建设有中国特色社会主义理论科学地把握了社会主义的本质，系统地探讨和回答了在中国这样经济文化比较落后的国家，如何建设社会主义，如何巩固和发展社会主义等一系列基本问题，用新的思想观点继承和发展了马克思主义，不愧为当代中国的马克思主义。

生产力标准理论，为我们确立以经济建设为中心的基本路线准备了理论前提。科学技术是第一生产力这个马克思主义命题，为提倡科学、依靠科技振兴经济指明了方向。

---

① 《邓小平文选》，1 版，第三卷，148 页。

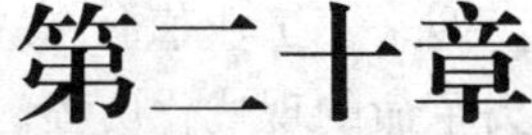

从科学革命到现代科技革命

人类历史沿着科学技术发展的道路经历了一个加速度运动的过程。人类的年龄大约等于六十万年，其中大部分时间十分艰难，具体情况鲜为人知。只是在近一两万年，我们发现，除原始时代的工具外，还有作为最初的文化特性的史前穴居时代的绘画慢慢出现，而直到最后才出现越来越多的农业的特征。

大约五百年前，发生了文艺复兴。二百年前，迎来了工业革命。从科学革命到现代科技革命，实际上是一个思想革命和生产力革命的现代化历程。

一、从哥白尼开始的科学革命

列宁对于革命这一概念是这样定义的："……革命是一种最基本最根本地摧毁旧事物的改造，而不是尽可能少破坏地、审慎地、缓慢地、逐渐地来改造旧事物。"① 这样的思想对于我们探讨科学革命和技术革命也是富有启发意义的。

在近代科学史上发生过好多次影响深远的科学革命。19世纪以前，最引人注目的科学变革有：

拉瓦锡

——16世纪哥白尼推翻托勒密的地心说并建立起日心说，这是历史上第一次自然科学革命。新学说引起了世界观的根本变革，摧毁了旧观念，确立了与旧的世界图景截然对立的新的世界图景。

——18世纪由拉瓦锡（1743—1794）完成的化学革命，它从根本上推翻了妨碍人们了解最重要的化学过程本质的燃素说，通过氧化说的确立实现了关于化学元素、化合物以及化学变化的观点的变革。

在此前后，还有一些类似的可称得上是科学革命的变革，包括热质说的垮台以及拉马克获得性遗传学说的破产。但是，贯穿这整个时代的伟大变革，是以伽利略和牛顿为代表的经典力学的创立和逐渐完善。从认识论的观点来看，近代最初二百多年的这些科学革命可以归并为一次大革命，它们都是从哥白尼的发现开始的这一次大革命的不同表现或不同阶段。

---

① 《列宁全集》，中文2版，第33卷，87页，北京，人民出版社，1985。

以上述变革为标志的近代科学革命，其基本特点是使人类认识离开直接的外观，而进入现象背后的本质。哥白尼的发现打破了对于感官直接提示给我们的东西的无限信赖：虽然我们见到的是太阳沿天穹运行，实际上却是地球绕着自身的轴做旋转运动。拉瓦锡的发现是与自古以来这种根深蒂固的见解相抵触的：火是隐藏在可燃物内的“燃素”的释放和逸出。直到18世纪末，科学家们仍然说火是物体的分解，这个结论符合人们最先看到的外观，因为在燃烧时有某种东西从中释放出来，带着烟和热气一起逸出，物体燃尽只剩下一堆灰烬。但是，科学家们终究还是不得不否定直接外观仿佛在这里已经被证实了的东西，而接受初看起来无法直接证实的、与先前的观念截然对立的观念。重要的是，这种否定不是对现实的背离，相反，是洞察现实的本质的开始。“奇怪”的是，燃烧其实并不是分解，而是氧气与可燃物化合的结果。

透过自然现象的可见外观探究我们不能直接看到的方面，并且以它们为依据，对原先看到的东西作出正确的解释，让明显的易于认识的东西被某种新的、陌生的概念来取代，16至18世纪的科学革命的主要之点，就是确立了抽象思维的更大的决定性的作用。没有抽象思维，就不可能对直接观察的结果和经验作出正确的说明。

第一次科学大革命的基本进展是从古代素朴直观的世界图景转变为牛顿的“经典的”世界图景。其特征是，在这个图景中，认识对象的感性外观已经让位于抽象的关于认识对象的描述。一般地说，牛顿用以解释物体运动原因的那些“力”是隐蔽的、肉眼不能直接看到的。由经典力学所描述的世界图景，具有如下要点：首先，自然界是不变的，当上帝给予第一推动力创世之时起迄今，普天之下原则上并无新物。其次，宇宙大厦的基础是某些绝对简单的、不可再分的物质粒子——“原子”，我们周围的大小物件，一切都是由这些原始砖块构成的。再次，机械模型本来是抽象的形式，却被想象成与看得见的东西相类似。因此，一切基本范例和模型的机械的直观性，成了被它们描述的自然界的本质。最后，自然界中一切要素都是预先给定的，这就是说，世界是既成的，我们在自然界中所见到和认识到的物体是什么样子，它们实际上就是什么样子。概括地说，近代经典的世界图景的要点是：自然的不变性、原子的基本性、机械的直观性、世界的既成性。人们也把它简称为机械的自然观。

19世纪以来重要的科学革命可以说都是对机械自然观的重新审查和否定，其中特别具有代表性的有：

——19世纪自然科学的三大发现：细胞理论、能量守恒和转化定律、达尔文生物进化论。这场革命性的大变革迫使承认自然界绝对不变、否认自然现象普遍有机联系的形而上学观念一步一步地后退，让位给关于自然界的普遍联系和发展的辩证法思想。

——在19世纪与20世纪之交从物理学开始，科学发生了许多根本的变化。X射线、电子、放射性的发现，揭示了原子、元素的复杂结构，证明了它们的可分性和互变性。物理学，过去被认为是衡量精确知识的准绳，被当作是把推理的严谨性与建立在经验基础上的可证实性恰当结合起来的理论典范。此时物理学家突然发现自己以前关于原子的一些基本概念，其实是具有重大的局限性。因此，绝对的基本性被否定，被不可穷尽性取而代之。列宁写道："原子的可破坏性和不可穷尽性，物质及其运动的一切形式的可变性，一向是辩证唯物主义的支柱。"①

——爱因斯坦相对论特别是量子力学的创立，坚决要求否定机械直观性的原则。这个原则假定，自然界的一切物体（无论是宏观物体还是微观粒子），都能以直观的形象呈现在人们面前。微观粒子也被看作像宏观物体一样，其内部结构可以仿照机械的模型去设想。但是，量子力学已经证明，微观过程领域中有自己独特的规律，即间断性和连续性的统一、波和粒子的统一。要想直观地描述这种统一是不可能的。一般地说，在理论物理学中新出现的许多抽象概念，并不能用关于研究对象的感性表象来构造。实际上，间断性和连续性的统一、波和粒子的统一，除了数学模型外，任何直观的模型都是无法描述的。这次科学革命的特征是以抽象的概念取代了直观的形象和模型，或者说，是以数学的抽象性取代了机械的直观性。

——亚原子领域（或微观）物理学的现代成就表明，所谓基本粒子虽然是复杂的、可以相互转化的，但并不具有构成性质：它们不是彼此由对方构成的，也不是由别的更简单、更基本的粒子构成的。例如，由中子分出电子和反中微子，不能与化合物分解相提并论。后者分离出来的粒子在分解前就以现成粒子的形式预先存在于被分解的系统之中了，而重核子（在这里是中子）产生的轻粒子（在这里是电子和反中微子）的过程则完全不同，轻粒子并没有以现成粒子的形式预先存在于核子里，它们纯粹是利用被裂解的核子的质量和能量重新产生出来的。人们现在认为，基本粒子的"结构"极其独特，根本不像我们已经熟悉的原子的结构，甚至也不像原子核的结构。基本粒子是由潜在的即可能存在的粒子构成的，在一定的条件下，这种可能性便转化为现实性。正是在粒子的分解和生成的过程中，显示出该粒子的实在性，即在其母粒子内部潜在的预存性。这些成就之

① 《列宁全集》，中文2版，第14卷，297页，北京，人民出版社，1985。

所以被称作科学革命，是因为此后人们不再把研究对象当作现实地存在的东西了，而仅仅承认它是可能存在的、潜在的东西，这就否定了研究对象在其构成形态上的既成性。基本粒子的“结构”问题现在发生了根本的变化，这里涉及的已经不仅仅是这些粒子应当具有什么性质的问题，而首先是：只能从这种粒子生成别种粒子的可能性、从粒子的潜存而不是实存出发来确定粒子的“结构”。这是从既成性到潜在性的变革。

二、科学革命的实质是思想革命

综上所述，近现代科学革命可以概括为这样两次思想大革命，一次是从素朴自然观到以机械自然观为核心的“经典的”抽象科学理论的提升，一次是从机械自然观到现代科学思维的提升。当然，过程本身是复杂的，有许多交叉，不像我们这里概括的这样一目了然。但究其实质，确是如此。一般地说，历史上一切科学革命都具有下述基本特点：

第一，科学革命要求破坏和抛弃过去在科学中占统治地位的不可靠的思想和观点。但是，这些东西并不是完全错了，它们只是具有严重的局限性，它们自身依然包含着真理的颗粒，这些颗粒将在以后科学的发展过程中保留下来，并且有机地深化在新的观念中；不过已不是作为新观念的主导部分，而是作为从属的、被严格确定的框架所限制的部分。例如，哥白尼的日心说抛弃了托勒密的地球为宇宙中心的错误观念，但却吸收了地心说中的许多具体材料。

第二，科学革命迅速地扩展人们关于自然界的知识，进入科学认识迄今尚未达到的自然界新领域。在这里，新工具和新仪器的发明起着巨大作用，为观察者突破以往认识的局限性提供了可能性。最恰当的例子可举出望远镜的发明在近代天文学革命中的作用，回旋加速器的运用在基本粒子研究中的决定意义等。

第三，科学革命是由与新的经验材料不一致的旧理论观点引起的，而不是由经验材料的增长本身引起的。科学革命发生在科学理论、科学概念和科学原理的范围内，发生在其原有表述遭到根本摧毁的各有关科学的观念范围内。例如，早在 17 世纪，胡克就发现了细胞，但并没有从中得出任何有意义的理论结论。胡克的发现也未曾对生物学和自然科学的发展产生任何显著的影响。直到一百五十多年后，施莱登和施旺创立细胞学说，揭示了所有生物体在构造上的统一性，才成为科学革命的重要因素。

不错，科学革命是由新发现引起的，但更重要的是，每一次革命都与新经验事实的新理论解释相联系。这意味着要摧毁旧的思想方法和思维方式。就其本质而言，每一次科学革命都是科学思想发展中的一定飞跃。

因此，科学革命的实质是思想革命。它在科学家的思维方式中引起急剧的转变，要求从以往占统治地位的、现在却变得不充分或者完全站不住脚的研究方式断然转变到新的、符合比较高级的科学认识阶段的思维方式。这就是说，随着新事实材料的积累和处理，它们愈来愈显著地表现出，科学家原有的思维方式框架，已经不可能对它们作出深刻的理论概括和合理的解释。为此，必须果断地抛弃以前形成的解释和说明现象的方法，而运用原则上不同的方法，即从根本上转变科学家的思维方式。

但是，科学史上经常出现力图巩固熟知的方法、再现传统的思维模式的情况。例如，恩格斯曾经注意到："旧有的、方便的、适合于过去流行的实践的方法，怎样移到其他领域中并且在那里变成障碍：在化学中，有化合物成分的百分率计算法，它是掩盖化合物的定比和倍比定律的最好不过的方法，它也确实相当长时期地掩盖了这个定律。"① 当人们具体考查碳的两种气态氧化物即一氧化碳和二氧化碳的化学组成时，已往确立起来的用百分数表示化合物中碳和氧的含量的方法，并不能揭示这两列数字间的任何相互依存的关系，然而，如果用定比和倍比定律，它们的关系就一目了然了：在一氧化碳中，一份碳和一份氧化合，而在二氧化碳中，一份碳却和两份氧化合。恩格斯在这里的意思是，必须摧毁像僵化的传统这种矗立在科学发展道路上的障碍和阻力。在思想上对旧的思维传统与思想方法进行彻底改造，进而在根本上对旧思想、旧事物加以摧毁和破坏，就是科学革命。

我们还必须看到，现代自然科学革命是由各个学科范围内以及各种不同学科之间的许多革命性变革组成的，这些变革形成一个互相关联的、有结构的整体，它们不仅说明某个学科发展的特点，而且深刻改变了各种学科之间的关系，形成了一个崭新的科学知识体系。这些革命性变革涉及诸如被认识客体的性质、空间和时间的相互关系、仪器在获取科研数据过程中的作用、对因果性及客观决定性的理解、对科学描述和科学解释的种种新要求。因而这一变化的实质，在于形成了某些崭新的关于世界和科学知识本身的概念，在于从世界观和方法论上彻底改变了对各个学科的看法和要求，在于产生了新的科学理想。

① 《马克思恩格斯全集》，中文1版，第20卷，637页，北京，人民出版社，1989。

三、第二次世界大战后的“第三次浪潮”

在中世纪，科学被摆在神学附庸的地位。科学革命使它成为新的世界观的基础，并且，随着资本主义的发展，科学又成为人类掌握自然力的武器。于是，科学革命与技术革命、产业革命前所未有地结合起来。

科学逐渐扩大本身的研究范围，不断对日新月异的各种知识领域和人类活动领域施加强大的影响。现在，科学不仅是应用自然力、研究制定生产物质财富的活动的理论基础，而且还是有组织地管理各种经济过程和社会过程的理论基础。简单地说，现在科学正干预着一切生活领域，科学、技术与生产正在形成一个有机的系统。

科学负有满足社会需要的使命，但是，社会需要不仅在其范围上不断变化，而且在性质上也屡屡发生变化。如果说，在 18 世纪，尤其是在整个 19 世纪期间，寄望于科学的只是满足个别生产的需要，在向机器工厂劳动和新工艺过渡的基础上扩大生产，那么在 20 世纪后半期，则是把科学作为生产力来全面应用提上了首位。科学不但具有社会生产的基础的职能，而且具有社会管理的基础的职能。它将对未来物质生产的途径和方向作出预测，还将承担下述特殊任务，即预见人的实际物质改造活动对我们星球自然过程的影响后果，以及科学技术进步的社会后果。对科学技术的要求，不单是研制能够加快生产增长速度的方法和手段，还要开发发展生产的新方向和组织生产的新形式。

托夫勒在演讲

这就是说，第二次世界大战以后，科学技术发生了某些重大的变化，开始在社会上起着非常重大而特殊的作用。这也就是美国未来学家托夫勒所生动描绘的

"第三次浪潮"。或者用美国另一个更为著名的学者丹尼尔·贝尔（1919— ）更具学术性的话来说，就是"后工业社会的来临"。

继农业革命和工业革命之后，第三次浪潮开始蜂拥而来。后工业社会的概念是有关当前这次浪潮的一个广泛的概括，它主要包括以下五个方面内容：①

——经济方面：从产品生产经济转变为服务性经济。后工业社会最简单的特点，是大多数劳动力不再从事农业或制造业，而是从事服务业，如贸易、金融、运输、保健、娱乐、研究、教育和管理。

——职业分布：专业和技术人员处于主导地位。在工业化社会中，半熟练工人是劳动力中最大的一个部分，但在后工业社会，不仅白领工人的比例超过了蓝领工人，而且科学家和工程师的作用日趋重要，构成社会的心脏和关键集团。

——中轴原理：理论知识处于中心地位，它是社会革新与制定政策的源泉。当然，知识对于任何社会的运转都是必不可少的，后工业社会所不同的是知识本身性质的变化，它是围绕着知识组织起来的，其目的在于进行社会管理和指导革新与变革。理论知识变得极其重要，使现代社会通过制定计划和进行预测来加以管理成为可能。

——未来的方向：控制技术的发展，对技术进行鉴定。首先，新的预测方法和探测技术的发展，有可能有计划地推动技术变革，从而减少对经济前途的不确定性质。其次，自觉地了解技术进展所带来的有害的副作用，力求在使用前对技术进行鉴定，以便选择社会代价较低的有效方法。

——制定决策：创造新的智能技术。技术可以说是运用科学知识以可复制的方式来解决问题，智能技术则是利用规则系统来代替直观判断。20世纪后半叶，在方法论上最大的进展是发现了一种对复杂巨系统进行管理的技术，使人们得以识别和运用合理选择的战略来指导与自然界的竞争，以及人与人之间的竞争。特别使人印象深刻的智能技术成果反映在系统分析方面。在复杂系统里，真正的原因可能隐藏得很深，或许就存在于系统本身的结构之中，人们必须用规则系统，而不是用直观判断来制定决策。

在这里，后工业社会的概念首先涉及社会结构的变化。社会结构包括经济、技术和职业制度，因而它的变化也包括经济改造和职业体制改组的方式，包括理论与经验，特别是科学与技术之间的新型关系。其次，后工业社会的概念涉及对政治制度的管理问题。在一个日益意识到自己的命运并力图掌握自己命运的社会里，政治秩序必然是最重要的，这也就大大提高了知识分子，尤其是科学家和工

---

① 参见［美］丹尼尔·贝尔：《后工业社会的来临》，20～42页，北京，商务印书馆，1984。

程师的重要性。再次，技术化的趋势，不可避免地要与强调自我的文化传统发生冲突，于是，在后工业社会里流行的反主流文化，将扩大文化与社会结构之间的分裂，造成一种特有的文化困境或文化危机。

四、现代科技革命的实质是生产力革命

上述第三次浪潮或后工业社会，所指称的实际上是现代科技革命及其社会后果。

现代科技革命当然与采用新能源、新材料，广泛运用电子计算机，实现生产和管理的全盘自动化密切相关，但又不能仅仅归结为这些因素，而应当从根本上改造整个技术基础、整个生产和工艺方法、组织和管理手段，以及人与生产过程的关系方面去了解。因此，现代科技革命的实质是，科学在现代社会条件下，转化成技术进步和生产发展的主导因素，从而对生产力进行彻底的质的改造。简而言之，现代科技革命的实质是生产力革命。

这就是说，在现代科技革命中，不但要求在全面应用科学的基础上改造生产力的结构，而且要求更新生产力的技术水准以及人与生产过程的关系。科技革命改变着社会生产的整个面貌和劳动的条件、性质和内容，也改变着社会劳动分工的形式；它还通过这些变化对社会的结构产生影响。这样，科技革命就不仅涉及科学技术领域，而且涉及生产领域，进而对现代社会生活的一切方面，包括日常生活、文化、人们的心理、自然与社会的相互作用等等方面，都产生着十分强烈的影响。

第一，科学在生产进步中的直接作用发生了变化。过去，科学并不直接参与技术的重大变革，即使像在近代曾经代替过工人双手的蒸汽机和手摇机器的发明这样的技术革命，也都是技术上发明和改进的结果，科学并没有在其中起直接的作用。但是，20世纪最大的技术变革，如原子能、半导体等等的产生，则是以科学发现为基础，是科学和技术直接相互作用的结果。到20世纪中叶，科学变成了科学—技术—生产这个系统发展中的主导环节。没有科学，就没有技术和生产工艺中那些最重大、最根本的变革，现代生产就不可能成其为现代生产。当然，与此同时，没有现代生产和现代技术，也不可能有现代科学。当前的科学具有更加革命化的积极作用，正是在某些基础科学研究成果的基础上产生了一些完全新型的生产部门，这些部门不可能由以前的生产实践直接发展而来。原子反应堆、大规模集成电路、生物遗传工程，都不是根据前阶段的生产经验，或者通过

试验摸索的方法而产生的。过去，生产是靠加工天然资源；现在，由于科学上的成就，生产把人类发明的越来越多的物质和过程纳入自己的范围。因此，实践本身要求科学超越技术，要求生产更多地在工艺上应用科学，把生产改造成一种科学的过程。

第二，与上一条相联系，现代科技革命促使科技与生产相结合，是实现经济增长方式从粗放型向集约型转变的基本条件。关于科技与经济的结合，以往谈论不少，但每每停留在就事论事的层次上，视野不够开阔，对其中的关键问题更是不甚了了。从理论和实践上明确科技与经济结合的方针与经济增长方式根本转变之间的紧密联系，将大大有助于解决科学、技术、产业化三个层面之间的协调与统一，从而通过利用科技成果促进生产力的革命变革。人们认识到：科学技术实力，包括基础研究，从战略目光看，必将最终决定国家的经济竞争能力。这一点决不能动摇。

第三，现代科技革命引起了农业生产的革命，使农业劳动逐渐成为工业劳动的一种形式。城乡生活方式之间的重大差别相应地消失。科学、技术和工业的蓬勃发展，促进集约式的都市化，大大改变了全民的生活方式。

第四，在现代科技革命过程中，要求不断协调社会和自然界的关系，并且及时而充分地预见到伴随着科技革命在经济领域和社会领域产生的各种后果，以及它们对社会、对人和自然界产生的各种影响。技术文明对自然界、对社会的负面作用如不受监督，可能带来不可挽回的严重后果。因此，作为自然财富消费者的人类，必须关心自然财富的保护和增加。科学地调整自己的生存环境、实现可持续性增长的任务，明显地摆在了人类面前。

第五，现代科技革命为深刻改变主要的生产力，即从事物质生产的劳动者的劳动内容和职能创造了先决条件。这是一条向生产和管理的全盘自动化过渡的道路。目的是把工人从机器的简单附属品角色中解放出来，把生产劳动转变为丰富多彩的创造活动，以便主要进行控制、管理和改进生产过程的工作，从事创造性的科学技术探索。当然，全盘自动化不仅要求解决技术上的难题，还要求具备必要的社会经济条件，并为全面发展个性、提高全社会成员的教育和文化水平、建立良好的发展科学技术的环境创造条件。

五、抓住机遇，面对挑战

在中国近代化和现代化的过程中，科学技术的发展一直是一个重要方面。自觉地引进西方科技，并对整体经济社会产生深刻影响，在中国始于19世纪60至90年代的洋务运动。但近代初具规模的科技体制，是在20世纪20至30年代建立起来的。新中国成立后，科技事业一度得到迅速发展，可惜，由于“左”的路线干扰，特别是“文化大革命”的毁灭性打击，我们曾经错过推进和利用现代科技革命的一个良好时机。

十一届三中全会以后，工作重点转移到经济建设上。1980年，邓小平在《目前的形势和任务》中提出，我国的科技发展必须和经济社会发展结合起来，并把经济发展作为科技工作的首要任务。到20世纪80年代中期，迎接新技术革命（现代科学技术革命）挑战的思想已经为全社会所关注，抓住这个机遇，实现社会主义现代化，这样的任务愈来愈突出地摆在人们面前。

改革开放的深入也暴露了许多新问题。现实的严峻形势是中国的科学技术已经大大落后于发达国家，甚至落后于一些发展中国家。极而言之，一场经济、技术领域内的“世界大战”正愈演愈烈，稍一不慎则中国有可能被开除“球籍”。人们意识到，即使我们放下架子、虚心学习，引进和开发技术仍是一项复杂的系统工程，既要解决自己的消化、吸收问题，又要面对技术禁运、专利保护等来自发达国家的阻力；要意识到劳动生产率低下、能源消耗大、管理差、经济体制运行不畅等毛病已经成为制约我国经济发展的“瓶颈”。其他使人焦虑的事情还有：存在着生产与科研“两张皮”的痼疾，科技和教育体制中存在的结构性、观念性缺陷影响了知识分子积极性的发挥，大批留学生滞外不归又损失了一笔宝贵的人才资源，急功近利和浮躁虚骄的社会风尚造成了价值观的严重错位，不计后果的盲目发展致使我国的环境状况极其恶化，不一而足。所有这些问题形成了普遍的危机意识、紧迫感，以及对科技生产力更深入的认识，这促使人们寻求更新、更成熟的科技战略。20世纪80年代末，凝聚了广大科技人员、专家学者和领导干部的智慧，中国改革的“总设计师”邓小平提出了“科学技术是第一生产力”的论断，并以此为基础形成了一整套发展科技和依靠科技促进经济社会发展的方针政策，这是对现代科技革命最积极的回应。

在实现向社会主义市场经济转变的同时，实现经济增长方式从粗放型向集约型转变，这是适应科技革命时代要求的重大举措。实现这样的转变，离不开贯彻执行“科教兴国”的方针，努力发展科技和教育，并使科技与经济更紧密地结合起来。

科学、技术、产业化三者之间的关系十分复杂，并非天然一致，需要有意识地加以协调。一度流行的情况是：欧洲产生科学观念，美国产生工业技术，而最终物美价廉的产品却出自日本。历史经验证明，基础研究、应用研究、技术发展和产业化之间，在一定条件下是可以不同步发展的。对此，我们可能妥为利用，首先在技术转移和开发上狠下功夫，提升产业层次。但是，切勿由此轻易得出科技优势与经济优势之间不存在本质联系的结论。

当今世界，在国家参与推动的科技竞争与经济竞争中，不但科技与经济的一体化大大增强了，而且基础研究、应用研究、技术发展与产业化之间的联系也更加紧密了。一些观察家已经预言：尽管日本在某些产品领域占有优势，但随着美国国家战略重点的转移，其潜存的雄厚的科技实力将发挥持续的、战略性的威力。因为美国早已取代欧洲在纯科学领域的地位，目前拥有全世界极大份额的科学与技术知识储备。日本也感受到严重的危机，准备作出回应。

重要的是必须认识到：第一，科技实力，包括基础研究，用战略目光看，必将最终决定国家的经济竞争能力。这一点决不能动摇。第二，科技与经济的结合，关键是要解决靠什么发展国家以及选择什么样的经济增长方式的问题。这个带有战略意义的问题不解决，仅仅靠一些局部性的推动措施，是不能成气候的。如果科技只是局部地、单兵作战式地转化为这样那样的一些产品，即使有一时一事的经济效益，也不能有持续的增长潜力和升级换代的能力。只有从全局的层面上，应用科技来提升产业结构、提高普遍的劳动生产力，使经济增长方式本身发生改变，才是长远之计。经济增长方式的根本转变，离不开经济体制改革，离不开科技支撑，反过来说，只有通过经济增长方式的转变，科技与经济的紧密结合才能落到实处。这也是在中国依靠现代科技革命实现社会主义现代化的基本途径。

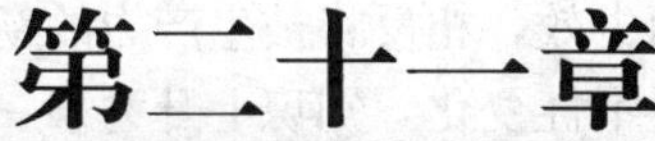

科技革命是当代世界的基本特征

当代科技生产力的发展，已经使科技与社会一体化，使人工自然成为社会生活的直接基础，因而科技革命将直接发生为社会形态的革命。科技革命成为当代世界的一个基本特征，并最突出地表现为信息化、生态化和全球化三大趋向。马克思主义在当代社会的发展，必须考虑到：一方面，马克思主义关于人类发展史的一些基本预言，不会因这些新趋向的出现而失效，相反将被生产力的新发展所证实；另一方面，社会权力结构已经发生了根本性变化，知识上升为第一位的力量，因此在将马克思主义应用于具体的社会实践时，必须以新的方式来处理各种社会矛盾，特别是资本主义和社会主义的矛盾，以及发达国家和发展中国家的矛盾。

一、一个由科技塑造的全然不同的社会

近代以前的生产力革命常常只是纯粹技艺上的革命，并不伴随理论知识的系统演进；近代科学革命彻底改变了人类的系统理论知识和世界观，但一般并不直接表现为生产力的飞跃。进入20世纪，特别是20世纪下半叶以来，科学并入生产，形成现代的“科学—技术—生产”一体化的大体系，人类的知识与生产力的发展直接发生交互作用，科学技术革命遂主导了这个时代的面貌，成为这个时代的基本特征。这就应了马克思早在一百多年前的那句话：自然科学“通过工业日益在实践上进入人的生活，改造人的生活，并为人的解放作准备”①。

如前所述，现代科学技术革命的实质是生产力革命。接下来应当重彩泼墨的论点是，现代科技革命这种生产力革命所导致的对社会的改造，它源起于最深层，冲击到几乎一切方面，正如人们喜欢说的，一觉醒来，我们面对的已经是一个全然不同的社会了。

对于一个生活在16、17世纪前的普通农民来说，无论他是在欧洲、美洲或者中国，他完整安排自己一生所需要的见识，甚至不必超出他生活的地方方圆十千米之外。但是，一个生活在21世纪的现代人，无论他置身何处——除了极少的几个角落——他的生活都不能不时刻依赖于各种技术体系，而这些体系的触角延伸到遥远的各个地方。他穿的衣服可能是化纤织物，它们的来源可以从服装厂、化工厂一直追溯到也许远在中东的石油产地；他住的房子可能使用电气照明，从而通过蛛网般的输电线路与遥远的发电厂相连，而发电厂的燃料也许又来

① 《马克思恩格斯全集》，中文1版，第42卷，128页，北京，人民出版社，1979。

自于几千千米之外的煤矿；他看的电视节目更可能是地球空间轨道上的卫星所播送，而这颗卫星又是地球背面某个卫星基地的一群工程师们在控制……人类个体的日常生活日益依赖于科学技术的成果所构筑的一个人工体系，或者，称为人工自然，而社会的整体运行对这个人工体系的依赖性更大。

人工自然的存在既是科技革命的结果，又极大地改变了科技革命的角色。传统的人类与天然自然直接相对，而科学技术一般地是以自然为对象的，因此，只有当科技成果对自然的面貌有所改造之后，才能改造到人的生活本身。但是，科学技术是外在于天然自然的，这种改造因此是一个艰难摸索的过程。现代人类的生活很大程度上建筑在人工自然之上，而相对于人工自然，科学技术是一个内生的要素，科学技术的革命直接就改造着人工自然，从而直接就改造着人类的生活和社会的形态。也就是说，科学技术革命已经成为社会的基本特征。

在这个意义上，我们可以看出，生活在21世纪的现代人的生活，和他的近代以前的先辈相比，更基本的一个区别在于，前者不得不面对一个不断变化着的世界；而后者从其出生的那一天起，一生的生活轨迹就差不多确定下来了，他有固定的传统和习俗可以遵循，有固定的社会角色等着他去扮演。农夫的儿子还是农夫，公爵的儿子仍是公爵。21世纪的人已经丧失了这样的常规，技术的新进展不断将那些不能及时掌握它的人甩到后面，从而不断地在一代代人当中制造技术上的“代沟”。这种代沟不仅出现在父辈与子辈之间，甚至出现在年龄相差无几的两“代”人之间。在科技革命的浪潮下，个体生活很难再找到安谧的避风港，而必须面对不确定的未来的挑战。

这种挑战不仅针对个体，也针对一切群体、一切传统和一切意识形态，迫使它们在坚持各自本性的前提下，以开放的姿态不断调整自己的存在方式。马克思主义同样面临着这样的挑战。青年马克思曾经意气风发地说过，哲学家们只是以不同的方式解释世界，而问题在于改造世界。那么，当这个“世界”本身又在急剧变迁着的时候，马克思主义作为一种努力指导世界改造的意识形态，就需要更多的高瞻远瞩、更强的创新和更贴切地与现实情况相结合的能力。特别地，需要对促使这个“世界”变迁的主要原因——现代科学技术革命——作更深刻地观察与分析。

二、当代科技革命对世界作用的基本图景

由于科技革命是一个没有止境的进程，要对它在世界上造成的影响进行一劳

永逸的描述是徒劳的。但是，就正在发生于我们这个社会中的这场当代科学技术革命而言，可以把它对世界作用的基本特点和主要指标概括如下：

——科学已经成为技术进步、生产发展和管理改善的主导因素，科学、技术、生产之间的相互作用不断增强，新的科学思想从产生到它在生产上的实现，期限不断缩短，出现了“科学—技术—生产”一体化的趋势，科学向直接生产力转化的过程不断加快、加深。

——科学迅速扩大自己的研究范围，使科研活动进入组织和管理这样的领域。科学活动日益具有群众性，它有力地改变了从事社会生产的在业人员的结构，使社会劳动分工进入了一个新阶段。

——广泛使用新能源、新材料，其中最为引人瞩目的是原子能和可再生能源，以及各种具有规定特性的合成材料。由于电脑和其他电子产品的不断开发，全盘自动化生产作为当务之急的实践任务提上了议事日程。

——以电子技术和生物技术为龙头，高新技术产业迅速发展，新一轮产业提升根本改变了经济增长方式，由第一、第二产业为主转向以第三产业为主，从粗放型产业转变为集约型产业。在产业的要素（劳动力、资本、知识）中，后者的重要性愈来愈大，以致人们把它们称为知识产业。

——在这个基础上，对传统产业以及生产劳动的全部要素（劳动力、生产资料、劳动对象），都在毫无例外地进行改造。

——随着生产从简单的劳动过程向科学过程的转化，劳动的性质和内容也在发生根本变化；克服脑力劳动和体力劳动之间的对立以及消灭城乡之间重大差别的物质技术前提，也在逐渐地形成。

——科学活动和教育活动的水平不断提高，规模不断扩大，它们是社会地组织起来、在内部具有良好的运作机制、在外部具有恰当的连接机制的社会体制，得到全社会的高度尊敬和重视。

——人际间、地区间、国家间的交往手段由于信息技术的突破获得巨大的发展，知识和资源共享的可能性日益扩大，这不但会改变人们的生活方式和工作方式，而且使社会发展和人类活动的国际化在全球范围内急剧加快。

——人类现在能够大规模地开发全世界的海洋资源，能够冲出地球的界限直接研究宇宙，所有这一切，不仅为人类提供了巨大的创造物质财富的现实可能性，而且会从精神领域为人类增加许多反省的材料和问题。

——现代科技使人类具备了在规模上可与地质力量的作用相比的能力，但在人类能力扩张的同时，出现了所谓生态危机和生存危机这样的严重挑战。人工自然的现代形态，改变了人和自然关系的性质，使人类对地球和自身的未来承担了极其重大的责任。必须认真协调自然界和社会的相互关系，寻找合理利用与恢复自然资源的方法和手段，走一条可持续的发展道路。

所有这些特点和指标，为正在进行的这场科技革命对世界的影响提供了一个全方位的图景。由此引起的社会变革波及几乎一切方面，其中最典型的也是最令我们关注的当代世界两大发展趋势，一是信息化、生态化和全球化的大趋势，二是社会权力结构的巨大变迁。

三、信息化、生态化和全球化

当代科技革命可以说是风起云涌，在几乎一切领域都有革命性的成果。但若从对当代社会的影响深度和广度来看，仍可以概括出三个最主要的倾向：信息化、生态化和全球化。

当讨论当代社会的信息化趋势时，我们必须特别小心，因为"信息"这个词近年来已遭到了大量的滥用，甚至形成了一种可以称为"信息崇拜"的心态。这种心态在许多西方学者包括阿·托夫勒、约翰·奈斯比特等"未来学家"那儿体现得非常明显。西方学者心目中的信息主要是以"符号"的形式存在的，例如托夫勒定义道："数据"是指没有关联的"事实"，"信息"是指归类和列入分类表或其他形式的数据，"知识"是指被进一步加工成更带概括性的表述的信息。很明显，在这样的定义中，"信息"的客观含义被掏空了，人类似乎可以随心所欲地对本无关联的数据进行"归类"而获得信息。"信息"概念的空洞化和主观化违背了辩证唯物主义，阻碍了这些本来十分出色的西方学者更深刻地洞见社会"信息化"的实质。从辩证唯物主义出发，我们认为，"信息"和"实体"、"场"一样，是物质的一种客观存在形式，而不是纯粹人类智力活动的产物。信息表征着客观存在的有序程度，这个有序程度本身必定是客观的、不依人的意志转移的。从历史唯物主义的立场看，所谓社会的"信息化"，不是单纯地因为符号知识的量的积累，也不是单纯地因为出现了计算机、通信网络等等能够迅速、高效地处理符号数据的"信息技术"，更不是由于知识本身突然获得了某种神秘的力量而能取代以前的物质财富的地位，成了"先进经济的最重要资源"。"信息化"本质上是由于生产力的进步、各门科学技术（不仅仅是信息技术）的普遍发展，使人类生产和社会组织程度越来越高地有序化的过程。只是在这样一个高度有序的社会中，符号信息的传递和处理才能发挥出巨大的生产作用。因此，符号信息或者"知识"的地位上升，只是社会高度有序化的一种表现，虽然是最突出、最外显的表现，但切不可把它误认作本质的、第一性的东西。

如果说信息化是概括了人类社会内部的有序化进程，那么“生态化”就概括了人与自然之间关系的越来越高级的有序化进程。在早期的农业社会，人与自然的关系是自发的有序；工业文明使人类一方力量陡然增强，打破了这种有序；目前出现的“生态化”潮流则是在更高层次上向“人—自然”有序的辩证复归。“生态化”的核心是可持续发展的思路，它拒绝以对自然资源的掠夺式的、不可再生的使用来获得经济的“发展”，而要求人对自然的利用不超出自然本身的有序循环所能承受的限度。要注意的是，正如不可把信息化与信息技术的发展混为一谈，也不可把生态化和生态技术的发展混为一谈，后两者所指不过是两个特殊的科学技术学科，而前两者乃是对整体社会与文明形态的演化趋势的描述。

当代科学技术革命对生产力革命的推动，在整体上还表现为“全球化”的态势。当代经济中，资本不断越出国界，向外进军，形成所谓“无国籍的”跨国公司。与此同时，科学研究却越来越打上国家战略的烙印，对“知识产权”的国家保护行为越来越明显。科技发展战略在一个国家的经济战略中占据核心的地位。

从这样的认识出发，一方面，我们就可以理解到，信息化、生态化和全球化本质上仍然是生产力发展史上的一个环节，是人类对自身、对自然不断进行自觉地有序化改造的历史进程的延续。信息化、生态化或全球化并不像某些西方学者所想象的那样，会突破生产力发展在文明进程中起决定作用这个基本原理，甚至会否定文明演化的正面价值，改变人类社会的发展规律。马克思主义关于人类发展史的一些基本预言，在信息化、生态化和全球化的今天不但不会失效，相反将被生产力的新发展所证实。

另一方面，我们又必须看到以信息化、生态化和全球化为代表的当代科技革命是一个质变的进程，对包括马克思主义在内的各种意识形态必定要提出新的要求。新型的、信息化和生态化的文明必将使地球大大“缩小”而成为“地球村”。信息化在非肉体的意义上大大缩短了人与人之间的距离，而生态化促使人类作为一个整体来决定怎样对待自然环境，主要是我们居于其上的这个地球。在文明史上，人类从来没有这样挨近过，从来没有这样从整体上深切意识到生存空间的狭小。从积极的方面说，这个全球化趋势是不可阻挡的和前景光明的，然而，在人类仍然因其种族面貌、经济状况、历史背景和意识形态等方面的歧异而四分五裂乃至深刻冲突着的时候，这种全球化的进程又是潜伏着极大危机的。新的世界秩序有待建立，一切民族、阶级和意识形态，必将为在这个秩序中占有相应的地位而展开从和风细雨到殊死搏斗的竞争。

四、社会权力结构的巨大迁移

在新的科技革命背景下进行的竞争和以往不同的是，任何参与者都必须不断地使自己适合于新的权力结构。权力结构的迁移是现代科技革命的必然结果。

西方学者比较早地观察到了这种权力结构的具体变迁方式，丹尼尔·贝尔可算他们当中的先行者。在1972年出版的《后工业社会的来临》一书中，他认为正在到来的新型社会，其权力基础将从财产或政治转移到知识。不仅如此，知识本身的性质也将发生变化，“理论知识处于新的中心地位，理论超越经验而居于首位”①。贝尔关于知识将成为新的权力基础的断言被其他的西方知识分子，如美国社会学家德雷克和阿·托夫勒等所继承，而在中国，托夫勒的观点恐怕是最广为人知的。

在其1990年撰写的《力量转移》一书中，托夫勒认为，由于当代科学技术革命，把世界维系在一起的整个权力结构现在正在分崩离析，一种大不相同的权力结构正在形成。在人类历史上起作用的三种权力源泉——暴力、财富和知识——之间的支配关系正在发生变化，从由暴力转向财富的过程迈入由财富转向知识的过程，即，知识正在成为起支配作用的权力源泉。从个体生活、国内政治到全球竞争，谁能够控制知识这一力量源泉，谁就能最终取得胜利。

西方学者当中的这种流行观点，首先是忽视了知识成为支配性权力源泉的物质基础，这个基础实际上就是作为现代社会支撑的那个人工自然，因此容易溜向唯心主义；其次，没有对知识作更细致的分析，实际上不同种类的“知识”对权力的影响程度是大不一样的，笼统地用“知识”概念进行概括，就掩盖了科学技术革命所造成的这场权力结构变迁进程的复杂性与多维性。

对于当代科学技术革命的分析，对于知识之重要性的强调，曾使得一些人从中引出所谓“知识价值革命”的概念，并试图由此而否定马克思的劳动价值论。例如，美国学者约翰·奈斯比特公然宣称，需要创立一种知识价值理论来取代马克思“过时的”劳动价值理论，因为在即将来临的信息社会中，价值的增长将不

---

① ［美］丹尼尔·贝尔：《后工业社会的来临》，380页。

再通过劳动，而是通过知识来实现。日本社会学家界屋太一对此作了更清楚的阐述，他写道："某种样式的领带去年曾很流行，定价2万日元也很畅销。而到了今年，这种样式就已经过时了，只好降价到4 000日元拿到处理商品柜台去销售……这种现象并不单纯是价格的下降，而只能说是失去了价值本身。因为所售4 000日元只是领带这种物质财富所具有的价值，而式样设计这种'知识价值'所具有的价值已经完全失掉了。"①

奈斯比特

怎样看待这种认为"知识是创造价值的源泉"的观点呢？必须明确，把价值完全归结于知识，是一种极其片面的观点。因为它抹杀了众多体力劳动者和非创造性脑力劳动者对于价值的贡献，掩盖了在资本主义条件下广大劳动者受剥削的实质。实际上，概念上的这种含糊其辞，是资产阶级学者传统的——自觉或不自觉的——掩盖社会真实矛盾的手法。包括"财富"这个概念也是如此。传统的庸俗资产阶级经济学由于不区分作为"使用价值"的"财富"和作为"价值"的"财富"，而使劳动者是价值的真正创造者这一真理隐而不彰。马克思最初揭示资本主义经济运动的秘密，正是从作出这个区分开始。今天，在"知识"的地位不断上升之际，马克思主义者有必要对"知识"的本质作出更准确的界定，对其进行必要的划分。这是回应当代科技革命而发展马克思主义时所应该十分重视的一个课题。

无论如何，"知识"在当今国际竞争中的确是受到了越来越大的重视。发达国家和发展中国家近年来围绕"知识产权"问题而展开的激烈争论，就是一个明确的信号。在某种意义上，对本来可以无限复制与分享的知识，硬性地加以产权界定，使之被垄断（实际上是垄断了对它的使用权），这种做法是缺乏哲学上的合理依据的，因而可以视为现存经济秩序为了维护自身的存在而作出的反应。由于这个秩序目前还很强大，并且还是基本上适应现阶段生产力发展水平的，所以人们目前还只能接受它有关知识的产权界定，但是，知识作为人类理性的产物和当代一种主要的力量源泉，本质上是和私有性、垄断性格格不入的。我们在注重知识产权保护的同时，有必要研究对它的合理性本身进行更深刻的反思，这样才能在有关知识产权的国际竞争中，也就是争夺对知识的控制权的国际竞争中，获取更大的主动。

---

① ［日］界屋太一：《知识价值革命》，182～183页，北京，三联书店，1987。

五、决定新的世界秩序的两大问题

社会权力结构的巨大迁移，在国内政治和国际政治两方面都预示着一个新的革命性时代的到来，特别是新的世界秩序的到来。在这一过程中，两大矛盾将格外突出，一是南北矛盾，即发达国家和发展中国家之间的矛盾；一是东西矛盾，即社会主义制度与资本主义制度之间的矛盾。

当然，社会主义与资本主义之间的矛盾是主导未来社会走向的矛盾。不过，在新的世界形势中，东西矛盾有了新的表现形式。

当苏联解体和东欧剧变之后，一些资本主义的政客们不禁兴高采烈地发出了“马克思主义已寿终正寝”的欢呼声。尽管对于未来世界秩序有不同的预见，例如有人相信将来是美国一家独大，有人则认为正在到来的是一个多极世界，但是有一点是几乎共同的，那就是他们都认为马克思主义将不再是能在新世界秩序中举足轻重的一种意识形态。以西方式的“民主”、“人权”为特征的思想观念将逐步推进，最终统治整个地球。在那本深有影响的著作，美国政治学家亨廷顿（1927—2008）的《文明的冲突》中，作者认为建立新世界秩序的过程中所要解决的是几种文化形式，即儒家文化、伊斯兰文化、佛教文化和基督教文化之间的冲突，而社会主义与资本主义的冲突已经被看作是过去的事情了。

亨廷顿

对于这种谬见，有远见的西方学者也早已提出了批评，虽然是非常谨慎的批评。例如美国学者麦克布莱德（William L. McBride）在 1994 年写道：“作为哲学家，除非我们自认为已拥有了不可动摇的证据，能至少确定未来历史的某些走势和发展，否则我们并不能肯定说马克思主义事实上已永远死亡了。”① 而阿·托夫勒也认为：“当我们忙着庆祝所谓意识形态、历史和冷战的终了的时候，我们可能发现自己面对的是我们所知道的民主——大众民主——的终了。”②

关于社会主义和资本主义在科技革命新形势下的竞争，以及在建立世界新秩序过程中的竞争，我们首先要指出如下事实：“冷战”

---

① William L. McBride Journal of Philosophical Research，Vol. XIX，1994，p. 332.

② ［美］托夫勒：《力量转移》，257 页，北京，新华出版社，1991。

结束尽管并不意味着东西矛盾的终结，但的确意味着东西对抗的暂时缓和。这部分地是由于诸如生态危机等全球性问题的出现，促使人们暂时搁置意识形态的歧见而进行合作；更重要地是因为现代科技革命带来的社会权力结构的变化，使得传统的军事（暴力）竞争地位下降，因此东西矛盾不再表现为尖锐的军事对抗，而以表面上更缓和的经济和知识竞争的方式表现出来。在新的竞争中，肉体上的你死我活被资本上的吞并与破产、知识上的控制与反控制所取代。"冷战"尽管以军备竞争开始，却以苏联内部的因"和平演变"而导致的政治与意识形态瓦解告终，这使西方更感受到经济与知识实力的重要性，因而更多地在竞争中依靠它们。社会主义国家在暂时受挫之后，也从苏联的解体中吸取了同样的经验，把更多的精力放在经济建设与知识积累上面，因此在坚持社会主义立场的同时，也积极与资本主义国家进行有利于自身的经济和知识合作。

在客观上，东西矛盾的缓和使南北矛盾的地位显著上升。南北矛盾过去主要表现为发达资本主义宗主国对殖民地半殖民地在军事上的征服和政治上的统治，并以此为条件进行经济上的掠夺。一方面，由于发达国家绝大部分是属于资本主义阵营，南北矛盾中也掺杂了一些东西矛盾的因素，在一定程度上可以把发达国家维护自身统治地位的行为，视为资产阶级的统治行为在全球范围内的放大，是一种国际范围内的资本对劳动的剥削。另一方面，南北矛盾又是体现着贫穷与富有之间的更具普遍性的对立，这种对立是在资本主义制度以前早已存在，在资本主义制度以后也不会很快消亡的。

令人遗憾的是，尽管从理论上说，每一项新的科技突破都为发展中国家迎头赶上发达国家提供了一个契机，但事实上，由于发展中国家缺乏必要的财富和知识积累来参与，科学技术革命的实际进程往往不是减缓而是加剧着贫富分化。相比之下，当代科学技术革命由于促使权力源泉转向不需要太多物质投入的"知识"，因而更有利于发展中国家的赶超。但是不要忘记，知识的实施仍需要物质基础。发展中国家的高级人才往往难以充分发挥才能，而流向发达国家，这就是一个佐证，说明在对知识控制权的争夺中，财大气粗的发达国家依然握有主动权。

当代科技革命给发展中国家带来的一个有利条件是全球经济体系和生态系统的一体化，使得发达国家与发展中国家的一些基本利益更紧密地联系起来了。墨西哥比索危机导致的华尔街大恐慌，是经济一体化的一个例子，而西方国家对巴西亚马逊河地区原始森林的关切，则体现着生态问题的全球化。此外，发达国家在实现新科技革命带来的产业升级过程中，迫切需要发展中国家的新兴市场，例如中国的13亿人口大市场就对它们具有很大吸引力。如果能有效地利用这些有利条件，采取"市场换技术"等等对策，发展中国家还是有很大希望赶上当代科技革命的浪潮。

第二十二章

现代科技革命与社会变革

人们常常说，20世纪最深刻的两大历史事件，一是现代科技革命，另一就是席卷全球的社会主义运动。以哲学的眼光看，前者意味着“人—自然”关系的革命，后者则是针对“人—人”关系的革命，两者必然是紧密联系、相互促进的。

在20世纪临近尾声之际，这两大运动的形势却发生了分化。现代科技革命继续蓬勃发展，并以信息化和生态化的最新趋势推动着社会结构的变化，与此同时，全球的社会主义运动却因苏联的解体和东欧社会主义阵营的瓦解而陷入低谷。这种两大运动的发展出现鲜明反差的情势，是出于历史的偶然，还是必然？现代科技革命和全球社会主义运动之间的相互促进关系是否还将继续存在？过去，人们虽然认识到科学技术在社会主义与资本主义斗争中的重要作用，但尚未充分明晰地指出科学技术是这一斗争中最关键的生产力。当代西方马克思主义者虽然看到了科技的巨大力量，但他们的分析常常脱离历史唯物主义，脱离科学技术在生产力层次上的实际影响，抽象地讨论其在阶级关系和意识形态层次上的后果，因而不能得出正确结论。

一、再认识的迫切性

马克思在19世纪创立了唯物史观，将人类社会的发展划分为原始社会、奴隶社会、封建社会、资本主义社会以及必将到来的社会主义和共产主义社会五大阶段，并指出最终决定这一历史进程的是生产力的变革，而科技在近代以来是社会发展的关键。“火药把骑士阶层炸得粉碎，指南针打开了世界市场并建立了殖民地，而印刷术则变成新教的工具，总的来说变成科学复兴的手段，变成对精神发展创造必要前提的最强大的杠杆。”① 综观人类历史上的伟大思想家，唯有马克思把社会制度和形态的变革与科学技术进步之间的联系如此清晰地表达了出来。

十月革命使社会主义革命在比较落后的国家首先取得了胜利，这一进程到第二次世界大战后由于一系列东方国家特别是中国革命的成功而达到顶点。历史证明，可以超出生产力的发展阶段，以政治革命的方式获得社会制度的变革。但是，接下来的历史实践也同样证明了，即使政治革命能暂时地超前于一个社会的生产力与科学技术发展水平，最终仍是后者起决定作用。

20世纪90年代，国际国内两件大事震撼了整个世界。在国际上，苏联和东

① 《马克思恩格斯全集》，中文1版，第47卷，427页。

欧社会主义国家完全解体，一度非常强大的社会主义阵营发生巨大变化。有人宣称，这是“社会主义的大失败”。在国内，随着改革开放的深入发展，随着原先被视为社会主义最重要标志的计划经济体制的摒弃，单一公有制经济变成混合经济，也出现了一些可以理解的疑虑。有人问，这样下去，社会主义还剩下什么?很清楚，非常有必要对社会主义和资本主义进行再认识。

现实社会主义之所以发生变异，客观上在于取得社会主义革命胜利的国家都是比较落后的东欧、东亚国家，这些国家并不具备马克思所设想的生产力高度发展、具有完整形态的资本主义这样的条件。因此，现实中的社会主义在一定意义上是超越资本主义的阶段，而不是在资本主义的“废墟”上建立起来的，它们也就不可能很典型地把马克思对于科学社会主义的设想付诸实践，这是客观因素。另一方面，苏联、东欧社会主义国家的共产党在先天不足的条件下建设社会主义时，虽然取得了不可磨灭的成绩，但对自己的历史位置、历史作用缺乏清醒的认识，把自己的一些经验教条化、神圣化、绝对化，以为他们所实现的是标准的社会主义，并且把自己在特殊条件下形成的体制模式化，上升为普遍真理，强加于人。这种主观上把特殊当作一般的片面性认识，极大地妨碍了不断根据变化了的形势改革和完善社会主义体制的迫切任务，最后导致全面崩溃。

事实上，当代科技革命暴露了现实社会主义在经济、政治、文化、教育、科技体制等方面存在的问题，这些问题包括：对科技、教育、人才等重视不够，运作机制不健全，平均主义和分配不公交相困扰等。当然，最突出的一点还是暴露了计划经济体制的弊端。中国的改革开放，在一定的意义上，正是对现代科技革命挑战的某种回应。

从运作上来看，突出的事实是，所有的社会主义国家在建立了以中央集中计划为特征的经济体制之后，都遇到了不可克服的信息处理上的困难。且不说其他的（政治上和文化上的）因素，由于科学技术的发展尚达不到相应的程度，由一个计划中心迅速收集、传送、处理和再发送全国所有的经济信息，使国民经济有计划按比例协调发展的目标注定是不可能实现的。在尝试这样做的所有国家，当国民经济达到一定的规模和复杂程度之后，中央计划不但不能使社会产品增长到能够保证每个人的一切合理的需要日益满足的程度，相反由于信息壅塞、计划盲目导致了产品积压、再生产受阻和人民群众切身需要的严重被忽视。

事实上，信息技术的现实水平不仅从运作上阻碍了中央计划型经济的成功，也限制了社会主义经济的其他可能性。在理论上，社会主义经济是建立在公有制基础上的经济，应该是由全体社会成员共同参与对全部生产资料的管理。然而，由于社会成员不可能获得必要的信息参与决策，也没有足够的信息渠道让全体社会成员都能充分表达他们的决策意见，名义上公有的生产资料最后实际上产权关系不清，只能是由少数人监管，而且也难以避免盲目性和随意性。

另一方面，当代资产阶级也并没有像马克思预言的那样，丧失对蓬勃发展的社会生产力的控制能力，倒是能够通过（比之以苏联为首的社会主义阵营）更好地掌握先进的科学和生产技术，而在“冷战”中取得了暂时的“胜利”。当代世界上最激动人心的那些科学发现，最具有广阔应用前景的那些技术进步，绝大多数仍是在少数发达资本主义国家里作出的。这里当然有历史的因素，有资本主义对全球殖民盘剥的因素，但是如果我们是无所畏惧的唯物主义者，我们就必须承认，现代科技革命在其中起着特殊的作用。

由于现代科技革命提供的可能性，现代资本主义与过去相比，虽然本性未改，却已面目全非。资本主义的三大矛盾依然存在，但矛盾的存在形式和解决的方法在现代科技革命所创造的巨大生产力及其巧妙运用的条件下，有了深刻的变化。资产阶级可以用比较缓和的方式解决国内矛盾，例如采用政府调节经济、实行社会福利政策和相互制衡的权力结构；资本主义国家间的矛盾，也不再用世界大战的方式来解决，这既与现代高科技武器的毁灭性有关，又由于通过经济战、科技战更符合其根本的国家利益；南北之间、穷国与富国之间的斗争仍很激烈，但现代资本主义发达国家对前殖民地半殖民地即发展中国家一般不再用政治统治、军事征服的方式对待，而利用高科技优势和平地掠夺资源、获取利润。我们应当恰当评价上述变化。

二、堂吉诃德式的“社会批判”

相比之下，一些身在资本主义制度“庐山”之中的、自称在精神上追随马克思的西方马克思主义者，却是比我们更早地认识到了当代资本主义的一些新特点。然而，很遗憾，这些西方马克思主义者所开出的药方，往往不是正确地发展了马克思主义，而是错误地曲解了马克思主义。

西方马克思主义流派众多，观点各异，不过仍然可以观察出它们总的历史走向。在20世纪30年代，西方马克思主义者主要从新发表的马克思《1844年经济学—哲学手稿》中汲取养分，发掘马克思思想中的人本特征，甚至试图把马克思主义和当时正在热劲头上的精神分析方法结合起来，其主要回应的社会现象，是当时欧洲的国家社会主义的法西斯化倾向，而对科技革命注意甚少。50年代，由于苏共二十大暴露出来当时苏联内部的不少真相，使西方马克思主义者们对苏联模式发生怀疑，同时资本主义社会在战后相对稳定，这促使他们开始深入思考其中的原因，于是对一个重要因素，即科学技术的发展倾注了极大的注意力。50年代形成的法兰克福学派和意大利的“新实证主义的马克思主义”学派，都对这个问题有较多思考。其中，法兰克福学派的影响无疑执一时之牛耳，并在60年代登峰造极。直到今天，法兰克福学派对科学技术革命与社会主义和资本主义的思考，仍代表着西方马克思主义的高峰。

霍克海默（左）、阿多诺（右）与哈贝马斯（背景右方）

法兰克福学派对科学技术的基本认识，在其创立者霍克海默（1895—1973）和阿多诺（1903—1969）出版于1947年的《启蒙辩证法》一书中，就已基本确立下来了。这本书讨论的是启蒙精神走向自己反面、导致统治的合理化和极权化的问题。由于启蒙精神也正是近代科学的哺育者，霍克海默和阿多诺的理论稍加变换就很适于讨论有关科学技术革命的问题。从他们开始，法兰克福学派以不同的形式坚持有关两种理性的区分，一种是工具理性，此种理性的特征是以技术手段去控制自然，最终也服务于人对人的统治，而退化为极权主义的理性；另一种则是法兰克福学派所崇尚的批判理性，被认为是将人从外部压抑和强制中解放出来的手段。

这种观点必然使法兰克福学派把批判的矛头指向科学技术，认为正是科学技术的发展提供了维持资本主义存在的工具乃至意识形态。“机器的进化已经转变为统治机器的进化。”① 科学家被与独裁者并列，“一个独裁者熟悉人民，意指他能操纵人民；科学家们认识万物，则意指他们能驾驭万物”②。于是，资本主义的弊病被转嫁给科学技术，正如堂吉诃德把风车当作魔鬼来战斗一样。

法兰克福学派的第二代代表人物哈贝马斯（1929—　），更是要把“科学技术”直接作为他的批判对象。在《作为“意识形态”的技术与科学》一文中，哈贝马斯认为科学技术是必然产生消极作用的，这种消极作用不依人的意志为转移，“科学技术发展的结构是不变的”。哈贝马斯把他对科学技术的这种反思与对马克思主义的“修正”结合起来，认为马克思没有区分“劳动”与“交往行为”；“劳

① ［德］霍克海默，阿多诺：《启蒙辩证法》，35页，英文版，1982。

② 同上书，9页。

动”是工具性的、目的性的，是技术理性的产物，而“交往行为”才能协调人与人之间的关系。马克思主义对“劳动”的强调，使社会主义被工具理性所统治，因而走向极权主义。哈贝马斯的这个观点后来被一些西方学者接了过去，他们把马克思主义与片面强调科学统帅地位的科学主义硬捏到一起，说马克思主义的科学主义倾向是导致某些社会主义国家滑向极权主义的原因。

哈贝马斯承认科学技术是首要的生产力，但否认马克思主义关于生产力起着不断解放人类的作用的观点，认为“生产力似乎并不像马克思所认为的那样，在一切情况下都是解放的潜力，并且都能引起解放运动，至少从生产力的连续提高取决于科技的进步——科技的进步甚至具有使统治合法化——的功能以来，不再是解放的潜力，也不能引起解放运动了”①。哈贝马斯建议用“劳动”和“交往”代替生产力和生产关系的范畴，以说明现代资本主义社会的发展，但在其中起解放作用的却是相当于生产关系的“交往”。假如说，马克思是把黑格尔的头足颠倒的辩证法正立过来了的话，那么哈贝马斯就是把马克思的历史唯物论又变成头下脚上的倒立了。

法兰克福学派对科学技术的敌意决定了他们的历史观带有浓厚的倒退色彩，因而无法在科技进步成为普遍追求的现代社会中立足。他们的理论无助于社会主义事业，事实上，由于他们认为科技进步必然有利于资本主义的统治，他们等于是宣布了民主社会和社会主义社会的死刑，尽管他们自认为是在从事有利于社会主义的工作。结果自然是，法兰克福学派在社会运动中最终碰壁了。霍克海默晚年思想日趋保守，在1959年退休后甚至宣布与马克思主义脱离关系。阿多诺在20世纪60年代末的学生造反运动中不但不试图用自己的理论去引导学生，反而与学生发生了尖锐的冲突，甚至发展到上西德的法庭去揭发反对他的学生。哈贝马斯一度与学生站在一起，但不久就指责学生们是“左派法西斯”，而学生也称他为“文化革命的叛徒”。哈贝马斯也从不称自己为马克思主义者。至于其他的西方马克思主义流派和代表人物，也大多在汹涌的社会运动浪潮中逐渐落后于时代了。

三、关于知识分子“新阶级”的神话

作为一场社会文化运动，西方马克思主义在经历了20世纪50年代的躁动和

---

① ［德］尤尔根·哈贝马斯：《作为“意识形态”的技术与科学》，72页，上海，学林出版社，1999。

60年代的喧哗之后，渐渐趋向蛰伏。80年代以后，新一轮科学技术革命风起云涌之际，恰恰在这极其需要以马克思主义的理论方法来作出分析并据以丰富和发展马克思主义之际，西方的马克思主义变得消沉了，这从另一侧面暴露了它们的不彻底与歧误。在新一轮的科学技术革命面前，却有另外一些西方知识分子，他们或多或少地借用了一些马克思主义的思想方法，试图把握这场科学技术革命。然而，由于他们对马克思主义的运用更加不彻底，更加歪曲，他们同样不能触及新技术革命的本质，同样不能对社会主义与资本主义的前途作出真理性的预言。

当代科技革命对社会的最主要和最深刻影响之一，就是社会权力结构向着重视知识的方向迁移。许多当代西方知识分子也就是从这一点入手来展开他们的社会分析的，其中自然少不了最早观察到这一权力迁移现象的丹尼尔·贝尔。

丹尼尔·贝尔

按丹尼尔·贝尔的看法，科学技术革命及由此产生的权力结构变迁，将使技术知识分子逐渐成为统治阶级。技术知识分子早已作为独立阶级与其他阶级争夺社会控制权，他们在现代社会中急剧膨胀，因而最终将导致知识阶级的统治，而能者统治将导致一个公正的（虽然是不平等的）社会。贝尔口中的知识分子更多地是指科技知识分子，他写道："后工业社会的根子在于科学对生产方法不可抗拒的影响……科学阶层——它的精神气质和它的组织——是内部蕴藏着未来社会胚胎的细胞。"① 贝尔认为，这样一个社会将超越传统意义上的社会主义和资本主义的划分。在这个"后工业社会"里，工人阶级所占的比例将越来越小，力量越来越弱，而使任何社会主义主张都丧失阶级基础，同时资产阶级由于局限于占有物质财富，也不可能和占有技术知识的新社会阶级竞争，从而使资本主义也消亡瓦解。

20世纪90年代以来，更多的西方政治与社会学者接受了"知识"正在取代"金钱"成为最重要的资本这个思想。例如畅销书《力量转移》的作者阿·托夫勒写道："迄今看到的情况是，在任何经济中，生产和利润无可逃避地依靠三个主要力量来源，即暴力、财富和知识。……知识因为减少对原料、劳动力、时间、场地和资本的需要，成了先进经济的最重要资源。随着这种情况的发生，知

① ［美］丹尼尔·贝尔：《后工业社会的来临》，415～416页。

识的价值便扶摇直上。”“未来的争夺权力的斗争将越来越发展成为一场围绕着知识的分配和获得知识的机会的斗争。”① 托夫勒没有将知识的控制权归于某个阶级，但是他相信“知识是力量的最民主的源泉”②。承袭这个思路，一些西方知识分子又试图走出“第三条道路”。“新阶级”说的创立者古德纳就是他们的一个代表。

古德纳的思想有些接近于贝尔的思想，他认为将来社会的统治阶级将是拥有文化资本的知识分子阶级，这个阶级和旧有统治阶级的不同之处在于，前者之获取利益必以牺牲社会整体需要为代价，而后者却以满足社会需要为其获得利润的前提。造成这一现象的原因在于新阶级所占有的“资本”——知识——乃是一种具有革命性的话语，它并不受制于现存的财产制度和社会关系，而是独立于现存社会秩序，并且向其提出挑战。知识本身又是自我革命的，它不断更新自己，所以占有知识的“新阶级”不可能像传统统治阶级那样把自己的统治地位永恒化，相反，为了证明自己统治的合法，“新阶级”必须否定自己的统治。“新阶级”之于古德纳正如无产阶级之于马克思。马克思主张无产阶级只有解放全人类才能最后解放自己，而古德纳主张“新阶级”只有在解放被剥夺阶级之后方能获得利润。

像贝尔和古德纳这样的看法貌似继承了马克思主义的阶级分析，但它们却不是以经济地位作为阶级分析的最核心尺度。事实上，知识分子由于内部的经济分化，并且这种经济分化在当代科技革命中有加剧之势，他们是形不成一个整合的阶级的。同是电脑专家，全球首富比尔·盖茨和中关村某小型国有电脑企业中的工程师不可能有同样的关切；同是美国的知识分子，比尔·盖茨和丹尼尔·贝尔恐怕也会话不投机。另外，知识分子尽管通常是知识的创造者，却未必是知识的最终所有者和运用者，未必是“知识资本”的占有者，因此他们不但不是一个团结的阶层，也不是一个有力的阶层；他们虽然是社会变革的一支十分重要的力量，但却很难独立承担社会变革的使命，甚至很难主导社会变革。所谓新兴的“知识分子阶级”，只不过是一些西方知识分子陷入自恋之中而臆造出来的神话罢了。

新一轮的科学技术革命不仅无法产生一个超越旧有阶级矛盾的所谓“新阶级”，而且也不会像有些人预言的那样，使资产阶级的统治自动丧失。实际情况是，当社会权力结构发生迁移时，资产阶级为了维护自己的统治，更加迫不及待

① ［美］托夫勒：《力量转移》，118、32页。

② 同上书，32页。

地要把对知识的控制权抓在自己手中。而由于它们现在占有大量的物质财富，它们的这种行动是很有便利条件的。今天，科学发现和技术发明往往都是需要大量物力投入的支持，至于每一项发现发明在社会生产中的应用，就更是离不开资本的投入，有时甚至是巨额的资本。无产阶级面对的不是一个充满友善歌声的未来，倒也许是一个更具风险的未来，因此无产阶级必须作出更大的努力，来争夺对知识的控制权。

四、全球问题及其根源

西方知识分子对未来社会的许多错误预见，常常不外是背离了历史唯物主义的结果。关于一个“知识分子统治阶级”或“新阶级”的神话，其之所以产生，也无非是因为他们脱离了科学技术在生产力层次上的实际影响，而抽象地讨论其在阶级关系层次上的后果。我们认为，如果真正要讨论科学技术革命对社会主义和资本主义未来前途命运的影响，必须从生产力的角度出发。由于生产力是人类利用、改造、协调自然的能力，所以这也就是说，必须从科技革命对“人—自然”关系的影响出发。

当代科技革命对“人—自然”关系的最大影响，无疑就是所谓“全球问题”的诞生。1972 年，罗马俱乐部提出《增长的极限》的报告，第一次预言地球资源已经不足以维持现有状况的增长。罗马俱乐部试图通过他们建立的数学模型表明，这种增长的极限是绝对的，不会因更新的技术的出现而推迟或消失，因为人类的某几类基本需求是不会因新技术的诞生而消灭或减少的，以往的历史倒是表明新技术经常更刺激出人类的消费欲望。罗马俱乐部因此提出，除非人类首先变革自己的观念，特别是以消费增长为基本指标的增长观念，否则地球将被人类自己的增长欲望所毁灭。

自罗马俱乐部之后，对全球问题的研究在世界范围内有如火如荼之势，其热度持久不衰。众多的研究者中，目前最引人瞩目的是在莱斯特·布朗领导下的世界观察研究所。这个研究所自 1984 年以来，每年发布一份题为《世界现状》的报告。如今，这份纯民间性的报告每一问世，就被翻译成多达 30 种语言，在全球各地不胫而走，这充分体现了人们对全球问题的重视。

总括起来，可以把当今最重要的全球问题列为如下几类：

——全球性化石燃料的危机。目前世界的“经济—技术”体系严重依赖于以煤、石油为代表的、不可再生的化石燃料，它们是地球几亿年来的储存，却被人类在短短几个世纪中耗费掉了大部分。化石燃料极可能在未来100年内，甚至50年内消耗殆尽，而人类迄今尚未找到可以替代的能源。

——土壤的破坏、流失和沙漠化蕴含着潜在的全球粮食危机。土壤破坏一方面是由于化学肥料的过度使用，更根本地是由于人口增长和食物结构的提升，使得人类对土壤采取了掠夺性的种植方式，过度种植本身就足以造成土壤肥力下降，并因反复耕作而加剧土壤流失和沙漠化。目前全球可供闲置耕地和可开垦荒地已经不多，世界粮食储备也一度下滑到预警点，而全球人口的增长还远远没有到达尽头。

——地球的"慢性中毒"。工业化社会向自然环境中排放出大量的有毒、有害废弃物，其中许多是在自然界不能降解或降解缓慢的，因此日复一日、年复一年地积累起来。整个地球在"慢性中毒"，最终必将损及人类自身。事实上，近年来癌症的发病率不断上升，环境中的有毒废物已被认为可能是罪魁祸首，而这些有毒有害物对全球生态的影响以及由此对人类的间接影响，更是难以预测。目前人类还未发现完全"洁净"的工业，一度被认为"洁净"的电子工业，现在也已被证明会带来种种污染。

——全球性的气候危机。直接源于工业化社会排放的大量废气改变了大气的化学组成，同时这些废气连同其他废弃物一起毒害着以森林为主的全球植被，使地球自然调节气候的能力下降。人类对森林等植被的滥伐加剧了这个过程。近年来一些地区已经尝到苦果，连连遭受不正常的洪水、干旱、台风等等的袭击，如非洲撒哈拉以南地区的持续干旱。至于温室效应及其潜在后果，更是人们近年来的热门话题。

——海洋资源遭到破坏。海洋是地球上未被开发的最大地区，比陆地面积还要大得多，一些人把海洋视为解脱环境危机的希望，但是海洋也已遭到人类活动的破坏。因工业废弃物毒害和过度捕捞，已导致渔业资源出现枯竭的征兆。DDT、聚氯联苯和其他持久性合成化学品从近海水域和大气层扩散到海洋，垃圾和油膜充斥世界主要航道。一些国家利用深海来处理军事废物，部署核动力潜艇，甚至从事核试验。尽管国际公约禁止向大海倾倒核废料和其他剧毒废物，但有些国家继续把深海当作天然垃圾场。

——生物多样性遭到毁灭性破坏。由于人类种种活动对生态系统的综合影响，地球上的物种以惊人的速度灭绝，意味着地球在30亿年间储存起来的宝贵的基因资源的毁灭。物种的灭绝不仅是不可挽回的基因损失，而且某些物种的灭绝可能对生态系统整体具有长远的、难以预见的破坏性后果。

——军备竞赛并未完全止息。"冷战"已经结束，但庞大的核武器库仍有待处理，而且更有可能出现核武器流失和核技术扩散，人类仍然坐在火山口上。无数的武器生产计划仍在执行，新的大规模杀伤武器仍在不断开发。

当代科学技术革命所已经带来的和可能带来的种种负面效应，已经使迄今为止西方学者的种种社会理论日益暴露出其局限性，不能开出理想的药方，即使是那些比较倾向于进步的西方学者。原因在于，西方学者的一个根本的包袱是他们无法放弃作为资产阶级价值观核心的个体权利和个性自由的观念，这也是整个西方思想体系中深具历史传统的一极。与此同时，西方思想体系中也一直存在另一极，即崇尚中立的、无价值属性的理性，并由此发展出以理性思维为基础的科学技术文化。这两极思想之间存在着深刻的矛盾，其斗争与展开在相当程度上推动着西方文明史。资本主义制度本身也正是在这个矛盾斗争的基础上发展起来的。问题在于，资本主义为着维护自身存在的需要，试图将这个基础永恒化、普遍化，试图将自己追求的目标说成是超历史、超文化的，这样实际上也就将上述矛盾永恒化了，变成了一个无法解开的死结。只有从历史唯物主义的立场出发，把现存制度理解为一个必将消亡的制度，才有可能跳出这个矛盾，才能主动地去迎接科技革命，顺应其潮流，对现存的社会秩序与价值观进行彻底的反思。——然而，寄希望于资产阶级能够自觉地做到这一点，那恐怕是太渺茫了。

尽管资本主义社会的学者们对于全球问题提出了种种解决方案，但是这些方案都没有触及最核心的一点，即对地球资源的掠夺性使用正是由资本主义追求利润最大化的本性所导致的。我们特别要提到的是，有些西方学者，由于看到了科技革命带来的一些全球问题，就把它们归咎于科学技术本身，认为科学技术的本质就是要追求最大限度地利用自然资源，所以招致地球资源的危机，这种观点是错误的，是没有真正把握科学技术的本质的结果。我们认为，科学技术追求的是利用资源的效率最高化，而不是利用资源的总量最大化。在良好的社会制度下，科学技术本来有能力使人类仅仅利用较少的资源就可以满足同样生活需求。但是，由于资本主义制度下的利润驱使，资本家千方百计要把每一个人都变成消费者，扩大利润来源，不惜利用种种手段在社会上营造一个消费主义的文化氛围。新的技术总是不被用来以较有效率的方式去满足人们的旧有需要，而被用来制造更新颖、更奇特的产品，挑逗起人们新的消费欲求。资本的贪婪本性是导致全球危机的根本原因，包括资本为了控制全球资源而陷入欲罢不能的军备竞赛。

因此，全球危机的出现，正是预示着科学技术革命所导致的生产力的发展已经使社会生产达到了这样一个地步，即资本的贪婪不仅损害单个工人的利益，不仅损害无产阶级的利益，而且已经愈来愈明显地损害着全人类的利益。在反对资本的统治上，无产阶级已经和绝大多数人类成员有了共同的目标。正是在这个意义上，我们说，当代科技革命最终必将为马克思主义在全球带来一个新的发展时代。

五、社会主义中国的伟大创新

今天，科技革命不但以否定的方式预示着资本主义的最终失败，同时也正在以建设性的方式又一次改变着世界的面貌，为全球社会主义运动昭示着新的未来。以信息技术为例，全球性的交互网络正向人们展示着信息高速公路的雏形。也许借助于充分发展了的信息技术，将来某一天能够实现全社会成员之间意愿的充分交流，从而更有利于实现建立在公有制基础上的真正协调、健康和持续的经济发展。当然，信息技术革命还只是当代科技革命中的一个方面。但这已足够说明，当代科技革命的的确确在最深刻的层次上左右着当代社会的现状与前景，研究它的性质、特征和发展趋向，已经成为历史唯物主义的当代课题。

尽管马克思主义从理论上能够实现社会关系和生产力的协调发展，从而避免科技革命的种种负面效应，最大限度地发挥其正面效应，但在实践中并不能自动保证做到这一点。特别当马克思主义的精髓被曲解，当马克思的一些带有局限性的言论被拥为永恒的教条，此时的所谓社会主义建设，往往并不能适应当代科技革命的新形势。苏联就是一个例子，这个社会主义大国同样卷入了导致全球核危机的军备竞赛中，同样在国内工业生产中造成了大量的环境污染和生态破坏。最终，苏联正是由于不适应科技生产力的最新革命，在政治、军事、经济的各方面竞争中处处被动，而宣告解体的。

中国在建立世界新秩序的进程中扮演着一个引人瞩目的角色。作为拥有世界上最多人口的社会主义大国，中国又是一个包袱沉重的发展中国家，她能否成功地回应当代科技革命的冲击，不但对中华民族和中国文化本身意义重大，而且对马克思主义和社会主义的前景也具有特殊的意义。

当代中国社会被定位为初级阶段的社会主义，这是实事求是的典范，也是从中国生产力实际发展水平出发得出的结论。近现代社会历史实践表明，从不同的角度和标准来审视特定社会形态所处的社会发展阶段，情况是非常复杂的。一般来说，人类历史是在劳动基础上发展和展开的，是一个多层次的、复杂的、发展着的有机体。若以所有制为主要尺度，可以按照发展水平把社会历史划分为如马克思所说的五个相继的社会形态。现实社会主义是比资本主义更高的发展阶段，虽然它们大多是超越资本主义而形成的。但是，若以人—机系统的历史组合类型或简单说以社会的技术体系为尺度分析社会历史发展，则可把它分为农业社会、工业社会和后工业社会（或信息社会）。这是以社会技术形态为分类标准。据此，现实社会主义大多仍处于向工业社会过渡的阶段，尚低于现代资本主义的发展水平；后者早已建成工业社会，正在向后工业社会过渡。看来，分别以所有制关系和以生产力水平为标准对社会形态所作的划分并不是简单对应的。事实上，社会经济形态在一定条件下是可以超越的，而社会技术形态却不可能超越。中国超越完整的资本主义发展阶段而进入了社会主义社会，但不能认为它在一切方面都超越了资本主义。工业社会这种社会技术形态在历史上是与完整的资本主义这种社会经济形态同时出现并发展起来的，而中国在进入社会主义社会时并没有建成工业社会。因此，现阶段的中国社会只能是社会主义初级阶段，还要补许多课。

坚持改革开放路线，把马克思主义的普遍原理与中国的具体实践相结合，已经取得了突出的成就。经济增长方式的转变，是从粗放型向集约型转变，目标是国民经济的持续、快速、健康发展和社会全面进步。要达到这一点，无疑必须推动社会的信息化和生态化。近年来，中国在推动社会的信息化与生态化方面作出了极大的努力，确立了可持续发展的路线，推动一系列“金”字工程的建设，在回应当代科学技术革命的战役中已经占据了十分有利的地位。

社会主义中国的另一伟大创新，是提出了“知识分子是工人阶级的一部分”的论断。如前所述，西方社会学者的“知识分子阶级”新神话是站不住脚的，但这并不意味着他们对知识分子在未来社会中地位的判断就毫无依据。不看到知识分子在未来社会主义与资本主义竞争中的中坚作用，无疑是无法赢得这场竞争的胜利的。

“知识分子是工人阶级的一部分”的论断之所以科学，在于它并不是单纯地强调知识分子要向工农靠拢，不是在重复“知识分子要同工农结合”的旧有论断。提出知识分子是工人阶级的一部分，实际上是对“工人阶级”概念的再认识，扩大了这个概念外延的同时必然意味着改变这个概念的内涵，它意味着与现代科学知识相结合的、不同行业的脑力或体力劳动者。传统意义上的“工人”和传统意义上的“知识分子”，都有必要重新调整自己的知识、技能和立场，才能真正实现新的意义上的“工人阶级”的充分内涵，而不是仅仅把两个不同社会集团简单地捏合到一起，不是仅仅让它们结成利益同盟。

“知识分子是工人阶级的一部分”的论断，体现着对马克思主义的创造性发展。这种开放的、前瞻的态度，乃是中国共产党在经过数十年的风雨曲折之后，逐渐摸索出来的马克思主义的真谛。这正是中国社会主义事业的一个最基本的有力保障。

在一以贯之地坚持社会主义和共产主义道路的前提下，党摆脱了僵化教条的束缚，以唯物历史观的眼光来反思自己的事业，清醒认识到自己在时间和空间上的有限性——尚处在社会主义初级阶段，所建设的是有中国特色的社会主义——因此，既不把自己现阶段的目标和价值理想视为永恒，也不向外界输出自己的价值观与思维方式。在这一点上，和某些标榜“自由”却到处挥舞大棒的资本主义卫道士们恰好形成了鲜明的对比。中国共产党在实践中形成的既坚持原则、又灵活务实的风格，是她回应当代科技革命之挑战时不可多得的资源；而一切僵化的意识形态在当代科技革命所造就的一个日新月异的世界中，都注定要迟早丧失自己的存在根基。

第二十三章

现代科技革命与经济社会发展

借助于科学技术的伟大力量，西方资本主义国家在近代史上迅速登上全球霸主的宝座；当代科技掀起的风暴，又强烈冲击着迄今占统治地位的工业文明（更不用说前工业文明），推动着席卷全球的改革浪潮。可以确认，科学技术已经上升为一种伟大的社会动力，无论是从正面还是从负面，它都对经济社会的发展起着决定作用。

一、科技在生产方式变革中的作用

近现代历史充分显示，科学革命、技术革命、产业革命是一个相互联系、前后衔接的大链条。其中技术革命是核心，也是目前世界范围内所兴起的变革的实质内容。其他几个革命可以说都是围绕着技术革命展开的：科学革命是技术革命的基础，产业革命是技术革命的直接后果。

由于当代科学与技术之间建立了一种全新的联系，科学革命与技术革命之间也具有十分紧密的关系，所以在探讨整个社会发展和人类前途问题时，通常把科学革命和技术革命合在一起考虑，统称之为现代科技革命。现代科技革命一方面反映了一种前后程序，即先有科学，然后是科学—技术对生产的最根本和最直接的作用；另一方面反映了科学革命与技术革命之间的融合关系，即科学有确定的技术目的，技术自觉地以科学作指导。

产业革命与科技革命是无法分开的。从词源上看，产业与工业是同一个英文词（industry）。18世纪，所谓产业就是指工业；到了19世纪，产业概念扩大到一切物质生产部门；20世纪20年代，又出现了第三产业的说法。所以，在最初，产业革命就是指工业革命，之后两者有了区别。产业革命就是社会各生产事业部门的全面性变革，而这种变革，先是从某一个在特定历史时期内起主干或带头作用的生产事业部门的生产方式发生根本变革开始，最后导致社会各生产事业部门的生产方式都发生重大变革，同时带来社会生产率的大幅度提高。

在构成历史的动力系统中，物质生活条件的生产和再生产是历史过程中的决定因素，也就是说，人们创造历史的时候，经济的前提和条件是决定性的。所谓经济的前提和条件，就是社会的生产方式，它包含着不可分割地联系着的两个方面——生产力和生产关系。科学技术对生产方式变革的作用，首先表现在科学技术对生产力和生产关系的影响上。

科学技术对生产力的影响

科学技术使得劳动者、生产工具和劳动对象这三个生产力的基本方面发生了巨大变革。

（1）劳动者素质的变革。马克思指出：劳动过程就是“劳动者利用物的机械的、物理的和化学的属性，以便把这些物当作发挥力量的手段，依照自己的目的作用于其他的物”① 的过程。生产劳动是一种有目的、有意识的活动。在这一活动中，劳动者既要支出体力，也要支出智力，而且随着科技的发展和生产力水平的不断提高，体力和智力支出的比例不同。一般来说，劳动者的科学技术水平越高，在生产中发挥的作用就越大。所以，通过科技教育提高劳动者的科学技术水平和劳动技能，是发展社会生产力的重要途径。值得注意的是，科技进步将促使劳动力发生转移。劳动生产率提高的部门会游离出一部分劳动力，分流到产品需求上升的新兴部门或者服务部门，使劳动力在产业间的比例发生变化。劳动生产率提高的速度越快，劳动力转移的速度也就越快。第二次世界大战以后，经济发达国家和一些新兴国家第三产业的迅猛兴起和快速发展充分证明了这一点。科技进步使得“蓝领”减少，“白领”增多。今天，在一些发达国家里，劳动力开支下降，仅占整个生产力成本的10%左右。

（2）生产工具的变革。生产工具既是生产力发展程度的重要标志，又是科学技术发展水平的显示器。生产工具的重大变革，常常带来社会生产力的飞跃。蒸汽机和电力机的出现，放大了人的体能，带来了经济的飞速发展；电子计算机的出现，部分取代并增强了人脑的功能，使人们得以摆脱大量繁重的、重复的脑力劳动，有更多的时间从事创造性工作。然而，生产工具是人制造的，是人类智慧的物化。人们运用科学原理，通过技术发明，物化为现代化的机器设备，促使劳动生产率迅速提高，创造出巨大的社会生产力。电子计算机的改进，充分说明了科技进步的作用。世界上第一台电子计算机是1945年诞生的，是一台重28吨，体积为85立方米，占地170平方米，由18 000个真空管组成，耗电150千瓦时的庞然大物，运算速度只有5 000次/秒。20世纪60年代以后，电子计算机技术和材料技术的突破使得电子计算机的成本飞速下降，以平均每5至7年运算速度提高10倍、体积减小10%、价格下降10%左右的步伐向前发展，性能价格比则以百倍的速度提高。

（3）劳动对象也随着科学技术的发展而不断变革。科学技术不仅使人们不断开发和利用新的自然资源，扩大劳动对象的范围，而且还能开发已有资源的新用

① 《马克思恩格斯全集》，中文1版，第23卷，203页。

途，并能把一些废料重新投回到物质循环中去加以利用。现代科学技术不仅使人们对天然资源的开发利用更加充分有效，而且还能研制创造自然界未曾有过的新物质品种，如新型的人造材料、合成材料和复合材料，形成新的劳动对象。科学技术扩大了人类劳动的对象范围，提高了人类对自然资源的利用程度，进而促进了生产力的发展。

科学技术对生产关系的影响

科学技术不仅是生产力中最活跃的因素，而且对生产关系的变革产生了巨大影响。

（1）科技进步改造原有产业并促使新的产业和产业部门形成。一方面，由于科技的进步，便有可能采用新技术、新工艺和新装备来改造原有产业，提高其水平，改变其生产面貌，促进原有生产部门和产品的更新换代并提高产品质量，甚至创造出全新的产品。最明显的例子是采用电子和信息技术改造传统产业，如机械工业，使机械工业实现机电一体化。另一方面，科技革命又形成新的产业和产业部门。科技进步由于带来科学—技术—生产的周期日益缩短，产品更新速度加快，新部门不断涌现。科技进步也会极大地刺激新的需求，推动新产业的形成和发展。例如，石油精炼技术和高分子化学合成技术的发明，使得能源工业和化学工业发生了巨大的变化，从而使石油需求量大增，几乎改变了整个世界的需求结构。

（2）科技进步推动知识交易勃兴。“知识贸易”正在代替“产品贸易”。以物质为基础的工业产品只能作为“产品”出口或进口，它们能在国际贸易余额中表现出来；而以信息为基础的工业产品却不同，它们既可以作为“产品”，又可以作为“服务”出口或进口，因此不一定能够在国际贸易余额中表现出来。书籍等出版产业的情况可作为一个典型的例子。一家大的科技出版公司诸版权之类的“外汇收入”往往能够占到它的收入的2/3。这些在几十年前还是不可思议的现象，它们体现了“脑制产品”惊人的倍增速度，也体现了人类科技进步的巨大威力以及知识本身作为新的市场需求的能力。

（3）劳动方式发生质的变化。蒸汽技术和电力技术革命，用机器部分地代替了人类的体力劳动，从而使人类的劳动方式发生了革命性的变化。当代电子技术革命导致电子计算机的广泛运用，部分代替了人类的脑力劳动，人类的劳动方式又发生了全新的质的变化。科技进步促进了“用脑生产”方式的根本革新。工人“干”得少了，“想”得多了。与“用脑生产”相适应的是“知识”替代“劳动”。脑力工作重要性的上升，还体现在越来越多的劳动密集型企业正在转向知识密集型企业。不仅如此，越来越多的企业从诞生之日起便是知识密集型企业。半导体微型芯片的制造成本大约70%是来自“知识”投入，即研制和实验的成本，而劳动成本在芯片产品中只占12%。制药业是知识性很强的信息企业，药品的成本中，劳动力的成本只占15%，而知识投入要占成本的50%。

（4）促进社会管理科学化。马克思说：“一切规模较大的直接社会劳动或共同劳动，或多或少地需要指挥，以协调个人的活动，并执行生产总体的运动……所产生的各种一般职能。”① 资本家把科学技术与管理称作工业的两条腿。其实，这两条腿本身又是相关的。第一次产业革命期间，对应的管理是经验管理，利用分工原则来发挥工人所长，提高劳动生产率，降低产品成本，这时的管理是资本家根据经验进行直接管理。随着科技进步和劳动工具的变革，对企业的管理要求越来越高，经验管理已不适应新的形势，泰罗（1856—1915）的科学管理理论就是在19世纪末20世纪初新的科技革命期间诞生的。此时的企业管理向标准化、专业化、同步化、集中化、大型化和集权化这六个相互联系的方面发展，而且出现了一种受资本家雇佣的专门从事管理的人员——经理、厂长等。第二次世界大战之后，管理又有新的变化，运用现代科技成果和技术手段实现了管理组织的现代化、管理方法的现代化和管理手段的现代化。

（5）促进阶级关系发生重大变化。在产业革命期间，由于机器代替了手工业的工具，大工厂代替了手工工场，从而改变了生产体系中人与人之间的相互关系，导致社会财富的重新分配，并引起社会阶级结构的大变动，出现了资产阶级和无产阶级两大阶级。恩格斯在《英国工人阶级状况》中说：“新生的工业能够这样成长起来，只是因为它用机器代替了手工工具，用工厂代替了作坊，从而把中等阶级中的劳动分子变成工人无产者，把从前的大商人变成了厂主；它排挤了小资产阶级，并把居民间的一切差别化为工人和资本家之间的对立。而在狭义的工业以外，在手工业方面，甚至于在商业方面，也发生了同样的情形。”② 新技术革命极大地促进了社会结构的重组。特别引人注目的是出现了一个以知识和能力为“资本”的经理阶层，以及一个构成社会基本力量的中间阶级，它们使阶级斗争的形式发生了巨大的变化。

科技进步既推动了生产力的发展，又推动了生产关系的变革，作为生产力与生产关系统一体的生产方式，必然随科技的发展而改变自己的形式。马克思说

---

① 《马克思恩格斯全集》，中文1版，第23卷，367页。

② 《马克思恩格斯全集》，中文1版，第2卷，296页，北京，人民出版社，1957。

过：“生产方式的变革，在工场手工业中以劳动力为起点，在大工业中以劳动资料为起点。”① 或许还可以这样说，在当代产业结构中则以科学技术为起点。

二、现代科技革命条件下经济的结构性变化

从蒸汽机的发明到电脑的问世，在200多年的历程中，科学技术的每一次重大突破，都给人类的经济生活带来了深刻变革。机器作为产业革命的象征，不但使人们摆脱了手工劳动，而且大大提高了劳动生产率，确立了工业在国民经济中的主导地位；电的发明则加速了工业前进的步伐，并使工业结构从以轻纺为主进入以重工、化工为主的新阶段；以微电子科学技术为核心的现代科技革命，又极大地推动了产业的高级化，改变了三种产业在经济结构中的比重。科技革命引起生产技术的革新，进而引起生产方式的变革，引起产业结构与经济结构的变革。这是非常显著的特征。

注重结构变革的先驱

马克思和恩格斯都极其关注科学技术对产业结构与经济结构的影响。

18世纪60年代，产业革命引起了纺织工业和其他工业的机械化。从此，机器大工业取代了工场手工业。大工业具有狂热的生产速度和巨大的生产规模，它像魔术师一样，呼唤出极其庞大的生产资料和消费资料。由于科学技术的推动，人类的生产形式不断进步。正如马克思所说：“只要机器生产在一个工业部门内靠牺牲旧有的手工业或工场手工业来扩展，它就一定取得成功，就像用针发枪装备的军队在对付弓箭手的军队时一定取得成功一样。”② 机器大工业建立了与自身发展相适应的物质技术基础，并在其后使多种多样的工业部门的分化成为可能。

在马克思看来，新的物质生产部门的不断建立，取决于科学技术发展的状况和社会分工的需要。不同产业之间存在着劳动生产率的差异，这种差异则造成了产业间利润率的不同。“在不同产业部门，与资本的不同的有机构成相适应，并且在一定限度内与资本的不同的周转时间相适应，不同的利润率占据着统治地位；因此，即使在剩余价值率相等的情况下，利润和资本量成正比，从

① 《马克思恩格斯全集》，中文2版，第23卷，408页。

② 同上书，493页。

而等量资本在相等时间内提供等量利润的规律……也只适用于有机构成相等的资本。”① 产业间利润率的差异，导致产业结构的变异。

马克思认为：“劳动生产力是由多种情况决定的，其中包括：工人的平均熟练程度，科学的发展水平和它在工艺上应用的程度，生产过程的社会结合，生产资料的规模和效能，以及自然条件。”② 其中，最重要的是科学技术。大工业把巨大的自然力和自然科学并入生产过程，必然大大提高劳动生产率。“如果生产这些劳动资料的部门的劳动生产力发展了（劳动生产力是随着科学和技术的不断进步而不断发展的），旧的机器、工具、器具等等就为效率更高的、从功效来说更便宜的机器、工具和器具等等所代替。”③ 不仅如此，科学技术进步及其成果的应用和推广，直接影响着工业生产结构的变化。在资本主义生产的幼年时期，“技术进步缓慢，技术进步的普遍推广更慢，社会资本构成的变化几乎还感觉不到”④。到资本主义发展时期，科技进步引起了社会资本结构的新变化，“在同一生产方式的基础上，在不同生产部门中，资本划分为不变部分和可变部分的比例是不同的。在同一生产部门内，这一比例是随着生产过程的技术基础和社会结合的变化而变化的”⑤。生产力的提高，会改变资本各组成部分之间的比例，提高资本的有机构成。

单个产业资本有机构成的提高，对整个社会的产业结构和经济结构都将产生影响。正如恩格斯所指出的：“工业领域一受到刺激，其后果是无穷无尽的。一个工业部门的进步会把所有其余的部门也带动起来。……工业中的一切改良必然会提高文明的程度，文明程度一提高，就产生出新的需要、新的生产部门，而这样一来就又要引起新的改良。随着纺纱部门的革命，必然会发生整个工业的革命。”⑥

现代经济结构的巨变

现代科技革命对经济的结构产生了巨大影响，也就是说，深刻改变了国民经济各部门、社会再生产各领域的构成。这具体表现在产业结构、工业结构、消费结构和贸易结构等几个方面。

---

① 《马克思恩格斯全集》，中文1版，第25卷，171页，北京，人民出版社，1974。
② 《马克思恩格斯全集》，中文1版，第23卷，53页。
③ 同上书，664页。
④ 《马克思恩格斯全集》，中文1版，第49卷，239页，北京，人民出版社，1982。
⑤ 《马克思恩格斯全集》，中文1版，第23卷，340页。
⑥ 《马克思恩格斯全集》，中文1版，第1卷，671页，北京，人民出版社，1956。

产业结构的变化：以农业为主，包括林、牧、渔业的第一产业，和以制造业为主，包括矿业、建筑业的第二产业，这两个产业的产值和就业人数，在整个国民经济中所占的比重相对下降，而金融、商业、运输、电信、科研、教育、文化等第三产业的产值和就业人数则急剧上升。从20世纪70年代后期开始，一些国家的第三产业的产值和就业人数已经超过了第一、第二产业的产值和就业人数之和。把信息技术发展同产业结构的变化联系起来考察，就会发现一个明显的趋势，即产业结构软化。所谓产业结构软化，就是在社会生产和再生产过程中体力劳动和物质资料的投入相对减少，脑力劳动和科学技术的投入相对增大。

工业结构的变化：在西方，钢铁、汽车、橡胶、造船等传统工业被称为“夕阳”工业。因它们消耗大量能源，产生大量废料和污染物等，从20世纪50年代中期起，就在工业化国家里地位明显下降。例如，1983年，美国钢铁工业的开工率仅为42%，而西欧只有40%。激光、光导纤维、生物工程、新能源等新兴的“朝阳”工业则蒸蒸日上，以微电子技术为基础的信息产业，发展尤快。由于高技术产业具有能耗低、原材料消耗少、应用范围广、利润大等优点，发达国家以及新兴工业化国家的经济资源纷纷涌向高技术产业，使其获得了迅猛发展。因而，整个工业结构中出现了新兴产业比重逐渐上升，传统产业相对衰落的趋势。

消费结构的变化：各种新型消费品的出现，丰富了消费品种，扩大了消费规模和范围，改变了消费结构和模式。人们的消费选择日趋多样化。物质性消费支出相对下降，而非物质性支出相对上升。

国际贸易结构的变化：非实物形态的贸易如技术贸易、专利买卖、设计、咨询服务、劳务、装卸、运输和国际保险等所谓无形贸易在国际贸易中的比重相对提高，而实物形态的贸易则相对下降。其中特别是技术贸易和专利买卖的贸易额上升得更快，已成为相对独立的贸易形式。1979年，国际无形贸易的发展速度第一次超过了商品贸易。1980年，全世界无形贸易总额为6 500亿美元，在国际贸易中占到了1/4。

产业结构的优化是经济增长的关键

产业结构的优化包括产业结构的合理化和高级化。产业结构的合理化是指在现有技术基础上各产业之间的协调，即整个产业作为整体活动的协调，如各产业之间在生产规模上的比例关系的协调，产业之间关联程度的提高等，还包括产值结构的协调、技术结构的协调、资产结构的协调和中间要素的协调。产业结构合理化以资源在各产业部门的合理培植为基础，意味着产业之间良好的协调，从而使产业之间的作用大于各产业功能之和，提高结构效益。

产业结构的高级化是指产业结构从低级水准向高级水准的发展。它是根据经济发展的历史和逻辑序列向前演进的。它包括在整个产业结构中由第一产业占优势比重逐渐向第二、第三产业占优势比重演进；由劳动密集型产业占优势比重逐渐向资金密集型产业、技术知识密集型产业占优势比重演进；由制造初级产品的产业占优势比重逐渐向制造中间产品、最终产品的产业占优势比重演进。由于产业结构高级化总是以新技术的发明和应用为基础的，这就意味着结构的发展越来越多地渗进了技术因素。因此，产业结构高级化的内在要求，还包括相互联系、相互制约的产值结构的高级化、资产结构的高级化、技术结构的高级化和就业结构的高级化。产业结构的高级化对于国民收入的增长起着重要的作用，因而它是产业结构优化的重要标志。

现代科学技术对经济结构，其中主要是产业结构的变化之所以能产生决定性的作用，首先是因为，随着现代科学技术大规模地转化为生产力，高技术、新技术强化了工农业生产的技术基础，使人们可以通过减少要素投入增加产出的方式，使生产资料得到有效利用，资源和能源得到节约，市场得到扩大，劳动生产率得到提高。这样，在第一、第二产业就业人口减少而产值增加的情况下，为第三产业的发展提供了物质、资金和劳动力。其次是因为科学技术的发展促进了生产的社会化和专业化水平的提高，各经济部门的联系与协作更加密切，各种信息在经济活动中的作用越来越重要。迅速地收集、整理、传递信息的要求，促进了各种信息生产与服务部门的发展，相应地又带动了交通、通信、金融业的发展。再次是因为现代科学技术和教育事业在经济发展中的地位和作用日益显著，信息、知识成为生产力发展和经济增长的决定性力量，整个社会对科技研究与开发事业的需求猛增，结果推动了知识产业的发展；以产业结构为基础的经济结构的优化，是实现社会经济资源最佳配置，摆脱危机，推动经济发展的重要条件。

三、现代科技引导社会文明的进步

贝尔纳在《科学的社会功能》一书最后一章写道：“迄今人类生活仅经过了三次大变化，先是建立了社会，接着又产生了文明。这两者都是史前产生的，然后才是现在正在进行的对社会的科学改造，我们还不知道怎样来命名它。”①

---

① ［英］贝尔纳：《科学的社会功能》，542 页，北京，商务印书馆，1982。

这些话使我们想起恩格斯在《自然辩证法》导言中所提出的“两次提升”的思想。恩格斯把人类的诞生看作是人从动物界的第一次提升，即从物种关系方面的提升，这是一个从猿到人的漫长进化过程。他认为，人类还必须经过第二次提升——从社会关系方面的提升，才能真正摆脱动物状态。第二次提升就是从野蛮到文明。

文明是人类脱离野蛮状态而发展到更高阶段的社会产物，是在一定历史阶段上成熟和发展起来的人类认识世界和改造世界的各项成就的总和。文明的出现标志着人类社会物质生活和精神生活都产生了新质，并从此不断发展和进步。一般说来，社会文明包括两个部分：物质文明和精神文明。物质文明是人类改造自然界的物质成果，表现为人们物质生产的进步和物质生活的改善。在改造客观世界的同时，人们的主观世界也得到改造，社会的精神生产和精神生活得到发展，这方面的成果就是精神文明。它表现为教育、科学、文化知识的发达和人们的思想、政治、道德水平的提高。科学技术则是人类认识世界和改造世界的积极成果，是文明中间一切精致的东西。科学技术的发展，一则可以转化为物质财富的创造，为物质文明增添新的内容；二则可以转化为社会智能，推动人类思维的发展，促进人们的思想道德观念的变革，推动精神文明的进步。

科学技术推动物质文明的进步

物质文明的发展以社会生产力的发展为基础，而科学技术则是推动生产力发展的关键因素。在蒸汽机出现后不到一百年的时间里，工业发生了巨大变化。工业革命产生了巨大的经济效果。马克思在总结这段历史后指出：资产阶级在它不到一百年的阶级统治中所创造的生产力，比过去一切世代所创造的还要多，还要大。第二次科技革命进一步提高了社会生产力，世界工业产值在1870至1890年的20年间增长了2.2倍，而德国电气工业的产值在1891至1913年间增长了28倍。进入20世纪以来，科学技术更显示出推动社会生产发展的巨大威力，以致生产力结构中的三要素都发生了根本性变化。科学技术的发展已经成为现代社会生产中提高劳动生产率的主要因素。在20世纪初，工业劳动生产率的提高只有5%～20%是依靠新的科技成果取得的；到了70年代，这个比例上升到60%～80%，有的新兴工业部门则达到90%以上。

科学技术不仅推动了物质生产的进步，而且渗透到人类生活的各个领域，改善了劳动环境，提高了物质生活水平。机器大生产结束了繁重的手工劳动；机器人可以代替人们去干危险的工作；电子计算机帮助实现了自动化管理方式。科学技术提供了崭新的物质生活条件，丰富了日常生活的内容。火车、轮船、飞机、电报、电话等发明，使人类的交通和通信日渐迅捷方便，使人们的日常交往形式发生了重大的变化；收音机、电视机、电冰箱、洗衣机等家用电器的普及提高了生活质量，减轻了家务劳动强度；在科学技术新成果支持下建立的现代纺织工业、食品工业、建筑行业、汽车行业，使衣食住行的面貌完全改观。科学技术还促进了医药、卫生、保健事业的发展，提高了人们的健康水平和生命质量。

科学技术推动精神文明的进步

科学技术在精神文明建设中，有其特殊的社会功能。

思维方式的变革与科学技术的发展密切相关。牛顿力学的创立，造就了一种从自然哲学到哲学、社会科学以至人们日常生活普遍接受的机械论的思维方式，这种思维方式对于宗教神学的陈腐观念的胜利无疑是人类精神文明史上的一个进步。20世纪，随着相对论和量子力学的产生和发展，机械论的思维方式被淘汰，形成了辩证思维方式；这种思维方式正随着科学技术的进一步发展而向着系统性、开放性、动态性方面发展。

当代科技的迅猛发展，越来越直接地影响着人类精神生活，冲击着传统伦理观念，提出了许多新的伦理道德问题。在生产科学领域、生态科学领域，人类对自身、对自然的价值和责任问题成为理论思考和实践应对的热点。科学技术的发展深化了人们对自然、社会和人自身的本质认识，从而扩大了人们的道德视野，促进了道德观念的变革；许多科技成果的运用，有力地冲击了传统道德观念，为新的道德规范的确立开辟了道路。

科学技术对教育事业的促进作用尤为明显。科学技术的先进成果直接应用于教育实践，从而引起教育系统结构的变化；科技的发展决定教育改革的趋向和教育内容的更新。技能教育、通才教育、职业教育、继续教育，这些适应科学—技术—生产一体化趋向的教育实践，大大改变了传统教育的面貌。

科技进步改变了人们的工作和生活方式。计算机、互联网络带来工作方式的巨大变化。在20世纪，对人类生活影响最大的科技事件莫过于计算机以及计算机网络的发明、改进和普及。从目前的发展趋势来看，21世纪计算机互联网络将发挥更大的社会效应，给人们的工作和生活方式带来革命性的变化。首先，它改变人们的劳动和工作方式。其次，多媒体和“虚拟现实”等技术的多种功能改变了人们对“现实”的认识和理解。再次，丰富多彩的电脑教学改变了人们的学习和教育方式。不能忽视的还有作为科技活动特征的创造精神对人类活动各领域产生的巨大影响。科学技术直接或间接作用于生活方式的四个基本要素——生活主体、生活资料、生活时间和生活空间，是生活方式变革的驱动力。

科技进步促进了人类的文化进步。在人类文化的发展中，科学技术占据了不可替代的重要地位。从东方古代文明的发祥地中国、印度、两河流域的古巴比伦、埃及，到近现代西方文明之源的古希腊，科学技术的历史地位几乎众人皆知。近现代文明的发展，更是以科学的参与作为重要的标志。不难发现，科学技术决定了人类思想观念的许多内容和主要研究方法。可以把文化结构分为三个层次：最外层的物质文化；中间层的制度文化；最内层的观念文化。这三个层次相互作用、相互制约，形成了一个有机的文化结构。科学技术从文化结构的最外层逐步渗透到最内层，有力影响了社会文化活动的内在机制。科学意味着永无止境的探索未知、追求真理，这种求实、进取精神，有助于确立一种批判性的理性传统。

科学技术作为文明系统中的一员，是在与哲学、宗教、艺术、法律、习俗等相互影响、相互作用的过程中得以发展的。例如，正是在英国这个最发达、最典型的自由资本主义社会环境与自由竞争、择优汰劣的文化传统中，正是受到经济学家马尔萨斯（1766—1834）、社会学家斯宾塞（1820—1903）的“生存斗争”、“最适者生存”的观点启发，正是对英国园艺和畜牧业中传统的人工选择概念的移植，达尔文才创立了生物物种通过生存竞争、自然选择而进化的学说。考察科学技术对社会意识形态的影响时，不要忘记它自身的产生也是在某种意识形态的大背景中产生的。

一般来说，知识形态的科学本身并不构成社会意识形态，而是一种特殊的社会意识形式。但是，历史上一切进步的、革命的阶级和群体，总是依靠当时的先进科学成果来建立自己的意识形态，并以自己的社会意识形态为指导去发展和利用科学成果。

纵观人类社会发展的历史，可以发现科学技术与社会文明进步之间的关系越来越趋密切。文明的第一次浪潮使人类从野蛮进入文明，建立了农业社会，科学技术萌芽、发育；文明的第二次浪潮发展了文明，建立了传统的工业社会，它依赖于科学技术；文明的第三次浪潮将导致新的文明的跃迁，建立信息社会，它决定于科学技术。

四、科技对社会发展阶段的制约

社会发展阶段主要以生产力发展水平和所有制的形式为标志，以社会关系，特别地以所有制关系为依据，可以把社会形态划分为五个阶段：原始社会——奴隶社会——封建社会——资本主义社会——共产主义社会，首先让我们考察一下科学技术对社会发展各阶段的影响。

原始社会低下的生产力水平与技术低下密切相关。由最初的群体劳动方式逐渐过渡到血缘家族社会，是与人工制造工具分不开的，而制造和使用工具，又离不开技术。血缘家族公社的大小、分合、发展固然与周围可利用的天然资源的数量和提供每个人足够粮食的地区范围的状况相关，但更主要地是由狩猎工具技术的发展水平和状况决定的。随着生产工具、技术、文化的发展、提高，人们的社会关系和社会结构也发生了变化，导致以母系血缘关系为纽带的民族组织的萌芽和产生；而随着农业、畜牧业和手工业的显著发展，导致原始社会解体，私有制社会诞生。

手工技术的提高和生产工具的发展，促使了农业和畜牧业、农业和手工业的两次社会大分工，这种分化、发展，不仅导致了社会关系和社会组织的变革，而且出现了贫富分化和私有制萌芽。恩格斯指出："一切部门——畜牧业、农业、家庭手工业——中生产的增加，使人的劳动力能够生产出超过维持劳动力所必需的产品。……第一次社会大分工，在使劳动生产率提高，从而使财富增加并且使生产场所扩大的同时，在既定的总的历史条件下，必然地带来了奴隶制。"①

金属工具的出现为奴隶制的产生奠定了物质基础。金属工具促进了农业进一步发展，使得人类由游牧生活进入农业生活，并从这里发展了迄今所知最初的人类文明。这种文明是以农业为基础的，而且同时发展了多种多样的专门技术，特别是随之产生了城市和贸易。于是，整个人类就脱离了依靠自然的寄生生活，一部分人就完全从生产食物的任务中解放出来了。这就是说，金属工具和技术推进了农业的发展，导致了脑、体劳动分工，城乡分离，贸易发展。然而，奴隶制很快便不适应这种发展了的生产力，逐步让位于封建社会制度。铁器的发展和广泛应用，复杂机械的出现，以及各种机械的制造，都为生产力的发展创造了物质基础，推动了封建社会的发展和繁荣。

尽管农业文明的进程缓慢，但是，生产工具的进化推动了生产的发展，生产发展又反过来需要更新更好的技术，科学在这个过程中也开始成熟起来。近代科学不仅为思想解放推波助澜，而且在历史上第一次与当时的技术发展结合起来，成为社会变革的推动力量，这就是震撼世界的工业革命。工业革命的根本任务就是用机器代替手工工具，用机器大生产代替以手工技术为基础的工场手工业。工业革命的实质是资本主义生产方式最后战胜封建生产方式，工业社会最后取代农

---

① 《马克思恩格斯选集》，中文1版，第4卷，157页，北京，人民出版社，1958。

业社会，其基础是以动力为中心的技术革命。

当代新科技革命，使资本主义世界发生了巨变。20世纪取得了伟大胜利的社会主义制度，当前也面临着新科技革命的严重挑战。通过十多年的实践，人们加深了对社会主义本质的理解，明确了社会主义的根本任务是解放生产力，发展生产力，社会主义的价值目标是消灭剥削，消除两极分化，最终达到共同富裕，对根本任务和价值目标之间的辩证关系也有了更为深刻的认识。

人类历史是在劳动的基础上发展和展开的，是一个多层次的、复杂的、发展着的有机体，可以用不同的标准、从不同的角度对它进行审视和划分。如前所述，如果以所有制关系为主要尺度来进行研究，社会发展将划分为原始社会、奴隶社会、封建社会、资本主义社会、共产主义社会五个阶段。但如果以生产力或简单说以社会技术体系为尺度来分析社会历史发展，则可以恰当地把它划分为农业社会、工业社会和后工业社会（或信息社会）三个阶段。三阶段论以社会技术形态为社会发展阶段的分类标准，与五阶段论以社会经济形态为标准一样，都是从一个特定的侧面反映了历史发展的规律，它们是互相补充的。应该认识到，按照生产力决定生产关系的基本原理，社会技术形态是比社会经济形态更为基本的概念，三阶段论揭示了历史发展的普遍规律，五阶段论则是历史发展的这种普遍规律的具体表现，它揭示了共产主义的历史必然性。两种划分间的联系呈现出一种复杂的态势。某些国家在不同发展阶段上可以超越某一社会经济形态而进入更高一级的社会经济形态，但不能认为它们一切方面都可以同时超越。实际上，现实的社会主义大多数并不是建立在高度发达的、具有完全的工业社会这种社会技术形态的资本主义的“废墟”之上的，因而它并不是马克思所说的那种生产力高度发展的、作为共产主义第一阶段的社会主义，它必须补许多“课”，把生产力首先提高到相应的水平。

五、现代科技是面向人类未来的双刃剑

科技革命与人类的昨天、今天和明天都结下了不解之缘。它不仅导致生产方式的变革、社会文明的进步，而且促进社会制度的转换。但是，当代科技革命像一把双刃剑，一方面丰富了人类的物质生活和精神生活，另一方面也带来了威胁人类前景的全球问题——人口爆炸、资源枯竭、粮食危机、环境污染等等，这些问题还日渐突出，困扰着越来越多的普通人。因而，当我们审视科学技术的社会功能时，就应当有一种全面的眼光，注意并发挥它的正面作用，正视并抑制它的

负面影响。只有这样，才能用科技革命照亮人类未来的发展道路，而不至于在科技的负面后果面前束手无策，把科技革命与人类的前途对立起来。

全球性问题，确实是在近现代科学技术发展和由它引起的产业革命之后才出现的。世界人口数量的剧增，部分是医学科学和医疗卫生技术发展的结果；不可再生的矿物资源和能源的大量消耗，以及与此相连的整个生态环境的急剧恶化，也与当代科技革命和产业革命的迅速推进相关。然而，全球问题的产生和尖锐化决不能简单归咎于现代科技革命。事实上，正如人口问题主要是出在相对落后的第三世界，全球问题毋宁说主要是科技革命发展不平衡的结果。

面对全球问题，不同的学者对新的科技革命的挑战、对人类的未来有着截然不同的看法。有的欢呼新的科技革命的到来，认为科技决定一切，科技发展使人类社会进步，也能够克服由于科技进步而造成的问题。他们在面临新科技革命挑战的时候，表现出乐观的情绪，因而被称为“乐观派”。有的则相反，他们认为科技的发展所造成的严重问题是人类自身所无法克服的，从而对人类未来的处境发出悲鸣，这就是“悲观派”。

但是，不论“悲观派”，还是“乐观派”，都有片面性的错误。前者认为科技发展必然造成许多无法克服的问题；后者则强调科技的发展可以解决一切问题。正确的态度是，相信科技的力量，相信人类依靠科技能够战胜各种困难，摆脱困境，求取发展的能力是无穷的；但是，科技力量的发挥和发展要在一定的生产方式中进行，它要受经济制度、社会制度的影响和制约。

一方面，全球问题的解决，人类美好未来的创造，要不断利用科技新成果。控制人口数量，提高人口质量，目前已有相当多的医药学成果和先进实用的技术手段；在粮食和食品的供应上，已有一系列科技成果可供利用。20 世纪五六十年代开始的“绿色革命”，证明依靠以改良品种为核心的传统农业科学技术来提高农作物产量尚有潜力；被称为“第二次绿色革命”的生物工程和生物技术，则开辟了更为广阔的发展前景，不但可以培育新的农作物品种，提高农作物产量，还能建立食品合成工厂，利用化学合成和微生物合成制造食品。在解决资源匮乏问题上，科技革命为我们提供了新的技术手段，使更多的自然因素纳入劳动对象范围，并创造出新型材料。在解决能源危机中，核能和各种再生能源的开发、利用，逐步替代趋于枯竭的、造成环境污染的化石能源，可以大大缓解能源紧张问题。这些证明，依靠科技进步解决全球问题和各种潜在问题大有可为。

但是，也应该清醒地看到科学技术应用过程中表现出来的两面性。科技活动对于人类来说，既是作为正面作用的“生产力”，又是作为负面作用的“破坏力”。如果我们正确处理人与自然的关系，把“向自然索取”的规模和速度调整到适当的程度，就能较好地发挥科学技术的正向功能，在实践中自觉走“绿色道路”，使“向自然索取速度”与“自然界恢复速度”相平衡。这种产业化路线注意主动地、有计划地协调人与自然的关系。相反，受资本边际利润率的驱使所走的往往是“先污染，后治理”的工业化路线。

从社会关系方面来考察科学技术的两面性，问题集中表现在谁使用这种生产力（或破坏力），去做对谁有利的事情。例如，同是一种核威力，既可以被战争贩子用作侵略和杀人的工具，又可以被和平利用，造福人类。科学技术究竟在什么场合，以什么样的角色出现，这不取决于科学技术本身，而取决于处于一定生产关系下的人。

第二十四章

现代科技革命与可持续发展

发展是人类生存的永恒主题，但人类对发展问题普遍而有意识的关注，却只是第二次世界大战以后的事。战后，科学技术迅猛发展并渗透到人类生活的各个领域，形成了震撼世界的现代科技革命。科技革命的巨大威力，一方面给人类创造了前所未有的物质财富，极大地推进了人类文明的发展；另一方面也给人类带来了种种负面影响和困惑。面对一系列全球问题的相继出现，人类不得不对科技及其各种实践效应进行深刻反省。在此基础上，人们提出了一种全新的发展战略与模式——“可持续发展”。目前，可持续发展的思路已经被世界大多数国家所接受。这种认识上的飞跃带来了人类发展的新机遇。作为发展中的社会主义中国，必须抓住机遇，从科技、经济、社会、人口、资源和环境相协调发展的高度，制定符合我国国情的可持续发展战略与相应对策。惟其如此，我们才能建立起一个温馨、和谐、美好的世界。

一、发展内涵的演变

广义地说，人类有史以来就存在发展问题，但对什么是发展，如何实现发展，人们的认识并不是恒定的、一成不变的，而是随着社会实践的演进而不断深化的。自从18世纪英国工业革命开始将科学技术转化为直接生产力产生巨大的物质力量后，人们总是把发展片面地理解为科学技术的发达和国民生产总值（GNP）的增长。这种单纯追求经济增长的结果是，在最近一个世纪矿物燃料的使用量增加约30倍，工业生产能力的4/5以上是20世纪50年代以后出现的。经济发展把一个受第二次世界大战创伤的世界，在短短的几十年里推向一个崭新的物质财富极其丰裕的高能耗、高产出、高消费的时代。人们可以找到许多成功和希望的迹象：婴儿死亡率在下降，人均寿命在延长，入学儿童比例在提高，有文化成人的比例在上升，全球粮食增长的速度超过了人口增长的速度，人类的衣食住行用、工作、旅游及交往、交流方式发生了惊人的可喜变化，等等。

但是，另一方面，人们不得不承认，由于科技万能论和片面的经济增长观忽视科技经济与人文文化的结合，忽视环境、资源、生态等自然系统方面的承载力，忽视社会公平和全球的协调发展，从而出现了一系列人们预想不到的事情：人被异化为技术和物质的奴隶，精神上感到压抑、紧张、迷茫；环境千疮百孔，生态严重失衡；贫富差异悬殊，南北差距扩大；等等。于是从20世纪70年代起，人们开始积极反思和总结传统经济发展模式中不可克服的矛盾，开始重新考虑发展一词的确切含义，认识到发展不只是物质量的增长与速度，也不仅仅是

"脱贫致富"，它应该有更宽广的意蕴。所谓发展是指包括经济增长、科学技术、产业结构、社会结构、社会生活、人的素质以及生态环境诸方面在内的多元的、多层次的进步过程，是整个社会体系和生态环境的全面推进。具体说来，发展至少包含以下几个关键因素。

以经济建设为中心

从单向度地重视科技发展，把经济增长看作"硬件"而其他方面的发展归为"软件"，转变到强调科技和经济的发展需要同文教、生态、社会的发展相结合，无疑是当代发展思想和发展实践值得庆幸的飞跃；但是，我们不能因此而淡化、模糊甚至冲击了经济发展的中心地位。经济发展固然不是发展的全部含义，但仍然是协调发展系统的首要因素。理由很清楚，经济发展是一切发展的基础，在世界经济发展水平还不很高，特别是（发展中国家）连温饱问题都没有彻底解决的情况下，人们不能去追求过高的文教投入、过高的环境保护和过高的社会发展。然而必须注意：持续协调发展观鼓励经济增长，它不仅重视增长数量，而且要求改善质量，优化配置，节约资源，增加效益，实施清洁生产和文明消费。

以人的发展为终极目标

我们发展生产力归根到底是为了人们的物质、文化生活需要，并逐步创造使人的个性得到自由而全面发展的条件。也就是说，不论科技的发展或经济的增长，都只是一种手段，而追求人类福祉才是最终目的。为了帮助各国政府寻求切实可行的人类发展战略，联合国开发计划署（UNDP）从1990年起，每年定期出版《人类发展报告》，讨论人类发展的概念，并提出人类发展指标（HDI），测度各国的人类发展水平。《人类发展报告》认为，人类发展是一种增加人类选择的过程，这些选择是不断变化的。人类发展有两方面的含义：（1）人类能力的形成，如提高全民健康水平、知识水平及各种技能；（2）使人类充分发挥潜能，鼓励参与社会、经济、文化生活。若不能协调这两方面的发展，人类发展就会受阻。

注重社会平衡

如前所述，发展的基本目标是创造一个使人们健康、长寿、幸福的生活环境，让整个人类分享物质财富和社会进步带来的好处。如果日益增长的物质财富仅为少数国家、少数阶层和集团享用，大多数国家和大多数民族所得极少，甚至成为经济增长的牺牲品，那么就谈不上真正的发展。因此，无论从国际国内而言，在增长物质财富的同时，都必须进行社会改革，积极促进社会公正、安全、文明、健康发展。为此，要控制人口增长，提高人口质量；合理调节社会分配关系，消除两极分化、失业和不平等现象；大力发展教育、文化和卫生事业，提高人民的科技文化水平和健康水平；建立健全的社会保障体系，保持社会稳定。

讲究生态效益

自然资源的持续利用和良好的生态环境是人类生存和社会经济发展的物质基础与基本前提。因此，我们必须节约资源，保证以持续的方式使用可再生资源；保护整个生命支撑系统和生态系统的完整性，保护生物的多样性；预防和控制环境破坏和污染，根治全球性的环境污染，恢复已遭破坏和污染的环境。一句话，我们要把发展与生态环境紧密相连，在保护生态环境的前提下寻求发展，在发展的基础上改善生态环境。只注重经济效益而不顾生态效益的发展，绝不是人类所期盼的发展，因为这种发展将把人类送入坟墓。

从追求片面的科技与经济发展，到强调人的全面发展，再到谋求人与自然的持续协调发展，充分显示了人类理性的力量。人类在发展观上的变迁，事实上也是不断给科学技术参与社会发展的过程和方式作出种种更加明智合理的限定。鉴于科学技术对现代社会发展的巨大影响力，我们不能不对它的文明价值进行考察与反省，以使科技革命朝着更有利于人类幸福的方向发展。

二、现代科技的异化及其根源

现代科学技术革命作为第二次世界大战结束以来的进步潮流，包含着五次重大的科技突破：(1) 1945至1955年，以原子能释放与利用为标志，人类进入利用核能新时代；(2) 1955至1965年，人造地球卫星发射成功，人类开始摆脱地球引力，向外层空间进军；(3) 1965至1975年，重组DNA实验成功，人类跨入可以控制遗传和生命过程的新阶段；(4) 1975至1985年，微处理机大量生产与广泛使用，揭开了人类扩大人脑能力的新篇章；(5) 1985至1995年，软件开发、多媒体技术应用并大规模产业化，信息高速公路迅猛发展，预示着人类即将跨入高科技社会。这五大科技突破，汇集成以信息技术、新能源、新材料、生物工程为主导的科技革命新潮流，迅猛地冲击着人类社会的方方面面。毋庸置疑，现代科技革命是现代社会发展的催化剂和巨大杠杆：它不仅为人类从必然王国走向自由王国创造必要的物质基础和良好的社会环境，而且为这种过渡提供了强大的精神动力和智力支持。但是，现代科技并不只是一味地造福于人类，它也给人类带来了一些负面影响。例如，高新科技发展的不平衡加剧了国际社会经济发展的不平衡，使人类面临着人口增长、资源匮乏、通货膨胀、贫困与失业、环境恶化、局部战争等一系列社会问题。科学技术的负面效应自古就有，于今尤甚。究其原因，主要是人类认识水平的限制和多种社会因素的作用。

人类认识水平的限制

就认识根源来看，首先要归咎于工业革命造成的片面的自然观——“人类是自然界的统治者”的观点。近几百年来，在对自然的征服中，科学技术显示了神奇的力量，使得人类在各个领域都取得了空前的物质优势。于是，人类自恃至上的智能，以自然界的绝对统治者和征服者自居，任意摧残和掠夺自然的状况愈演愈烈，简直到了无以复加的地步。殊不知，包含人类这个生物种在内的自然界是一个有机的、辩证地存在和发展着的大系统，对于任何超出其自我调节和自我修复能力的内部异动和失衡，它都必然会作出异常的、对人类也许颇具威胁的反应。诸如生态平衡失调、环境恶化、资源匮乏、能源枯竭等现象，便是自然界这种痛苦反应的结果。英国经济学家舒马赫曾一针见血地指出：“出现这么惊人、这么根深蒂固的错误，与过去三四个世纪中人类对待自然的态度在哲学上……的变化有密切的联系”，“现代人没有感到自己是自然的一部分”①。其次，是科学技术自身的局限性。大自然是纷繁复杂、千变万化的，科学技术作为人类对自然规律的认识和运用的成果，是一个不断发展、充实和完善的知识体系与活动过程，它在各个发展阶段上都存在不可避免的局限性。例如，在18世纪以前，自然科学的研究处在分门别类搜集材料的阶段，人们偏爱还原法，总喜欢把研究的事物分解为许多细部，即所谓“拆零”，往往忽略或忘记了部分之间的内在联系、部分与整体的联系以及事物与环境之间的联系。这时人们在很多领域还不善于从总体上进行横向的、综合的研究。这种“只见树木，不见森林”的片面分析法的无限扩张，使人类忘记了自身属于自然界这个整体，以致把人类与自然界绝对对立起来，结果导致了灾难性的生态后果。然而，这种方法论上的局限性，却是科学技术发展历程中不可避免的。再如，当今人们对一些新技术和复杂技术如核技术、生化技术、重大工程技术的性质的认识仍欠全面、深刻，因而在实际设计和使用这些技术时往往欠合理、规范，预防事故的措施也不够健全，这样应用技术就会给人类带来危害。此外，人类常常容易看到眼前的利害和直接的后果，而难

① ［英］舒马赫：《小的是美好的》，1页，北京，商务印书馆，1984。

以充分觉察和预料长远利益和间接后果。这样进行决策和应用科技成果也可能造成失误。由于上述原因，我们必须清醒地估计到，人类无论是凭借已有的科技干预自然，还是根据某种意志创造人工自然，总是难免部分地背离自然规律，出现失误，招致意想不到的失误。

多种社会因素的作用

现代科技已不再是纯粹中立的，它已和政治、经济、军事、社会等因素牢牢结合在一起。这种结合对于改善人类的生存状况，增强人类的发展潜力无疑起着关键的作用。但我们也该看到，一些个人、实业集团乃至国家，为了眼前的私利，肆无忌惮地滥用科技，以至于产生了严重的科技异化现象。例如，在两个超级大国对抗的“冷战”年代里，帝国主义国家由于对外侵略、扩张、称霸政策的需要，大规模发展核武器和生化武器。社会主义国家和第三世界国家为了打破帝国主义的核垄断与核威胁，也发展了不同规模的核武器。据统计，当时全世界动用了5 000万科技人员（几乎占全世界科技人员总数的一半）、60%的世界资源来发展、研究军事。20世纪80年代中期，全世界的核武器库储存了50 000个核弹头，其总威力大约相当于100万颗投掷于广岛的原子弹。这意味着世界上的每个居民，包括孩子在内，正坐在具有3.5吨TNT当量的随时可能爆炸的烈性炸药之上（全球核武器形势见下页图24—1）。在当今科技革命迅猛发展，和平与发展已成为世界主题的新形势下，发达国家又把高科技作为国际政治生活的重要筹码，它们经常使用“科技封锁”，设定“技术禁区”，对其他国家进行制裁，或通过某些新技术的输出以换取对方的“政治让步”、“政治妥协”。科技落后的发展中国家在国际事务中常受摆布，受到不公正对待。如果说军国主义者以严厉的科技手段来自我毁灭，强权主义者把高科技作为对其他国家进行制裁的惯用手法，那么经济实用主义者却是把现代科技的发展引上了歧路。例如，在当代资本主义制度下，科技成果往往被资本家集团所垄断，为了追逐高额利润和达到种种自私目的，他们可能不顾社会公德，用科技手段去干有害于人类的事：或以掠夺性经营的方式对待自然界；或为了多销产品多赚钱而鼓吹“高消费”，从而造成人为的资源“高浪费”和环境的“高污染”；或把危害环境的“污浊生产”（如化工、冶金、造纸、石油加工等部门）向发展中国家输出，等等。毋庸置疑，随着生产的社会化和现代化程度的进一步提高，现代资产阶级国家以总资本家身份加强了对社会再生产过程的干预和调节，包括对生产活动与生态环境关系的调节。一些发达工业国家采取了合理消费能源、加速发展核能源以及实现能源来源多样化等许多能源调节措施，为消除污染和改善环境质量建立了比较完善的环境管理体制，等等。然而，资本主义国家职能的扩展，终究要受到资本主义制度的限制。在垄断资本主义阶段，资源开发和环境保护都首先要服从垄断组织的利益。很明显，资本主义就其本质而言，不可能从根本上消除科技异化现象。

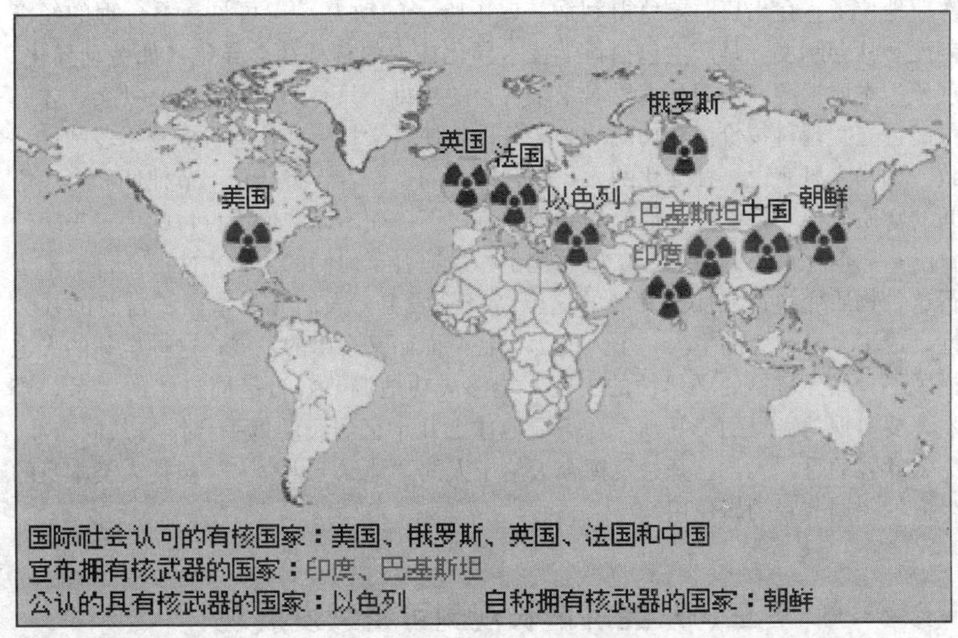

图 24—1　全球核武器形势图

处在社会主义初级阶段的国家与发展中国家，由于缺乏健全有力的道德监督、法律控制，或由于受其经济力量的制约，滥用科技成果的行为也经常发生。例如，社会主义国家的资源国有制度，从根本上来说有利于资源保护和有计划地使用与再生，但也容易产生所有权不明确，管理责任和管理制度不落实，管理者缺乏主人意识等问题。其结果是，对森林的乱砍滥伐难以控制，森林防火问题解决不力，自然资源得不到有效保护。再如，一些发展中国家为了实现经济起飞、摆脱贫穷，或者仅仅是为了解决人们的温饱需要，在技术落后、资金奇缺的情况下，往往不惜低价出售自己宝贵的自然资源，或者被迫引进那些在发达国家被淘汰、污染严重、材料和能源消耗大的技术和产业，这就必然进一步加剧这些国家的环境、资源、能源危机。

总之，几乎种种科技异化现象的产生或加剧，都包含着各式各样的、不同程度的社会因素的作用，而这些社会因素的总根源，正在于特定的生产方式的局限。恩格斯指出："迄今存在的一切生产方式，都是只从取得劳动的最近的、最直接的有益效果出发的。……在今天西欧占统治地位的资本主义生产方式中，这一点贯彻得最为完全。支配着生产和交换的个别的资本家所能够关心的，只是他们的行为的最直接的有益效果。不仅如此，就连这个有益效果本身，也完全退居次要地位了；在出售时要获得利润，成了唯一的动力。”① 可见，不合理的经济制度和社会制度，是产生包括科学技术异化在内的种种社会异化（如劳动异化）现象的本质根源。按照马克思对未来社会的预见，只有到了共产主义社会，才有可能创立实现科技价值和功能的必要条件，使科学目标和社会目标及手段和谐一致。如马克思所说，社会化的人，联合起来的生产者，将合理调节他们和自然之间的物质交换，把它置于他们的共同控制之下，而不让它作为盲目的力量来统治自己；靠消耗最小的力量，在最无愧于和最适合于他们的人类本性的条件下来进行这种物质变换；在社会发展的这个高级阶段上，人们充分掌握了自身的社会性，成了自己社会的主人，个人能力得到全面而又自由的发展；这种全新的人也摆脱了自然界盲目的必然性的支配，能够成功地调节好自己同自然的关系。当然，要实现马克思的美好预言，需要地球上几十亿居民的携手合作与共同奋斗。令人欣慰的是，人类已开始发挥今天给予人的“地球上生命——包括人类本身的生命——调节者的新作用”。

三、从经济增长观到可持续发展观

在一切社会形式下，人类的生存和发展都必以经济活动为前提，以经济增长来保护人类生活质量的提高，增长经济成为人们孜孜以求的事情。这点在第二次世界大战后表现得更加突出。但是，只讲经济增长也是不行的，可持续发展观于是兴起。

传统的经济增长观及其缺陷

第二次世界大战后，随着一大批殖民地、半殖民地国家的相继独立，整个世界都忙于战后的重建、恢复和发展。西方国家和遭受战乱的国家把加速经济建设视为最紧迫的任务；战后独立的国家和地区关心的是如何振兴本国经济，消除贫困，确立它们在世界体系中的地位，走上真正的自立发展道路。

在这样的背景下，20世纪60年代之前，各国均以发展经济为中心，以物质

① 恩格斯：《自然辩证法》，306～307页，北京，人民出版社，1984。

财富的增长为目标来构建经济发展理论，促进经济增长。当时，人们还没有把"发展"（development）与"增长"（growth）两个概念区别开来，认为经济增长可以解决诸如贫困、收入分配不平等以及社会安定等一系列问题。发达国家和发展中国家的政治领导人，普遍把国民生产总值数量的增加当作一个国家经济增长的代名词，GNP的增长率几乎成为衡量一国经济绩效的唯一标准。

这样就是将经济增长等同于社会发展。社会发展就成为一种经济行为，经济客体成为发展视界的唯一或主要选择，经济增长的具体标准成为衡量社会发展的尺度，社会发展仅仅归结为国民生产总值的增加：国民生产总值增加了，社会也就进步了，社会发展的程度也就提高了。这是传统的经济增长观。

发展是大多数人渴望的目标，通过经济发展获得社会发展是大多数人的希望所在。但是，传统的经济增长观注重近期和局部的利益，片面强调经济发展而忽视人口、资源、环境的协调发展，很可能会带来人口膨胀、过度城市化、分配不公、社会腐败、政治动荡、环境危机等，也就是带来"有增长无发展"、"无发展的增长"或"恶的增长"的结果。

这种情况必然引起人们普遍的忧虑，尤其是从20世纪初到60年代，人类在经历了一系列重大的公害事件对经济和社会发展的严重冲击后，痛定思痛，开始反思和总结"经济增长观"。人们开始认识到，经济增长和社会进步之间是不能画等号的。单纯的经济增长不等于发展，虽然经济增长是发展的重要内容，但发展本身除了"量"的增长要求以外，更重要的是要在总体的"质"的方面有所提高和改善，即社会应该获得整体意义上的进步。

增长不等于发展

英国学者杜德利·西尔斯在《发展的含义》一文中指出：经济增长和社会进步之间不能画等号。"增长"和"发展"是两个不同的范畴。增长仅仅是指物质的扩大，增长本身是不够的，事实上也许对社会有害；一个国家除非在经济增长之外，在不平等、失业和贫困等方面趋于减少，否则不可能享有发展。法国社会学家佩鲁认为，增长、发展、进步和社会进步是性质不同的概念。增长是指社会活动规模的扩大。发展是结构的辩证法，是指社会整体内部各种组成部分的联结、相互作用以及由此产生的活动能力的提高。假如增长不能改变整体内部诸要素之间的关系和能力，就被称为"无发展增长"。经济增长和经济发展是不同的。增长意味着在一定时期所生产的产品和服务的总量（GNP）的量的增长，也意味着通过一定经济系统的物质和能量的流动速率（自然流量）的增长。这样的增长在生物上、物理上是有限制的，甚至在经济上，即边际成本开始超过边际收益的意义上也是有限制的。它不可能超越资源再生和废物接纳的可持续的环境能力而永远持续下去。如果放任这样的经济增长持续下去，将使人们更加贫穷而不是更加富有，也将使得消除贫困和保护环境更加艰难。正因为这样，一旦达到这个临界点后，生产和再生产就应该仅仅是替代。物理性增长应该停止，质量性改进应该继续，最终由经济增长走向经济发展。增长的含义是通过吸收或生长产生新增物质从而带来规模上的自然增加，发展则意味着扩张或实现某种潜能，逐渐达到更规范、更令人满意或更好的状态。说某物增长了，是说它变得更大了；而说它发展了，是说它变得不同了。经济增长的含义较窄，通常指纯粹意义的生产增长。发展的含义较广，除生产数量的增长外，还包括经济结构和某些制度的变化。它不仅要有量的增长，而且要有质的提高。社会发展必定要有经济增长，经济增长是一切社会发展的基础，是支撑其他一切政治、文化、法律、道德等的基础。一个国家要繁荣、稳定、发展，离不开经济增长。但是，经济增长并不必然带来人类社会的发展。以经济增长代替人类社会发展，是以人之外的“物”代替了人，以发展经济代替了发展人类，忽视了经济发展与政治制度、意识形态、文化价值的相互关系，必定引发一系列经济、社会问题。

有鉴于此，西方有识之士普遍主张应该由社会发展的经济增长观向综合的社会发展观转变。英国学者托达罗指出，应该把发展看作包括整个社会体制重组在内的多维过程；除了收入和产量的提高外，发展显然还包括制度、社会和管理结构的基本变化以及人的态度，在许多情况下甚至还有人们习惯和信仰的变化。法国学者理查德·埃斯蒂斯则把“社会进步指数”作为衡量社会、政治和文化现象的综合标准，包括技术系统、经济系统、政治系统、家庭系统、个人社会化系统、思想与哲学宗教系统六大方面。1970年10月24日，在纪念《联合国宪章》生效25周年会议上通过的联合国第二个发展十年（1970—1980）国际发展战略目标中，除经济指标外，还规定了反映社会政治状况改善的其他指标。与此同时，许多国家在制定国家计划时，不再像过去那样搞“国民经济发展计划”，而是制定“经济社会发展计划”。

这种综合的社会发展观，唤醒了人们对自身社会发展终极目的的理性思考，提出了一种不同于经济增长观的新的发展战略，赋予了人作为发展主体的内涵，从以物质为中心的发展转到以人为中心的发展，为人们寻找最好的社会发展道路打开了广阔的视界。

综合考察上述发展观不难发现，它对社会发展的理解实现了从“一维的、无人的社会发展”向“多维的、有人的社会发展”模式的转变；在为当代人着想的价值取向下，考察了经济政治文化等社会主要方面的整体进步，揭示了人与社会之间或人与人之间关系上协调发展的必要性，摒弃了单纯以国民生产总值来衡量社会发展的做法。这是其积极的一面。但是，由于受时代的限制，它没有摒弃“人类中心主义”，没有系统考察人类社会的发展与自然环境之间的关系，没有考察当代人的发展与后代人的发展之间的关系，也就是说，没有考察人类持续发展问题。一个美好的社会不仅是现在美好，而且应该也为未来的美好创造条件，应该使得人类能够永远地发展下去。否则，如果经济的增长以环境资源的损害为代价，则经济增长也是不可能永远持续下去的。在这种背景下，在环境问题的突现以及寻求解决之道的过程中，可持续发展的提出就成为必然了。

可持续发展的内涵

可持续发展作为一个概念，是 1980 年首次在联合国制定的《世界自然保护大纲》中提出的；作为一种理论，于 1987 年形成于《我们共同的未来》；作为一种发展战略被各国普遍接受，始于 1992 年世界环境与发展大会通过《21 世纪议程》。

可持续发展最权威的定义是在《我们共同的未来》中提出的：既满足当代人的需求，又不对后代人满足其自身需求的能力造成危害的发展。之后，不同学科的学者从本学科的角度出发，提出了一些有关可持续发展的定义。从这些定义看，可持续发展就是协调人与自然之间的关系和人与人之间的关系，以体现公平性原则、可持续原则、协调性原则，最终达到自然的可持续发展、经济的可持续发展、社会的可持续发展。

自然的可持续发展是指维持健康的自然过程，保护自然环境的生产潜力和过程，使之能够满足经济和社会可持续发展的需要。自然的可持续发展是社会、经济可持续发展的基础。没有前者，后者的发展也不能实现。但是，前者的发展不是自发的。由于人类社会的进步、人类改造自然的力量的增强，人类因素已经成为自然发展变化的主要因素，因此，自然的可持续发展的实现必须由人类恰当的行为和思想来保证，由经济的和社会的可持续发展来保证。经济的可持续发展是指在保护自然资源和环境的前提下，保持经济的稳定增长，最大限度地增加经济发展的利益，提高国家的收入，使环境与资源具有明显的经济内涵。这样看来，经济可持续发展有二：一是在经济发展过程中保持自然的可持续发展；二是在自然的可持续发展基础上保持经济增长。经济可持续发展的目的不是自然的可持续发展，保持自然可持续发展的直接目的是为了经济和社会的可持续发展。否定经济的可持续发展来追求自然的可持续发展，就是放弃人为，消极地顺应自然，以经济和社会的停滞发展为代价获得自然的可持续。可以说，这绝不是可持续发展。可持续发展战略不仅要求自然、经济和社会的可持续，而且要求这三者的发展；要求在这三者的发展过程中保持三者的可持续，在这三者可持续的过程中获得发展。放弃发展是一种历史的倒退，不为现实所接受；放弃持续发展，是杀鸡取卵、竭泽而渔，会加快人类的消亡。两者都是片面的。有鉴于此，经济可持续发展绝不意味着增长，在决定经济增长方案之前，需要了解它是为了什么，需要多少自然成本，这样的增长能够持续多长时间，地球的资源消耗和存量可否接受，有无危及后代人的发展。在此基础上，积极地促进经济发展，以此保护自然资源环境，推动人类社会向前发展。

可以说经济的可持续发展是可持续发展战略的核心和关键。自然的可持续发展是在可持续经济的运行中实现，实现了可持续发展的自然又为经济的可持续发展提供物质基础，也只有经济可持续发展才能保证社会的可持续发展。

对于社会的可持续发展，一般是指满足社会的基本需要，保证同代人之间、不同代人之间在资源和收入上的公平分配。这一定义现在普遍被人们接受，它从时间的角度体现了可持续发展的特征。但是，它并没有充分阐述可持续发展社会应是一个什么样的状态，即什么样的社会才能保证其可持续发展。查尔斯·哈珀对此进行了阐述。他认为，一个可持续社会能够抑制人口增长并使之稳定；一个可持续社会将保存其生态基础，包括肥沃的土壤、草地、渔场、森林和淡水地层；一个可持续社会将逐渐减少或停止对矿物燃料的使用；一个可持续社会在任何意义上说都将变得更有经济效益；一个可持续社会将拥有与这些自然、技术和经济特性相和谐的社会形成；一个可持续社会将需要一个信仰价值和社会范式的文化；在一个相互联系而且共同分享一个环境的世界中，一个可持续社会将需要在其他社会的可持续性基础上与其他社会进行合作——按照他们的环境不同。①

因此，社会的可持续发展是实施可持续发展战略的根本保证和最终目的！当然，可持续发展社会的建立是一个系统工程，其中任何一个要素的可持续发展都离不开其他要素可持续发展的支撑。唯有保证了社会整体的可持续发展，才能保证各要素的可持续发展；而只有各要素的可持续发展，才能保证社会整体的可持

① ［美］查尔斯·哈珀：《环境与社会——环境问题中的人文视野》，326～329页，天津，天津人民出版社，1998。

续发展。各要素可持续发展的最终目的是实现社会的可持续发展。

四、科学发展观的确立

从上面的论述可以看出，在经济增长观片面指导下所涉及的问题不单纯是环境资源问题，而是整个的社会发展问题；可持续发展观所涉及和所要解决的问题也不单单是环境资源问题，还有许多其他的社会发展问题。环境问题的产生与其他社会问题的产生是紧密联系在一起的，环境问题的解决也应该在解决其他社会问题的过程中进行。中国政府清楚地意识到这一点，在推进可持续发展战略的同时提出了科学的发展观。

2003年10月14日，中共十六届三中全会通过了《中共中央关于完善社会主义市场经济体制的若干问题的决定》，第一次明确提出了“坚持以人为本，树立全面、协调、可持续的发展观，促进经济社会和人的全面发展”。这是新的科学发展观，用于指导我国的现代化建设。它的基本内涵除了可持续发展外，还要以人为本，全面、协调地发展。所谓以人为本，就是要坚持以经济建设为中心，坚持走科技含量高、经济效益好、资源消耗低、环境污染少、人力资源优势得到充分发挥的新型工业化道路。把人的发展作为经济社会发展的根本动力，把经济发展的目的放在满足人民群众不断增加的物质文化需要。所谓全面发展，就是要着眼于经济、社会、政治、文化、生态等各方面的发展，不只是考虑经济，还要考虑社会，考虑自然能不能支撑；不只是搞物质文明，还要建设政治文明和精神文明；不只是进行企业的结构调整，还要进行“政府、企业、公众”社会结构的调整。所谓协调发展，就是各方面发展要相互衔接、相互促进、良性互动。它有五个方面：“发展动力、发展质量、发展公平”的有机协调；“发展数量、发展效益、发展速度”的有机协调；“点状发展、轴状发展、面状发展”的有机协调；“人与自然、人与人、人自身”的有机协调；“个体利益、团体利益、整体利益”的有机协调。

要全面理解和认真落实科学的发展观，就要强调“统筹城乡发展、统筹区域发展、统筹经济社会发展、统筹人与自然的和谐发展、统筹国内发展和对外开放”。统筹城乡发展的实质是解决“三农”问题，促进二元经济结构向现代社会经济结构的转变，改变现阶段中国城市化滞后于工业化、城市化水平低、城乡差距持续扩大的状况，推进城乡改革，消除体制性障碍，如调整国民收入分配结构和财政支出结构，大幅度增加农民可以直接受益的资金投入比重，改革土地征占制度，依法保护农民的土地财产权利，统一城乡税制，从根本上治理农民负担过重问题，公正对待农民工，让进城农民融入城市，加大政府对农村义务教育的支持力度，切实改进农村公共卫生服务，逐步缩小城乡社会保障水平的差距，通过"三化"——工业化、城市化、市场化促进"三农"问题的解决。统筹区域发展的实质就是鼓励沿海地区先发展起来并继续发挥优势，支持和帮助内地发展，采取一系列措施，如建立统一开放竞争有序的国内市场，促进地区的协调发展；适当发展城镇化，缩小城乡差距和区域差距，实现全国基本公共服务均等化；大力开发人力资源，实施知识发展战略，逐步缩小地区差别，实现地区协调发展和共同富裕。统筹经济和社会发展的实质是在经济发展的基础上实现社会全面进步，增进全体人民的福利。只有统筹经济和社会发展，切实解决失业、贫困、社会保障、国民教育、公共卫生和医疗，以及社会分配等方面的问题，才能满足广大群众的迫切需要，保证经济的持续发展，维护社会稳定，达到全面建设小康社会和实现现代化的既定目标。经济发展是社会发展的前提和基础，也是社会发展的根本保证；社会发展是经济发展的目的，也为经济发展提供精神动力、智力支持和必要条件。统筹人与自然和谐发展的实质是坚持可持续发展战略，保持人口的适度增长、资源的永续利用和良好的生态环境。这就需要我国的城市化和工业化道路的选择，发展模式、发展战略和技术政策的确定以及社会生活方式的选择，都应该考虑资源环境的承载能力，进行人与自然之间正常的物质和能量交流。统筹国内发展和对外开放的实质是更好地利用国内和国外两种资源、两个市场，顺利实现中国经济的振兴。为此需要完善涉外经济体制，制定应对国际经济摩擦的战略和政策，提高出口商品档次和质量，建立双边和区域自由贸易关系，打破加入WTO不利条款的负面影响，通过实施"走出去"战略和提高国际援助改善贸易环境等。

科学的发展观是对"发展是硬道理"的丰富和补充，它表明"发展是硬道理"并不意味着"增长是硬道理"，也不意味着"增长率是硬道理"、"GDP增长是硬道理"，而是意味着只有社会的整体协调发展才是硬道理。如此一来，就应该把资源成本和环境成本纳入国民经济核算体系，从根本上改变政府官员的政绩观，推动粗放型增长模式向低消耗、高利用、低排放的集约型模式转变，真正把科学的发展观落实到社会经济建设的各个层面、各个领域，从工业文明走向生态文明。

第二十五章

科技发展与生态文明

随着科学的发展以及人类改造自然能力的增强，工业时代的人类在使国民生产总值呈指数增长的同时，人类对自然环境的破坏呈现加速和全球趋势；在人口剧增、人类对资源的消耗和需求剧增的同时，自然资源日益贫乏。也就是说，人类在对自然进行巨大改造的同时，给自然带来了巨大的破坏；人类在自身得到极大发展的同时，使全球濒临灾难的边缘。空间资源的有限和生物圈自身的脆弱开始与无限的文明力量产生对抗。全球性的人口危机、资源危机、环境危机，使人类处于生死存亡的紧急关头：要么沿着传统的老路走下去，从而加速人类对自然的破坏以及人类的灭亡；要么沿着可持续发展的道路行进，确立人与自然的和谐关系，留下一个适合于后代的地球。无疑，后一条道路是我们的必然选择，同时它也意味着人类社会发展方向的转折。

一、环境危机与增长的极限

人类是生态系统的一员，既不可能违背生态系统规律，也不可能脱离生态系统而存在。人口的过度繁殖必将给自然生态环境带来压力。关于这一点，马尔萨斯在1798年出版的《人口论》一书中作了阐述。他认为，既然性欲是永恒的，人口将以几何级数——指数速度增长，而土地、粮食和物质资源的供应是以算术级数增长，如此一来，人口的增长速度将快于人类食物供给的增长速度，人口过剩和食物匮乏就成为必然，饥馑、瘟疫和为争夺资源而进行的战争也就不可避免。他认为，不是有限的自然资源和劳动力导致了对人口增长的限制，而是人口增长导致了资源的过度使用和劳动力市场价值的下降；不是资源和劳动力的缺乏产生了贫困和人类的灾难，而是人口增长导致了这一点。人口增长是人类苦难的最重要的原因。

马尔萨斯

真的如此吗？他的理论提出后，很多人从各种不同的角度表示怀疑。他的同时代人，法国政治经济学家孔多塞（1743—1794）就指出，科技进步将会抵消回报的递减：“新工具、技术和织机能增加人类的力量……（并且）立即提高人类生产的质量和精确性，能减少那些不得不花费在它们上的时间和劳力……数量很少的土地将能够产出更多的供应……并且产生更少的原料浪费。”①

不能说他的反对没有一点道理。纵观马尔萨斯之后人类社会的发展，可以发现，虽然人口变化真的如他所预言的那样呈指数增长了，但是，随着科技的进步以及人类社会的发展，农业的生产效率提高，人类的物质生产和资源供应并没有像他所预言的那样呈算术级数增长，而也是呈指数增长。

这样的发展状况所导致的结果是：随着人口的增加，人们的生活反而越来越好了；人口过剩和资源匮乏之间的矛盾并没有像马尔萨斯所预言的那样激烈。

如果人类社会一直像上述所经历的过程那样发展，应该说还是令人满意的。因为这意味着只要做大经济这块蛋糕，就可以养活更多的人，使更多的人摆脱贫困，过上幸福的生活。

作为“罗马俱乐部”成员，美国科学家米都斯对此问题进行了深入研究，他在1972年出版的《增长的极限》一书中提出了“增长的极限”的概念。在该书中他指出，地球是有限的，在地球上决定人类命运的有五个因素：人口、粮食生产、工业化、污染和不可再生的自然资源消耗，这五个因素每年都按指数在增长。当这许多不同的因素在一个系统里同时增长时，在一个较长的时期中，每一个因素的增长都最终反馈影响自身，形成恶性循环。比如世界人口每三十年翻一番，工业生产每十年翻一番。如此就会继续产生更多的人口和更高的人均资源需求，而增加了的资源消耗又将加剧环境污染，这样粮食生产就会下降，最后使人口减少……这个恶性循环走向极端就是地球上的不可再生资源会被耗尽，环境污染会无法消除，粮食生产的增长会终止。同时，在资源耗尽之时，越来越多的资本必须用于获得资源，只剩下极少投资被用于未来的增长，最后投资跟不上折旧，工业基础就崩溃。总之，人与自然界在相互作用中最终遭到灾难的冲击。

《增长的极限》发表后，在全球范围内敲响了人和自然关系危机的警钟，使西方社会长期以来流行着的“自然资源是无限的、科技进步和物质财富增长是无止境的”这种盲目乐观主义思潮受到极为强烈的震撼。这是人类第一次用系统动力学方法研究人类社会未来的发展，从而建立了第一个“世界模型”；也是第一次对人类发展的严重困境提出警告，使人们警醒过来，开始反思以往的社会发展道路，寻求对策，以避免人类可能遇到的困境。

米都斯的观点有道理吗？人类真的面临增长的极限吗？

有些人认为，提出“增长的极限”的人们不过是一些不切实际而又固执己见

---

① Condorcet, M. De (1795). *Sketch for a Historical Picture of the Progress of the Human Mind*. Trans. J. Barraclough. London: Wiedenfield & Nicholson.

的“卡珊德拉”（Cassandras，意指遇事过分悲观的人），他们习惯性地描绘一些不真实的悲观的图景。“增长的极限”并不存在。

真的这样吗？增长的极限真的不存在吗？或者真的存在没有极限的增长吗？答案是否定的。

首先，《增长的极限》一书所使用的模型简单并不必然导致它的结论错误。而且，随着研究模型的完善，所得的结果将会越来越准确。米都斯对此进行了修正，最终得出的结论是：

（1）人类对许多重要资源的使用以及许多污染物的产生都已经超过了可持续的比率。不对物质和能量的使用作显著的削减，在接下去的几十年中人均粮食产出、能源使用和工业生产将会有不可控制的下降。

（2）上述的下降是不可避免的。要想防止这种下降，两个改变是必须的。第一便是修改使物质消费和人口持续增长的政策和惯例；第二是迅速地提高物质和能源的使用效率。

（3）可持续发展的社会在技术和经济上都是可能的。它比试图通过持续扩张来解决问题的社会更可行。向可持续发展的社会过渡需要兼顾长期的和短期的目标，同时又要强调产出的数量。它需要的不只是生产率和技术；它还需要成熟、热情和智慧。①

其次，虽然《增长的极限》一书中的某些预测没有成为现实，但是，这并不意味着人类发展的未来不会出现资源短缺、环境破坏。诚然，发达国家的环境确实有所改善，但这并不意味着《增长的极限》没有言中，而是因为他们听从了它的警告，从而改变了事态发展的方向。现在人类生存的整体自然环境，并没有比罗马俱乐部在二十多年前的预言更好。1999年，联合国环境规划署发表的一份题为《2000年全球环境展望》的报告，在综合了全世界850多位科学家和30所著名研究机构的意见后提出：环发会议召开七年后，在体制建设、国际共识的建立、有关公约的实施、公众参与和私营部门的行动方面已取得一些进展，一些国家成功地抑制了污染并使资源退化的速度放慢，然而总体情况是全球环境趋于恶化，重大的环境问题仍然存在于所有区域和各国的社会经济结构之中，制止全球环境恶化的时间所剩不多。尽管国际社会对改善环境采取了许多措施，但是全球性的生态环境问题不仅没有缓解，甚至加剧了。

再次，人口增长刺激技术创新这一点乍一看有点道理，其实不然。人口增长

① ［美］唐奈勒·H·梅多斯等：《超越极限：正视全球性崩溃，展望可持续的未来》，5页，上海，上海译文出版社，2001。

所导致的自然资源短缺，确实有可能促使人们进行技术创新和市场变革，生产更多的资源，以满足日益增长的人口对资源消耗的需要。但是，它并不总是这样。原因之一是，如果较快的人口增长不能推动和提高技术创新的速度，从而使收入增长的速度快于人口增长的速度，那么，就有可能导致人均国民收入的停滞甚至实际减少，形成恶性循环。原因之二是，技术创新的原动力在一个复杂的社会中不是或主要地不是由人口因素所引起的资源短缺决定，而是由其他非常复杂的政治、经济、文化等因素决定。人口增长、资源短缺并不一定导致技术创新，相反很有可能阻碍技术创新。因为工业社会中的技术创新是以节省劳动、提高劳动生产率为特点的，这点与利用大量劳动力的劳动密集型经济不同，它难于由人口众多产生出来。这表明，人口的增加并不必然刺激技术革新，从而能够超越增长的极限。相反，倒有充分的证据表明："缓慢的人口增长对于世界上绝大多数发展中国家来说，将会有利于经济发展。"① 而且，科学家经过研究发现，很少有证据表明人口的降低将减缓技术革新的速度，降低经济效益和经济规模，从而导致较低的人均收入。因此，应该认真考虑新马尔萨斯理论。

总之，经济活动不可能脱离自然环境而存在。经济活动受到自然的有限性、热力学第二定律以及生态系统承载力三方面的限制，尽管技术的进步和不可再生资源的更多利用能够在一定程度上打破这一限制，但不可能超越这一限制。经济不可能无限地增长下去。

二、科技解决环境问题的限度

即使不考虑所有上述方面，而默认人口的增加推动了科技进步，那么，科技进步真的能够找到人工制造的资源以替代自然资源，克服人口增长所引发的资源短缺吗？科技进步真的能够解决人类所面临的环境问题吗？答案不是肯定的。

第一，科技进步虽然能够减少单位产品所消耗的资源，但是，未来社会的资源消耗总量并不一定随科技进步而减少。道理很简单，那就是：知识的进步增强了人们认识和改造世界的能力，从而也使人类开发利用资源的力度、广度、深度、速度加强了，资源消耗增加了。况且世界人口的增长、经济的发展、生活质量的提高、消费社会的兴起也使人类所耗资源日趋增长。过去的人类社会发展历

---

① 参见 Nation Research Council (1986). *Population Growth and Economic Development*: *Policy Question*. Washington, DC: National Academic Press, p. 90.

史表明了这一点。

第二，由前工业社会向工业社会或者向信息社会过渡，需要采用尖端科学和保护能源的技术，这自然有助于能源的节约。但是，科学技术的应用不会“使有限的资源无限化”，因为目前节约资源、有利于保护环境的技术主要体现于信息领域，而信息领域需要冶金、采矿、化学等传统工业部门的产品。加之，在人类所经受的一切巨大变化中，农田、森林、水和渔业资源的退化和衰竭将是未来几十年内社会动荡的最主要根源。

第三，科技进步不能满足高消费对资源的消耗。虽然知识的进步可以延缓不可再生资源的使用年限，可以寻找到替代资源，可以增加可再生资源的数量，但是，就是不能改变人类对资源需求量的日益增长，不能改变人类对资源的日益强烈的需求渴望。只要人类不改变这种“丰饶中的纵欲无度”，那么那种试图通过信息经济和知识经济来改变目前人类面临的资源危机就只是一句空话。

第四，从以往的历史看，科技应用产生了环境问题。从现在和未来的一段时间看，科技的应用肯定还会产生新的环境问题。科技的发展与应用还不能做到为保护环境服务或为发展经济、保护环境服务，而主要是为所谓的经济增长服务，这肯定会产生新的问题，基因污染的产生表明了这一点。

第五，科技应用对环境的影响通常呈现延迟效应——事物的产生与其影响显露之间总会间隔一段时间。这表明科技产生环境问题的复杂性和环境问题解决的长期性、艰巨性。

第六，环境科技应用的成本增加。科技能否解决环境问题还与科技改造自然和保护自然的成本有关。当然，随着科技的进步，科技获得自然资源和生产新产品的成本在逐渐减少。但是，值得注意的是，随着对不可再生资源的开发利用，存在于自然中的一些资源如金属矿石的含量就要减少，从而导致开采这一矿物所需的能量和产生的废弃物急剧增加，生产同样多的产品需要更多的能源和产生更多的废弃物，将需要更多的生产成本和废弃物的处理成本。这点随着环境标准的提高而增强。而且，由于“某种技术的利益越是强大和深远，那么它失败和误用后的附带效应很可能越严重。某种技术可从无序中产生的结构越多，那么它的产物离热平衡就越远，要去逆转相应的过程就越困难”，所需要的环境保护成本将会越来越高。甚至会出现这样的情况：有时并非科技本身不能解决这一环境问题，而是这样的解决太昂贵了，经济状况不允许这样做。①

---

① ［英］约翰·巴罗：《不论——科学的极限与极限的科学》，202页，上海，上海科学技术出版社，2000。

第七，科技的应用要受到其他因素的限制。科技在解决环境问题的过程中仅仅是工具，它们能否应用于环境保护，怎样应用于环境保护，是由社会的政治、经济、文化价值观念决定的。有什么样的政治、经济、文化价值观念，人们就会开发出什么样的科技，或将已经开发出来的科技用于什么样的目的。从这一角度看，如果人类仍然抱着征服自然的态度，在一个有限的星球上进行无限的物理扩张，就必将导致生态环境危机。相反，如果人类让科技服务于可行的并且可持续的目标，则科技又可帮助人类建立一个可持续发展的社会。

第八，不考虑引起环境问题的其他因素，单纯由科技来解决环境问题有时会比较艰难。

上面的论述表明，科技解决环境问题是有限的，科技应用于环境保护还需要有政治经济制度和文化价值观念的保障。1992 年，世界上最知名的两个科学组织，美国国家科学院和伦敦皇家学院（其中没有一个是因为采取极端立场而闻名）发表了一份史无前例的声明：科学和技术上的进展不再能使我们避免环境恶化和大多数人的持续贫困，这一结果是不可逆转的。[①] 为此，人类必须抛弃对科技不切实际的想法，反思人类社会发展的传统轨迹，矫正人类社会的发展模式及其方向，超越“增长的极限”，摆脱人类所面临的生态环境危机。

实际上，超越增长的极限并不必然要求把保护环境凌驾于人类发展之上，实行生态保护第一，发展经济和科技第二的“抑制增长”或“零增长”的生产模式。摆脱生态环境危机与人类社会的发展并不矛盾，而只是与人类社会传统的发展模式相排斥。可以这么说，生态环境危机的产生正是与人类社会以往的发展模式以及发展观念的欠缺相关联。

三、从工业文明到生态文明

工业文明的崛起，不仅仅是高奏凯歌，也带来一系列严重的甚至是负面的问题。在应对问题的过程中，人们提出了建立生态文明的新目标。

限制人口增长

距今 200 年以前，世界人口一直以接近零的速度极其缓慢地增长着。之后，情况发生了变化，世界人口以比较高的速度增长。根据 1998 年联合国提出的世

---

① Miller, G. T., Jr. (1992). *Living in the Envirionment* (7th ed.). Belmont, CA: Wadsworth.

界人口报告，1804年全球人口约10亿，从10亿增长到20亿用了123年，从20亿到30亿用了33年，从30亿增至40亿用了14年，从40亿增至50亿以及从50亿增至60亿（1999年）都只用了13年。这种人口增长的趋势会一直持续下去吗？它对可持续发展的影响是怎样的呢？应该怎样看待世界人口变化与环境问题的关系呢？

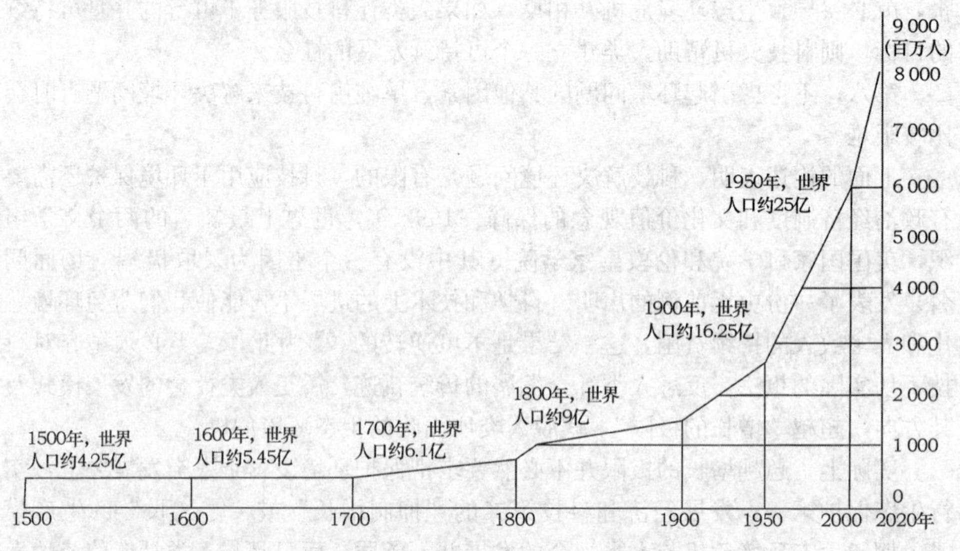

图25—1　世界人口增长趋势

上述人口增长的趋势不会一直持续下去，其原因在于：人口不能无限制地按指数增长。环境危机、资源危机、生存危机等也会对此加以限制。不仅如此，20世纪40年代，F. W. 诺特斯坦针对发达国家人口再生产模式的变化，首次提出了人口转变的概念。[①] 1968年7月，联合国秘书处国际经济社会事务部人口司在《世纪转换之际的世界人口》的报告中，根据当今世界人口生育水平、死亡水平变动的实际情况，运用平均预期寿命和总的生育率指标，划分和测定了人口转变的四个阶段。第一阶段是人口转变发生之前的阶段，即工业化以前的阶段。人口发展的模式为高出生率、高死亡率，人口低增长。第二阶段是人口转变的起步阶段，这大致上也是工业化的起步阶段。人口发展模式为人口死亡率大幅下降，而出生率却维持原状，甚至略有增长，因而使人口增长速度大大加快。第三阶段是

① F. W. Notesstein. Population: The Long View, in: E. Schults, ed. *Food for the World*. University of Chicago Press, 1945. pp. 36-57.

人口转变的关键阶段，发生在工业化的后期。人口发展模式为低出生率、低死亡率。第四阶段是人口转变的完成阶段。此阶段是第三阶段发展的最终结局，达到人口出生率和人口死亡率大致相当。①

这种人口出生理论与历史状况比较符合。出生率下降和死亡率越来越低，这两种情况并存，就是人们所说的“人口过渡期”。富国进入“过渡期”的时间较早，穷国进入“过渡期”的时间较晚。法国从18世纪末就开始进入这一时期。亚洲和拉丁美洲在第二次世界大战后进入过渡期。从20世纪末开始，大多数穷国也进入了人口过渡期。2000年以前，世界上近一半国家的人口出生率已经低于更新换代的最低界限（通常指每个妇女生育2.1个孩子以下），今后还会有更多的国家加入这个行列。到2045年以后，发展中国家的平均出生率也将低于人口更新换代所需的最低界限。

上述情况的存在，使得世界人口的年增长率在1965到1970年这段时间内以2.1%的速度达到最高水平后便逐步下降。也正是这样，现在人们预测世界人口的增长一般就不会根据过去了的人口增长来进行，而认为人口数量在增加到一定程度后会稳定下来。这一点迫使所有的预测家们——包括联合国——调低了他们的预测。

这样一来，人口乐观论有所抬头。1998年8月8日英国《观察家报》发表了一篇《生育率下降：“出生率不足”现象正在蔓延》的文章认为，即使第60亿个人出生，那也该是抛弃“世界人口过剩”论的时候了。

真的这样吗？并非如此。人口过渡期的来临只是意味着人口问题已没有原先严重，并不意味着人口问题不严重。更何况，在未来一段时间内，世界人口增长并非平均分布于地球。它呈现出这样的特点：发达国家出生率不足而发展中国家出生率偏高；世界人口的增长主要发生在发展中国家。

对于发达国家，他们面临的主要问题是人口出生率不足。它对发达国家的影响是巨大的。有人认为可能会导致人口老龄化问题，引起经济活动形式、社会结构和全球政治力量对比发生变化。当然，人口减少还可能带来一系列其他随之而来的结果：到处都是废弃的城市，地产价格将下降；交通堵塞和到处都是火车的情况很有可能将成为过去；由于人口减少，污染将减少，环境因此会得到改善；军队可能要提高服役的最大年龄以保证有足够的兵源；学校需要改善为终身学习中心，或者被拆掉，等等。

正因为这样，对于发达国家，他们面临的是人口出生率不足的问题。要解

---

① 佟新：《人口社会学》，177～178页，北京，北京大学出版社，2000。

决这一问题，除了大量移民之外（这一点未必行得通），就只能鼓励生育了。不过，有一点发达国家应该注意，就是他们人均占有资源的量太大了，这对世界环境造成了很大的压力。发达国家人口过少，消耗资源过多是他们的最大问题。为此，在适当增加人口的基础上，降低人均资源消耗是他们所应该做的。

对于欠发达国家，人口过多，人口增长过快，但他们消费不足，人口压力不断增长，为了生计和还债，在资金和技术资源不足从而人均拥有的资源总量得不到发展的情况下，不得不加大开发环境的力度，通过消耗资源存量以图生存，从而引发“发展不足”问题，对地球生态系统造成巨大的压力，造成资源危机和环境危机。有专家认为，生态环境恶化，人为因素占80%，尤其是沙漠化、环境污染等，人为因素要占90%以上。

不仅如此，人口规模扩大可以在短期内完成，但是教育资源能力和健康能力却不能在短期内建立起来。因此，人口增加过快就对有限的这两种能力带来巨大的冲击，给人口素质带来一系列的问题：人口教育水平和身体素质低下，文盲、半文盲比例扩大，科技水平发展缓慢或停滞等。

至于人口与贫困之间的关系更是为许多学者所关注。他们提出了人口挤压理论，大意是人口的过度增长必将导致多种类型的贫困人口：生产性贫困人口、就业性贫困人口、消费性贫困人口、教育性贫困人口、资源性贫困人口。[①] 这些人口的增加又将抵消任何超过最低人均收入水平的增长，使最低人均收入水平难以提高，呈现出贫困状态。贫困状态的存在又加剧人们以增加劳动力来获得发展的心理动机，导致生育率增长，使现有资源总是处于匮乏状态，也使人口与发展之间呈恶性循环。

这一切充分说明，对于欠发达国家，人口增长仍然是影响其社会发展的一个非常重要的因素，甚至在有的时候是引起人类苦难和环境退化的第一原因。不过，必须注意的是：这并不意味着人口增长是一切社会环境问题和社会问题的根源，控制人口增长就一定意味着发展，因为发展是多种因素作用的结果。但是，不控制人口增长，社会就不能发展，环境与资源问题将会变得更加严重和更难解决。可以这么说，人口规模是一个问题，但是，这一问题以及由这一问题引起的其他人类苦难和环境问题，是由社会的结构性组织引起的。因此，要解决人口问题以及由此引发的其他问题，就需要改变、优化社会组织结构。

---

① 佟新：《人口社会学》，290～291页。

走向可持续发展的经济

一是考察传统国民账户体系，建立绿色 GDP。

不可否认，在正常情况下，GDP 的增长意味着经济实力的壮大和社会财富的增加，意味着人民物质生活的改善、国际竞争力和吸引力的增强以及国际地位的提高。但是，如果我们考察 GDP，将会发现它存在很多缺陷：从社会角度看，GDP 将质量好的和坏的产出一视同仁地算在国民财富之中；从经济角度看，它只记录那些看得见的、可以价格化的劳务，其他对社会非常有贡献的劳务却被摒除在外；从环境角度看，它把自然看作是无限的，资源枯竭、人口过剩、污染加剧等问题都不存在，不去考虑资源的稀缺性和生态环境破坏。如此一来，就不能反映整个社会的进步状况。

以资源环境问题为例，GDP 不仅无法衡量资源的快速消耗对经济社会长期发展的影响，也无法衡量环境污染、生态破坏所导致的损失，而且甚至还刺激和助长一些部门、地区甚至国家为追求高 GDP 增长而破坏环境、耗竭式使用自然资源的行为。因为，如果某国政府决定砍伐其国内的森林以供出售，那么它的会计账本会显示国家财富增加了；如果一个国家允许污染加剧，随后又发动企业治理污染，从账面上看，这个国家的财富增加了。实际上，如果将自然资源的价值以及环境的损失纳入传统的国民账户中，则真正的国民财富就要减少。

正因为如此，在从事经济活动过程中，必须考虑其对环境的影响，并将此纳入国民账户体系，建立绿色 GDP 核算体系。

二是建立稳态经济，追求经济发展。

稳态经济的最主要特点是：打破经济不断增长的迷梦，追求经济发展。稳态经济是说经济系统作为生态系统的子系统将停止增长，但将不会停止发展。此时经济的发展应该通过人口控制，通过财富和收入的再分配，通过资源生产率的技术改进而实现。它要求在对世界的有限性、复杂的生态系统和热力学定律等物质参数认识的基础上，结合技术、偏好、分配和生活方式等非物质参数而获得经济的发展。经济系统的增长不可能超越自然生态系统的限制，也不可能将之缩小到无，而应该将此看作生态系统的子系统，以达到它的最佳规模。使得经济的“流量”（throughput）——物质从原材料输入作为开端，然后转化成为商品，最后形成废物输出的流程——限于生态系统再生与可吸收的容量范围内。这样经济就能在没有增长的状态下得以发展。

三是从物质经济走向非物质化经济。

目前，世界人口增长迅速，如果我们想在这样的条件下享有高水准的生活，又想把对环境的影响降低到最低限度，那我们只有在同样多的甚至更少的物质基础上获得更多的服务与产品才有可能。这就是后工业社会中的非物质化思想。当然，对于非物质化要进行具体分析。它并不单纯指生产出来的产品使用更少的原料，也非单纯指生产过程使用更少的物质，更非指消费的非物质化，而是要把非物质化放到整个生产、消费的背景中去思考。减少每单位服务的物质消耗(matial input per service unit，简称 MIPS)，针对产品的整个生命周期，计算每单位服务或功能的物质消耗。

非物质化有多种途径：第一种途径是封闭物质循环，尽量回收利用；第二种途径是用更少、更容易获得、更坚固耐用、更环保的材料代替原来的材料；第三种途径是提高资源的生产率，使得生产单位产品的物耗和能耗降低；第四种途径是在生产过程中不产生副产品，从而也就不产生废弃物，这方面清洁生产、循环经济以及与绿色化学提出的生产理念相关的原子经济值得重视；第五种途径是大力发展作为文化的经济。①

构建可持续的消费文化

文化价值观念与环境问题的产生与解决紧密相关。有些价值观念，如关于消费的，虽然看来与人们对待生活的态度有关，但是，由于人们的生活与环境密不可分，因此，这样的观念也就与环境问题紧密相连了。而且，与人口、技术相比较，消费对环境的影响一点也不小，只是由于消费能够促进经济和社会的发展，给人类带来幸福，因此，它对资源环境的影响被普遍地忽视了。于是，就非常有必要考察消费社会中的消费文化与环境保护的关联，建构可持续发展的消费文化，以达到可持续消费的目的。

在20世纪20年代之前，人类的生产力有限，生产目的只是满足人们的自然需要。对商品的消费是一种物质性的消费，消费的是它的使用价值，满足的是人们的物质生活需要。

在此之后，情况不同了。随着科技的进步和市场化的推进，首先在美国，然后在其他国家，生产过剩和消费不足成为摆在资本主义生产面前的一个大问题。为了解决这一问题，资本主义国家努力通过建构新的市场，通过广告、电视以及其他媒介宣传，通过广告系统、时尚系统、商品设计和产品包装等手段的应用，充分调动消费者所关注的文化意义、目标、价值、观念、理想等文化资源，并使商品同这种文化资源相结合，使商品成为能够强烈吸引消费者注意的负载文化意

① 肖显静：《后现代生态科技观——从建设性的角度看》，30～39页，北京，科学出版社，2003。

义的象征符号，成为人生价值以及文化意义的展现者，成为我们消费的对象，让人们在消费它所代表的意义中来消费这种产品。正所谓："如果我们把产品当作物来消费，那么，通过广告我们消费它的意义。"①

这就是消费社会中消费的生产。它们刺激、引导并培育着人们的社会态度和社会需求，控制着市场行为，刺激了人们的欲望，使人们的心理服从于他们的调节和控制；它们激发了人们对现状的不满以及对各种新产品的向往，培养了需求，生产了消费者，兜售了消费主义，产生了消费社会。此时的生产"已经不仅仅是产品的生产，而且同时也是消费欲望和消费激情的生产，是消费者的生产"；此时的社会"已经从传统的以'生产'（制造）为中心的社会转变到以'消费'（以及消费服务）为中心的社会"②。

这种消费的生产使得物品不仅是商品，而且还是"象征物"和"符号物"；不仅具有使用价值、交换价值，而且还有象征意义、符号价值。商品的符号价值具有两个层次：第一是商品的独特性符号，即通过设计、造型、口号、品牌与形象等等显示与其他商品的不同和独特性，传达商品本身的格调、档次和美感，体现某种梦想、欲望和离奇幻想。第二是商品本身的社会象征性，商品成为指称某种社会地位，展现某种社会关系、生活方式、生活品位和社会认同等等的符号。

商品的符号象征性必然导致对商品的消费具有符号象征性。这种象征性表现在两个方面：一是消费符号，指的是消费过程实际上也是社会表现和社会交流的过程，借此消费就向社会观众传递了包括自己的地位、身份、个性、品位、情趣和认同，以此体现自己的社会地位。这一点随着消费社会的发展、消费主义的扩张体现得越来越明显。二是符号的消费，指在消费过程中，消费者除消费产品本身以外，还消费这些产品所象征和代表的意义、心情、美感、档次、情调和气氛，即对这些符号所代表的意义的消费。

消费的生产、商品的符号化以及商品消费的象征性使得消费社会中的消费价值与非消费社会中的消费价值具有完全不同的特征。在非消费社会中，商品的符号性以及象征意义不明显，商品的使用价值主要就是该商品的自然物质结构所具有的可供消费的功能。商品的消费价值是由它的使用价值决定的。这必然延长商品的使用时间，体现了商品消费的节约性，是一种节约性的消费。这与非消费社会中的商品生产的有限性相一致。到了消费社会，情况就不一样了。"消费，不

---

① Baudrillard, Jean. *Selected Writings*. Edited by Mark Poster. Cambridge: Polity Press, 1988. p. 10.

② 王宁：《消费社会学：一个分析的视角》，108、3页，北京，社会科学文献出版社，2001。

只是一种满足物质欲求或满足胃内需要的行为，而且还是一种出于各种目的需要对象征物进行操纵的行为，所以，强调象征性的重要性就显得十分有必要。在生活层面上，消费是为了满足建构身份、建构自身以及建构与社会、他人的关系等一些目的；在社会层面上，消费是为了支撑体制、团体、机构等的存在与继续运作；在制度层面上，消费则是为了保证种种条件的再生产，而正是这些条件使得所有上述活动得以成为可能。”① 这必然导致人们对商品的消费不单纯是甚至主要不是由商品的使用价值决定，而是由商品的符号象征价值决定；所消费的不单纯是或主要不是商品的物理功能，而是它的符号象征意义。这些使得消费社会中的消费呈现异化状态：浪费、感性消费、炫耀性消费、过度消费。所有这一切又会不可避免地带来资源的大量消耗和废弃物的大量排放，导致世界范围内人均消耗资源量和资源消耗总量增加，导致发达国家消费资源过多、对环境的影响较大、消费者阶层对环境产生较大影响……引发严重的资源危机和环境危机。

为了摆脱这一危机，就需要我们深入反思消费主义文化，建立可持续的消费文化。消费主义文化的核心概念主要有三点：一是少消费就衰退；二是人类能够承担得起消费社会对资源的消耗和对环境的破坏；三是消费能够满足人们的需要，给人们带来幸福，消费越多越幸福。

真的是这样吗？深入的分析表明并非如此。如果没有消费社会物质欲望的减少、技术的改变和人口的稳定，人类就不能拯救地球，也就会带来社会的衰退和幸福的丧失。要知道：“人们并不需要大量的汽车，他们需要的是尊重。他们不需要整柜的衣服，他们需要的是感觉到自己有吸引力。另外，他们需要刺激、多样化和美丽。人们也不需要电子娱乐，他们需要的是做一些值得去做的事情，等等。人们需要认同、团体、挑战、被承认、爱和欢乐。如果想用物质的东西来填补这些需要，那就无异于对真实的和从未解决的问题提出一大堆错误的解决办法。在对物质增长的渴望背后有一项主要的推动力就是心理上的空虚。一个社会如果承认并明确指出其非物质的需要，并找到非物质的方法来满足它们，那么这个社会将会只需要低得多的物质和能量产出，并且可以提供更高层次的人类满足。”②

---

① 鲍曼：《消费主义的欺骗性》，载《中华读书报》，1998-06-17。

② ［美］唐奈勒·H·梅多斯等：《超越极限：正视全球性崩溃，展望可持续的未来》，224～225页，上海，上海译文出版社，2001。

四、发展生态化的科技

科学是对自然的认识，它是以自然观作为预设前提的。有什么样的自然观预设，就有什么样的对自然的认识方法，也就有什么样的在认识自然的过程中对自然的作用方式，从而也就获得什么样的对自然的认识。将这样的认识应用到改造自然中去，就会产生什么样的环境保护结果。

着眼于可持续发展，就需要建构科学发展的哲学基础，指明技术发展的方向，创造有利于环保科技发展的社会环境，以解决环境危机。

本体论上，应该由自然的祛魅走向自然的返魅：量子力学、生态学等的发展显示了自然的有机整体性；动物行为学、动物心理学的研究表明将主体性赋予动物有一定根据；复杂性科学的研究表明自然界的某些系统如自组织系统具有目的性；玻姆的"隐秩序理论"以及人类起源学说等表明人与自然是不可分离的；等等。这种对自然的返魅有利于建立恰当的科学本体论基础，对于建立良好的人与自然之间的关系具有重要的意义。不仅如此，复杂性科学还揭示了自然具有其他复杂性的方面，我们应该研究这些方面。

认识论上，应该从天然自然走向大自然系统。实际上，对天然自然的正确认识，并不必然带来对天然自然的正确改造。对天然自然的改造过程是人类主体利用人工物对天然自然、人工自然及人类社会的改造过程。这一改造活动的正确性首先在于人类对天然自然、人工自然、人类社会的正确认识以及对这三者组成的大自然系统的正确认识，然后在于按此正确认识对三者进行改造。研究天然自然规律的科学所认识的是有关天然自然界的规律，没有对人类实践过程中所涉及的人类社会、人工自然、天然自然三者所组成的大自然系统进行认识。仅凭对天然自然的正确认识去改造大自然系统，注定会出现内在的障碍——认识对象与实践对象的不一致。科学认识关注的是客观实在，而科学应用指向的既是天然自然又是人工自然以及人类社会。这其中存在内在矛盾。因此，根据对天然自然的正确认识来对天然自然、人工自然、人类社会三者进行改造并不能保证改造的正确。只有对大自然系统的正确认识，才能获得对自然的正确改造。这体现了人与自然的不可分离性以及自然事物之间的不可分离性。由此也要求我们大力发展一系列以生态环境问题为中心，以研究人与自然之间的关系、自然规律和社会规律相互作用的交叉学科。这类学科呈现生态化、人文化的特征。

方法论上，应该从简单走向复杂，扬弃传统科学所遵循的简单性原则和还原论原则，代之以复杂性原则和整体性原则。不仅要研究自然的规律性的方面，还要研究自然的非规律性的方面——结果的展现；不仅要采取还原性原则，通过认识低层次的来认识高层次的，即研究向上的因果关系，还要采取整体性原则，通过高层次的研究来认识低层次的，即研究向下的因果关系；不仅要研究某些事物的外在表现，还要研究事物的经验性的方面，如动物的情感、智能等；不仅要研究因果决定论，还要针对具有目的性的存在，研究它的因果决定论；不仅要研究具有线性、整形等特征的对象，还要研究具有非线性、分形、混沌等特征的对象；不仅要研究自然的分门别类的规律，还要研究自然的系统性、整体性规律；不仅要研究天然自然，还要研究人工自然和人类社会以及由这三者组成的大自然系统……

这就是说，科学的本体论、认识论、方法论是紧密关联的，而且这三者与环境保护以及人类的生存又是紧密关联的。正确认识自然、科学和改造自然的实践以及环境保护，都需要一种新的科学观和一种新的科学，需要一次自然观、认识论、方法论的变革。只有这种变革了的科技才能比较彻底地解决环境问题。

对于技术，传统的技术创新以经济增长为目的，因此它在促进经济增长的同时有可能带来环境破坏。环境技术创新在应用目标上，将经济发展和环境保护相协调；在生产过程中，与生态整体性的原则相符合；在应用过程中，体现非线性和循环性特征。因此，它具有系统性、整体性等后现代性的特征。可以说，生态化的技术体现了后现代技术的本质。

第二十六章

科技革命与精神文明

有这样一幅题为《22世纪的艺术博物馆》的漫画：一群方头方脑、头顶上竖着天线的机器人在观看雕塑“思想者”，但这个“思想者”尽管保持了罗丹雕塑名作“思想者”那左肘支在右膝上的姿势，却同样是个方头方脑的机器人形象；而罗丹的原作，那个沉思人类精神之奥秘的思想者，已经躺在角落上的一个垃圾桶里了。

这幅漫画所预示的噩梦般的前景，大约不会在现实未来中出现，然而它的寓意却是对我们这个现实世界的准确描述。的确，科学技术正在改变着人类的精神生活，并把这个领域中一些过去神圣不可侵犯的东西抛进了历史的垃圾桶。对于我们人类来说，这究竟是一种解放，还是一种无法挽回的损失？这个问题必须予以正视并给予恰当的回答。

一、世界的“物质化”与“消费蛀虫”的滋生

现代科学革命对人类精神生活最初和最伟大的冲击之一，就是把一切精灵、魂魄、魔鬼和上帝都逐出了自然。无神论的科学家自不待言，而有神论的科学家呢？——“上帝在信仰他的自然科学家那里所得到的待遇，比在任何地方所得到的都坏。”“牛顿还让上帝来做‘第一次推动’，但是禁止他进一步干涉自己的太阳系。神甫赛奇虽然以合乎教规的一切荣誉来恭维他，但是绝对无条件地把他完全逐出了太阳系，只允许他在关系到原始星云的时候还有一次创造行为。……最后，丁铎尔完全禁止他进入自然界，把他放逐到情感世界中去……”①

但是，自然科学从自然界逐出的绝不仅仅是诸位神祇，它同时也把“目的因”逐出了自然。它把自然视为纯粹的客体和对象，不具有自觉意识和情感的“空洞的物”。这就是所谓世界的“物质化”或“世俗化”。由此，一些西方学者认为，现代科学革命在自然界和人类的精神世界之间划出了一道巨大的鸿沟。从积极的意义上说，自然的世俗化打开了通向现代科学革命的大道，然而现代科学革命的成就在资本主义制度的拜物教意识形态影响下，又将这种思想推向了机械唯物论的极端。

在机械的唯物论那里，局域的真理被不加限制地推向整个无限，个别层次上的真理被推向所有层次。整个世界都被物质化了，一切目的、价值、理想和偶然性都不再重要，一切自由、创造性、意志和人格都不复存在。宿命统治了宇宙，

---

① 《马克思恩格斯选集》，中文1版，第3卷，529～530页。

所有人类活动都变得毫无意义。如同伯特兰·罗素所概括的："人是这样一些原因的产物，这些原因不能预知其所产生的结果；人的起源、希冀、爱和信仰，都只不过是分子偶然排列的结果……所有年龄的劳动者、所有的奉献、所有的灵感以及所有人类天才如日中天般的辉煌，都注定将随着太阳系的消亡而灰飞烟灭……"①

这样一个庸俗唯物论的世界正是第二次世界大战后西方资本主义世界的真实写照。在某种意义上，这种世界观恰好投合了小市民的趣味，有助于形成一个消费主义与享乐主义的文化氛围，而这种文化氛围又有利于资产阶级对社会的统治。

马克思对资本主义的拜物教本性早有精辟的洞见。他指出，资本主义社会从一开始就是这样一个社会，在其中，一切都把自己投射到金钱这个大法器上了。马克思寄希望于赤贫的无产阶级来打破资产阶级的拜物教，寄希望于他们能够掌握辩证唯物主义，一种既坚持物质的第一性又强调意识的能动性和主体的自由意志的革命哲学。

无产阶级革命虽然由于历史的局限，未能在西方世界取得普遍成果，其吹响的号角却惊动了资产阶级。为了维护自己的统治，战后资本主义国家一方面采纳了一些带有社会主义色彩的福利措施，一方面大力培养一个富裕、稳定、占人口大多数的中产阶级。在这一历史背景下，享乐主义和消费主义的价值观被大力宣扬，达到了前所未有的喧嚣程度。现代科技革命的成果，继在战争中被滥用于屠杀人类后，又在和平时期被滥用于满足纯粹的物质享受方面。西方马克思主义的代表人物之一马尔库塞（1898—1979）对此有比较深刻的观察，在《单向度的人》一书中，他指出，当代西方社会正动用一切宣传机器，以无孔不入的广告等等手段，把不属于人本质需要范围的"虚假的要求"强加给人们。当人们有了二喇叭收音机后，就刺激人们去购买四喇叭的；有了四喇叭之后，又引诱人们去占有六喇叭的；有了六喇叭之后，还会想出新的花样，使人们去追求更新型的。马尔库塞概括道："对于晚期资本主义来说，这变成了它的最必要的控制装置之一。……结果是把人们完全交给了商品世界的拜物教，并在这方面再生产着资本主义制度甚至它的需要。"②

在资本主义制度的这种强大压力下，普通人自觉不自觉地也身陷其中，丧失了自我的人格乃至尊严而成为"消费蛀虫"，陷入繁荣的空白感和文化虚无主义。除了物质商品，他们再不知道还有什么可值得追求的，没有任何可以依靠的精神

① 《伯特兰·罗素重要文选》，61页，纽约，1961。

② ［德］马尔库塞：《革命还是改良》，67页，芝加哥，1976。

坐标，连人性和生命的意义都不再被珍视。

消费主义的直接后果是对自然的奴役。既然自然已经被祛魅，既然消费是人的唯一目标，那么自然界除了可以满足人类的消费需要外，就不再有任何别的价值了，人们就可以漫不经心地对待自然馈赠的自然资源。于是，节约变成耻辱，浪费显得荣光，在堆积如山的垃圾里，经常看到还完全可以使用的电视机、洗衣机、沙发、桌子、被褥等等；甚至几乎全新的衣物、饰品也被弃置不用，仅仅因为它们式样“过时了”。为了维持这种奢靡的消费方式，人们向自然界大举进攻，贪婪地刨挖各种矿藏资源。据计算，消费文化最为盛行的美国，其人口只占世界人口的7%，却消耗着世界上35%的资源。这是目前全球生态危机的一个最直接根源。在1981年，世界观察研究所的一份报告已经指出，如果全世界人都像美国人一样消费，则全部石油储量将在13年内消耗殆尽。

不仅如此，消费主义也加剧了资本主义社会的扭曲和畸变，造成和加剧着这个社会中人的紧张感和疏离感。

卡夫卡（1883—1924）在名著《变形记》中曾刻画过一个小职员，因生活压力太大而变成一只甲虫。这个故事看来荒诞，其实正是资本主义制度下普通人心态的写照。由于无限制地追求消费，导致人为物所役，陷入没完没了的生活竞争中。工作节奏加快，信息超负荷轰炸，使得人的肉体和精神都紧张到了极点，混合神经官能症、眩晕症和抑郁症等“现代”疾病频频发生，非理性乃至暴力化行为泛滥，高度工业化国家的居民不断发出“我紧张过度，要死了”的抱怨。他们何尝不曾幻想过自己能有甲虫那样的一层硬壳呢!

他们果然渐渐地有了这样一层硬壳。马克思早就指出，资本主义制度已经把人际交往中那层“温情脉脉的面纱”彻底撕破了。既然在一个消费主义的社会里，人际交往已经退化成为一种纯粹功利的行动，那么这种交往本身就不再能给人带来精神上的满足。现代人渐渐形成了这样的习惯，在工作之外，尽力减少交往，把自己封闭在一个小圈子里，甚至封闭在个人的内心世界中。于是出现了这样具有讽刺意味的现象：就在科技革命使人际间的空间距离缩短的同时，人际间的心理距离反而拉大了。

二、终极追求的偏航

并不是所有人都沉沦于这样的消费主义陷阱。在西方社会中，仍然不乏坚持对人类精神奥秘作孜孜不倦思考的求道之士，亦不乏将自己的思想付诸实践的力行之人。他们对精神生活的渴望，对终极价值的追求，只要出于真诚，都是可敬佩的，其结论和方法也是可借鉴的。问题在于，他们当中绝大多数远离了马克思主义，从而偏向了各种歧途。

最突出的是来自知识界，尤其是人文知识界的终极追求，他们深刻地洞见到了现代资本主义制度下个体的处境。加缪（1913—1960）在他的名著《局外人》中很好地刻画了这样一个隔绝个体的形象。主人公对自己的工作、对自己母亲的去世、对自己的女友，全都缺乏真正情感上的兴趣，只是为了报酬，为了应付社会习俗，为了满足肉体欲望而机械地与这一切打交道。最后，他莫名其妙地杀了人，又莫名其妙地放弃了辩护的可能性，最终在歇斯底里中暴露出他对自己生命存在与否也是彻底地无动于衷。生死都不再有意义，还有什么意义可言呢？要拯救这样的局外人，必须找回生命的意义。

然而，像加缪这样的人文知识者，又不得不承认世界已经被科技革命的成果所世俗化，由此更进一步，他们认为世界本身的意义已经丧失。那么，找回意义的唯一途径，就只能是张扬人类个体本身的价值，张扬“自我”的意义。于是，这类终极追求迅速化为自我中心主义的绝望嘶喊。同是这个加缪，在《西西弗的神话》中描绘的自己心目中的“英雄”形象，其实便是这么一个绝望自我。西西弗做的事情本身毫无意义，只是把一块大石头推向注定不可能达到的山顶，而加缪却把这种荒诞的勇气本身视为价值所在。

加　缪

这种自我中心主义的终极追求实际上是极为危险的。从这种价值观出发，甚至可以振振有词地为希特勒辩护，把他灭绝犹太人的行为同样视作一种“荒诞的勇气”而予以赞美。然而可悲的是，从第二次世界大战直到20世纪七八十年代，西方人文知识者竟难以摆脱这个自我中心主义的陷阱。他们似乎被一个逻辑上的两难困死了：要么接受科学，承认世界的世俗化，从而把终极价值归结到“自我”；要么就必须反对科学。的确，在这几十年来，西方知识界涌动着形形色色的反科学思潮。

由于知识界的逻辑分析迟迟得不出令人满意的结果，在精神生活方面，社会大众实际上已经淡漠了知识界的训导，而追随那些直接来自于直觉、灵感、感悟和一时机智的终极理想。知识分子被“边缘化”了。与此同时，摇滚乐、致幻剂和非主流宗教等种种非主流文化，作为精神生活上的代用品而大行其道。这些非主流文化常常借助科技成果来使自己显得强大。

如果我们回顾一下20世纪中叶风行于西方，特别是美国的反主流文化运动就会发现，它正起源于那种把科学技术和回归自然结合起来的企图。音乐最先出现变革，开始是乡村歌曲，然后转向摇滚乐，最后是摇滚乐的种种变体。欣赏摇滚乐的年轻人往往表现得极其蔑视工业社会的清规戒律，他们衣着邋遢，留着原始人一样的长发，歌词中也透出一股激烈的反叛气息。然而极具讽刺意味的是，摇滚乐的力量恰恰来自电子设备。摇滚乐的粗犷朴素的“自然”风格只是一个幻象，是专业手段、全新的录音技术和复杂的数字音乐系统制造出来的幻觉。

从一开始，摇滚乐就是用科技包装过的原始部落崇拜。现代电子技术不仅用来制造听觉上的幻觉，也用来制造视觉上的幻觉。当摇滚乐和致幻剂结合在一起时，它就更接近了巫师主导下的部落原始舞蹈，只不过后者使用的是从植物上直接采摘的、未经提炼的原始麻醉物。

现代的麻醉剂始于麦角酸二乙基酰胺（LSD），它是瑞士一家药厂桑多兹公司在实验室里研制出来的，药物本身是新技术的结晶。第二次世界大战后初期，LSD和其他实验室致幻剂的使用范围局限在一小批领取高薪的精神病学家以及他们的上流社会的主顾的圈子里。在LSD还没有沾上罪恶昭著的臭名时，一些主流出版物如《时代》和《生活》周刊，曾计划主办一些活动庆贺这种药物的多种医疗效果。到20世纪60年代，致幻剂找到了名声不佳的主顾，它被游手好闲的青少年和颓废派诗人大力推崇，当成拯救千疮百孔的文化的救星。

大量分发致幻剂的原因很简单：它可以“拯救”人的灵魂。就像天主教的圣餐一样，致幻剂的分发有一套严格的仪式。致幻剂与大众对东方神秘主义日益强烈的兴趣交织在一起，形成了一股文化潮流。

当这股文化潮流顺着它自己开辟出来的这条途径一直翻涌下去之时，就自然导向了20世纪70年代以后非主流宗教的兴起及其在90年代的方兴未艾。

传统的宗教已经被现代科学的结论与技术的成果弄得失去了信誉，在一切都讲求便捷的工业文明氛围中成长起来的新一代人更无法接受传统宗教的漫长、严格的道德训诫过程，于是简便易行又用种种现代技术包装起来的非主流宗教就大行其道了。非主流宗教普遍使用致幻剂、电子音像制品等作为吸引和控制教徒的手段。臭名昭著的日本奥姆真理教，在采用高科技手段武装自己方面向来就是不遗余力，而它灭绝人性的行动再一次证明了，狂热信仰和先进科技的结合引导人们走向的往往不是“天堂”，而是“地狱”。

三、后现代思潮的冲撞与退化

无论人们怎样反抗，怎样愠怒于科技革命施加于人类精神生活的巨大压力，科学技术仍以一往无前之势日益改变着这个世界。根本的问题在于，科学技术本身也是人类精神之花结出的一颗丰硕果实；所谓科学技术和人类精神生活的冲突，实质上是人类精神自身的内部矛盾，特别是这种内部矛盾在资本主义制度下的畸形反映。因此，一方面人们不满于科技革命的压力，一方面又无法控制住自己不去进一步推进科技革命。在西方发达国家，这一点表现得至为明显。20 世纪以来特别是第二次世界大战以来，科技革命更加迅猛、更加深刻地改变着世界的面貌。

随着科技的进一步发展，其对人类精神生活的影响方式也发生了变化。我们在前面指出，早期的科技进步曾被资本主义制度利用来为其自身的消费主义价值观服务，为其阶级压迫的目标服务，但是科学技术并非一支服服帖帖愿为资本主义所用的力量，它自身具有革命性。科学技术的发展虽然不能完全救治资本主义制度的痼疾，却在一定范围内能够减轻其对人类个体的压迫。我们看到，在发达资本主义国家，从 20 世纪以来，正是科技革命的成果改善了包括无产阶级在内的绝大多数社会成员的生活状况，也创造了前所未有的精神领域的文明成果，并第一次把过去那些属于少数人的贵族化的精神享受交到了社会普通成员手中。

因此，在一次又一次精神领域的激进思潮退却之后，20 世纪八九十年代，人们忽然发现自己进入了一个“后现代”的社会。人们忽然发现，与其惊呼终极价值的丧失，并匆忙出发去打算寻回终极价值，不如冷静下来仔细想一想，终极价值真的丧失了吗？更进一步，真有所谓终极价值吗？形形色色的后现代思潮，在相当程度上便是生发于这种反思。

后现代思潮的最显著特点，是对“大理论”、“大哲学”、“大思想”的怀疑。后现代思潮有其反科学的一面，关于此，我们还将继续深入讨论，然而我们认为在国内的一些介绍中，把后现代思潮的这一面过分突出了。实际上，后现代思潮之反科学只是其整体立场的一个侧面，一个必然推论，而不是其基本出发点。在某种意义上，我们认为后现代思潮恰恰也从 20 世纪初的科学哲学运动中吸收了营养。在 20 世纪初，以维也纳学派为代表的那场科学哲学运动提出了“反对形而上学”的口号，认为一切不能化归为可用实证的方式检验的命题，包括一切有关“终极价值”、“精神生活之意义”的命题，都是无所谓真假的。这为精神生活上的多元化和相对主义打开了方便之门。后现代思潮可以看成是上述立场的彻底化，是一种彻底的反形而上学，是把维也纳学派依旧奉为圭臬的“理性”、“逻辑”统统归入到形而上学一类。

从本质上来说，后现代思潮中包含着对人类精神世界的终极目标、对人类普遍命运的极大关注。在我们看来，后现代思潮最基本的出发点，就是把一切传统的“话语”，包括知识、宗教和政治意识形态，都与人类实际社会生活联系起来，与社会权力的争夺联系起来。后现代思潮分析得较多的，是通常所谓“知识”背后隐藏的权力结构，这个分析过程也就是所谓“解构”的过程，因为它将破灭围绕着“知识”的那圈神圣光环。这种后现代的解构过程，也同样适于宗教、艺术和政治意识形态。这样看来，我们就可以意识到，后现代思潮中体现着对于整个现代文明中那些最深层次矛盾的反思和批判。这些最深层次的矛盾之一，正是我们在科学世界观与人类价值观之间的深刻矛盾。后现代思潮正确地认识到，只要我们困守在现代文明的老一套思想方法中，困守在理性与感性、知识与信仰、客观中立与道德倾向等等二元对立的概念当中，就必然永远陷在这些矛盾中不能自拔。从这个意义上说，后现代思潮是打算从根本上对人类精神进行反思。这是后现代思潮积极的一面。但是与此同时我们也看到，后现代思潮的反思是混乱的和力不从心的。

后现代思潮正确地指出：不能用现有的方式讨论什么终极价值、人类精神之类的问题，否则我们无法摆脱种种逻辑上的矛盾。然而，后现代思潮对矛盾的认识没有达到辩证法的高度，不是对传统的思维概念和思想方法中暴露出来的矛盾作辩证的否定，从而跃升到更高的思想层次，而是在消极地试图去消灭矛盾。例如，后现代思潮试图取消“主体—客体”的二分法，取消“理性—非理性”的二分法。这样一来，留给后现代思潮的出路就极为有限了。它们或者陷入完全无是无非的极端相对主义的狂人谵语，或者退化到更原始的、没有概念分化的思维方式当中去。

费耶阿本德

前一种，就是通常所谓否定性的后现代主义，或消极的后现代主义，具体到科学技术方面，以费耶阿本德（1924—1998，又译作法伊尔阿本德）的“怎么都行”为代表。关于这一类，国内已有较多介绍。后一种，则以20世纪80年代以来的一些“建设性的”

后现代思潮为代表，就科技革命问题而言，择其要者有：女性主义的自然观与科技观，“行为自决论”的后现代科学观，以及“东方主义”的自然观与科技观。

后现代思潮根本上起源于现代文明中的种种深层次矛盾，其中最重要者之一就是科学世界观的客观性与人类精神价值的主观性之间的矛盾。后现代思潮试图解决这个矛盾，试图给出自己的“新型科学”。女性主义者把传统科学称为“白种盎格鲁死男人们”的科学，要求创立一种带有女性色彩、“以情感眼光对待自然”的科学；“行为自决论”者抨击现代科学的还原论，试图从传统的整体论乃至万物有灵论那里吸收营养来“改造”现代科学；至于可以划入“东方主义”范畴的思潮，更是五花八门，其要旨均是把现代文明、现代科学技术的缺陷等同于西方文化的缺陷，而从各种非西方文化，包括中国文化的“天人合一”观、印度的佛教与瑜伽等等当中，寻找解脱之途。

四、现代科技与人类精神

当20世纪在和平与发展、冲突与动荡、增长与衰退、精神飞升和道德沦丧的交替运动中迅速走向它的终点时，迎接我们的将是什么呢？新世纪还将是一个科学技术的世纪吗？

大约150年前，被欧洲工业社会的发展和科学进步深深震撼了的思想家们，开始用一套新颖的术语捕捉、反映和渲染这个以科学技术为杠杆的时代。自孔德以来，科学或实证精神在著述家和普通老百姓的心目中，的确成了时代的基本特征。

然而，19世纪，一方面是曙光初照，科学技术在人类生活的各个领域崭露头角，另一方面科技双刃剑又开始显示其严酷的两重性。马克思对机器及其背后的科学技术有着远超出同时代经济学家、社会学家和哲学家的洞见。他抨击了机器的非人道使用，也肯定了资本主义的开化与进步，尤其是它对发展社会生产力的巨大推动。马克思一向避免掉入两个陷阱：保守的浪漫主义和形而上学的机械论。机器，乃至科学技术的一切发现与发明，在原始资本主义条件下被扭曲为非人性的力量。就其自身而言，乃是一种在历史上起革命作用的力量——在大工业体制中，科学已经并入生产而成为直接生产力。因此，最先进的阶级——无产阶级，可以运用科学杠杆力量来推动历史的发展。

人非圣贤，马克思未能预见到20世纪现代资本主义的一些新特点。在当今世界，科学技术正把自身及其应用扩展到整个地球，“地球村”中的绝大多数居民已经而且与日俱增地享受着科学和技术所带来的实际利益，无论在物质产品还是精神产品方面都是如此。

与非生命体不同，一切生命体都是动态非平衡系统，并且是能够自我维持下去的非平衡系统。生存问题对所有生命都是平等的，但生存问题之于人，又比之于任何低级生命更为严峻。动物或许只在死亡临近时才感到它的威胁，而人，哪怕是最原始的人，也因具有自我意识和预见能力，无时无刻不感受到生存的意义和死亡的潜在威胁。原始人已经学会把自然界作为一个对象客体来把握，正如伯特兰·罗素所说的，哲学和科学开始于提出普遍性的问题。不过，最早的回答常常带有浓厚的神话色彩。

即使在原始的思维中，人类精神亦已表现出对立的两性，一方面孕育着秩序和理性，另一方面则意味着迷狂和本能。这就是所谓阿波罗精神和狄奥尼索斯精神。

奥林匹亚的太阳神阿波罗象征着光明与理性，理性意味着严格的因果性和决定论，是规律与秩序的代名词。人们正是在这个意义上使用诸如“自我理性”、“绝对理性”等概念；也正是在这个意义上，全知、全能的上帝被神学家视为理性的化身。

与理性精神或阿波罗精神相对立的是酒神精神或狄奥尼索斯精神，它的特征是神秘的迷狂状态和“天人合一”式的内心体验。在纵欲、酗酒、舞蹈、服药和神秘的宗教仪式过程中，原始人的狄奥尼索斯精神被充分唤起。如果说理性通过展示一个安分、有秩序的世界来给人安全感，增长生存的勇气和技能，那么酒神精神则依靠生命本能的直觉冲动，依靠在迷狂状态中人们所产生的自我力量感，达到仿佛世界与自己的意识完全一体的体验。

绝对的狄奥尼索斯精神不会产生任何科学，甚至也不可能产生任何哲学和成熟的宗教。即使在文明、开化的社会中，若任凭狄奥尼索斯精神泛滥，也会带来可怕的后果。另一方面，绝对的阿波罗精神将把世界全盘留给客观、冷漠而又全知全能的上帝，从中逐除人的地位，至多留给他一份终生侍奉上帝的职业。它将取消自由意志，取消人生的价值，使人类历史堕落为由蛋白体构成的可怜虫在一个小小的星球上诞生、生长复又绝灭的过程。

最早的科学和技术实际上与神话、巫术同源；稍后，在古希腊人那里，则与自然哲学乃至神秘主义教义合流。在古阿拉伯、古印度和古代中国，天文学的建立常常服务于占星术和星象学的需要，化学、数学这类“方术”则常在炼丹、八卦、术数等神秘文化中被包载着流传下来。近代科学的创立者们或多或少也具有某种宗教精神。哥白尼是一名僧侣，第谷笃信上帝，牛顿是一名清教徒，著名的被烧死在罗马鲜花广场上的布鲁诺则是个异教徒。布鲁诺被处火刑，既因为他信奉日心说，也因为他宣扬的多个世界理论——那岂不暗示着有多个上帝吗？即使不考虑外部因素的渗入，科学研究作为一项崇高事业，似乎也呼唤着某种宗教式的献身精神；科学研究中的每一项成就，往往使研究者陷入迷狂状态的欣喜。灵感、顿悟、直觉等非逻辑思维方式更是科学研究的得力手段。现代科学技术作为理论理性与技术理性相结合的高级形式，并不是纯粹理性自恋的产物，乃是理性精神与酒神精神相互激荡所诞生的整体人类文化中的一部分，是一枝瑰丽的精神花朵。真正的人类生活也应当在这两极的张力所形成的微妙平衡中进行。

五、精神文明的重建

从最初的自我中心主义的绝望反抗，到今天形形色色的后现代思潮，资本主义制度下的思想家们对科技革命冲击下的人类精神生活的反思，已经进入了相当深刻的层次，触及了人类精神乃至人类类本质当中的一些固有内在矛盾。今天，马克思主义者要重建人类精神生活的理想就必须考虑到这一点，必须站到一个更高级、更深刻的层次上。

应当承认，在这一方面，当代马克思主义者做得还是很不够的。首先，一些人在对资本主义制度中的一些丑恶现象作批判时，往往绝对化地把它们归之于资本主义制度本身，而没有看到它们可能是人类精神内在矛盾的外在体现，资本主义制度只是激化、畸形化了这些内在矛盾，而它们在社会主义制度下也可能体现出来，尽管是以不同的方式。因此，对于社会主义制度下表现出来的一些不正常现象，就不能一概归之于“资本主义思想侵蚀”或敌对势力“和平演变”的结果，而要从分析其内因入手。以科技革命带来的消费主义为例，由于消费是人类的深刻欲望，即使在社会主义制度下，单纯靠加强精神文明建设、大力进行共产主义道德教育来控制人们的消费欲望，在现阶段也是不可能的。考虑到中国的人均资源水平低下，又必须控制消费欲望，这就有必要采取相应的经济、法律和行政等手段。只有在这些手段的配合下，精神文明建设才能达到预想的目标。

其次，在人们以往对资本主义精神文化的批判中，对于资本主义制度下一些思想家如加缪等的观点，多是就事论事地予以肯定或否定，没有从更深刻的文明史大背景下来观察。近年来对种种后现代思潮的反应，也是如此。对于后现代思潮，简单地认为其是西方文明没落到极点的表征，或认为其本质上只是相对主义思潮的当代翻版，或认为其超越了中国的现实，都是对后现代思潮的深刻根源认识不足。有些人更乐观地认为中国目前处在有利地位，可以把前现代的文化传统、现代的文明意识和后现代的积极成分都结合起来，创造出一种新型的文明，我们认为这是缺乏依据的，是没有意识到这三者之间冲突的深刻性。假若我们能够创造出一种新型文明，那也只能是在马克思主义指导下，在对现有矛盾深刻把握和辩证否定的基础上，经历质变的飞跃才能达到。

实际上，在马克思主义的经典著作中，已经给创建未来精神文明指出了方法论，那就是彻底的唯物主义立场和彻底的辩证法思维。“彻底的唯物主义者是无所畏惧的!”既然在人类的精神本质中就存在着种种深刻矛盾，我们就无法也不应当害怕、回避或试图消弭这些矛盾；既然矛盾本来就无所不在，无处不有，既然矛盾的运动斗争才是发展的动力，我们就更应该主动面对矛盾，把握矛盾，让精神之花在种种矛盾的磨砺、撞击中更加艳丽地开放。

从这样的立场出发，我们就可以坦然面对科技革命对人类精神生活的冲击。早在一百多年前，恩格斯就指出：“这是物质运动的一个永恒的循环……在这个循环中，最高发展的时间，有机生命的时间，尤其是意识到自身和自然界的生物的生命的时间，正如生命和自我意识在其中发生作用的空间一样，是非常狭小短促的；在这个循环中，物质的任何有限的存在方式，不论是太阳或星云，个别的动物或动物种属，化学的化合或分解，都同样是暂时的，而且除永恒变化着、永恒运动着的物质以及这一物质运动和变化所依据的规律外，再没有什么永恒的东西。”①

面对人类的一切可能宿命，这是多么坦荡的胸怀！其实辩证法早已告诉我们：“一切产生出来的东西，都一定要灭亡。”精神、人类、宇宙都是如此。恩格斯也早已写道：“我们还是确信：物质在它的一切变化中永远是同一的，它的任何一个属性都永远不会丧失，因此，它虽然在某个时候一定以铁的必然性毁灭自己在地球上的最美的花朵思维着的精神，而在另外的某个地方和某个时候一定又以同样的铁的必然性把它重新产生出来。”②

在这样的宇宙观面前，一切关于“价值失落”的悲叹，都已黯然失色。

---

① 《马克思恩格斯选集》，第3卷，461～462页。

② 同上书，462页。

第二十七章

科技发展与伦理重构

近代以来，科技革命与产业革命相互促进，人类社会的物质文明得到了空前的发展。利用抽象的理论和实证方法，人实现了对自然过程的部分揭示与控制，主体的价值得以充分的彰显。但与此同时，科技与物质利益联姻的局限性也日渐暴露。科技成为人们追逐物质利益的有效手段之后，科技发展逐渐打破了传统的价值信念体系，使人类进入了快速变迁的世俗化时代。在世俗化的科技社会中，一方面，社会的发展使人可以享有更多的物质利益，使生活方式的选择成为可能，但面对强大的社会技术系统人却越来越感到无力，出现了人的自我实现与物化的两难困境；另一方面，伴随科技活动的全球化进程，科技活动的风险已经上升为一种高后果风险（High-consequence risks）—— 会对极大量人口造成普遍性伤害后果的风险，层出不穷的危机（如核危机、生态危机）使得人的生活处于极端的不确定状况。

显然，在缓解这些困境与问题的努力中，伦理考量是一个尤为重要的方面，我们必须通过普遍性的伦理基础的重建和伦理精神的不断揭示与拓新，为身处物欲横流时代的人们找寻到安身立命之所。

一、伦理基础的反思性重建

伦理的发生与演进有两个基本前提，其一是人具有社会性，其二是人在不断地反思自己的行为。由于人具有社会性，人们就必须寻求使社会有效运行的普遍规范；而当原有规范失灵时，人们又会通过反思重建规范。在这两种前提的作用下，人类社会得以建立一种价值与伦理的回复机制。

面对物欲横流的现时代，价值与道德重建的可能性成为人们关注的焦点。恰如北宋李觏所言："孔子之言满天下，孔子之道未尝行。"从古到今，人的生存状态与道德状况一直都不理想，但人类社会仍然延续至今，这其中的重要原因是：的确存在着一种客观的伦理中道。所谓伦理的中道，不会自身凸显出来，需要人在伦理实践中去体悟和发现。为了寻求伦理的中道，我们要反对伦理独断主义与伦理相对主义两种倾向。

伦理中道的基础应该是通过对话与反思所建立的原则，其作用在于，使社会成为每个人都有可能在其中实现自我的集合体。在通过对话建构伦理基础这一问题上，哈贝马斯的"商谈伦理学"（*die Diskuisethik*）作出了富有启发意义的探讨。

商谈伦理有助于人们合理地界定相关主体的权利与责任。主体的权利可分为消极权利（不为的权利）和积极权利（为的权利），两种权利的实现都会影响到其他主体的利益，商谈和妥协是十分必要的。例如，在公共卫生资源的分配方面，所依据的伦理原则应该是在商谈基础上为各方所接受的。商谈伦理的另一项目标是明确责任，它包括承诺与监督两个方面。不论将社会视为自由个体的联合，还是以社群（community）作为社会的本位，每个利益主体都应该对社会有所承诺并接受相应的监督。商谈既是对承诺内容的合理性的探讨，也是对践履情况的核查。

哈贝马斯

商谈伦理所达成的普遍共识是最基本的伦理诉求，即底线伦理。尽管如此，这种努力仍然可以大大降低社会生活的不确定性。首先商谈的范围可以不断扩大，全球性的商谈行为将促成全球普遍伦理的建构。其次，所谓最基本的伦理诉求也将随着商谈的深入得到扩充与完善。

由于参与商谈的主体有不同的价值与利益取向，商谈所达成的伦理底线往往难免有局限性。为此，还应该对伦理基础进行反思性重建。这种反思性重建发端于建设性的社会批判意识，尤其体现了知识分子的社会责任。伦理基础的反思性重建的关键是寻求观念上的互补与制衡，即当社会生活中流行某种伦理价值取向时，知识阶层有责任揭示其局限性并提出与之相抗衡的价值观。当前，存在两种互补的基本伦理（政治）立场：自由主义（liberalism）和社群主义（communitarianism）。自由主义强调个人的权利，认为一旦每个人能够充分自由地实现其个人价值，个人所在的群体的价值和公共的利益会随之自动实现。社群主义是在批判以罗尔斯为代表的新自由主义的过程中发展起来的，它强调普遍的善与公共利益，认为只有公共利益的实现才能使个人利益得到充分的实现。在生态伦理领域，人类中心主义与生态中心主义之争就是伦理基础的反思性重建的表现。

显然，只有将商谈伦理与伦理基础的反思性重建相结合，才能形成价值与伦理的回复机制。所谓价值与伦理的回复机制包括两个层面，其一是伦理缓冲机制，其二是价值与伦理立场的转向机制。伦理缓冲机制试图通过对技术负载的伦理价值的揭示和讨论使技术有规范地发展，价值与伦理立场的转向则发端于对伦理基础的反思性重建。

二、伦理精神的创新

科技活动不仅是一种知识和物质创新活动，也是一种开拓性的伦理实践。鉴于科技的迅猛发展使传统静态伦理体系的弊端日益凸显，我们应该建构一种开放性的伦理体系以应对科技伦理实践中大量涌现出的伦理问题。在开放性的伦理体系的建构过程中，一个至关重要的方面是，我们不仅要在伦理实践中不断提高道德敏感性，揭示出新的伦理问题，还要善于从新的伦理境遇和问题中创造性地生发出新的伦理精神，为身处变动不居的科技时代的主体找到应变之道。

科技实践的发展使科技伦理不断展现出新的向度，科技伦理体系也因此出现了开放性的趋势。与传统的静态伦理体系相比较，开放性的科技伦理体系有三个新的特点。

其一，开放性的科技伦理体系是一种实践伦理体系。开放性的科技伦理体系所涉及的许多概念和范畴与具体的科技实践相关联，甚至关涉到某些具体的案例。我们可以将新的科技伦理体系的建构与科学哲学的发展作一个类比，目前的科技伦理研究中生命伦理、工程伦理和生态伦理的影响最大，类似于科学哲学中物理学范式的影响。

其二，开放性的科技伦理体系十分注重规范的动态建构。开放性科技伦理体系的规范建构活动不谋求毕其功于一役，而是不断跟踪科技实践的发展态势，动态地修正有关规范体系。因而，开放性的科技伦理体系不仅关注规范，而且更关注建构规范的活动，并不断寻求合理的建构方法和程序。

其三，开放性的科技伦理体系具有较大的灵活性和较强的可行性。开放性的科技伦理体系，一方面通过法规化、制度化等手段使伦理规范结构化，形成实际的制约效力；另一方面，在新的科技伦理实践中，又强调道德敏感性的培养和伦理精神的贯彻与拓新。

科技发展及其社会后果是人的物质创造力量对象化的产物，但是这种力量不一定符合人应然的本质需求，即并不必然是人的本质力量。所谓人应然的本质需求可以理解为广义的伦理需求，人的本质力量应该是满足广义伦理需求的力量。也就是说，人的物质创造力量要反映人的本质需求并成为人的本质力量，必须受到伦理的制约，伦理应该是科技实践的一个内在维度。

这种广义的伦理需求不是先验的信念框架，而是一个实践的范畴。由于伦理情境在实践过程中渐次凸显，伦理规范体系应该建立在对伦理实践的理解和把握之上。这种理解和把握实际上是一个能动的创造过程，其中最重要的方面是伦理精神的创新。

科技伦理精神的创新可分为四个方面：

其一是现实性考量，即从新的科技实践方式和科技进步所拓展的新的生活形式中，寻求实现“善”和“正义”的新的精神内涵。从大的方面来讲，由于现代科技的主要目标已从求知拓展为生产应用，现代科技职业伦理所应坚持的伦理精神，也相应地从“追求客观性”扩展为“坚持客观公正性”和“公众利益优先”。就具体的科技实践领域而言，人们可以通过实践体悟到伦理精神更精细的内涵。

其二是前瞻性考量。显然，这是为了适应科技加速和持续创新的发展态势。当前，特别是生命科学技术与信息科学技术的发展和知识经济的出现，将可能使人的生存方式发生巨大的变化，在这种情势下，对伦理精神不断作出前瞻性考量显得尤为必要。

其三是反思性考量。首先，我们应该对科技的工具理性作出反思，在寻求科学精神与人文精神融合的基础上，明确科技伦理精神中所应体现的人与技术的关系。其次，科技伦理精神的创建应该建立在对人与自然关系的深刻反思的基础上。

其四是可行性考量，即伦理精神的创新的主要目的之一是，在复杂的科技伦理情势中，帮助人们更为确切和全面地作出伦理判断。因此，可行性是伦理精神创新所必须考量的问题。

值得指出的是，伦理精神的创新具有超越性，但并不是对原有伦理精神的简单否定。所谓超越性，是指伦理精神所规范的领域或层次随着科技实践的发展出现了根本性的变化，必须扬弃原有的伦理精神体系。在很多情况下，原有的伦理精神被归并入新伦理精神。因此，伦理精神的创新既有对以往伦理精神的突破，也有对原有伦理精神的继承。

三、科技实践中伦理问题的延伸

站在人类伦理实践发展史的角度，我们看到，现代科技活动所引发和遭遇的诸多伦理问题是人类伦理实践的必然延伸。从本质上来讲，伦理行为应该是人的自由意志选择的结果，而自由意志的有效行使，取决于主体对行为过程及其后果的知晓和控制能力；换言之，伦理行为应该是一种以自由意志为前提，由选择机制和责任能力共同决定的责任行为。然而，传统与近代社会的伦理实践尚未充分展示这一本质特性。在传统社会中，社会生活以静态的等级伦常为主要关系特征，主体的知识和技能限于相对不变的共识性常识和经验，传统伦理主要面对的是建立在权威（神圣的或世俗的）与信念基础上的道义性的纲常理念。近代以降，资本主义和市场经济的发展，西方社会在权利的实现、自由意志的表达、利益的公正分配等方面进行了开放性的伦理反思和实践，从不同的角度建构了道义论、目的论、德性论、自然律论等伦理标尺，形成了较为完整的伦理规范体系。但是，由于人类交往实践的复杂性和主体活动后果的深远性尚未充分显现，真正的自由意志基础上的责任意识没有得到应有的重视。

现代科技的发展使人类交往实践日渐复杂，同时也使主体活动后果的深远性愈益凸显。结果，迫使人们放弃技术价值中立论和盲目的技术乐观主义，进而认识到日益增长的巨大科技力量所担负的巨大责任。唯有在认清科技行为的巨大责任之后，我们才能洞悉已有伦理向度在科技时代的延伸。

从个人伦理向集团伦理和集体伦理的延伸

现代科技活动已经发展成为一种与产业化紧密相连的集团行为，集团中的个人行为正当与否，已经很难简单地运用针对个人行为的伦理准则加以规范。无疑，集团伦理是由现代科技发展引发的社会分工的产物。在一定程度上，作为第一生产力的现代科技所具有的高度分化和高度综合的特征，决定了科技活动中分属不同利益集团的人的行为，必须兼顾个人、集团和社会的利益，必须突出个人与集团对社会的基本责任。利益集团中的个人，担当了较以往更多的社会角色，不同的角色应有的职责和责任往往会发生冲突。我们需要合理解决这些冲突，协调不同的职责和责任，使集团伦理成为个人伦理的必然延伸。

所谓集体伦理，意指科技发展使人类社会中的个体行为既高度独立又高度相关，为此必须建构一种与传统的集体伦理有别的新型集体伦理。传统社会中，由于个体行为的影响范围是有限的，传统集体伦理的指向往往只是局部利益。“国家兴亡，匹夫有责”之类的格言，常常是在危难之际激励人们履行对集体的义务，而平常的点滴行为中，传统集体伦理也只注重规范有直截当下影响的行为，因此，传统的集体伦理是一种局域性的集体伦理。然而，科技发展所带来的四海一家的情势，则促使人们进一步发展一种具有大同世界胸襟的新型集体伦理。这种新型的集体伦理有两个重要方面，其一是对公共物品（public goods，如环境、资源、知识等）的合理与有序的利用，克服所谓“公共牧场的悲哀”；其二是充分重视个体“微不足道”的不良行为（如私家车的尾气排放）可能导致的累积性恶果，真正地从整个人类及自然环境的角度规范每个人的行为。新型的集体伦理将更加强调人类普遍共识基础上的共同行动，只有这样，才可能实现整体的永续发展。

从信念伦理向责任伦理的延伸

在趋于静态的传统社会中，人们习惯上将伦理问题归结为某种信念体系。例如，"不应撒谎"，"对雇主要忠诚"等。这种信念化的伦理之所以在传统社会中有效，是由于在简单的传统社会生活中，人所需履行的责任十分有限。在古代中国，只要遵循所谓"五伦"即可修身、齐家、治国、平天下。于是，传统伦理有一种将责任信念化以简化道德教化程式的倾向。当然，伦理信念间的矛盾在传统伦理中也是存在的，如"忠孝不能两全"之类的慨叹即反映了此种冲突。但是，在科技推动下快速变迁的现代社会中，责任意识必须从后台走向前台，取代既不对前提作出反思、又不考量适用范围的伦理信念。也就是说，责任伦理不仅强调用主体的责任来论证伦理规范的合理性，而且还进一步从责任的恰当履行出发，界定具体情势中不同层面的责任的先后排序。从信念伦理向责任伦理的延伸，一方面反映了科技时代伦理问题复杂化的趋势，另一方面也标志人类伦理反思与实践的新进步。对信念伦理的扬弃与责任伦理的开创表明，人类不再天真地认为，只要在行为中贯彻某种绝对善的信念，就可以使行为符合道德。纷繁复杂的现代社会生活使人们认识到，信念伦理实际上是人们对其理论理性能力的高估，常常导致对实践理性的忽视，这种高估和忽视还进一步表现为，伦理仅成为伦理学家或哲人圣贤的伦理，具有自由意志的实践主体的选择与责任未得到应有的正视。

在科技活动的相关行为主体中，科技人员具有与难以预料的巨大科技力量相伴随的重大社会责任。对此，尤纳斯（1903—1993）认为应该强调"责任与谦逊"。他指出，由于科技行为对人和大自然的长远和整体影响很难为人全面了解和预见，存在一种"责任的绝对命令"（the imperative of responsibility），这种"责任的绝对命令"又呼唤一种新的谦逊。所谓新的谦逊，与以往人们因为力量弱小而需保持的谦逊不同，其原因在于，科技力量是如此巨大，以至于人类行为的力量远远超出了实践主体的预见和评判能力。有鉴于此，科技行为更需要一种责任意识。

从自律伦理向结构伦理的延伸

传统社会的伦理秩序建设的最高目标是实现个体的自律，事实上这是一个难以单独实现的目标。在现代社会中，科技革命使社会分工日趋复杂，也使个人行为的影响层面多元化，后果更为深远。在此情形下，传统的以自律为目标的伦理规范体系必须进一步发展为一种有强制力的社会化结构体系。在以科技创新为先导的加速变迁的现代社会，伦理体系建构的结构化延伸的实质是，将一种负反馈机制引入伦理体系之中，迫使行为主体调整其行为，这实际上有助于行为主体的伦理自律。而且，这种结构化的体系无疑应该是一个动态与开放的体系，惟其如此，方可适应情势的变化，保持其有效性。一些人文学者或许会对伦理结构化中的“控制”思想提出异议，但是我们可以看到，如果说伦理自律是个体的自我控制，那么结构伦理可以视为群体的自我调控。只要结构化的伦理反映的是基于该群体自由意志之上的责任和选择，从自律伦理向结构伦理的延伸就是一个自然而非异化的过程，它显然是人类活动的社会化进程不断深入的结果。

从近距离伦理向远距离伦理的延伸

在传统社会中，伦理准则规范体系主要以直截当下为适用范围，所涉及的大多是人与人之间的直接关系，故可称之为近距离伦理。我们不难看到，科技的发展已经使主体的交往方式发生了根本性的变革，传统的主体间直接的近距离伦理关系随之在时间和空间两个向度上出现了延伸，演变为一种以技术为中介的远距离的伦理关系。在时间上，未来世代的权利和当代人的责任已经成为人们反思科技与未来的重大命题。在空间上，为了克服全球问题，一方面，人们正在寻求全球文化价值观念的整合，期图构建一种普遍性伦理；另一方面，人们日渐意识到，人不仅仅对人自身有义务，而且对生活于其中的生物圈和大自然也有保护的义务。伦理关系在距离上新的延伸，带来了诸如可持续发展、动物的权利和环境的价值等许多观念上的革命。尽管有些观念尚待讨论，但它们确是科技时代主体行为能力不断拓展的必然产物。

从被动性责任向主动性责任的延伸

培根说，知识就是力量。“力量”一词，英文为 power，又可译作“权力”。事实上，科技活动的行为主体的确掌握着一种巨大的权力，而且这种权力是一把双刃剑，影响到人类当前和未来的生存与发展。在科技人员与其他群体的权责关系中，科技人员既居于主导地位，又处于被监督的境地，这也给科技伦理体系的建构提出了新的难题。值得指出的是，传统伦理体系中，义务与责任往往是被动的，如“不得偷盗”、“不得妨碍他人”之类；而科技人员的义务和责任则更多地涉及“应该造福人类与自然环境”之类主动性的要求。反过来，其他群体则有权要求科技为他们带来更多的福祉——更好的教育与保健，更安全与便捷的技术等。

科技发展的一个关键性问题是安全。所谓安全，实质上意味着“可接受的风险”，因此如何确定这种可接受的风险成为问题的焦点。在理性的社会中，管理者（政府、组织）、执行者（科研机构、企业）和监督者（媒体、群众组织）应该形成一种良性互动，才能既规避科技可能造成的负面影响，又促使科技进一步为人类造福；换言之，使科技人员不仅能够履行其被动性责任，还能够履行其主动性责任。

四、不同层面的科技伦理问题

现代科技的发展已使科技成为人类社会及其环境中的一种无所不在的因素，科技伦理所涉及的层面也因此得到不断拓展：科技共同体内的伦理问题、科技社会中人际伦理问题、科技时代文化际伦理问题、科技背景下人与自然的伦理关系，展现了科技伦理的新向度。

科技共同体内的伦理问题

科技共同体作为科技行为的主体，其行为对整个社会和环境具有直接和深远的影响。在传统社会中，科技共同体内的伦理关系是依靠科学的精神气质和科学家的荣誉感来维系的。现代社会经济发展与科技进步之间的互动，已使得功利的因素从内外两个方面对科技共同体产生了巨大的压力；同时，政治与文化价值因素也不时影响到科技共同体内成员的行为。在此背景下，更加突显了科技共同体内伦理自治的重要性。

科技共同体在科技时代中的特殊地位决定了其成员必须为其科技行为承担较传统社会更多的道德责任。这种道德责任要求，科技时代的科技共同体成员应该在科学的规范结构的基础上，进一步坚持客观公正性和公众利益优先的伦理原则，以人类及其环境的福祉作为他们的最高诉求；在任何势力面前都要坚持真理；不因任何的诱惑而作伪或滥用科技手段；认真地思考每一项科技活动的价值意蕴与可能的社会后果；审慎地进行可能具有不明确的深远影响的科技活动。

科技共同体内成员的频繁违规现象，迫使科技共同体建构起制度化、法规化的结构化伦理体系。学术规范的确立及其运行机制的完善是学术规范国际化和本土化的两个重要方面。不当的名利追求所导致的剽窃行为、作伪行为和社会化的伪科学活动应该是学术规范防范的重点。

此外，科技共同体内成员间的伦理问题还有许多以往受到忽视或重新受到关注的方面。例如，女性在科技共同体中应有的地位与作用，知识经济时代知识产权的再定位及其合理性等。这表明科技共同体内的伦理问题将随着科技伦理实践的深入不断向前发展。

科技社会中的人际伦理问题

科技给人类社会生活带来的便捷、舒适和全新的生活形式，使人们将现代社会称为科技社会。近代以来，科技活动主要以工业化的形式在世界各国渐次展开，观念、制度与技术的加速创新成为现代社会的基本特征，人类社会出现了世俗化、科学化和民主化的时代潮流。我们应该看到：（1）由于缺乏对科技加速物质生产效应的反思，人类社会被拖入了盲目扩大生产和高消费的恶性循环之中，这显然是全球性生态危机的主要诱因。（2）由于传统的价值判断受到科学实证思维模式的冲击，社会价值体系出现了世俗化的趋势，但是在打破了原有价值体系之后，现代社会尚未建构起能够取代传统伦理价值体系功能的新体系，因此出现了多层面的价值危机。其中，有许多问题是由科技发展提供的新的可能性导致的，如避孕手段的出现和生殖技术的发展在一定程度上引发了性关系、婚姻和家庭问题的复杂化与社会性危机。（3）工业化使现代社会成为一种高度技术化和组织化且难以为人控制的世界，究竟是技术、组织在为人服务，还是人已异化为它们的奴隶？这是现代人的最大困惑之一。此外，工业化现代社会生产标准化的思维模式已经渗透到人们的物质乃至精神生活的所有方面，人的个性有被这种结构化、系统化的划一形式吞噬的危险。（4）社会的知识化和专业分工趋势与社会生活民主化的潮流成为矛盾的两个方面，知识社会中知识的可共享性和知识垄断之间的矛盾日益加剧，知识分子的地位和作用成为一个敏感的话题。其中，知识分子的专业权威性在伦理判断中的决定性影响如何与社会应对他们采取的监督相互协调，是一个尤为复杂的问题，而这个问题显然是与不同社会中的传统和现实相关的。在西方，已经有条件讨论弱智者的权利和社会对他们的关怀；而在中国，正确树立知识分子的权威性还是一桩需要努力为之的工作。（5）随着现代信息技术的发展，人类的交往方式正在发生日新月异的变化，电视、电话、计算机网络的相继出现使地球成为一个小小的村落，人们尚未理清大众传媒操纵舆论的是非曲直，就开始面对电脑网络空间中的虚拟现实。全球网络化的前景迫使人们反思新的数字化生存方式下社会结构的嬗变和人际关系的演进，广域性、虚拟性、匿名性和随机性的网际交往中的行为规范，已成为科技伦理实践的新问题。

科技时代文化际伦理问题

科技时代的文化际伦理问题至少包括三个层面，其一是不同科技文化传统间的伦理冲突，其二是先进国家向后发国家的科技转移中的伦理困境，其三是科技文化体系与其他文化体系之间的伦理争执和协调。

在不同的科技文化传统中，不仅有不同的思维模式与宇宙图景，而且其社会成员对科技价值的认识也是不尽相同的。中国近代以来的“西学中体”之类的主张，中医地位的几番起落和思想先驱们的科玄论战都反映了这种冲突和矛盾；时至今日，群众性的气功活动、周易预测的神话说明这种冲突远未了结。这种冲突表面上似乎是有关思维方式孰优孰劣的争执，实质上是对科技价值的迥异认识。另一个值得关注的现象是，在东方社会逐渐西化的同时，西方对其科技文化传统和东方文化的态度，似乎发生了一种所谓后现代转向。其原因是西方科技文化的弊端日渐显现，生态危机等全球问题引起了人们对科技文化价值的怀疑，人们转而评判科技的异化，并希图借助非西方科技文化中的整体性思维方式、对人的关怀和与自然和谐相处等异质性文化养分，寻求文化的突破和创新。显然，我们不能由于西方态度的某种转向而抱残守缺，应学习西方文化的批判和创新精神，找到适合我们发展现状的科技文化战略。

由于西方先进国家率先引入了科技与经济相结合的互动创新机制，其科技和生产水平成为后发国家的追赶目标，因此，出现了广泛的科技转移活动。如果说先进国家的科技经济发展是一个渐进的过程的话，那么，后发国家的科技经济发展则是在外部压力下的一种激变。在科技引进过程中，传统生活方式与伦理价值观念同输入的西方式工业文明往往会发生尖锐的冲突，伊朗在接受西方工业文明之后又对其全盘否定的原因便在于此。事实上，在这种对立的背后还有更深层的经济和文化矛盾。由于西方工业文明建立在对个人和利益集团的利益追求之上，所以，大多数科技转移活动都伴随着经济支配行为和文化殖民动机。后发国家要以实际行动尽可能抵制先进国家在科技转移中的不正当要求，使科学技术真正成为本国物质和文化建设机制中的有机环节。

科技文化在整个文化价值体系中占据着重要的地位，它与其他子文化价值体系之间存在着许多冲突。科技作为一种物质和精神力量与政治和宗教发生了千丝万缕的联系。在科技与政治的交汇处，既有两者相互促进的美满姻缘，也有一厢情愿的强制包办。不管这种结合是什么形式，都必须考虑到人类的福祉与资源和环境的保护，都不能违背自然规律，都应该注意社会资源和科技成果的合理的、公正的分配，只有这样，才能走出科技统治论和片面政治化的误区。在科技与宗教的冲突中，科技的力量已经使宗教裁判所的时代一去不复返了。但是，科技并非万能，实证和分析方法对精神世界和价值判断几乎无能为力，物欲横流的现代社会不仅需要对自然真实过程的揭示，而且还需要对人的终极关怀。因此，现代社会需要一种新的“宗教”，它一方面应该摆脱原教旨主义的影响，成为一种与其他子文化价值体系兼容的价值体系；另一方面，它又应该是一种异常坚定的信念体系，指引人们的心灵在纷繁芜杂、变化万端的世界中处变不惊，成为人们永恒的安身立命之所。

科技背景下人与自然的伦理问题

这实际上是对人与自然再定位的问题。回顾人与自然的关系，大致经历过三个阶段。第一个阶段是人类顺从和完全依附于自然的阶段。此时，人们惧怕和崇拜自然，受到自然的支配。第二个阶段是人类利用科技手段改造和利用自然的阶段。此时，人们似乎实现了所谓从奴隶向主人的转变，人试图成为自然的主宰。现在，人们正试图步入第三个阶段，以实现人与自然的可持续生存和可持续发展。至此，人与自然的伦理关系将升华到一个新境界。

如果说从第一阶段到第二阶段是人与自然关系的一种进步，那么其主要方面是科技发展和经济制度创新所带来的物质生产方式的进步。这种进步是以牺牲资源和环境为代价的，因而有很大的局限性。

从第二阶段向第三阶段的过渡，是人类社会迫于严峻的现实而不得不作出的抉择。也就是说，不论是在观念层面还是在对策和行动方面，人类社会都必须形成全面、清醒的共识和共同行动的决心。为了真正走上人与自然相协调而可持续发展的道路，我们应该对人与自然的伦理关系进行明确的再定位。人与自然的伦理关系应该包括人在自然中的自我定位和人以自然为中介的社会关系两个方面。为了确立人和自然的新型关系，我们要重新确定人对自然、对后代、对社会的责任。

第二十八章

科技发展与“反科技”思潮

当代西方流行着一股不可忽视的“反科技”思潮，波及面甚宽：有哲学家反对科学技术的理论思辨，也有未来学家鼓吹技术悲观论的颇有影响力的研究报告，还有像绿党那样的政治组织和绿色和平组织的直接干预行动，等等。它们的共同特点是，更多地看到现代科技对人、自然和社会的负面影响，于是对现代科技持一种悲观主义的否定态度，并且在理论上或行动上反对或抵制现代科技。

一、海德格尔：“克服现代技术”

海德格尔（1889—1976）主要从哲学的角度来批判现代科学技术。他将现代科学技术，特别是现代技术看作是人的对立物，是“最高的危险”，因此主张“克服现代技术”。

海德格尔科技观的主要内容

海德格尔

（1）将现代科学的本质归结为现代技术的本质，因而海德格尔的科技观实质就是技术观。海德格尔认为，虽然“从编年学上讲，现代物理科学始于十八世纪，而机械—动力技术只是在十八世纪的下半叶才发展起来。但是……如果着眼于在技术中居支配地位的技术之本质，那么，它的历史又更早”①。他承认，现代技术的发展有赖于现代科学的支持，但是，决定性的问题是“现代技术具有什么样的本质，以致现代技术能够想到去使用精密的自然科学”②。换句话说，现代技术的本质既支配着现代技术，又支配着现代科学。当然，在海德格尔那里，技术的本质不仅支配着与自然的交往，支配着科学，而且还支配着一切包括宗教、艺术、政治等等在内的文化创造或存在领域。在他看来，“新时代的基本立场是‘技术的’基本立场。并非因为有蒸汽机和内燃机，基本立场是技术的；而是之所以有这类东西，是因为

① ［德］海德格尔：《人，诗意地安居》，133页，上海，上海远东出版社，1995。

② 转引自［德］冈特·绍博尔德：《海德格尔分析新时代的科技》，153页，北京，中国社会科学出版社，1993。

时代是‘技术的’时代”①。

(2) 工具的和人类学的定义并不能揭示技术的本质，现代技术的本质是“座架”。海德格尔认为，对技术所作的工具的和人类学的定义，即把技术看作是达到某种目的的手段和人类的一种行为，这种定义虽然是“正确的”，但并没有揭示技术的本质。在他看来，技术不只是工具。一方面，技术是一种去蔽方式，“支配现代技术的去蔽是一种挑战，即向自然提出无理要求，逼迫自然供应既可以提取又可以储存的能量”②。另一方面，“现代技术为一种揭示着的指令，就不只是人类的作为。因为，我们必须按照它显示自己的方式，去看待那要人将现实变为定位—储备的挑战。挑战把人聚集进指令。此一聚集要人专心于勒令现实为定位—储备”③。海德格尔将这种挑战性的要求称之为“座架”，并把它看作是现代技术的本质。

(3)“座架”统治之处就有最高的危险。“座架”这种挑战性的要求是对人和自然的“限定”和“强求”：它让人和自然只在技术的可用性方面相遇，只是在物质化和加工的方式中相互涉及。于是，当“座架”君临一切时，“最高的危险”便产生：首先，现代技术把自然展现为持存物，使之降格为受技术统治的单纯的、齐一的、功能化的物质，从而不仅使存在本身遭受损害，而且使人远离事物。因为“座架”“把人放逐到作为勒令的揭示之中。这种勒令猖獗之处，其他揭示的可能性就被消除了”，特别是遮蔽了诗的意义的展现，因而“使人无法体会到更加本源的真理的召唤”④。其次，能使人得以宣称自己是地球主人的现代技术并没有给人带来伟大的自由和自身性。相反，人也将丧失其真正的本质，因为他如此严重地受到技术本质的支配，以致他和事物一样遭到同样的命运：当人通过技术活动挑战自然，消灭事物的特性或自身性，使其展现为持存物的时候，人其实已经先于自然变成了持存物。总之，海德格尔认为，人和自然的自身性的损坏、扭曲和丧失是技术时代的真正危险。而且，人和现代技术的对立似乎具有其深层的依据和必然性，因为“座架”的支配力属于“存在的天命”。

(4) 克服现代技术。海德格尔认为，“座架”的本质是危险的，它使存在离开并遗忘了它的本质，现在的任务是要克服现代技术，将人和事物从危险的座

---

① 转引自［德］冈特·绍博尔德：《海德格尔分析新时代的科技》，146页。

② ［德］海德格尔：《人，诗意地安居》，128页。

③ 同上书，130页。

④ 同上书，136～137页。

架中拯救出来，从存在的被遗忘状态向存在的本质的真实性“转折”，也就是使人和事物返回到存在本身。然而，克服技术并不是靠人的主体的行动，而是靠事物和世界的真理的本源的表现。他强调：“只有一个上帝能够拯救我们。留给我们的唯一可能，是通过思和诗去做好一种准备，即为上帝的出现或者为没落的时代上帝的缺席做好准备。”①

简短评论

海德格尔的科技观在某种程度上揭示了在资本主义条件下科学技术的异化现象，即科学技术与人的对立，但是，他对科学技术所作的哲学批判，其根本点显然是站不住脚的。

首先，海德格尔的科技观带有明显的宿命论色彩。将现代科学技术的本质归结为技术的本质，将技术的本质归结为“座架”，而“座架”的支配力在于“存在的天命”，这样一来，技术的本质成了至高无上的、实体化的力量，而人则变成了完全由技术的本质及其天命支配的奴隶。即使人认识到了技术的本质就是危险，人也不能靠主体的力量去克服现代技术，而只能通过思去静静地等待真理本源的出现，迎接天命的安排。这不是一种宿命论的观点吗？可是，问题在于科学技术本身是由人创造的，人为什么要创造这样一种怪物来统治和支配自己呢？那么，存在的天命又是什么呢？存在为什么要遗忘其本质，给人类带来危险和苦难呢？显然，这些问题是难以通过理性思维来回答的，因为在海德格尔那里，“存在的天命”类似于“上帝的安排”。其实，“存在的天命”并不存在，存在的只是特定的社会历史条件，它们决定着人与科学技术的关系。

其次，海德格尔歪曲了科学技术的本质。诚然，在资本主义的条件下，科学技术同人和自然的对立这种现象是有目共睹的，它的确在某种程度上是对人和自然的“限定”和“强求”，使人和自然物质化、齐一化和功能化，但是，这并不是科学技术的本质，而是科学技术及其本质的异化。事实上，科学技术作为人类的创造，它在本质上是同人的自身发展密切相关，同人类的家园——自然的建设密切相关的。正是这种“发展”和“建设”，才是科学技术的真正的本质。

最后，海德格尔的科技观在理论上导向虚无主义。他的哲学宗旨是克服现代技术，使人和自然返回到存在本身。那么，存在本身是什么？海德格尔说：“曾经有过这样的时代，其时，并非只有技术才有 *techne* 之名。使真理光芒四射的

① ［德］海德格尔：《人，诗意地安居》，150页。

揭示也被称作 *techne*。曾经有过这样的时代，那时候，真理之进入美，被称之为 *techne*。在古希腊，这西方天命之肇始，诸艺术翱翔于它们被给予的揭示之极境。它们澄明了诸神的在场，澄明了神与人类天命的对话。”① 由此可见，海德格尔所谓的返归存在本身，其真实含义就是让人们摆脱现在这个“技术化的千篇一律的世界文明的时代”，返归到古希腊去，到那里去寻找人可以“诗意地安居”的家园。他在批判现代技术的虚无主义发展的同时，自己却真正走向了一种彻底否定现代西方文化和文明的虚无主义。

二、马尔库塞：科技造成一个“单向度”的“病态社会”

马尔库塞主要是从社会的角度来批判现代科学技术的。在他看来，现代科学技术是发达工业社会的一种新的控制形式。现代科学技术对社会控制的结果，使得西方社会陷于单向度的“病态社会”，使人变成“单向度的人”。于是，他呼吁一种与人和自然的解放密切相关的“新技术”。

马尔库塞科技观的主要内容

(1) 现代科学技术是一种新的控制形式。马尔库塞认为，发达工业社会的控制形式在新的意义上是技术的形式。“技术的进步扩展到整个统治和协调制度，创造出种种生活（即权力）形式，这些生活形式似乎调和着反对这一制度的各种势力，并击败和拒斥以摆脱劳役和统治、获得自由的历史前景和名义而提出的所有抗议。”② 尽管这种控制形式与近代资本主义的更为强制性的控制形式并没有本质的区别，但是在当代，技术的控制从表面上看似乎“真正体现了有益于整个社会集团和社会利益的理性，以致一切矛盾似乎都是不合理的，一切对抗似乎都是不可

马尔库塞

① ［德］海德格尔：《人，诗意地安居》，142～143 页。

② ［德］赫伯特·马尔库塞：《单向度的人》，4 页，上海，上海译文出版社，1989。

能的”[①]。

（2）现代科学技术并不是“中立的”，它具有明确的政治意向性和意识形态功能。在马尔库塞看来，面对发达工业社会的极权主义特征，技术“中立性”的传统概念不再成立。“作为一个技术世界，发达工业社会是一个政治的世界，是实现一项特殊历史谋划的最后阶段。”“随着这项‘谋划’的展现，它就形成了话语和行为、精神文化和物质文化的整个范围。在技术的媒介作用中，文化、政治和经济都并入了一种无所不在的制度，这一制度吞没或拒斥所有历史替代性选择。这一制度的生产效率和增长潜力稳定了社会，并把技术进步包容在统治的框架内。技术的合理性已经变成政治的合理性。”[②] 这就是说，现代科学技术不仅参与了建立、巩固和发展“发达工业社会”这个极权主义社会的整个“历史谋划”过程，而且从中起着决定性的作用。

（3）科学技术的控制使得发达工业社会陷于单向度的“病态社会”，使得生活于其中的人变成了单向度的人。马尔库塞认为，发达工业社会是一个新型的极权主义社会。造成极权主义的根源主要不是恐怖与暴力，而是科学技术的进步。由于科学技术的进步，发达工业社会成功地消除了人们（尤其是工人和老板）的生活方式的差异，实现了政治对立面的一体化；由于科学技术的进步，发达工业社会可以通过电视、电台、电影、报纸、广告等各种传媒和舆论工具有效地控制和操纵人们的个人空间；由于科学技术的进步，发达工业社会使人们满足于富裕的物质生活而放弃理想、自由和高层文化的追求，更不愿意为追求生活方式而付出代价；由于科学技术的进步，实证主义、分析哲学这些“肯定性思维”和“单向度哲学”占领了人们的思想领域……总之，正是由于科学技术的进步及其所施行的成功的控制，发达工业社会成了一个没有反对派的社会，从而成为单向度的社会，并使生活在其中的人失去否定性、批判性和超越性的向度，从而成为单向度的人。一个社会若是不能用现有的物质手段和精神手段使人性充分地发挥出来，那么，这个社会就是病态社会。

（4）为人和自然的解放，呼吁一种“新技术”。马尔库塞认为，已确立的技术已经变成破坏性的政治工具，因此，“技术转变同时就是政治转变，但政治变化只是到了将改变技术进步方向即发展一种新技术时，才会转化为社会的质的变化”[③]。他强调，技术进步的这种新方向将是既定方向的突变，是流行的科学技

① ［德］海德格尔：《人，诗意地安居》，10页。

② 同上书，7～8页。

③ ［德］赫伯特·马尔库塞：《单向度的人》，204～205页。

术合理性的突变，是理论性和实践性新观念的突现。它将展现一种本质上全新的人类现实的可能性。“在此条件下，科学谋划本身将对超功利的目的、对远非政治必需品和奢侈品的‘生活艺术’开放。”①“艺术”一词含有决定性的否定的要素，因为艺术是独立于既定现实原则的，它所召唤的是人们对解放形象的向往。他所呼吁的“新技术”，从某种意义上说，就是“理性的功能与艺术的功能的会聚”，使技术服务于“增进生活艺术”。

简短评论

马尔库塞的科技观进一步揭示了科学技术在当代资本主义社会条件下的异化现象，即当代资本主义怎样利用科学技术对社会进行控制，从而使社会变成单向度的社会，使人变成单向度的人的情况，但是，他对科学技术的批判的根本点还是站不住脚的。

首先，马尔库塞关于科学技术具有明确的政治意向性和意识形态功能这个观点是难以成立的。诚然，当代资产阶级利用科学技术来维护自己的统治，这是事实。在当代资本主义的条件下，科学技术的确对政治、经济、文化等各个领域产生了巨大的影响（包括异化等负面影响），但这只能说明现代科学技术的资本主义应用具有很大的局限性和负面效应，可以作为“破坏性政治的工具”。然而，人们并不能因此推出科学技术本身具有明确的政治意向性和意识形态功能。事实上，科学技术既可以为资本主义服务，也可以为社会主义服务；它有可能被利用为“破坏性政治的工具”，更有可能变成为“建设性政治的工具”。明确设定科学技术具有“破坏性”和“极权主义”的政治意向性，如同海德格尔将科学技术的本质归结为“座架”一样，最终只能借助于诸如“天命”之类的东西来说明。

其次，马尔库塞夸大了科学技术的负面效应，抹杀了其正面效应。由于强调具有“破坏性”和“极权主义”的政治意向性和意识形态功能，于是，在马尔库塞的视野里，科学技术对社会和人已经而且只能带来负面效应，甚至于社会生产力的发展、提高人们的生活水平和实现社会的现代化，都成了科学技术的“罪过”。这种观念显然是极为偏颇的：它只看到科学技术的异化的一面，而没有看到科学技术的真正的本质；它指责科学技术是一种控制的形式，是“奴役的帮凶”，而没有看到科学技术更是一种解放的形式，是“革命的武器”。如果将这种观点贯彻下去，那么，必然走向虚无主义，到没有科学技术的远古时代去寻找“伊甸园”。

最后，马尔库塞试图通过转变技术来转变政治，从而使人和自然获得解放，

---

① ［德］赫伯特·马尔库塞：《单向度的人》，207页。

这是行不通的。因为导致科学技术异化的根源并不在于科学技术本身，而在于资本主义的应用，所以只有消除导致科学技术异化的社会根源，才能使科学技术的进步获得新的方向，从而同人与自然的解放相一致。

三、罗蒂：用“后哲学文化”来取代“后神学文化”

罗蒂（1931—2007）主要从文化的角度来批判科学。他认为，在后神学时代，自然科学取代宗教成了文化的中心，但是，科学不应当享有独特的文化地位。他倡导用后哲学文化来取代后神学文化。

罗蒂科学观的几个要点

(1) 后神学文化是以自然科学为中心的文化。“到了十七、十八世纪，自然科学取代宗教成了思想生活的中心。由于思想生活俗世化了，一门称作‘哲学’的俗世学科的观念开始居于显赫地位，这门学科以自然科学为楷模，却能够为道德和政治思考设定条件。”① 尔后，在逻辑实证主义那里，更是强调“科学就是模范的人类活动。面对文化的其他部分还需要说的一点点，就是殷切期望其中有些领域（例如哲学）本身可能会变得‘科学’些”②。

罗蒂在作学术报告

(2) 实证主义文化在不依赖上帝方面只是走了一半，因为实证主义者“在其科学的观念中（和在其‘科学哲学’观念中），他们仍保留了一个神。在他们那

① ［美］理查德·罗蒂：《哲学和自然之境》中译本作者序，11页，北京，三联书店，1987。

② ［美］理查德·罗蒂：《后哲学文化》，49页，上海，上海译文出版社，1992。

里，文化中科学这个部分使我们可以接触到某种不是我们自己的东西，可以使我们发现与任何描述无关的赤裸裸的真理本身”①。科学家“被看作是使人类与某种超人类的东西保持联系的人。由于宇宙已被非人格化，美（而且最后还有道德的善）开始被看作是‘主观的东西’。因此真理被看作是人类可以对某些非人类的东西负责的唯一立足点。而对‘合理性’和‘方法’的承诺便被看作是对这个责任的承认”②。

（3）自然科学不应当享有特殊的文化地位。在罗蒂看来，自然科学不过是文化中告诉我们如何预见和支配将会发生的事情的那个部分。预见和支配的成功并不表明，它具有别的文化值得好好模仿的特别的方法，也并不表明它比别的文化更“接近于实在”或更受“硬事实制约”。所谓真理，只是对一个选定的个体或团体的现时的看法。“它可以同等地运用于律师、人类学家、物理学家、语言学家和文学批评家的判断。给这样的学科指派不同的‘客观度’或‘强硬度’是没有任何意思的。”③ 所谓“合理性”，与其说是指“有条理”倒不如说指“有教养”。在“有教养”这个意义上，所有文化都是合理性的，所有学科都可以成为“理性学科”。因此，不需要自然科学家充当新的牧师，充当人与非人之间的连接点。

（4）倡导一种“后哲学文化”。正如在启蒙时期宗教文化被“科学的”实证主义文化所取代一样，现在需要用“后哲学文化”来取代“科学的”实证主义文化。“后哲学文化”最显著的特点是，在这个文化中，“没有人，或者至少没有知识分子会相信，在我们内心深处有一个标准可以告诉我们是否与实在相接触，我们什么时候与（大写的）真理相接触。在这个文化中，无论是牧师，还是物理学家，或是诗人，还是政党都不会被认为比别人更‘理性’、更‘科学’、更‘深刻’。没有哪个文化的特定部分可以挑出来，作为样板来说明文化的其他部分所期望的条件”④。

简短评论

罗蒂反对实证主义的文化观，反对用自然科学的观点和标准来审视、规范别的文化，这个见解是有一定道理的。但是，罗蒂的科学观也是颇成问题的。

---

① ［美］理查德·罗蒂：《后哲学文化》，21页。

② 同上书，75页。

③ 同上书，80页。

④ 同上书，14～15页。

首先，罗蒂在批判大写的真理的同时，也否定了科学的根本特性，即客观性。尽管实证主义者对真理的理解和表述过于僵硬，然而，即使按照罗蒂的理解，自然科学不过是文化中告诉我们如何预见和支配将会发生的事情的那个部分，那么，自然科学也离不开客观性问题；因为“预见和支配”的成功需要有客观的依据来保证，而不是仅仅取决于单纯的“主体间的一致”。把真理归结为“只是对一个选定的个体或团体的现时的看法”，归结为“主体间性”，其实质就是从根本上否定了科学的客观性，也就是从根本上否定了自然科学。

其次，用人文文化消解科学文化，走到了与科学主义正好相反的另一个极端。罗蒂将真理归结为“主体间性”，将“合理性”弱化为“有教养”，再将方法化解为“对话”，其真实用意在于用人文文化来消解科学文化，或者说用人文文化来整合科学文化。然而，如果说实证主义者强调用自然科学的观点和标准来规范人文文化是一种片面的、极端的观点的话，那么，罗蒂试图用人文文化的观点和标准来消解科学文化则走到了另一个极端，导致了另一个片面性。

最后，罗蒂从文化观念出发来论证科学的文化地位问题，也是相当偏颇的。其实，一种文化应当或实际上享有什么样的文化地位，并不仅仅取决于文化观念本身，在很大程度上是由当时的社会存在决定的。科学之所以在近现代享有重要的文化地位，最根本的原因是，没有一种别的文化像科学那样对近现代社会的文明和进步产生如此之大而深远的影响；与此同时，也没有一种别的文化能够像科学那样受到近现代社会如此之大的重视和推崇。科学的文化地位并不是由单纯的文化观念决定的。

四、驳“现代科技与人文精神对立”

尽管海德格尔、马尔库塞和罗蒂对科学技术的批判角度有所不同，但是他们共同表达了这样一种观点，那就是现代科学技术通过对自然、社会和文化的控制，从而造成了同人的对立和同人文精神的对立。概括地讲，导致这种观点的根源有两个：

一是将科学技术在资本主义条件下的异化直接归咎于科学技术本身，而不是归咎于其资本主义的应用。在资本主义条件下，导致异化的不仅仅是科学技术，像艺术等其他文化也往往不可避免地发生异化，因此，若将科学技术与人和人文精神对立起来，而将艺术看作是“人们对解放形象的向往”，显然是没有道理的。

二是对科学技术的理解没有超出狭隘的功利主义和实证主义的视野。问题在于这种理解是错误的，至少是极为片面的。如果超越狭隘的功利主义和实证主义的视野，我们就会看到科学技术及其精神与人的自身发展和人文精神的一致性。

首先，科学技术本身就是一种与人类的理想和自由密切相关的高层次文化。它集中体现了人类对知识和真理的追求。它是人类文明的重要组成部分，是任何其他文化所不能替代的。一个人的科技知识素养在很大的程度上体现了这个人的文化素养和整体素质。就整个人类来说，科学技术的发展水平更是从一个极为重要的方面标志着人类自身的发展水平。认定科学技术只是同物质财富的生产及其物化的世界有关，而与人们的精神境界和高层次文化无关，并且随着科学技术的进步，必将使人们满足于富裕的物质生活而放弃对理想、自由和高层文化的追求，从而导致精神世界的空虚和堕落，这种见解是相当肤浅的。第一，它没有看到科学文化本身就是高层文化的重要组成部分，并且科学文化与艺术等人文文化是相互依托、密切相关的。正如著名科学史家萨顿所说的，“理解科学需要艺术，而理解艺术也需要科学”①。科学技术的生产与发展离不开人文文化背景，而科学技术的进步与发展又强有力地推动了人文文化的进步与发展。很明显，要是没有现代科学技术，就不会有包括现代艺术在内的现代文化。第二，它没有看到科学技术在创造物质文明的同时也在创造精神文明。除了物质财富以外，科学技术活动还给人类带来了比物质财富更加宝贵的精神财富，那就是对真善美的无私的热爱和追求。就追求精神境界而言，它完全可以同艺术等任何一种高尚的文化活动相媲美。

其次，科学技术活动作为一种理性活动，对于推动人的理性思维和智力发展有巨大而深远的作用。的确，实证主义、科学主义和理性主义有其很大的片面性，但是，西方人文主义者主张非科学主义和非理性主义似乎具有更强的偏颇性。第一，他们没有完整地理解科学技术合理性的真实含义。例如，马尔库塞将科学技术合理性等同于“肯定性思维”、“单向度思考方式”、“单向度哲学”及其“统治的逻辑”；而罗蒂将科学合理性理解为“有条理”，即“拥有事先制定的成功标准”。但事实上，科学技术合理性还更多地包含着批判的精神、怀疑的精神和创新的精神，因而更多地包含着“否定性思维”。显然，它与所谓的“统治的逻辑”是格格不入的。第二，他们没有看到科学技术活动所培育和发展的理性对于人类自身发展的意义。诚然，人不能仅仅局限于对知识和理性的追求，理性不能代替人所拥有的一切，片面夸大理性及其作用的理性主义是不可取的。但是，

① ［美］乔治·萨顿：《科学的生命》，20页，北京，商务印书馆，1987。

理性毕竟是人和生活所必须拥有的重要方面。从某种意义上说，理性的发展水平也同样标志着人类自身和社会的发展水平和成熟程度。要是没有近现代科学技术活动所培育和发展起来的理性，就没有近现代化的人类及其社会，人类也许仍将徘徊在比较原始的状态，宗教或巫术也许仍将主宰着一切。因此，如果说实证主义和理性主义使人变成“单向度的人”、使社会变成“单向度的社会”的话，那么，毫无疑问，非科学主义和非理性主义必将导致另一类的“单向度的人”和“单向度的社会”。

最后，科学技术与人自身的发展最深刻的一致性还在于科学技术是第一生产力，是“历史的有力的杠杆”，是“最高意义上的革命力量”。人自身要获得全面发展，就必须从自然力和社会关系中获得自由和解放；而人要从自然力和社会关系中获得自由和解放，同作为第一生产力的科学技术的发展程度密切相关。因为科学技术的革命推动着生产力革命，而“随着一旦已经发生的、表现为工艺革命的生产力革命，还实现着生产关系的革命”①。科学技术对于人的解放起着十分关键的作用。当代西方一些人文主义者否定科学技术的积极作用，否定发展社会生产力的必要性，离开社会历史条件抽象地谈论“人，诗意地安居”、“对解放形象的向往”以及什么文化应当或不应当享有什么地位等等问题，都可以说是带有几分浪漫主义色彩的空谈。

① 马克思：《机器。自然力和科学的应用》，111页，北京，人民出版社，1978。

第二十九章

科技发展与“科教兴国”

科教兴国是中国迈向现代化强国的伟大战略抉择。我国的现代化，其关键是科学技术的发展和应用，其基础是教育的普及和提高。在这方面，国外现代化运动的经验和教训给予我们丰富的启示和借鉴。我国要实施科教兴国战略，一方面要先兴科教，努力提高科技和教育水平；另一方面要在全社会营造良好的机制和环境，以确保科技和教育在促进我国经济发展、社会进步中作出越来越大的贡献。我国现代化的当务之急，从器物层面或“硬”的方面看，就是要依靠科技和教育促进产业的提升，促进综合国力的提高；从价值层面或“软”的方面看，就是要在我们的时代中高扬科学精神，克服陈规陋习，保证科学的顺利发展和精神文明建设。

一、科技革命时代只有依靠科技一条路

当代人类社会进步的过程，实质就是科学技术不断突破，科技向现实生产力转化的过程，也是科学技术不断扩散与普及，通过教育使劳动者素质普遍提高，反过来又促进科技与社会发展的过程。近代以来的历史发展无可辩驳地证明了一个深刻的哲理：科教兴，国家兴。

他山之石，可以攻玉

日本自明治维新以来，就倡导“殖产兴业，文明开化和富国强兵”三大政策，其核心是借助技术和普及科学教育事业，以实行“教育立国”。第二次世界大战之后，日本在一片废墟之上，借助“贸易立国”，大力发展产业技术，一方面引进外国技术，并对其改进、提高和综合利用，另一方面加强本国的技术开发能力。到20世纪70年代中期，日本已经进入世界经济强国之列。80年代后的日本更旗帜鲜明地提出“科技兴国”的方针，其含义是使日本的技术发生一系列重大转折，从主要引进外国技术转向发展有独创性的自主技术，不仅要继续坚持以发展产业技术为重点，还要集中力量发展具有开拓性的新技术领域的非产业技术。这样的技术发展不仅对经济发展具有强大的推动力，而且对政治、安全、外交产生深刻的影响。

日本政府认为，科学技术在其经济奇迹般的增长中所起的作用是怎么讲也不过分的，而且认定它的未来繁荣在很大程度上仍然取决于科技和教育。日本经济规划厅的统计表明，日本的经济增长有60%以上是靠科技进步取得，而且从20世纪60年代末开始，技术进步所占比重越来越大，有的年份甚至高达89.5%，

明显高于资本和劳动等其他因素。日本经济的高速增长同时也归功于大力发展教育。日本文部省的报告《日本的成长与教育》认为，日本“战后经济发展的速度非常惊人，为世界所注视。造成此情况的重要原因，可归结于教育的普及和发达”。

在经济活动中，知识作为一种生产投入的作用越来越重要。知识的生产、应用、传播成为当代经济最重要的特征，因此，人们称之为知识经济。知识投入可以代替物质投入，从而达到节约物质资源，提高经济效益的目的。经合组织的专家提出，体现于人力资本和科学技术中的知识已成为经济发展的核心。在企业资产中，包括专利、商标等在内的无形资产的比例正在大大增加。据测算，1995年美国很多企业的无形资产的比例已高达50%～60%，同时各类咨询公司如雨后春笋般兴起，咨询业务在经济活动中的重要性大大增加。富可敌国的比尔·盖茨，他的资本就是他的知识。他靠知识致富，登上了世界首富宝座，这一事实本身值得人们研究和思考。

如果说工业经济是以物质生产为主的话，那么知识经济就是把物质生产和知识生产结合起来，充分利用知识和信息资源，大幅度提高产品的知识含量和高附加值。也就是说，产品包含的知识越来越多，包含的物质越来越少。例如，美国一家生物技术公司发明了一种基因芯片，只有拇指指甲大小，但一次可以描画上万个基因。又例如一张光盘可以存储一部大百科全书的内容；利用信息高速公路，一秒钟就可以把两年的《人民日报》的信息全部传输完。在知识经济时代，知识密集型产业将逐步取代劳动密集型产业，成为创造社会物质财富的主要形式。

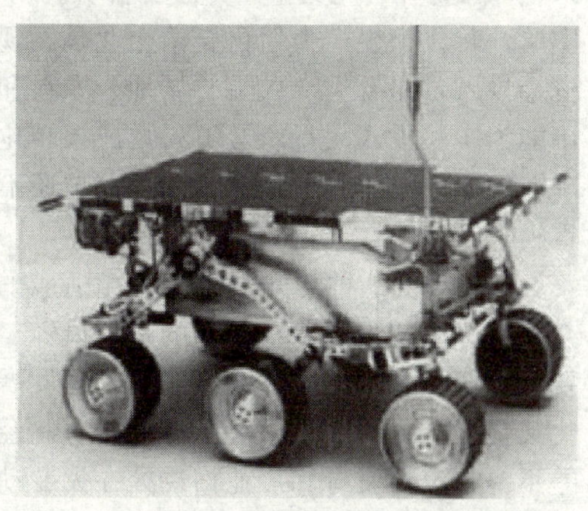

“探路者”号

知识经济的出现，标志着以物质资源的高消耗为基础的传统工业经济的衰落。由于微电子、信息、计算机技术在传统产业中广泛应用，大大降低了生产过程中的物耗、能耗。在传统的工业经济中，GDP的增长是与能源、原材料成正比的。在知识经济中，知识用于节约能源，各种减少石油消耗的措施应运而生。结果，在20世纪80年代初期，世界石油需求占能源总需求的比重为7%，而目前仅为1.5%。美国的“探路者”号1997年登上火星，成本只花了1.8亿美元，它在火星上搜集到的信息量是 21 年前发射的“海盗”号的五倍，而“海盗”号耗资高达 10 亿美元。总之，富含知识的人力成本，使劳动生产率大大提高。

转变观念，迎接挑战

在科技革命条件下，要充分估量未来科技特别是高技术发展对综合国力、社会经济结构和人民生活的巨大影响，把加速科技进步放在经济社会发展的关键地位，使经济建设转移到依靠科技进步和提高劳动者素质的轨道上来。

迎接科技革命的挑战，在现阶段，最迫切的工作有两个方面：

第一，强化知识经济的意识，并将这种意识逐步地贯彻到经济发展中去。目前我国处在一个特殊的经济发展阶段，工业化的任务尚未完成，经济信息化、知识化的巨大浪潮又扑面而来。强化知识经济的意识，就是不走西方国家经济发展的老路，把国民经济工业化、信息化和知识化的需要有机结合起来，并行推进，以期实现经济的快速与持续发展。

第二，制定有效的面向知识经济的战略措施。其实质是加速科技进步，加快把我国从科技大国建设为科技强国的步伐。面向知识经济的战略措施的制定以及有效实施，是迎接知识经济挑战的关键。

应该看到，知识经济要求相应的科技水平，只有真正依靠科技，才能实现国民经济持续发展和社会教育水平的全面提高。目前，我国还有很多科研成果没有能转化为生产力，即使是转化了的，也只是局部的，原因还是经济建设依靠科学技术的机制没有真正建立起来。企业不能主动对科技开发成果进行中间实验和投入生产，将其转化为生产力。要科研机构作出科研成果，实行中间实验和生产实验，转化为生产力后再交给企业是不现实的。中间实验和生产实验需要大量资金投入，需要生产人员、场地、原料和器材。科研机构不是赢利机构，自然不能为实验投入大量资金。科技成果转化为生产力的工作，主要应由企业来实现。但现在的体制和企业的内在需求还不能使它对科技成果的转化给予充分的重视。

为了改变这种与知识经济不相适应的状况，首先要下大力气形成全社会、全民族尊重知识、尊重人才的良好风气，克服对知识价值认识的滞后性；第二要增加科技开发的投入；第三要处理发展不平衡的矛盾。我们面临着既要工业化又要信息化的双重任务，多种所有制经济和多种生产方式并存，技术层次参差不齐，市场发育和产业格局处在大变动之中；教育制度亟待改革，教育内容和方法尚不适应知识经济的需要。要根据具体情况，分清轻重缓急，一个一个解决。

把握时机，发展社会生产力

科学社会主义理论是在吸收当时包括自然科学重大发现和最新成就在内的人类最优秀文明成果的基础上创立的。现实社会主义如果不把发展生产力、解放生产力作为社会主义制度的根本任务和本质特征，就会在实践中遭遇失败；如果不把发展科学教育作为提高综合国力的基本途径，就会在实践中遇到困难和挫折。苏联和东欧剧变，原因固然是多方面的，但是这些国家在现代科技革命面前，没有很好地把握时机，建立知识产业，运用新科技成果改造传统产业，发展社会生产力，提高人民生活水平，不能说不是一个重要原因。从某种意义来说，社会主义在新世纪的前途和命运将取决于能否同新科技，尤其是知识经济相结合。这是因为，西方发达的资本主义国家率先利用最新科技成果，率先进入知识经济时代，使生产力得到空前发展，经济结构发生了深刻变化。在当今世界总体格局中，无论科技水平还是综合国力，西方发达国家都处于领先地位，而且这一态势在短期内不会得到根本改变。这就是说，在比较长的历史时期内，社会主义和资本主义还将共同存在，互相竞争。在这场历史性的竞争中，社会主义只有同科学技术这个“第一生产力”紧密结合，只有尽快跨入崭新的知识经济时代，才能立于不败之地，并后来居上。

知识经济的到来对各国经济发展将产生重大影响，中国要增强综合国力和国际竞争力，必须抢占利用新技术的战略制高点。在今后 30 年左右的时间内，世界的科学技术将会发生重大突破，与之相对应，经济无论从质量上还是数量上都将发生重大变化。为此，目前各国都竭尽全力规划部署科技发展战略，有的还成立由最高领导人挂帅的科技发展委员会，由政府、产业界和学术界三方面专家组成专门的班子，选择对技术发展和经济增长具有战略意义的关键技术，实行重点扶持政策。科学界普遍认为，生物技术和信息技术的发展将成为 21 世纪关系国家命运的关键技术。世界将通过生物技术解决吃饭和医疗问题，通过信息技术带动整个经济和生活跃进一个全新的阶段。

国家要加大对“知识生产”的投资，因为这种投资不仅能增加知识的积累，还能增加其他经济要素的生产能力，这种投资还具有回报递增、连续增长的效应。由于目前我国财力有限，对教育、科研等“知识生产”的投资必须坚持“有所为、有所不为”的方针，探索“知识生产”投资的新机制，多方面开辟投资渠道。美国建设的总投资为 4 000 亿美元的信息高速公路项目，其中只有 400 亿美元是政府以税收减免等形式投入的，其余大宗投资皆来自民间。这对我们是一个启示。

知识经济时代的到来，要求我们作出最有力的回应，这就是坚定不移地贯彻和落实科教兴国的方针，依靠科学技术，依靠教育，造就高素质的人才，转变经济增长方式，建立当代最先进的生产力。

二、现代化的支撑点

"科教兴国"的发展战略是跨世纪的战略抉择。它既来自于人们对历史前进的重要动力之一是科技进步和教育发展的共识，也来自于对改革开放中的中国经济如何保持连年快速增长的势头的慎重思考。这是中华民族要在21世纪跻身于世界先进民族之林而发出的时代最强音。

现代化是世界的发展潮流和主导方向。不同的国家面临种种机遇和挑战，正以不同的姿态和方式参与其中。我国的社会主义现代化，在世界政治、经济的新格局中，在现代科技革命的基础上，正致力于促进生产力的进步和生产方式的更新，促进社会的政治和文化发展。它是一个多层次的社会整体运行进程，其中科学技术与教育是这一综合性过程的支撑点。

"四个现代化，关键是科学技术的现代化"

当今世界正日益强烈地感受到现代科技革命浪潮的涌动和冲击。科学技术发展到今天，已经成为当代经济社会发展的决定性力量和最重要的战略资源，成为生产力中最活跃的因素和在综合国力竞争中最激烈的战场。谁在科技上落后，谁就有可能在经济上受制于人，在军事上被动挨打，在政治上成为强权的附庸。

科学技术是农业、工业和国防现代化的驱动器和倍增器。现代化的农业就是要依靠科学技术的普遍应用，推动传统农业向高产、优质、高效的现代农业转变。实现工业现代化，根本途径在于推动科技进步，通过技术创新及现代化的信息网络，提高工业增长的质量和效益，促进产业结构的合理化和高级化。国防现代化更是与高技术的开发应用密不可分，国防科技由于极大地提高将士素质、改进武器装备、加强作战指挥能力、影响战争方式，已成为重要的军事力量。现代化的关键在于科学技术。

"百年大计，教育为本"

现代化的进程并非一蹴而就，一挥而成，它需要几代人的艰苦努力，是一个国家和民族长远的事业，任何急功近利、急于求成的行动只会导致失败。现代化离不开教育的普及和提高，现代社会一个必须具备的战略远见是：教育事业是现代化建设中的基础。

现代教育已不再是消费性事业，而成为国家优先发展的公共品。生产力中最重要、最活跃的因素是劳动者，而劳动者素质的提高，就要依靠教育。综观现代经济的竞争，往往归结为科技的竞争，最终又归结为争夺人才的竞争。工业革命的成功，不仅归因于新机器和新技术的大量出现和应用，还在于拥有了相当数量的掌握了一定知识和技能的劳动者大军，它同样归因于近代教育的兴起和发展。直到今天，随着智力密集型、知识密集型企业的大量涌现，现代经济的发展更需要人力资源的开发和利用。不抓科学教育，四个现代化就没有希望，就成为一句空话。

抓科技同时必须抓教育。科学技术人才的培养，基础在教育。教育是科学技术转化为现实生产力的基础和关键。依靠教育，才能使科学技术被劳动者掌握。教育也是科学知识再生产的手段，教学与科研是发展科学的重要途径。

教育促进科技进步，进而促进经济发展，这已被各国有识之士所认识。穷国赶不上富国的主要原因在于缺乏人力资本（即教育），而不是缺少有形资本。发展我国的生产力，关键在于提高国民的科学文化素质，通过把经济建设转移到依靠科技进步和提高劳动者素质的轨道上来的战略部署，逐步形成我国教育与科技、经济、社会相互促进的良性循环局面。

同时，教育担负着促进社会主义精神文明建设的重要任务。培养有理想、有道德、有文化、有纪律的社会主义新人是人才开发的目标。现代化终究以人的发展为归宿，教育在实现国家振兴、人类进步的过程中起着不可替代的作用。

高扬科学精神，实践“科教兴国”

不仅要加强科技研究和开发的“硬”件建设，还要注重科学精神方面的“软”件建设。正如软件可以大大提高对硬件的功能控制和利用率，科学精神在科教兴国战略中也起着举足轻重的作用。科教兴国不仅仅是器物和制度层面上对科学技术的应用，还要在更深的观念层面上，在全民族高扬科学精神。

科学精神是建立在科学基础之上的观念、方法和价值体系。高扬科学精神，首先是要倡导科学意识，充分认识科学在人类文明进步中的地位和作用；其次是倡导一种科学的思想方法，在人们的行为中讲科学、学科学、用科学，以科学的理论武装人；最后，还要建立一套科学价值体系，形成科学的气质和规范。

在现实社会中高扬科学精神，意味着提倡下述基本要求：

——追求真理。它首先与弄虚作假的欺骗行为势同水火，与急功近利的浮躁习气格格不入。它要求实事求是，勇于抛弃谬误，向真理迈近。

——崇尚理性。科学用理性的权威反对任何迷信和盲从，不唯书不唯上。

——自由探索。科学无禁区，反对先入之见，本质上需要不断创新，提倡首创精神。

——勇于实践。实践是检验认识正确与否的唯一标准，要解放思想，在实践中发展真理。

三、完善内部运行机制和外部连接机制

中国古代科技的许多成就在世界遥遥领先，唐宋盛世至今仍令各国仰慕。但自明中叶以来，闭关锁国的政策，昏庸腐败的封建统治，遏制人才的科举制度，严重地阻碍了中国科技的发展。科技的落后造成军事和经济的落后，酿成了近代史上中华民族屡遭外国列强欺侮的悲剧。20世纪以来，多少仁人志士为实现科学救国的理想和教育救国的主张而辛苦奔波，不幸都胎死腹中。改革开放以来，经济、科技、教育才得到全面而持续的发展。

科教兴国，是要全面落实科学技术是第一生产力的思想，坚持教育为本，把科技和教育摆在经济、社会发展的重要位置，增强国家的科技实力及科技向现实生产力转化的能力，提高全民族的科学文化素质，把经济建设转移到依靠科技进步和提高劳动者素质的轨道上来，加速实现国家的繁荣富强。

完善科技与教育自身发展的内部运行机制

科教兴，才能保证国家兴，先兴科教是科教兴国的基础和前提。如何兴科教，首先要完善科技与教育自身发展的内部运行机制。

现代社会中，知识地位的重要性与日俱增，科学技术是人类知识的生产和应用的实践活动，教育是关于知识的整合和重新分配的过程，科学技术与教育构成知识产业的主要内容。必须充分认识科技与教育在社会发展中的战略意义，形成一个普遍支持科技与教育发展的社会环境，树立尊重知识、尊重人才的社会风尚，使大家认识到知识和人才是推进现代化的动力，并致力于全民族科学文化素质的提高。通过全民教育和科学普及工作，在全社会养成讲科学、学科学、用科学的新风。国家要制定有远见的科技与教育发展计划及相应的政策法规，通过必要的投入来提高我国的科技与教育水准。

为确保人尽其才，才尽其用，多出成果，早出成果，充分调动科技人员和教师的积极性与创造性，应当主动依据社会主义市场经济规律与科技、教育自身发

展规律，积极改变传统、僵化、落后的科技教育体制，建立新型的适应时代需要的科技体制和教育体制，恰当引进、消化、改造和提高外国的先进技术，实行科技和教育的国际合作与交流，提高我国科学技术的自主开发能力。

完善科技、教育与经济、社会的连接机制

国家强盛是中国人民的强烈愿望。科技和教育的发展本身，并不必然导致国家强盛。英国尽管拥有众多诺贝尔奖金获得者和杰出的基础研究成果，但并未很好地加以开发利用，实现商品化并占有国际市场，结果影响了国际竞争力的相应提高。曾一度处于科技大国之列的苏联，由于片面强调军工技术和基础研究，科研与生产严重脱节，导致经济危机的持续加重。所以在重视科技和教育之时，更要完善科技、教育与经济、社会的外部连接机制。

为此，要在注重技术开发和技术创新的基础上，加速科技成果向现实生产力的转化，积极探索我国科学技术并入经济的良好机制，引导和促进科技与经济的一体化进程；努力在实现经济增长方式的两个转变中，依靠科技和教育，提高工农业生产的科技含量和经济效益，提高产品的国际竞争力，积极发展高新技术产业。

走产学研结合的创新之路

我国原有的技术创新类型属研究机构主导型，科技人员多集中在高等院校和科研机构。为此，要“促进科技、教育同经济的结合”，有条件的科研机构和大专院校要以不同形式进入企业或同企业合作，走产学研结合的道路。美国这样的科技强国，正是实施“依靠高等学校与工业界相结合”的战略，哺育了包括5 000家软件公司的许多高科技企业。所以，朱棣文教授建议：“中国要鼓励大学老师与工业部门合作。斯坦福大学的很多教授，还有一些学生在公司兼职。‘硅谷’里最著名的一些公司是斯坦福大学的人创办的，如惠普公司、仙童公司等。”我国的高等学校不应仅是传授知识、培养人才的地方，而且应该是创造知识、造就知识型企业领导人的场所。中国已经诞生了北大方正、清华紫光等知识型企业。人们期待出现中国的微软，中国的比尔·盖茨。

企业成为创新的主体

据研究，高科技企业经营的成功之道，一是选择进入正确的产业，一个成长中的、有潜力的、具有资源优势的产业；二是选择适当的进入时机，缩短学习过程所需要的巨大代价，把握能够创造市场区域竞争优势的产品和技术项目；三是

有持续积累和组织资源的能力，有能力获得充裕的资源与支持，能适时地采取联盟策略，扩大资源能力、市场规模，同时降低成长的风险；四是创业精神，具有强烈的事业心、坚韧性，企业管理者具有坚强的技术背景，能够掌握技术发展趋势，能对技术问题作出正确的决策；五是激励机制，企业的专业管理层与股东、投资者能够相处融洽，经营效益与企业管理层的个人利益相结合，形成强烈的利益激励。

中小企业的技术创新在数量方面表现出一定的优势。美国中小型企业的创新成果和新技术在数量上占全国的 55%以上，高于中小型企业就业人数占全部就业人数 50%的比例；中小型企业每个雇员（包括不从事技术创新活动的雇员在内）的技术创新成果为大公司雇员的两倍；美国现有的高新技术企业中 97%属于中小型企业，其中 70%的中小型高技术企业的职工人数在 20 人以下。

中小企业能够创造出高水平的技术创新成果。20 世纪由美国中小企业创造的重大技术创新成果包括：飞机、喷雾器、DNA 指纹技术、人造生物胰岛素、录音机、光纤检测设备、心脏阀、光扫描器、个人电脑、速冻食品、软接触透镜以及拉链等。另据统计，在 1953 至 1973 年的 20 年中，美、英、德、法、日五国共开发了 352 件重大创新项目，有 157 件为中小企业创造，占 45.2%。

中小企业技术创新表现出比大企业更高的效率。中小企业单位销售额中包含的专利成果，大约为大企业的两倍；考虑到大企业要拿出更多的资金和资源将其发明成果以专利方式注册，那么小企业显然比大企业更具创新性，也拥有更多的发明创造。

中小企业技术创新更富有合作性。中小企业的技术创新在充分利用政府资助方面效率很高，例如，在美国，尽管大小企业的研发支出的回报率平均都在 26%左右，但在没有大学参加的研发支出中，其回报率分别约为 30%和 44%。

把学习和教育作为一种生产性投资

在知识经济中，学习和教育不再被看成是一种消费性投资，而是一种生产性投资，学习和教育是在造就创造知识的“工具”——有知识有创造力的人。知识经济中学习和教育都将具备新的形式和功能。学习过程不仅依靠传统的正规教育，而且更多地依靠在知识经济中边干边学和面向全民的终身教育。

知识和技术在生产、传播和使用中具有较大程度的共享性，与物质要素的独占性适成对照。知识经济要求对知识的共享属性进行分解，如 OECD（经济合作与发展组织）将知识分为编码知识和意会知识，后者则具有较强的独占性。再者，知识产权保护对知识的共享设置了一定的边界，强化了知识占有的排他性。

也就是说，知识经济的提出意味着，市场对知识资源配置的调节作用将大大加强，而公共部门（如政府）对知识的控制作用则相对减弱。尽管如此，在知识经济中，政府作用与市场作用仍需要有机地结合。这是因为，知识，特别是科学知识和社会知识，如基础研究与应用基础研究产生的知识，具有极强的公共财富性质，是市场难以发挥作用的领域。这里是政府重点发挥作用的地方，以对经济增长提供持续的技术保障和新的增长点。关于知识的应用和扩张，则主要应由市场机制起作用，政府的作用在于引导和服务，如制定产业技术政策、税收优惠政策、发布新技术指南、提供信息服务，等等。

长期以来的基本问题是，政府为什么必须大力支持科学技术，科学技术有哪些现实的价值。知识经济的提出为这一问题提供了实证的、明确的答案。在知识经济条件下，知识和科技成为经济的重要因素。随着知识经济的发展，政府对知识和科技重要性的认识还将会大大提高。也就是说，在知识经济条件下，政府对知识创新和科技进步的大力支持是理所当然的，就如政府要发展国民经济一样。尽管在知识经济中，政府对知识和科技进步管理的相对比重会有所下降，但在力度和范围上都将达到前所未有的程度。

四、依靠科教，振兴科教

迎接知识经济的挑战，实施科教兴国战略，必须在经济社会发展的总目标下依靠科教，振兴科教。科教兴国是一个综合性的社会系统工程，需要合理的经济体制、政治体制与之配套。一方面，科技和教育的顺利发展要有相应的经济、政治体制的保证；另一方面，科技和教育的进一步发展又促进经济、政治制度的相关发展。

提升产业

发展经济学与产业经济学的研究表明，经济发展总是伴随着产业结构的变动，一定的经济发展阶段总是以一定的产业结构为基础的。1957年，克拉克在《经济进步的条件》一书中写道，随着经济的发展，第一产业就业人口比重不断减少，第二产业与第三产业就业人口比重不断增加。产业的提升，是在科技和教育的推进下完成的。改革开放以来，中国也发生了类似的变化（见下页图29—1）。我国是农业大国，沉重的人口负担以及较高比例的农业人口，决定了农业的现代化尤为重要。提高农业劳动生产率和经济效益，一方面要通过提高农业劳动者的素质，增加农业生产和产品中的科技含量；另一方面要使农业人口向工业和社会服务业有序转化，完成产业的第一次提升。

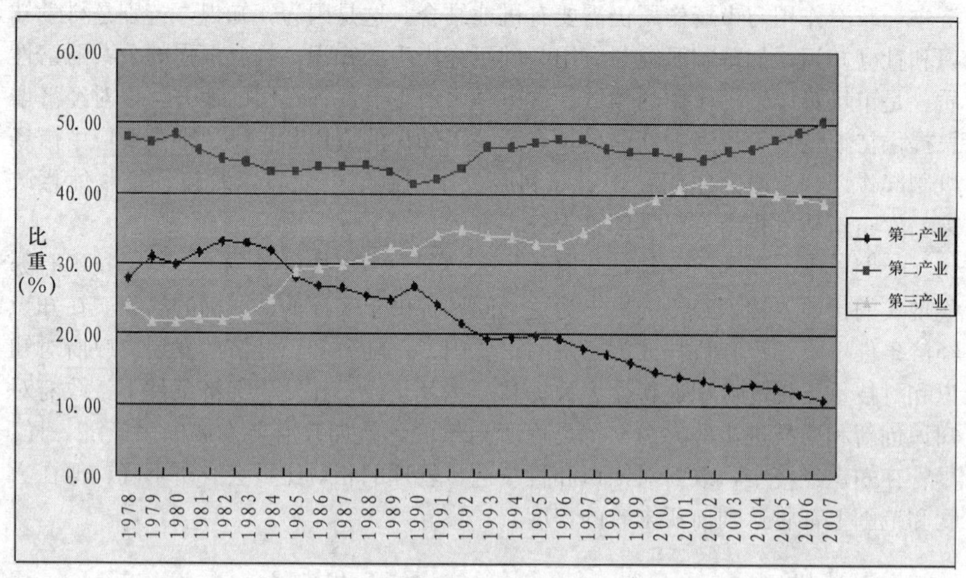

图 29—1 改革开放后中国三次产业结构变化

资料来自邹东涛主编：《中国改革开放30年（1978—2008）》，第十四章，北京，社会科学文献出版社，2008。

从第一产业内部结构来看，我国农业科技成果转化率仅为30%～40%，只有发达国家的一半。这种低转化率亟需依靠科技获得提高。在提高农业内部的经济效益中，要大幅度提高农业技术成果的附加值，增加农业技术储备，稳定农业发展。通过农业技术的重大突破，使农业生产走上新台阶。

在从农业向工业转化的过程中，苏南模式是发展农村经济，实现农业现代化的成功之例。苏南乡村大力创办以繁荣农村经济为目标的乡镇工业，这是从农村的“草根”上兴办起来的“草根工业”，它不仅没有损害农业和剥削农民，反而促进工农互补和城乡协作。例如，用乡镇企业的盈余担负农田水利等基本建设，开办学校，支付“五保户”的补贴等社会福利。乡镇企业正在造就乡村里的一代新人，他们离土不离乡，追求知识和实用技术，渴望成才，自己营造了科技和教育得以普及的良机。

纵观发达国家工业化的进程，一般呈现出由轻纺工业为开端，继而以重化工业为主导，再继之以知识、智力密集型新兴产业迅速发展的规律性，其中每一过程的转换均与科学技术的重大突破和运用相关。发展中国家和地区在工业化道路的选择上，依据不同的国情及外部条件，可以寻找新的技术和经济的可跃迁模式，并不一定要重复发达国家走过的老路。对这些国家来说，促进产业的高级化发展是一致的。我国如果希望迎头赶上，就只能在新技术的高起点上进行工业化，重视发展智力、知识密集型的高技术产业，使我国的产业结构趋向合理化和高级化，即通过科技和教育的提高，实现第二产业内部结构的高级化和第二产业向第三产业的转化。

我国的工业现代化仍有不少困难。能源、交通、原材料紧缺严重制约着我国工业乃至整个国民经济的健康发展，工业装备部门及工业加工、生产部门技术手段落后，产出效益低，产品缺乏国际竞争力，有些关键的元器件核心技术仍要依靠进口。因而我们实现第二次产业的提升，就是要改变传统产业的落后面貌，倡导经济效益高、附加值高、竞争能力强的新兴产业，推进第二产业向信息服务业的转化，大力发展信息产业，迎接信息社会的来临。

全面提高综合国力

在当今国际竞争的大舞台上，竞争的主角开始向“多极化”发展，竞争的内容开始向“综合化”发展，“综合国力论”便应运而生。综合国力是各个国力要素综合组成的国家实力。国力要素包括自然力——国土、资源；人力——人口数量和质量；经济力——以 GNP、人均 GNP 为标志；科技力——科技研究能力、应用能力等；教育力——各级学校教育的普及率、社会教育的水平等；军事力——兵员数量、素质和武器装备状况等；政治外交力和体制——决策能力、国际影响力等；精神力——国民“士气”、精神状态和民族凝聚力等。综合国力作为比较各国实力的权威性指标，逐渐成为各国制定国家发展战略的重要依据，也向决策者提出“综合治国”的要求，包括当前发展与长远发展的综合，物质文明建设与精神文明建设的综合，经济发展与自然资源保护的协调，发展的要求与国家稳定、安全的要求协调，等等。在综合国力各要素中，有些要素的增长是有限的，如自然力、人口数量等，另一些要素的增长则是无限的，如经济力、科技力、社会教育水平等；有些要素是起决定作用的，如科技力、教育力、精神力等，另一些要素则是被决定的，如经济力、军事力、国际影响力等。在综合国力的提高中，科技和教育既是发展的目标，又是发展的重要手段。

各国在综合国力的竞争中非常重视科技和教育的作用，它们普遍认为，谁握有更多的先进技术，并能最先把这些技术应用于物质生产之中，谁就可能拥有经济、军事乃至政治上的优势，掌握战略的主动权。目前，随着世界经济国际化的发展，无论是发达国家还是发展中国家都在围绕发展科技和争夺人才而展开激烈的角逐。

科教兴国战略成为国家新的发展模式，反过来又大大地强化了科技和教育的发展。正是在逐步完善科技和教育的内部运作机制和外部连接机制的同时，我国实施了科技活动从三个层次、按六大计划全面展开的决策。第一层次环绕着国民经济主战场，包括攻关计划、成果推广计划和星火计划；第二层次就是高技术研究开发和高技术产业化发展，包括“863计划”和“火炬计划”；第三个层次是基础研究，包括国家的“攀登计划”。在引人注目的高新技术研究及其产业化领域，“火炬计划”的实施已在全国建立了53个国家级高新技术开发区，新增工业产值和创汇能力逐年递增；“863计划”作为中国高科技领域的一面旗帜，突破了一大批重大关键技术，培养、造就了新一代高技术科技队伍，部分成果向商品化、产业化方向延伸，开始对国民经济和社会发展产生重大影响。“攀登计划”使我国基础性研究的学术水平逐步提高，取得了诸如高强超导研究等一批有国际影响的成果。

把振兴科教作为经济社会发展的关键

科教兴国战略的目的是为国家发展提供持续的动力。要充分估量未来科学技术特别是高技术发展对综合国力、社会经济结构和人民生活的巨大影响，把加速科技进步放在经济社会发展的关键地位，使经济建设真正转到依靠科技进步和提高劳动者素质的轨道上来。

第一，要加快各主要产业领域的科技进步。改革开放以来，生产关系不断调整和完善，为生产力的解放和发展提供了广阔的空间。今后的主要问题是如何尽快提高生产力水平，特别是生产技术水平；尽快提高高技术含量和档次，告别落后的生产方式。在农业方面，要开展新的农业科技革命，在品种、耕作、病虫害、水土资源保护和利用、农产品深加工等一系列环节上实现技术的飞跃。农业领域的科技进步是决定我们在新世纪生存的关键要素。在工业方面，要加快基础工业、制造业的科技进步，提高经济实力和国际竞争力。只有强化科技与经济结合的纽带，完善国家的创新环境，特别是加强大中型企业的研究与发展机构和中心企业技术服务体系的建设，促使企业成为产品和技术开发的主体，中国的民族工业才能在新的世纪里大有作为。另外，还需要着力加强第三产业的科技进步。第三产业将是我国未来吸纳就业的主要领域，基于新的电子网络和信息技术手段的服务业将是经济发展的新增长极，第三产业的快速增长将是推动国民经济增长的主导力量。

第二，要加强基础研究和高技术研究。基础研究和高技术研究是新知识的源泉，是科技进步的先锋。目前，基础研究和高技术研究的主要趋势有：基础研究高技术化，如超导、核聚变的研究；与产品技术和生产工艺开发的前沿贴近，如芯片、新材料、生物工程的研究等；与社会经济的迫切需要相关，如能源、环境、人类健康的研究等。许多国际大企业对基础研究和高技术研究加大投入，以期获取领先优势，抢占市场竞争的制高点。基础研究和高技术研究已成为当今社会政治、经济、科技、环境等问题的交汇点，牵一发而动全身。加强基础研究和高技术研究，既要有投入上的保证，也要与国家需要和产业发展密切结合，在发展方向上坚持“求高、求新”，在发展目标上按照“有所为、有所不为”的原则，扬长避短，自主创新，科学布局，超前起步。

第三，要重视人力资源储备，提高劳动者素质。人口多是我们的一大特点，而巨大的人口基数中又有相当多的人在从事低级生产，这是发展所面临的真正压力。人是创造价值的根本力量，经济系统的知识水平和人力素质既已是生产函数的内在部分，是生产率提高和经济增长的内在动力之一，造就知识经济就必须从价值的源头做起。面向市场，面向产业结构调整，面向经济的全球化，一个主动应变的、能响应创新潮流的“教育＋培训”的网络体系，是提供合格劳动者的必要条件。必须给劳动者提供一个学习和掌握新的知识和技能，并具有机会均等的创造可能性的环境。要解决知识、能力、素质三者的关系。知识是形成能力和素质的基础，然而，知识并不等于能力和素质，知识只有通过内化才能转化为素质，能力是素质在一定条件下的外显。教育的根本目的不在于传授知识，而在于提高人的素质，但提高人的素质又必须通过知识的传授，两者的关系是互相影响、互相促进的，但不能相互代替。知识经济时代要求人的整体素质的提高，以使知识作为生产要素得到贯彻和理解。更重要的是，高素质的民族才是一个能够创新发展的民族。

第四，要对教育，包括教育体系、教育结构、教育方法、教学内容进行创新。需要加强智能教育、通才教育、管理教育、终身教育，提高学生以及一切受教育者的素质和创新精神，使他们能够适应今天瞬息万变的形势。现代教育和培训应该将培养通才与培养专才辩证地统一起来，未来的通才教育并不否定培育专才，只是这种通才知识面宽，理解力强，又能够通过互联网络共享全球的信息和知识资源，所以只需要短期的学习和培训，就可以从一个专业转入另一个专业，从而可以集通才与专才于一身。要重视训练学生与人共事的能力，要讲究团队精神，只会孤军奋战的人已不适应今天的形势。另外，还要重视心理素质的培养，让学生经得起失败的考验。一个人很难永远是成功者，理性地面对失败应是现代人必须具备的基本素养之一。

本篇参考文献

1. 马克思恩格斯全集. 中文1版. 第1卷. 北京：人民出版社，1956
2. 马克思恩格斯全集. 中文1版. 第2卷. 北京：人民出版社，1957
3. 马克思恩格斯全集. 2版. 第3卷. 北京：人民出版社，1995
4. 马克思恩格斯全集. 2版. 第4卷. 北京：人民出版社，1995
5. 马克思恩格斯全集. 中文1版. 第19卷. 北京：人民出版社，1963
6. 马克思恩格斯全集. 中文1版. 第23卷. 北京：人民出版社，1972
7. 马克思恩格斯全集. 中文1版. 第42卷. 北京：人民出版社，1979
8. 马克思恩格斯全集. 中文1版. 第47卷. 北京：人民出版社，1979
9. 马克思恩格斯全集. 中文1版. 第46卷. 北京：人民出版社，1980
10. 列宁全集. 中文2版. 第14卷. 北京：人民出版社，1985
11. 列宁全集. 中文2版. 第34卷. 北京：人民出版社，1985
12. 列宁全集. 中文2版. 第36卷. 北京：人民出版社，1985
13. 列宁全集. 中文2版. 第37卷. 北京：人民出版社，1986
14. 列宁全集. 中文2版. 第40卷. 北京：人民出版社，1986
15. 邓小平文选. 1版. 第三卷. 北京：人民出版社，1993
16. 邓小平文选. 2版. 第二卷. 北京：人民出版社，1994
17. [英] 贝尔纳. 科学的社会功能. 北京：商务印书馆，1982
18. [美] D.普赖斯. 小科学，大科学. 上海：世界知识出版社，1982
19. [美] 阿尔温·托夫勒. 第三次浪潮. 北京：三联书店，1983
20. [美] 丹尼尔·贝尔. 后工业社会的来临. 北京：商务印书馆，1984
21. [德] 于尔根. 库钦斯基. 生产力的四次革命. 北京：商务印书馆，1984
22. [日] 武谷三男，星野芳郎. 现代技术与政治. 长春：吉林人民出版社，1986
23. [以] 本·戴维. 科学家在社会中的角色. 成都：四川人民出版社，1988
24. [苏] 凯德洛夫. 列宁与科学革命. 北京：人民出版社，1988
25. [苏] 法明斯基. 科技革命和资本主义国家经济结构的变化. 上海：上海译文出版社，1989

26. [美] 小摩里斯·N·李克特. 科学是一种文化过程. 北京：三联书店，1989

27. [美] 阿尔温·托夫勒. 力量转移. 北京：新华出版社，1991

28. [德] 博尔德. 海德格尔分析新时代的技术. 北京：中国社会科学出版社，1993

29. [德] 海德格尔. 海德格尔选集，上海：上海三联书店，1996

30. [美] 西奥多·罗斯扎克. 信息崇拜. 北京：中国对外翻译出版公司，1994

31. [美] 大卫·格里芬. 后现代科学. 北京：中央编译出版社，1995

32. [法] 利奥塔尔. 后现代状态：关于知识的报告. 北京：生活·读书·新知三联书店，1997

33. [美] 萨缪尔·亨廷顿. 文明的冲突与世界秩序的重建. 北京：新华出版社，1998

34. [德] 尤尔根·哈贝马斯. 作为"意识形态"的技术和科学. 上海：学林出版社，1999

35. [德] 尤尔根·哈贝马斯. 认识与兴趣. 上海：学林出版社，1999

36. [法] 波德里亚. 消费社会. 南京：南京大学出版社，2000

37. [美] 史蒂芬·科尔. 科学的制造——在自然界与社会之间. 上海：上海人民出版社，2001

38. [英] 约翰·齐曼. 真科学——它是什么，它指什么. 上海：上海科技教育出版社，2002

39. [美] 费耶阿本德. 告别理性. 南京：江苏人民出版社，2002

40. [美] 罗蒂. 哲学和自然之镜. 北京：商务印书馆，2003

41. [美] 罗蒂. 偶然、反讽和团结. 北京：商务印书馆，2003

42. [德] 海德格尔. 林中路. 上海：上海译文出版社，2004

43. [美] 马尔库塞. 爱欲与文明：对弗洛伊德思想的哲学的探讨. 上海：上海译文出版社，2005

44. [美] 马尔库塞. 单向度的人：发达工业社会意识形态研究. 上海：上海译文出版社，2006

45. [德] 霍克海默，阿多诺. 启蒙辩证法. 上海：上海人民出版社，2006

46. [美] 法伊尔阿本德. 反对方法：无政府主义知识论纲要. 上海：上海译文出版社，2007

47. 黄顺基，刘大椿主编. 科学技术哲学的前沿和进展. 北京：人民出版

社，1991

48. 吴光宗等. 现代科技革命与当代社会. 北京：北京航空航天大学出版社，1991

49. 陈振明. 法兰克福学派与科学技术哲学. 北京：中国人民大学出版社，1992

50. 刘大椿等. 环境问题——从中日比较与合作的观点看. 北京：中国人民大学出版社，1995

51. 罗荣渠. 现代化新论——世界与中国现代化进程. 北京：北京大学出版社，1995

52. 朱丽兰等. 科教兴国——中国迈向21世纪的重大战略决策. 北京：中共中央党校出版社，1995

53. 刘大椿主编. 科技生产力：理论和运作. 重庆：重庆出版社，1996

54. 陈耀邦主编. 可持续发展战略. 北京：中国计划出版社，1996

55. 雷毅. 深层生态学思想研究. 北京：清华大学出版社，2001

56. 洪大用. 社会变迁与环境问题. 北京：首都师范大学出版社，2001

57. 刘大椿，段伟文. 转型驱动力：现代科技革命与社会变革. 南昌：江西高校出版社，2001

58. 陈凡，张明国. 解析技术——“技术—社会—文化”互动论. 福州：福建人民出版社，2002

59. 肖显静. 生态政治——面对环境问题的国家抉择. 太原：山西科学技术出版社，2003

60. 刘啸霆主编. 科学、技术与社会概论. 北京：高等教育出版社，2008

图书在版编目(CIP)数据

现代科技导论/刘大椿等编著. —2版.
北京：中国人民大学出版社，2009
ISBN 978-7-300-10698-4

Ⅰ. 现…
Ⅱ. 刘…
Ⅲ. 科学技术-高等学校-教材
Ⅳ. N43

中国版本图书馆CIP数据核字（2009）第074978号

普通高等教育国家级规划教材
现代科技导论（第2版）
刘大椿　何立松　刘永谋　编著

出版发行	中国人民大学出版社		
社　　址	北京中关村大街31号	**邮政编码**	100080
电　　话	010－62511242（总编室）		010－62511770（质管部）
	010－82501766（邮购部）		010－62514148（门市部）
	010－62515195（发行公司）		010－62515275（盗版举报）
网　　址	http://www.crup.com.cn		
	http://www.ttrnet.com(人大教研网)		
经　　销	新华书店		
印　　刷	北京昌联印刷有限公司	**版　　次**	1998年12月第1版
规　　格	170 mm×228 mm　16开本		2009年7月第2版
印　　张	28 插页1	**印　　次**	2019年2月第5次印刷
字　　数	515 000	**定　　价**	58.00元